普通高等教育电工电子基础课程系列教材

电工电子实训教程

主　编　张恩忠
副主编　赵世彧　李晓东
参　编　王玉辉　张　欣　许世英

机 械 工 业 出 版 社

本书根据电工电子实践教学和创新应用的需求，以提高学生实际动手能力为主要目标，对电子基础实践、电工基础实践、基于FPGA的电子设计实践、基于ARM的嵌入式系统实践、电子创新实践的相关知识及实践内容做了全面的介绍。学生通过对本书的学习及相关内容的操作，能够了解并掌握电工电子实践及创新的基本知识和应用技术。

本书可作为高等院校电子信息工程、通信工程、自动化、测控技术与仪器、计算机科学与技术等专业的本科生或研究生的电子产品组装与调试、电子创新实践等方面的入门指导教材，同时也可作为相关专业技术人员实践的自学参考书。

图书在版编目（CIP）数据

电工电子实训教程 / 张恩忠主编. —北京：机械工业出版社，2021.12（2025.2 重印）

普通高等教育电工电子基础课程系列教材

ISBN 978-7-111-69924-8

Ⅰ. ①电… Ⅱ. ①张… Ⅲ. ①电工技术 - 高等学校 - 教材 ②电子技术 - 高等学校 - 教材 Ⅳ. ① TM ② TN

中国版本图书馆 CIP 数据核字（2021）第 261199 号

机械工业出版社（北京市百万庄大街 22 号 邮政编码 100037）

策划编辑：路乙达　　责任编辑：路乙达　王　荣

责任校对：潘　蕊　王　延　封面设计：张　静

责任印制：邓　博

北京盛通数码印刷有限公司印刷

2025 年 2 月第 1 版第 3 次印刷

184mm × 260mm · 19 印张 · 471 千字

标准书号：ISBN 978-7-111-69924-8

定价：56.80 元

电话服务　　　　　　　　网络服务

客服电话：010-88361066　机　工　官　网：www.cmpbook.com

　　　　　010-88379833　机　工　官　博：weibo.com/cmp1952

　　　　　010-68326294　金　　书　　网：www.golden-book.com

封底无防伪标均为盗版　机工教育服务网：www.cmpedu.com

前　言

随着电工电子技术的迅猛发展，电工电子技术已经深入到生产和生活的每一个角落，适当掌握相关知识和积累实践经验是提高生产技能、获取高专业素质的有效方法。本书为了提高学生实际动手能力、理论联系实际能力、分析和解决问题能力而编撰，学生通过对本书的学习，能够达到提高电工电子相关领域综合技能的目标。

本书包括电子基础实训、电工基础实训、电子设计实训、嵌入式系统实训、电子创新实训等五个方面的实训内容，在编写过程中充分考虑学生实践过程的特点和需求，具有以下特点：

第一，针对性强。本书在内容安排上由浅入深、循序渐进，针对学生不易掌握、实践中存在困难的内容进行较为系统全面的介绍，以帮助学生掌握相关内容。

第二，实用性强。本书在内容安排上强调实用性，贴近学生实际应用需求，以提高学生的实际动手能力。

第三，传统与先进相结合。本书在内容安排上不仅有传统的基础实训内容，还有先进的EDA 技术、嵌入式技术等实训内容，以开阔学生的视野、提高学生的学习兴趣。

为了更好地落实立德树人的根本任务，积极引导学生树立正确的世界观、人生观、价值观，本书深入挖掘了电工电子实践教学中蕴含的思政元素，建设了课程思政资源。

本书由张恩忠编写第 8、9、15 ~ 18 章并负责统稿，赵世彧编写第 3、5、10 ~ 12 章，李晓东编写第 6、7 章，王玉辉编写第 2、4 章，张欣编写第 13、14 章，许世英编写第 1 章并负责全书的审校。

为方便读者对照阅读和理解，本书所有仿真图保留所用仿真软件中生成的符号。

本书在编写过程中参考了大量资料，在此向各位作者表示衷心的感谢。

由于编者的水平和经验有限，书中难免出现缺点和疑误之处，恳请同行和读者提出宝贵意见，以便改进。

编　者

课程思政微视频

目 录

第 1 章　电工电子实训概述

1.1　电工电子实训内容简介

电工电子实训包括电工电子基础实训及电子创新实训 2 个方面、5 个内容。

电工电子基础实训包括电子基础实训、电工基础实训、电子设计实训、嵌入式系统实训 4 个主要内容，涵盖电子电路、高频电子电路、电子钳工、电子安装、电子设备调试、电工识图、低压电工器件、三相异步电动机控制技术、基于 FPGA（现场可编程门阵列）的 EDA（电子设计自动化）技术、基于 Qsys 系统的 SOPC（可编程片上系统）技术、基于 ARM 系统的嵌入式技术等电工电子领域的实践内容。

电子基础实训的主要目标是培养学生电子实践的基本能力。实训以超外差式收音机组装与调试为实践载体，针对电子元器件识别与检测、电子器件手工焊接、电子设备基本调试、电子检测仪器使用等电子基础内容进行展开，主要介绍有关电路及电子设备装焊的相关知识，详细地介绍了基本电子元器件、基本手工焊接方式与方法、晶体管超外差式收音机原理及安装工艺，具有比较普遍的应用性，能够使学生了解和掌握一定的电学、电子线路的理论和电工电子基础操作技能，并锻炼学习新事物、了解新知识、解决新问题的能力。

电工基础实训的主要目标是培养学生电工实践的基本能力。实训以三相异步电动机控制为载体，针对低压电工器件识别与使用、三相异步电动机控制电路等电工基础内容进行展开，主要介绍传统低压电器结构及其典型控制电路，从电路的组成、安装、调试开始，由简单到复杂、循序渐进、突出重点、层次分明、注重实践，使学生能够掌握常用低压电器识别、判断、使用的方式与方法，掌握基本电器及电动机控制电路，培养动手能力和团队协作精神。

电子设计实训的主要目标是培养学生采用 EDA 技术进行电子设计的基本能力。实训以基于 FPGA 的 EDA 技术开发为载体，针对数字电子电路设计、基于 EDA 技术的数字电子系统设计、Qsys 系统设计等电子设计内容进行展开，主要介绍当今先进的数字电子设计方式方法，以先进的 EDA 设备为基础介绍 EDA 的基本过程，力求改变已有的传统通用集成电路设计、验证和应用的开发理念，转向可编程逻辑器件的设计和开发过程，从硬件设计转向系统可编程方面的软件开发，掌握目前先进、成熟的设计思想和方法，学习和运用 EDA 技术和辅助设备完成综合课程设计或实验项目，从而提高学生的数字电子设计水平和逻辑综合运用能力。

嵌入式系统实训的主要目标是培养学生对嵌入式系统的认识。实训以 ARM 嵌入式系统开发为载体，针对 ARM 嵌入式系统及其常见外部设备开发等嵌入式系统内容进行展开，主要介绍 ARM 嵌入式系统基本开发形式和手段，引领学生进入电子开发高端领域，开阔视野、提高热情、激发潜力。

电子创新实训的主要目标是培养学生创新实践的能力。实训包括电子电路常见控制器简介、常用传感器介绍、常用信号整理电路介绍、电子创新实践综合实例4个主要内容，涵盖数字电子电路控制器、电控系统传感器、电控系统信号整理电路、电子创新综合应用实例等电子创新领域的实践内容，展现电子创新常用手段及方法，开阔创新视野、提高创新能力、激发创新热情。

在电子电路常见控制器部分介绍了8 bit STC51单片机、基于AVR单片机的16 bit Arduino控制器、基于ARM单片机的32 bit STM32控制器三款控制器，使学生系统认识这三款控制器的特性和引脚功能。

在电控系统传感器部分介绍了巡线类、避障类、测距类、倾角类、碰撞类等常见传感器，使学生了解不同传感器的功能。

在电控系统信号整理电路部分介绍了电控系统前端放大、波形转换、滤波、检测等常见电路，使学生了解不同前端电路的功能。

在电子创新实践综合应用实例部分介绍了FPGA及Arduino、STM32控制器的实践应用，使学生进一步了解不同控制器的应用。

1.2 电流对人体的伤害

电流对人体的伤害主要通过各种形式的触电来表现，当电流直接或间接作用于人体时，可能产生酥麻、疼痛感觉，甚至出现灼伤、抽搐、休克或死亡的情况。最常见的触电形式分为直接触电、间接触电（高压）和其他形式触电（雷击等）三种。在日常生活中，最常见的是直接触电。

1.2.1 人体电阻及触电危害

人体有电流通过时会产生生理反应，一般不足1mA的电流可引起肌肉收缩、神经麻木。电疗仪器及电子针灸器就是利用微弱电流对身体的刺激达到治疗的目的。如果人体有较大的电流通过，就会产生剧烈的生理反应，使人受到电击。触电对人的危害同电流大小、触电时间、电流的途径及电流的性质有关。

人体电阻因人、条件而异，一般干燥的皮肤有100kΩ以上的电阻，但随着皮肤潮湿程度变大，电阻逐渐变小，可小到1kΩ以下。因此，不能认为低电压不会造成危害。通常认为的安全电压是就人体皮肤干燥时而言的，倘若用湿手接触36V的安全电压，也会触电。

1.2.2 电击强度

所谓电击强度，是指通过人体的电流强度和通电时间的乘积。要准确给出人体能承受的电击强度是不可能的，因为每个人的生理条件及承受能力是不相同的。根据大量研究统计，人体受到30mA·s以上的电击强度时，就会产生永久性伤害；一般几毫安电流即可产生电击感应；十几毫安电流即可使肌肉剧烈收缩、痉挛、失去自控能力、无力使自己与带电体脱离；如果几十毫安电流通过人体达1s以上，就可造成死亡；而几百毫安电流可使人严重烧伤，并且立即停止呼吸。电流对人体的作用见表1-1。

表 1-1　电流对人体作用

电流 /mA	对人体的作用
<0.7	无感觉
1	有轻微感觉
1 ~ 3	有刺激感，一般电疗仪器取此电流
3 ~ 10	感到痛苦，但可自行摆脱
10 ~ 30	引起肌肉痉挛，短时间无危险，长时间有危险
30 ~ 50	强烈痉挛，时间超过 60s 会有生命危险
50 ~ 250	产生心室纤颤，丧失知觉，严重危害生命
>250	短时间内（1s 以上）造成心脏骤停、体内电灼伤

1.2.3　电流途径和电流性质

如果电流不经过人脑、心、肺等重要部位，除了电击强度较大时，可造成内部烧伤外，一般不会危及生命，但如果电流经过上述部位时会造成严重后果。

不同性质的电流对人体伤害是不一样的。相对而言，40 ~ 300Hz 的交流电对人体的危害要比高频电流、直流电及静电大，这是因为高频（特别是高于 20kHz）电流的趋肤效应使得体内电流相对减弱；而静电的作用一般随时间很快地减弱，没有足够多的电荷，不会导致严重后果。此外，电磁波也会对人体产生一定的伤害，不过对一般电子行业的工作而言，人体所受的电磁波辐射是微不足道的。

1.2.4　触电方式

触电方式是指人们在触电时接触到的电压的状态，以及电网中电流通过人体的情况。按实际情况分类，可以把触电分为单极触电、双极触电和跨步电压触电 3 类。

1. 单极触电

单极触电是指人体或人体的某一部分接触单相带电体，与大地或中性点构成回路，从而造成的触电。

2. 双极触电

双极触电是指人体接触同一电源的两相带电体，直接构成回路，从而造成的触电。

3. 跨步电压触电

由跨步之间的电压差引起的触电称为跨步电压触电。跨步电压触电多发生在高压供电线路附近。

1.2.5　触电事故的主要原因

统计资料表明，发生触电事故的主要原因有以下几种：

1）缺乏电器安全知识。在高压线附近放风筝，爬上高压电杆掏鸟巢；低压架空线路断线后用手去拾相线；黑夜带电接线，手摸带电体；用手摸破损的开启式负荷开关。

2）违反操作规程。带电连接线路或电气设备而没有采取必要的安全措施，触及破坏的设备或导线，误登带电设备，带电接照明灯具，带电修理电动工具，带电移动电气设备，用湿手拧灯泡等。

3）设备不合格。安全距离不够，二线一地制接地电阻过大，接地线不合格或断开，绝缘破坏使导线裸露在外等。

4）设备失修。大风刮断线路或刮倒电杆而未及时修理；开启式负荷开关的胶木损坏而未及时更换；电动机导线破损，使外壳长期带电；瓷绝缘子破坏，使相线与拉线短接，设备外壳带电。

5）其他偶然原因。例如，夜间行走触碰断落在地面的带电导线。

1.2.6　发生触电时应采取的救护措施

发生触电事故时，在保证救护者本身安全的同时，必须首先设法使触电者迅速脱离电源，然后进行以下抢救工作。

1）解开妨碍触电者呼吸的紧身衣服。

2）检查触电者的口腔，清理口腔的黏液，如有义齿，则取下。

3）立即就地进行抢救，如果触电者呼吸停止，采用口对口人工呼吸法抢救，如果触电者心脏停止跳动或不规则颤动，可进行人工胸外按压法抢救，决不能无故中断。

如果现场除救护者之外，还有其他人在场，则还应立即进行以下工作：

1）提供急救用的工具和设备。

2）劝退现场闲杂人员。

3）保证现场有足够的照明和保持空气流通。

4）请医生前来抢救。

实验研究和统计表明，如果从触电后 1min 内开始抢救，则有 90% 的救活机会；如果从触电后 6min 内开始抢救，则仅有 10% 的救活机会；而从触电后 12min 开始抢救，则救活的可能性极小。因此当发现有人触电时，应争分夺秒，采用一切可能的办法进行抢救。

1.2.7　触电的预防

1. 加强安全教育，普及安全用电常识

实践表明，大量的触电事故是由于人们缺乏用电基本常识造成的，有的是因为对电力的特点及其危险性的无知；有的是因为疏忽麻痹，放松警惕；还有的是因为似懂非懂，擅自违章用电等造成的。因此，加强学习安全用电的基本常识是十分重要的。

2. 采取合理的安全防护技术措施

根据人体触电情况的不同，可将触电防护分为直接触电防护和间接触电防护。直接触电防护，是指防止人体直接接触电气设备带电部分的防护措施。直接触电防护的方法是将电气设备的带电部分进行绝缘隔离、空间隔离，防止人员触及或提高人员避开带电部位的可能性。例如，某些电器配备的绝缘罩壳、箱盖等防护结构，室内外配电装置带电体周围设置的隔离栅栏、保护网等屏护装置，在可能发生误入、误触、误动的电气设施或场所装设的安全标志、警示牌等。间接触电防护，是指防止人体接触正常情况下不带电，故障时带电设备的防护措施。间接触电防护的基本措施是对电气设备采取保护接地，以减小故障时这些部位的对地电压，并通过电路的保护装置迅速切断电源。对在潮湿场所使用电器、手持移动电器或人体经常接触的电气设备，可以考虑采用安全电压（一般指 36V 以下的电压）。

3. 剩余电流断路器及其应用

剩余电流断路器是一种低压触电自动保护电器。其基本功能是在电气设备发生漏电或当有人触电、尚未造成身体伤害之前发出信号，并由低压断路器迅速切断电源。剩余电流断路器在城乡居民住宅、学校、宾馆等场所得到广泛应用，对保障人身安全发挥了重要作用。

1.3 安全用电常识

1.3.1 通电前检查

对于自己不了解的用电设备，不要冒失拿起插头就往电源上插，要记住“四查而后插”。

所谓“四查”就是：一查电源线有无破损；二查插头有无外露金属或内部松动；三查电源线插头两极有无短路，同外壳（设备是金属外壳）有无通路；四查设备所需电压值是否与供电电压相符。

检查无上述问题方可通电。

1.3.2 检修、调试电气设备的注意事项

1）检修之前，一定要了解检修对象的电气原理，特别是电源系统。

2）不要以为断开电源开关就没有触电危险，只有拔下插头并对仪器内的高电压、大容量电容器放电处理后才是安全的。

3）不要随便改动仪器设备的电源线。

4）洗手后或手出汗潮湿时，不要带电作业。

1.3.3 焊接操作安全规则

1）烙铁头在没有确定脱离电源或冷却时，不能用手摸。

2）烙铁头上多余的锡不要乱甩，特别是往身后甩，危险很大。

3）易燃品要远离电烙铁。

4）拆焊有弹性的元件时，不要离焊点太近，并使可能弹出焊料的方向向外。

5）插拔电烙铁等电器的电源插头时，要一手按住插座，一手拿插头，不要抓电源线。

6）用剪线钳剪断导线或元器件引脚时，让导线飞出方向朝着工作台或空地，决不可朝向人或设备。

1.3.4 电气设备的安全要求

1. 安全用电标志

明确统一的标志是保证用电安全的一项重要措施，不少电气事故是由于标志不统一而造成的。例如由于导线的颜色不统一，误将相线接设备的机壳，而导致机壳带电，造成触点伤亡事故。

标志分为颜色标志和图形标志。颜色标志常用来区分不同性质、不同用途的导线，或用来表示某处安全程度。图形标志一般用来告诫人们不要去接近有危险的场所。

为保证安全用电，必须严格按照有关标准使用颜色标志和图形标志。我国安全色采用的标准为 GB 2893—2008，一般采用的安全色有以下几种：

红色：用来标志禁止、停止和消防，如信号灯、信号旗、机器上的紧急停机按钮等。

黄色：用来标志注意危险，如“当心触电”“注意安全”等。

绿色：用来标志安全无事，如“在此工作”“已接地”等。

蓝色：用来标志强制执行，如“必须戴安全帽”等。

黑色：用来标志图像、文字符号和警告标志的几何图形。

按照规定，为便于识别，防止误操作，确保运行和检修人员的安全，采用不同颜色来区别设备特征。例如电气母线，A 相用黄色，B 相用绿色，C 相用红色，明敷的接地线用黑色。在二次系统中，交流电压回路用黄色，交流电流回路用绿色，信号和警告回路用白色。

2. 安全用电的注意事项

1）认识了解电源总开关，学会在紧急情况下关断总电源。

2）不用手或导电物体（如铁丝、钉子、别针等金属制品）去接触、探试电源插座内部。

3）不用湿手触摸电器，不用湿布擦拭电器。

4）电器使用完毕后应拔掉电源插头；插拔电源插头时不要用力拉拽电线，以免电线的绝缘层受损造成触电；电线的绝缘皮剥落，要及时更换新线或者用绝缘胶布包好。

5）发现有人触电要设法及时关断电源，或者用干燥的木棍等物体将触电者与带电的电器分开，不要用手直接救人；年幼者遇到这种情况，应向成年人求助，不要自己处理，以防触电。

6）不随意拆卸、安装电源线路、插座、插头等。即使安装灯泡等简单的操作，也要先关断电源，按照安全指导进行。

3. 安全用电常识

1）入户电源线避免过载使用，破旧老化的电源线应及时更换，以免发生意外。

2）入户电源总熔体与分户熔体应配置合理，使其能起到对家用电器的保护作用。

3）接临时电源要用合格的电源线，电源插头、插座要安全可靠；破损且急需使用的电源线，接头部分要用胶布包好。

4）临时电源线临近高压输电线路时，应与高压输电线路保持足够的安全距离（10kV 及以下为 0.7m，35kV 为 1m，110kV 为 1.5m，220kV 为 3m，500kV 为 5m）。

5）严禁私自从公用线路上接线。

6）线路接头应确保接触良好，连接可靠。

7）房屋装修时，隐藏在墙内的电源线要放在专用阻燃护套内，电源线的截面积应满足负载要求。

8）使用电动工具如电钻等，须戴绝缘手套。

9）如果家用电器着火，应先切断电源再救火。

10）家用电器接线必须确保正确，有疑问应及时询问专业人员。

11）家庭用电应装设带有过电压保护的调试合格的剩余电流断路器，以保证使用家用电器时的人身安全。

12）家用电器在使用时，应有良好的外壳接地，室内要设有公用地线。

13）湿手不能触摸带电的家用电器，不能用湿布擦拭使用中的家用电器，进行家用电器修理必须先停电源。

14）家用电热设备、暖气设备一定要远离煤气罐、煤气管道，发现煤气漏气时先开窗通风，千万不能拉合电源，及时请专业人员修理。

15）使用电烙铁等电热工具，必须远离易燃物品，用完后应切断电源，拔下插头以防发生意外。

1.3.5　插座的正确安装

单相用电设备，特别是移动式用电设备，都应使用三芯插头和与之配套的三孔插座。三孔插座上有专用的保护接地插孔，接线时专用接地插孔应与专用的保护接地线相连。

插座的两种常见接线方式如图 1-1 所示。

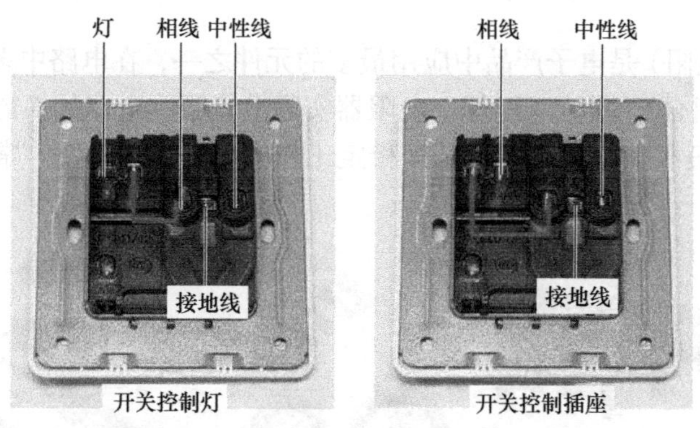

图 1-1　插座的两种常见接线方式示意图

插座正面接线的示意图如图 1-2 所示。

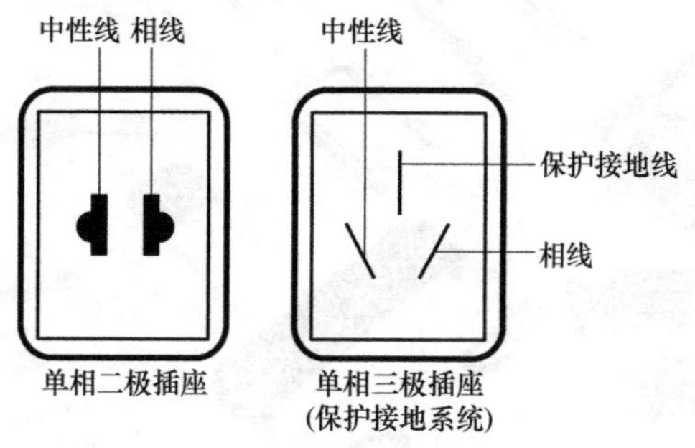

图 1-2　插座正面接线示意图

需要强调的是，插座从正面观察，应该遵循“左中性线右相线”的原则。

第 2 章　常用电子元器件基础

电子产品性能的优劣，不但与电路的设计、结构和工艺水平有关，而且与正确选用元器件有很大的关系。一个完整的电子产品由许多元器件组成，每个元器件在电路中都起着不同的作用。因此，对电子元器件的结构、特性、使用方法及注意事项等基本知识有所了解，才能对其具有正确的认识和准确的使用。下面对几种常见的元器件做简单介绍。

2.1　电阻器

电阻器（简称电阻）是电子产品中应用最多的元件之一，在电路中多用来进行分压、分流、滤波（与电容组合）、阻抗匹配等。电阻器实际上是吸收电能的换能元件，消耗电能使自身温度升高，其负载能力取决于其长期稳定工作的允许发热温度。常见电阻器的外观如图 2-1 所示。

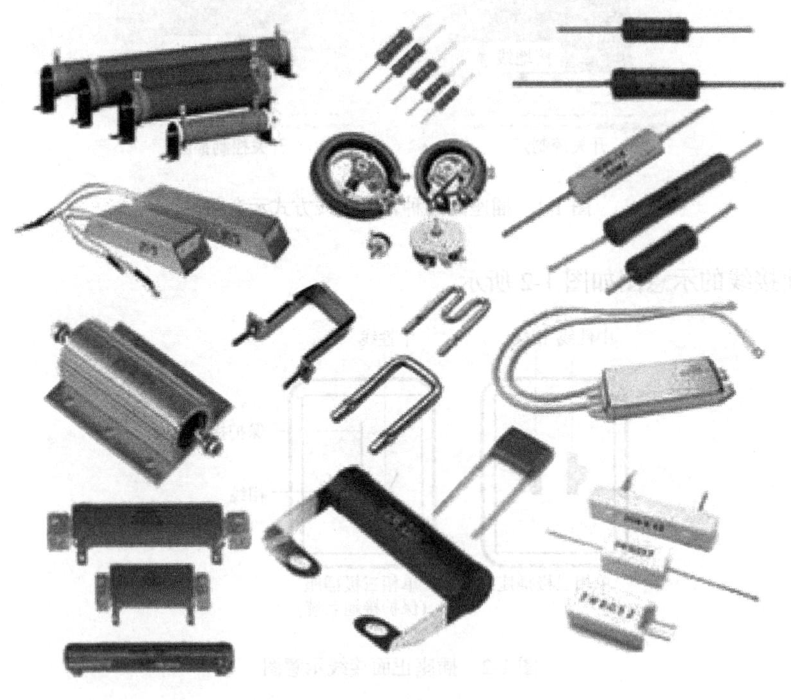

图 2-1　常见电阻器外观

电阻器常见图形符号如图 2-2 所示。

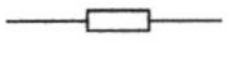

图 2-2　电阻器图形符号

2.1.1　电阻器的发展

1885 年，英国 C. 布雷德利发明模压碳质实芯电阻器。1897 年，英国 T. 甘布里尔和 A. 哈里斯用含碳墨汁制成碳膜电阻器。1913 ~ 1919 年，英国 W. 斯旺和德国 F. 克鲁格先后发明金属膜电阻器。1925 年，德国西门子 – 哈尔斯克公司发明热分解碳膜电阻器，打破了碳质实芯电阻器垄断市场的局面。晶体管问世后，对电阻器的小型化、阻值稳定性等指标要求更严，促进了各类新型电阻器的发展。美国贝尔实验室于 1959 年研制成 TaN 电阻器。20 世纪 60 年代以来，采用滚筒磁控溅射、激光阻值微调等新工艺，部分电阻器向平面化、集成化、微型化及片状化方面发展。

2.1.2　电阻器的分类

电阻器的种类很多，常根据电阻体材料、用途等方面进行分类。

1. 按制造电阻体的材料分类

电阻器按制造电阻体的材料分类可分为：合金型、薄膜型、合成型。

（1）合金型　其用块状电阻合金拉制成合金线或碾压成合金箔制成电阻器，如线绕电阻器、精密合金箔电阻器等。

（2）薄膜型　其在玻璃或陶瓷基体上沉积一层电阻薄膜，膜厚一般在几微米以下，薄膜材料有碳膜、金属膜、化学沉积膜及金属氧化膜等。

（3）合成型　其电阻体本身由导电颗粒和有机（或无机）胶黏剂混合而成，可制成薄膜或实心两种，常见有合成膜电阻器和实心电阻器。

2. 按用途分类

电阻器按用途分类可分为：

（1）通用型　此类电阻器指一般技术要求的电阻器，额定功率为 0.05 ~ 2W，阻值为 1Ω ~ 22MΩ，允许偏差为 ±5%、±10%、±20%等。

（2）精密型　此类电阻器有较高的精度和稳定性，功率一般不大于 2W，标称阻值在 0.01Ω ~ 20MΩ 之间，精密允许偏差为 ±2% ~ ±0.001%之间。

（3）高频型　此类电阻器自身电感量极小，常称为无感电阻器，用于高频电路，阻值一般小于 1kΩ，功率范围宽，最大可达 100W。

（4）高压型　此类电阻器用于高压装置，功率在 0.5 ~ 15W 之间，额定电压可达 35kV 以上，标称阻值可达 1000MΩ。

（5）高阻型　此类电阻器阻值都在 10MΩ 以上。

（6）集成电阻器　这是一种电阻网络，它具有体积小、规整化、精密度高等特点，适用于电子设备及计算机工业生产中。

（7）特殊用途电阻器　此类电阻器包括光敏、气敏、压（力）敏、（电）压敏、热敏电阻器等。它们的阻值随着外界光线的强弱、某种气体浓度的高低、压力的大小、电压的高低、温度的高低而变化。

2.1.3　电阻器的主要参数

1. 标称阻值

电阻器的阻值大小一般与温度、材料、长度和横截面积有关。衡量电阻受温度影响大小的物理量是温度系数，其定义为温度每升高 1℃时阻值变化的百分数。电阻的主要物理特征是变电能为热能，也可说它是一个耗能元件，电流经过它就产生热能消耗。

标称阻值是指电阻器表面上标注的 25℃下测量的阻值，单位为欧（Ω）、千欧（kΩ）、兆欧（MΩ）、吉欧（GΩ）等。

2. 额定功率

额定功率是指电阻器在产品标准要求的大气压和温度下连续工作所允许耗散的最大电功率。对每种电阻器同时还规定最高工作电压，即当阻值较高时即使并未达到额定功率，也不能超过最高工作电压使用。

常用的电阻标称功率值有 1/16W、1/8W、1/4W、1/2W、1W、2W、3W、5W、10W、20W、100W 等。

2.2　电位器

电位器是具有三个引出端（引脚）、阻值可按某种变化规律调节的电阻元件。电位器通常由电阻体和滑动片组成。当滑动片沿电阻体移动时，在输出端即获得与位移量成一定关系的阻值或电压。电位器既可作三端元件使用也可作二端元件使用，二端情况下可视作一个可变电阻器；三端情况下由于它在电路中的作用是获得与输入电压（外加电压）成一定关系的输出电压，因此称之为电位器。常见电位器外观如图 2-3 所示。

图 2-3　常见电位器外观

电位器符号是在电阻器的基本符号上再画一条带有箭头的折线表示电位器的活动节点，其常见图形符号如图 2-4a 所示；有的电位器带有开关，称为开关电位器，其图形符号如图 2-4b 所示，由基本电位器的符号和一个开关符号组成，并在两者之间用虚线连接，表示开关和电位器是由同轴实现控制的。

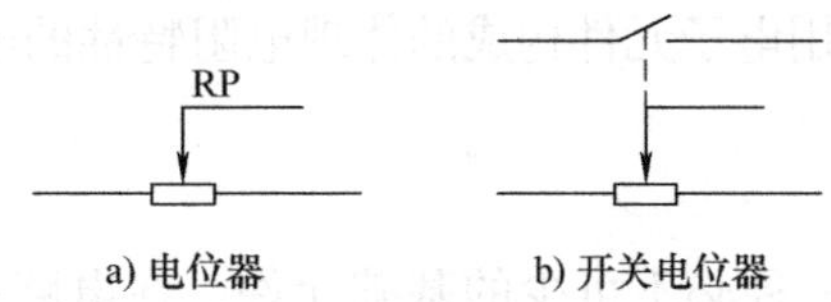

图 2-4　电位器符号

2.2.1　电位器的结构

电位器结构如图 2-5 所示。

在电路中通过调整电位器的转轴可获得一个可变的电位，对外有三个引出端，其中 A、C 分别为电阻体的两个引出端，B 为滑动片的引出端。滑动片的位置改变引起 AB 和 BC 阻值的变化，但总阻值不变。

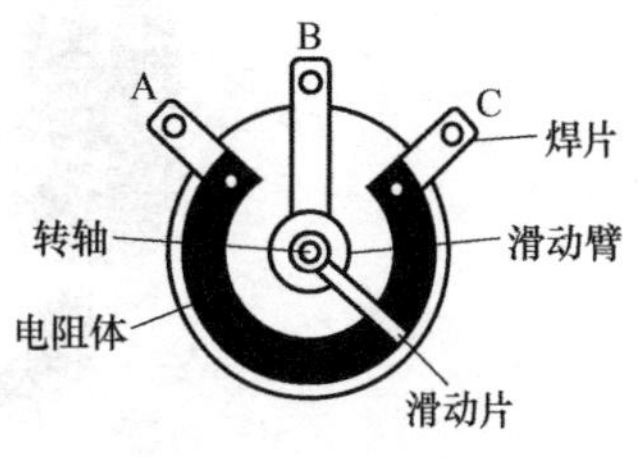

图 2-5　电位器结构图

2.2.2　电位器的分类

1. 接触式

（1）按电阻体材料分类

合金型电位器——线绕电位器、块金属膜电位器。

合成型电位器——合成碳膜型、合成实心型、金属玻璃釉型、导电塑料型电位器。

薄膜型电位器——金属膜型、金属氧化膜型、碳化钽膜型电位器。

（2）按阻值变化分类

直线型电位器——阻值的变化以直线形式变化的电位器。

函数型电位器——阻值的变化以某一特定函数形式变化的电位器。

（3）按调节方式分类

直滑式电位器——以直线方式滑动电位器滑动片调节电位器阻值。

旋转式电位器（单圈、多圈）——通过旋转电位器转轴调节电位器阻值。

（4）按结构特点分类

带开关电位器（旋转开关型、推拉开关型）——在电位器的基础上增加开关结构。

单联电位器——单个电位器单轴使用。

多联电位器（同步多联式、异步多联式）——多组电位器同轴联动。

（5）按用途分类

普通型电位器——通用型电位器，阻值变化范围适中，调节简单，应用广泛。

微调型电位器——阻值变化范围较小的电位器。

精密型电位器——阻值变化精度高的电位器。

功率型电位器——功率调节型电位器。

专用型电位器——具有特定功能的电位器。

2. 非接触式

1）光电型电位器——根据光照强度变化而改变阻值的电位器。

2）磁敏型电位器——根据磁场强度变化而改变阻值的电位器。

3）电子型电位器——采用电子元件构成的体现电阻特性的电位器，又称电子负载。

2.3　电容器

电容器在电子产品中是一种必不可少的基础元件，在电路中主要起到调谐、耦合、旁路、滤波等作用。常见电容器外观如图 2-6 所示。

图 2-6　常见电容器外观

2.3.1　电容器的结构

电容器由两块平行金属板中间隔一个绝缘体组成，结构如图 2-7 所示。

当电容器的两个极板之间加上电压时，电容器就会储存电荷。电容器是储存电荷的一种元件，但不同的电容器储存电荷的能力不同。

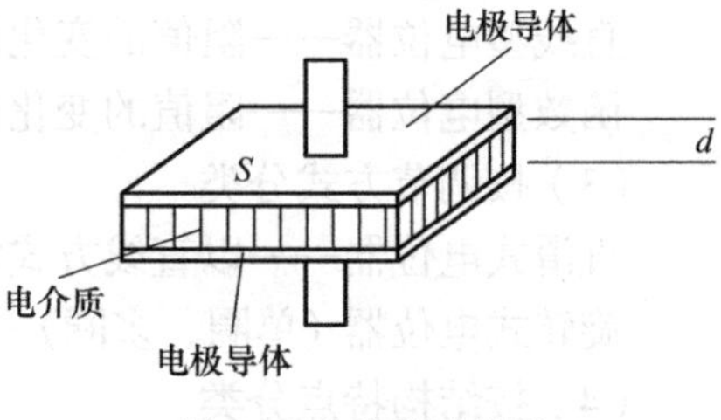

电极导体
S
d
电介质
电极导体

图 2-7　电容器结构图

2.3.2　电容器的分类

1. 按介质材料分类

1）有机介质（复合介质）：纸介、塑料、薄膜复合电容器。

2）无机介质：云母、玻璃釉、陶瓷（独石）电容器。

3）气体介质：空气、真空、充气电容器。

4）电解质：普通铝电解、钽电解、铌电解电容器。

2. 按电容量是否可调分类

1）固定电容器。

2）可变电容器：空气介质、塑膜介质。

3）微调电容器：陶瓷介质、空气介质、塑膜介质。

2.3.3　电容器的主要参数

1. 标称电容量 C_r 与允许偏差 δ

电容量就是表示电容器储存电荷能力的物理量，用 C 表示。两个结构不同的电容器，在相同的电源电压作用下充满电后，发现它们所储存的电荷数量并不相等，储存电荷多的则储电能力强，储存电荷少的则储电能力弱。因此，在相同电压的条件下，比较电容器储存电荷的多少，就能衡量出电容器储电能力的大小。把电容器在 1V 电压作用下所能储存的电荷数量称作电容器的电容量（简称电容），用公式表示为：$C=Q/U$。

电容的国际单位是库仑 / 伏特，它的名称是法拉，符号为 F。当电容器极板上的电荷为 1C，极板间的电位差为 1V 时，电容器的电容量为 1F。法拉这个单位所表示的单位值过大，实际中常用较小的单位，如微法（μF）和皮法（pF），它们和法拉的换算关系是：$1\mu F=10^{-6}F$，$1pF=10^{-6}\mu F=10^{-12}F$。

标志在电容器上的电容量，称作标称电容量 C_r。电容器的实际电容量与标称电容量的允许最大偏差范围，称作它的允许偏差 δ。

2. 额定直流工作电压

额定直流工作电压指在规定的温度范围内，电容器在电路中能够长期（指工作寿命内）可靠地工作而不被击穿时所能承受的最大直流电压，其大小与介质的种类和厚度有关。

3. 漏电电阻和漏电电流

电容器中的介质并不是绝对的绝缘体，或多或少有些漏电。除电解电容器漏电电流稍大外，一般电容器漏电电流很小。显然，电容器的漏电电流越大，绝缘电阻（即漏电电阻）越小。当漏电电流较大时，电容器发热。发热严重时，电容器会因过热而损坏。

2.3.4　超外差式收音机常用电容器

超外差式收音机通常采用分立元件构成，常用的电容器包括双联可变电容器、瓷介电容器、电解电容器、涤纶电容器等。

1. 双联可变电容器

可变电容器一般由两组金属片组成电极，其中固定的一组称为定片，可旋转的一组称为动片，旋转动片可以达到改变电容量大小的目的。在超外差式收音机中一般用有机薄膜介质的双联可变电容器，其在电路中的主要功能是选择电台。双联可变电容器外观如图 2-8 所示。

图 2-8　双联可变电容器外观图

2. 瓷介电容器

瓷介电容器是用陶瓷材料作介质，在陶瓷片上覆银而制成电极，再焊上引出线，最后在外面涂上保护漆，其性能特点是电容量小、体积小、漏电小、耐压高、耐热性能好、性能稳定、无极性等特点。瓷介电容器外观如图 2-9 所示。

3. 电解电容器

电解电容器是用铝（钽或铌等）箔和浸过电解液的纸或纱布交替叠好，卷成圆筒形，外部用铝壳密封而制成的。铝箔和电解液起电化作用，在铝箔表面生成一层极薄的氧化铝薄膜作为介质，由于薄膜与铝箔之间有单向导电性，即当铝箔具有较高电位，电解液一边具有较低电位时，薄膜具有较好的绝缘性能；相反时，则能通过电流。所以，电解电容器的两端具有正负极之分，只有当铝箔（正极）和电路中的高电位相接，铝制外壳（负极和电解液相通）与电路中的低电位相接时，才能正常工作；相反则是不可以的。电解电容器的特点是电容量大、有极性、成本低，但是它的耐压较低（500V 以下），漏电损耗大，稳定性差，所以只能用在直流或脉动电路中。电解电容器通常在电容体上标有该电容器的极性、电容量值和耐压值。选用电解电容器时，除选择其电容量外，还要考虑耐压值，所选电容器的耐压值应高于或等于要接的电路中可能出现的最高电压值。电解电容器外观如图 2-10 所示。

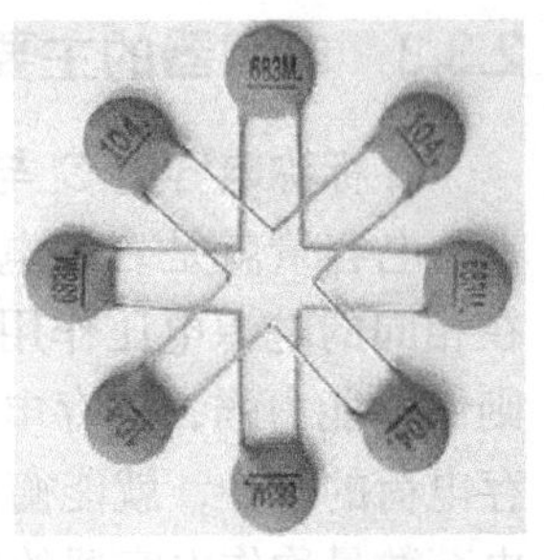

图 2-9　瓷介电容器外观图

图 2-10　电解电容器外观图

4. 涤纶电容器

涤纶电容器的介质为涤纶薄膜，外形结构有金属壳密封的，有塑料壳密封的，还有的是将卷好的芯子用带色的环氧树脂密封的。其性能特点是容量大、体积小、耐热、耐湿性好、制作成本低，但其稳定性较差。涤纶电容器外观如图 2-11 所示。

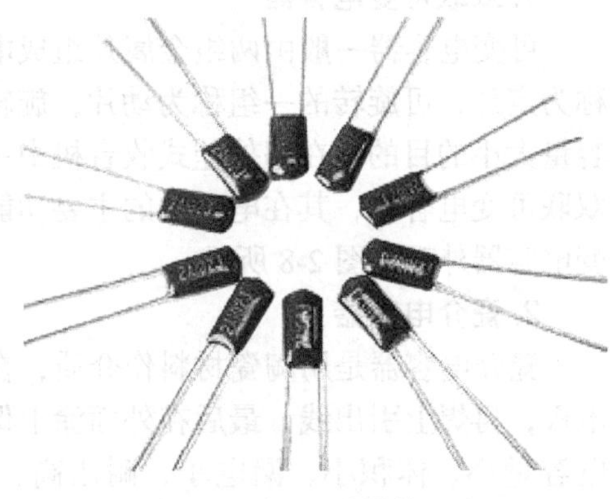

图 2-11　涤纶电容器外观图

2.4　半导体器件

2.4.1　半导体的基本知识

1. 本征半导体

导电能力介于导体和绝缘体之间的物质称为半导体。在半导体器件中最常见的是硅和锗两种材料。纯净的半导体称为本征半导体。

2. 杂质半导体

在本征半导体中掺入微量的其他元素就会使半导体的导电性能发生显著变化，掺入杂质的半导体称为杂质半导体，有 N 型和 P 型两类。

在硅（或锗）的晶体（本征半导体）中掺入五价元素（如磷、砷、锑等）后，就形成了 N 型半导体；掺入三价元素（如硼、铝、铟等）后，就形成了 P 型半导体。

3. PN 结

在一块完整的硅片上，用不同的掺杂工艺使其一边形成 N 型半导体，另一边形成 P 型半导体，那么在两种半导体的交界面附近就形成了 PN 结。PN 结是构成各种半导体器件的基础。

PN 结具有单向导电性。P 区接电源正极，N 区接电源负极，称为正向偏置，形成较大的正向电流；而 P 区与 N 区反接时，称为反向偏置，此时电流很小。PN 结除了单向导电性外，还有一定的电容效应，按产生的原因不同可分为势垒电容和扩散电容两种。

2.4.2　二极管

1. 二极管的结构

从结构上来看，二极管实际上就是一个 PN 结。因此，它最主要的特性就是单向导电性。二极管外观及图形符号如图 2-12 所示。

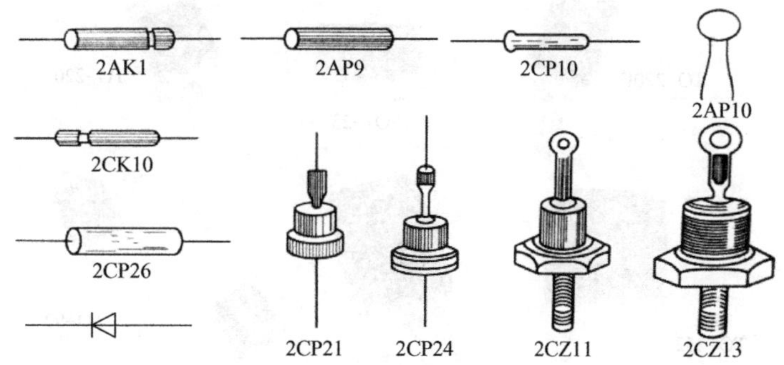

图 2-12　二极管外观及图形符号

2. 二极管分类及用途

二极管按所用半导体材料的不同，可分为锗二极管和硅二极管。锗二极管正向导通电阻很小，正向导通电压只需 0.2V，硅二极管反向漏电流比锗二极管小得多，它的正向导通电压为 0.5 ~ 0.7V。

如果把二极管接到交流电源上，就能把交流电转变为直流电，这个过程叫作整流；如果通过二极管把具有已调信息的高频信号中的信息解读出来，这个过程就叫作检波。

二极管在收音机中主要作用就是检波和整流。

2.4.3　晶体管

晶体管自 20 世纪 50 年代问世以来，作为一代产品曾为电子产品的发展起了重要作用。目前虽然集成电路被广泛应用，并在不少场合取代了晶体管，但任何时候都不能将晶体管完全取代。因为晶体管有其自身的特点，并在电子产品中发挥着其他元器件所不能起到的作用，因而晶体管不仅不能被淘汰，而且还会有所发展。

1. 晶体管的结构

晶体管由两个PN结组成，并且两个PN结按它们的结构和掺杂成分的不同，分别叫作发射结和集电结。同时把一块晶体分成三个区，即发射区、基区和集电区。由晶体管的三个区依次引出发射极、基极和集电极。晶体管结构及图形符号如图2-13所示。

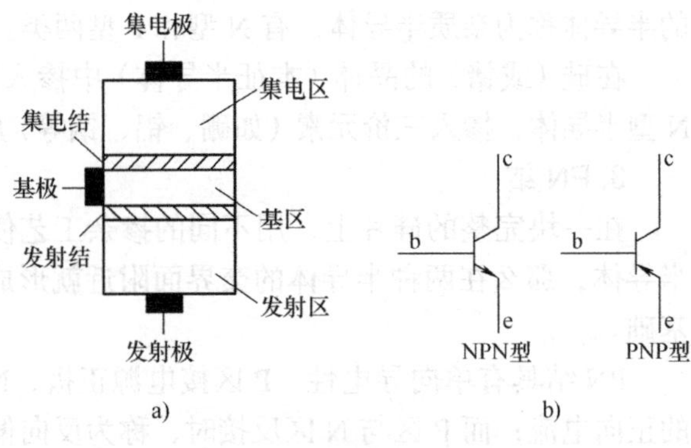

图2-13　晶体管结构及图形符号

2. 晶体管的分类

晶体管按基体材料分为锗管和硅管，按频率分为超高频管、高频管和低频管等，按类型分为PNP型和NPN型，按制作工艺分为扩散管、合金管等，按功率分为大功率、中功率和小功率晶体管，按用途分为放大管和开关管等。常见晶体管外观如图2-14所示。

图2-14　常见晶体管外观图

2.5　电感器

电感器一般又称电感线圈，在谐振、耦合、滤波等电路中应用十分普遍。与电阻器、电容器不同的是电感器没有品种齐全的标准产品，特别是一些高频小电感器，通常需要根据电路要求自行设计制作。

2.5.1　电感器的分类

电感器可按不同方式进行分类。

1）按功能分为：振荡线圈、扼流圈、耦合线圈、校正线圈、偏转线圈。

2）按是否可调分为：固定电感器、可调电感器、微调电感器。

3）按结构分为：空心线圈、磁心线圈、铁心线圈。

4）按形状分为：线绕电感器、平面电感器。

常用电感器外观如图 2-15 所示。

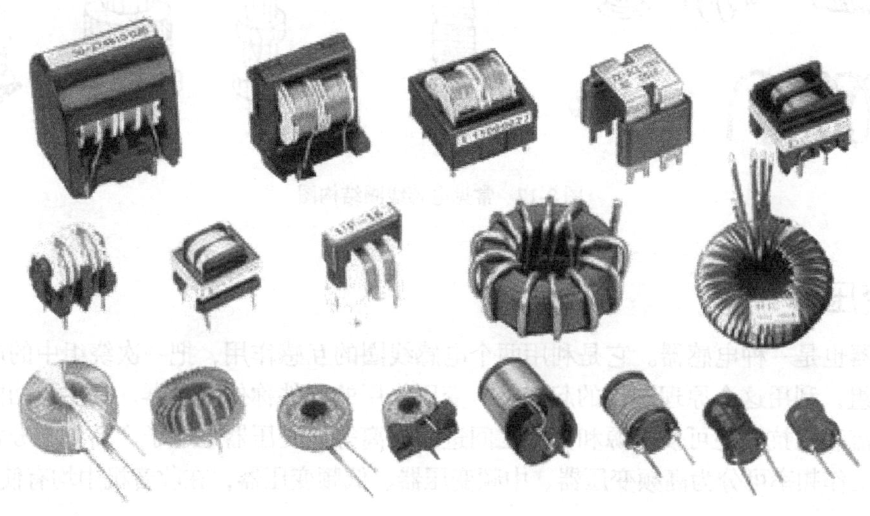

图 2-15　常用电感器外观图

常用电感器符号如图 2-16 所示。

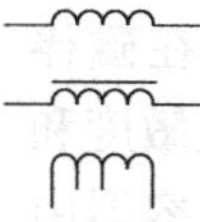

图 2-16　常用电感器符号

2.5.2　电感器的主要参数

1. 电感量

在没有非线性导体物质存在的条件下，一个载流线圈的磁通 Φ 与线圈中电流 I 成正比。其比例常数称自感系数，也称电感量，用 L 表示，$L=\Phi/I$。电感量的基本单位是亨利（H），常用的有毫亨（mH）、微亨（μH）、纳亨（nH）。

2. 品质因数

电感线圈的品质因数定义为：$Q=2\pi fL/R$，f 为电路工作频率，L 为线圈的电感量，R 为线圈的总损耗电阻（包括直流电阻、高频电阻及介质损耗电阻）。Q 值反映线圈损耗的大小，Q 值越高，损耗功率越小，电路效率越高，频率选择性越好。

3. 额定电流

额定电流是线圈中允许通过的最大电流，主要对高频扼流圈和大功率的谐振线圈而言。

2.5.3　线圈结构与常用磁心

通常线圈由骨架、绕组、磁心、屏蔽罩等组成，其中除线圈绕组外的其余部分根据使用场合的需求各不相同。常见电感线圈结构如图 2-17 所示。

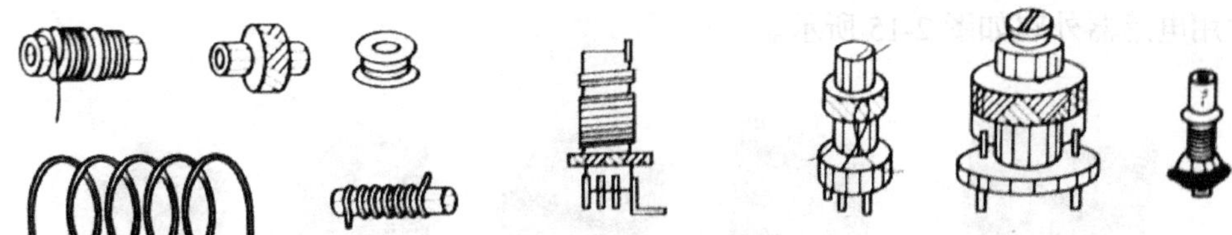

图 2-17　常见电感线圈结构图

2.6　变压器

变压器也是一种电感器。它是利用两个电感线圈的互感作用，把一次绕组中的电能传递到二次绕组，利用这个原理制作的起交链、变压作用的器件称作变压器。其主要功能是变换电压、电流和阻抗，还可使电源和负载之间进行隔离等。变压器是电子产品中十分常见的器件，它按工作频率可分为高频变压器、中频变压器、低频变压器，在收音机中均有使用。

2.6.1　高频变压器

高频变压器又称耦合线圈或调谐线圈，收音机中的天线线圈和振荡线圈都是高频变压器。

磁性天线线圈的一次、二次绕组绕在磁棒上。磁棒能聚集无线电波，使收音机的灵敏度和选择性得到提高。一次绕组和可变双联电容器中的一只电容组成谐振回路，调节双联，一次绕组能够感应出需要的电台信号，通过二次绕组耦合到放大器中，一次和二次绕组匝数应视电路参数而定。磁棒的外形有圆形和扁形两种，若长度相同，横截面积也相同，则两种磁棒的效果相同。常见天线线圈及磁棒如图 2-18 所示。

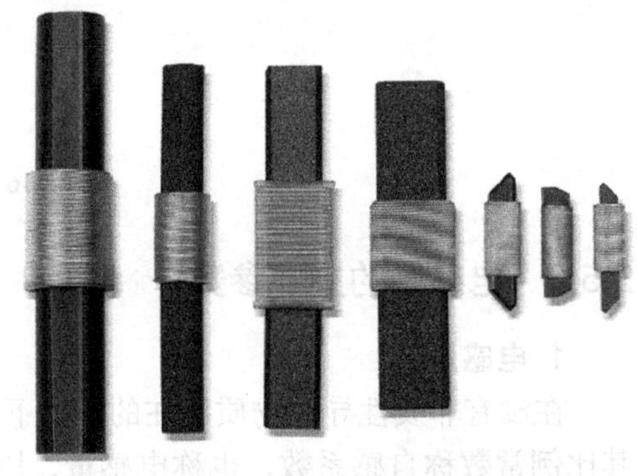

图 2-18　常见天线线圈及磁棒

振荡线圈也是一种高频变压器。它的外形和结构类似于中频变压器。振荡线圈整个结构装在金属屏蔽罩内，下面有金属引出脚，上面有调节孔。其一次绕组和二次绕组都绕在磁心上，磁帽罩在磁心外面，磁帽上有螺纹，可在有螺纹的尼龙支架中旋上旋下，从而调节磁帽和磁心之间的间隙，以此改变线圈的电感量。振荡线圈如图 2-19 所示。

图 2-19　振荡线圈

2.6.2　中频变压器

中频变压器又叫中周，它对超外差式收音机的灵敏度、选择性和音质的好坏都有很大影响。

中频变压器和适当电容量的电容器相配合，能从前级传送来的信号中选出某种特定频率的信号，传给下一级。中频变压器常见结构如图 2-20 所示。

选用中频变压器时应特别注意，中频变压器一般一套有两三只，不能与振荡线圈混淆。其次，一套之中，每只特性也不相同，在装配时不能位置调换，否则将影响收音机的质量。使用时可根据壳体上的型号或磁帽上的色标判别。焊接时温度也不宜过高，否则尼龙支架会受热变形，使磁帽不能调节。中频变压器外观如图 2-21 所示。

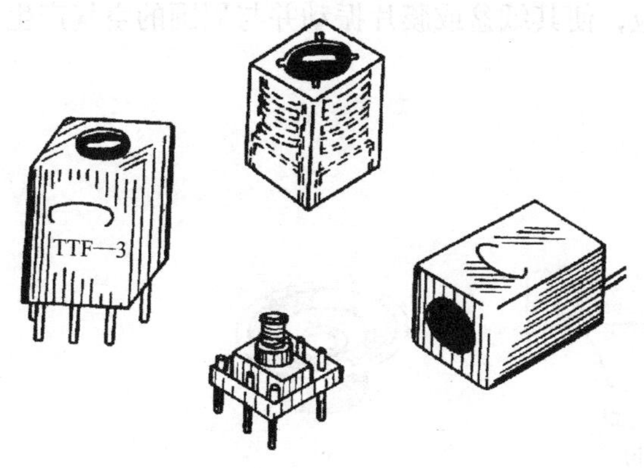

图 2-20　中频变压器结构图

图 2-21　中频变压器外观图

2.6.3　低频变压器

低频变压器可分为音频变压器和电源变压器，它是变换电压和作阻抗匹配的元器件。收音机中常用的低频变压器有输入、输出变压器，它们的作用主要是使输入、输出阻抗相适应，只有阻抗适当的情况下，输出的音频功率才最大，而且失真最小、音质最好。音频变压器外观如图 2-22 所示。

图 2-22　音频变压器外观图

使用变压器的时候，应该根据电路中使用的电源电压、所接扬声器的阻抗、输出功率的大小选用不同的型号。还需注意，输入变压器和输出变压器不能互换使用。用万用表 $R\times1$ 挡测两只变压器无抽头的绕组，阻值小（1Ω 左右）的是输出变压器，阻值大（几十到几百欧）的是输入变压器。

在无线电通信、广播电视、自动控制中，音频变压器作为电压放大、功率输出等电路的器件。音频变压器在工作频带内频率响应均匀，其铁心由高磁导率材料叠装而成，一次、二次绕组耦合紧密，这样穿过一次绕组的磁通几乎全部与二次绕组相链，耦合系数接近 1。

铁心的磁滞损耗及磁路饱和会引起信号失真。适当配置负载，加大负载电流，可以减少磁滞损耗的影响；增大铁心断面，留有气隙，可使磁路不致饱和，这样能减少信号的失真。

2.7 扬声器

扬声器是一种把电信号转变为声信号的换能器件，扬声器的性能优劣对音质的影响很大。扬声器在音响设备中是一个最薄弱的器件，而对于音响效果而言，它又是一个最重要的部件。音频电能通过电磁、压电或静电效应，使其纸盆或膜片振动并与周围的空气产生共振（共鸣）而发出声音。

2.7.1 扬声器的分类

扬声器外观如图 2-23 所示。

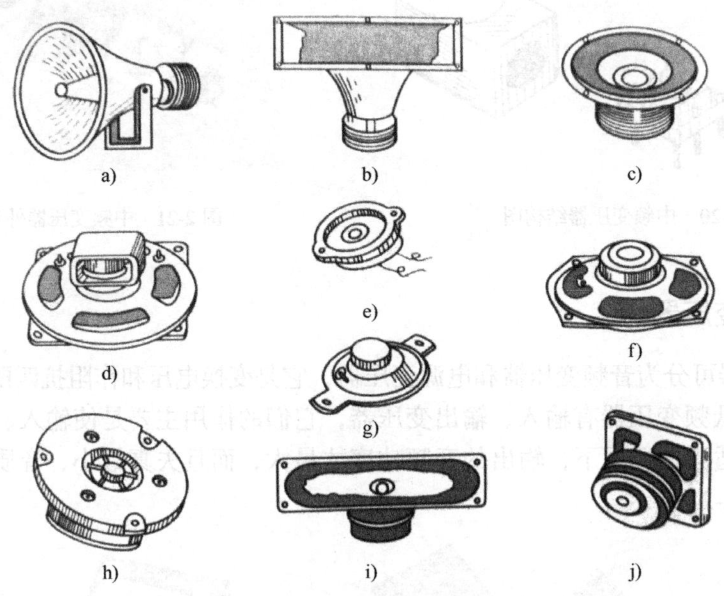

图 2-23　扬声器外观图

扬声器的种类很多，按电－声换能方式不同，分为电动式、压电式、电磁式、气动式等；按结构不同，分为号筒式、纸盆式、平板式、组合式等多种；按形状不同，分为圆形、椭圆形等；按工作频段不同，分为高音扬声器、中音扬声器、低音扬声器、全音扬声器等。

2.7.2 扬声器的工作原理

根据法拉第定律，当载流导体通过磁场时，会受到一个电动力，其方向符合弗莱明左手定则，力与电流、磁场方向互相垂直，受力大小与电流、导线长度、磁通密度成正比。当音圈输入交变音频电流时，音圈受到一个交变推动力，产生交变运动，带动纸盆振动，反复推动空气而发声。

扬声器工作原理示意图如图 2-24 所示。

图 2-24　扬声器工作原理示意图

如图 2-24 所示，扬声器将电信号变成相应的机械振动，机械振动通过声波辐射器使它周围介质（空气）产生波动，从而完成了电到声的转换过程。

2.7.3　扬声器的主要参数

1. 标称功率

扬声器的标称功率又叫额定功率，它是指扬声器长时间连续工作时所能承受的最大输入电功率。常见的标称功率有 0.1W、0.25W、0.5W、1W 等。

2. 口径

扬声器的口径是指纸盆的最大外径。一般来说，口径越大，额定功率越大，它的发音低频响应好，声音丰满有力度。

3. 阻抗

阻抗即音圈阻抗，它是指扬声器在某一规定频段内对音频信号所呈现的阻抗值。常见的扬声器的音圈阻抗有 4Ω、8Ω、16Ω 等。

2.8　集成电路

集成电路简称 IC，是将组成电路的有源元器件（晶体管、二极管）、无源元器件（电阻器、电容器等）及其互连布线，通过半导体工艺、薄厚膜工艺或这些工艺的结合，制作在半导体或绝缘基片上，形成结构上紧密联系的具有一定功能的电路和系统。

2.8.1　集成电路的分类

集成电路的品种相当多，按结构形式和制作工艺的不同，可分为半导体集成电路、膜集成电路和混合集成电路等。半导体集成电路是采用半导体工艺技术，在基片上制作包括电阻器、电容器、晶体管、二极管等元器件并具有某种电路功能的集成电路；膜集成电路是在玻璃或陶瓷片等绝缘物体上，以“膜”的形式制作电阻器、电容器等无源元器件。无源元器件的数值范围可以做得很宽，精度可以做得很高。但目前的技术水平尚无法用“膜”的形式制作二极管、晶体管等有源元器件，因而使膜集成电路的应用范围受到很大的限制。在实际应用中，多半是在无源膜电路上外加半导体集成电路或分立的二极管、晶体管等有源元器件，使之构成一个整体，这便是混合集成电路。根据膜的厚薄不同，膜集成电路又分为厚膜集成电路和薄膜集成电路两种。在家电维修和一般性电子制作过程中遇到的主要是半导体集成电路、厚膜集成电路及少量的混合集成电路。

按集成度不同，集成电路可分为小规模、中规模、大规模及超大规模集成电路四类。对于模拟集成电路，由于工艺要求较高、电器又较复杂，所以一般认为集成 50 个以下元器件为小规模集成电路，集成 50 ~ 100 个元器件为中规模集成电路，集成 100 个以上的元器件为大规模集成电路。对于数字集成电路，一般认为集成 1 ~ 10 个等效逻辑门 / 片或

10 ~ 100 个元件 / 片为小规模集成电路，集成 10 ~ 100 个等效逻辑门 / 片或 100 ~ 1000 个元件 / 片为中规模集成电路，集成 100 ~ 10000 个等效逻辑门 / 片或 1000 ~ 100000 个元件 / 片为大规模集成电路，集成 10000 个以上等效逻辑门 / 片或 100000 个以上元件 / 片为超大规模集成电路。

按导电类型不同，集成电路分为双极型集成电路和单极型集成电路两类。前者频率特性好，但功耗较大，而且制作工艺复杂，绝大多数模拟集成电路以及数字集成电路中的 TTL、ECL、HTL、LSTTL、STTL 型属于这一类。后者工作速度低，但输入阻抗高、功耗小、制作工艺简单、易于大规模集成，其主要产品为 MOS 型集成电路。

2.8.2 集成电路的封装

集成电路的封装分为插入式、表面安装式和直接黏接式。插入式可分为引线两侧垂直引出、引线两侧平伸引出、引线底面垂直引出、引线单面垂直引出，表面安装式可分为引线侧面翼形引出、引线侧面“J”形引出、引线四面平伸引出；直接黏接式可分为倒装芯片封装、芯片板式封装等。常见集成电路封装如图 2-25 所示。

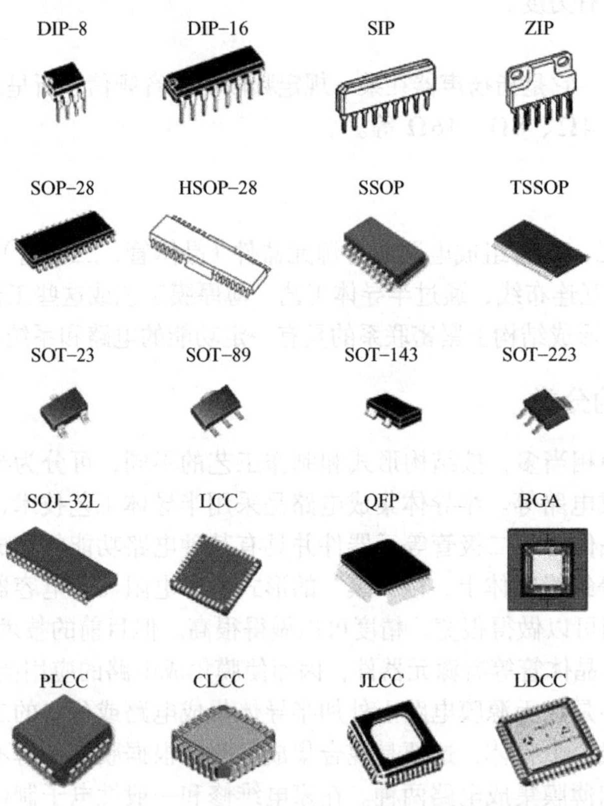

图 2-25 集成电路封装形式

2.8.3 集成电路的命名

集成电路的命名与分立元器件相比规律性较强，绝大部分国内外厂商生产的同一种集成电路采用基本相同的数字标号，而以不同的字头代表不同的厂商，例如 NE555、LN555、PC1555、SG555 分别是由不同国家和厂商生产的定时器电路，它们的功能、性能、封装、引脚排列也都一致，可以相互替换。

但是也有一些厂商按自己的标准命名，例如型号为 D7642 和 YS414 实际上是同一种微型调幅单片收音机电路，因此在选择集成电路时要以相应产品手册为准。

2.9 电子元器件主要参数的标注

为了能够方便识别电子元器件的主要参数，通常在电子元器件表面采用直标法、数码法、色环法对其主要参数进行标注。

2.9.1 直标法

直标法是在电子元器件表面直接标注元器件的主要参数。

采用直标法时，电阻器表面参数包括电阻器的型号、标称阻值、精度等级、允许偏差以及额定功率等。例如，“RX20-100-51Ω-J”表示型号为 RX20、功率为 100W、阻值为 51Ω、偏差为 ±5% 的电阻器；再如，“RJ 1W 2K7Ω 5%”表示型号为 RJ、功率为 1W、阻值为 2.7kΩ、偏差为 ±5% 的电阻器。

采用直标法时，电容器表面参数包括电容器的耐压值、电容量、允许偏差等。例如，“16V/100μF”表示耐压值为 16V、电容量为 100μF 的电容器。

采用直标法时，电感器表面参数包括电感量、允许偏差、额定电流等。其中，额定电流用字母 a（50mA）、b（150mA）、c（300mA）、d（700mA）、e（1600mA）表示；允许偏差用 i（5%）、ii（10%）、iii（20%）表示。例如，“d ii 47μH”表示额定电流为 700mA、偏差为 10%、电感量为 47μH 的电感器。

2.9.2 数码法

数码法是在电子元器件表面以数码的方式标注元器件的主要参数。在元器件表面标注的数码分为两个部分：有效值、倍乘（或称为 10 的幂指数）。电阻器、电容器、电感器的单位分别为 Ω、pF、μH。

采用数码法时，电阻器表面参数一般仅为阻值。例如，“103”表示阻值为 $10\times10^{3}\Omega$，即 10kΩ 的电阻器。

采用数码法时，电容器表面参数一般仅为电容量。例如，“103”表示电容量为 10×10^{3}pF，即 0.01μF 的电容器。

采用数码法时，电感器表面参数一般仅为电感量。例如，“221”表示电感量为 22×10^{1}μH，即 220μH 的电感器。

2.9.3 色环法

色环法是指在电子元器件表面用不同颜色代表数字，表示元器件的标称值和偏差。

色环法是在元器件表面从左至右（或顺引线方向）印刷 4 或 5 个色环，从左至右（或顺引线方向）的前 2 或 3 个色环代表阻值的第一、二位或第一 ~ 三位有效数字，第 3 或第 4 个色环代表倍乘，第 4 或第 5 个色环代表阻值精度。以电阻器为例，色环法标注如图 2-26 所示。

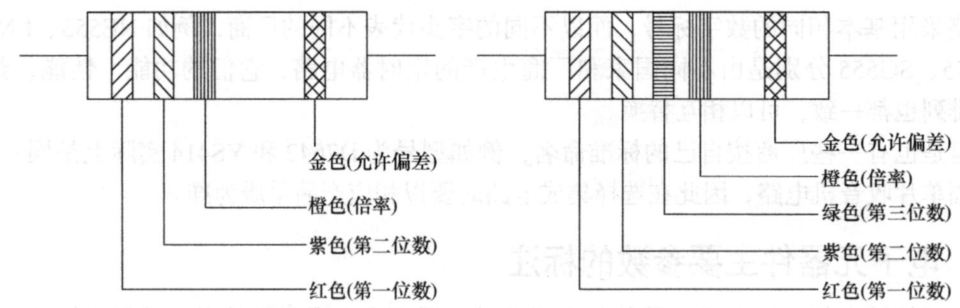

图 2-26　色环法标注阻值示意图

各个色环代表的含义见表 2-1。

表 2-1　色环含义表

色环颜色	代表有效数字	代表倍数	代表偏差（%）
银	—	10^{-2}	±10
金	—	10^{-1}	±5
黑	0	10^{0}	
棕	1	10^{1}	±1
红	2	10^{2}	±2
橙	3	10^{3}	
黄	4	10^{4}	
绿	5	10^{5}	±0.5
蓝	6	10^{6}	±0.2
紫	7	10^{7}	±0.1
灰	8	10^{8}	
白	9	10^{9}	

色环法表示电子元器件时，电阻器、电容器、电感器的单位分别为 Ω、pF、μH。

第 3 章　电子仪器仪表

3.1　指针式万用表

指针式万用表是最常见的电工电子测量仪表，常用的 MF47F 型指针式万用表外观如图 3-1 所示。

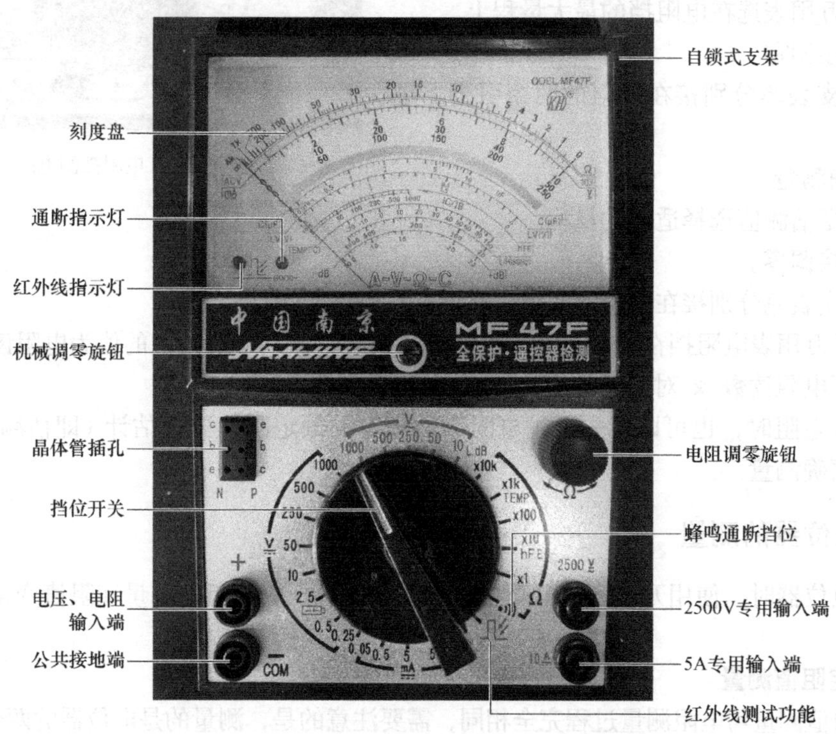

图 3-1　MF47F 型指针式万用表外观图

3.1.1　MF47F 型指针式万用表调零

为确保指针式万用表示数的准确，需要对其进行调零。万用表调零包括机械调零和短接调零。

1. 机械调零

机械调零是指万用表处于未使用情况下，将指针调整到刻度盘左侧零点处。当万用表指针没有与刻度盘左侧的零点对齐时，旋动（一般使用小型一字螺钉旋具）机械调零旋钮，使指针准确对准刻度盘左侧的零点。

2. 短接调零

短接调零是指万用表处于电阻测量时，短接万用表两支表笔的情况下，将指针调整到刻度盘右侧零点处。当万用表指针没有与刻度盘右侧的零点对齐时，旋动（直接用手）电阻调零旋钮，使指针准确对准刻度盘右侧的零点。短接调零在电阻测量过程中经常用到，每更改一次电阻测量挡位，就一定要进行短接调零。

3.1.2　电阻的测量

测量电阻时，使用万用表的电阻挡，挡位如图 3-2 所示，主要包括估测和精确测量两个部分。

图 3-2　电阻挡测电阻

1. 估测

估测就是大致地测量电阻的阻值范围。

1）将万用表选在电阻挡的最大量程上。

2）短接调零。

3）两支表笔分别接在电阻的两个引脚上进行测量。

2. 精确测量

1）根据估测值选择适当的量程。

2）短接调零。

3）两支表笔分别接在电阻的两个引脚上进行测量。

指针式万用表电阻挡在表盘上有专用的读数刻度，该刻度所指示的值为电阻读数，电阻的阻值等于电阻读数 × 对应挡位值。

在测量电阻时，也可以首先通过电阻表面标注的额定阻值进行估计（即估测），然后进行阻值的精确测量。

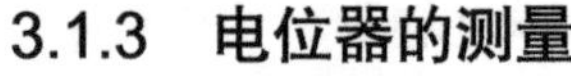

3.1.3　电位器的测量

测量电位器时，使用万用表的电阻挡进行，主要包括固定阻值测量和阻值变化测量两个部分。

1. 固定阻值测量

固定阻值测量与电阻测量过程完全相同，需要注意的是，测量的是电位器的两个固定端。

2. 阻值变化测量

阻值变化测量是测量电位器某个固定端与滑动片引出端之间变化的阻值，该阻值随着电位器转轴的旋动而变化。

3.1.4　电容器的测量

1. 测量 10pF 以下的固定电容器

因 10pF 以下的固定电容器电容量太小，用万用表进行测量，只能定性地检查其是否漏电、内部短路或击穿现象。

测量时，可选用万用表 $R\times10\text{k}$ 挡，用两支表笔分别任意接电容器的两个引脚，阻值应为无穷大。若测出阻值（指针向右摆动）或阻值为零，则说明电容器漏电损坏或内部击穿。

2. 测量 10pF ~ 0.01μF 的固定电容器

方法同上，其区别在于万用表测量出的电容器两端阻值很大，一般大于 20MΩ，但不为无穷大。

3. 测量 0.01μF 以上的固定电容器

首先，用万用表两支表笔任意触碰电容器的两个引脚，然后调换表笔再触碰一次。

测量中，如果电容器是好的，万用表指针会向右摆动一下，随即向左迅速返回至无穷大的位置。电容量越大，指针摆动幅度越大。如果反复调换表笔触碰电容器的两个引脚，万用表指针始终不向右摆动，说明该电容器的电容量已低于 0.01μF 或者已经消失；如果指针向右摆动后不能再向左回到无穷大位置，说明电容器漏电或已经击穿短路。

测量时要注意，为了观察到指针向右摆动的情况，应反复调换表笔触碰电容器的两个引脚进行测量，直到确认电容器有无充电现象为止。

4. 电解电容器的测量

由于电解电容器的电容量较一般固定电容器大得多，测量时，应针对不同电容量选用合适的量程。一般情况下，1 ~ 47μF 间的电容器，可用 $R \times 1\text{k}$ 挡测量，大于 47μF 的电容器可用 $R \times 100$ 挡测量。

将万用表红表笔接负极，黑表笔接正极，在刚接触的瞬间，万用表指针即向右偏转较大幅度，接着逐渐向左回转，直到停在某一位置。此时的阻值便是电解电容器的正向漏电阻，此值越大，说明漏电流越小，电容器性能越好。然后将红、黑表笔对调，万用表指针将重复上述现象。但此时所测阻值为其反向漏电阻，此值略小于正向漏电阻。

在测量中，若正向、反向均无充电的现象，即指针不动，则说明电容量消失或内部短路；如果所测阻值很小或为零，说明电容器漏电大或已击穿损坏，不能再使用。

3.1.5　二极管的测量

测量二极管的主要目的是区分二极管的两个极性。普通二极管出厂时，外壳印有色标来作为极性的标志，一般印有红色的一端为正极，印有白色（或黑色）的一端为负极。有些二极管的外壳上直接印有二极管的符号，以此来区分正负极性。

用万用表来判别极性时，把万用表拨到 $R \times 100$ 或 $R \times 1\text{k}$ 电阻挡，直接用万用表表笔来测量二极管的直流电阻，如图 3-3 所示。测量中，表上显示阻值很小时（即指针偏转角度很大），表示二极管处于正向连接，黑表笔所接触的一端是二极管的正极（黑表笔与万用表内电池的正极相连），而红表笔所接触的一端是二极管的负极；如果表上显示的电阻很大（即指针偏转角度很小），则与红表笔相连的一端为正极，另一端为负极。

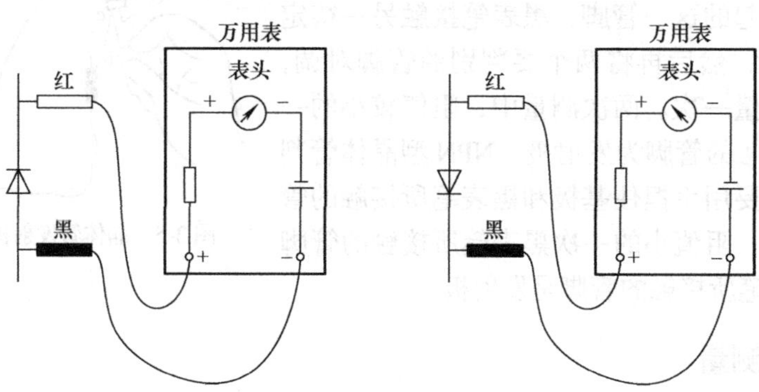

图 3-3　万用表测量二极管

利用万用表测小功率二极管时，一般不能用 $R\times1$ 或 $R\times10\text{k}$ 电阻挡。$R\times1$ 挡的电流很大，容易烧坏二极管；$R\times10\text{k}$ 挡的电压较高，容易使二极管的PN结击穿。

3.1.6　晶体管的测量

晶体管极性的判别比二极管要麻烦得多。当今电子高速发展，晶体管的形式也是多种多样，只靠经验已无法判别某些晶体管的极性。因此，只有查手册或用仪器测量才能解决问题，决不能盲目地判定管脚极性，就安装到电路上使用。

用万用表判别晶体管的依据是：NPN型晶体管基极到集电极和基极到发射极均为PN结的正向，而PNP型晶体管基极到集电极和基极到发射极均为PN结的反向。

1. 判别晶体管的基极

如图3-4所示，对于功率在1W以下的中小功率晶体管，可使用万用表的 $R\times1\text{k}$ 或 $R\times100$ 挡测量。用黑表笔接触某一个管脚，红表笔分别接触另两个管脚，如果表头读数都很小，则与黑表笔接触的那一个管脚是基极，同时可知此晶体管为NPN型。用红表笔接触某一个管脚，而黑表笔分别接触另两个管脚，表头读数同样都很小时，则与红表笔接触的那一个管脚是基极，同时可知此晶体管为PNP型。用上述方法既判别了晶体管的极性，又判别了晶体管的类型。

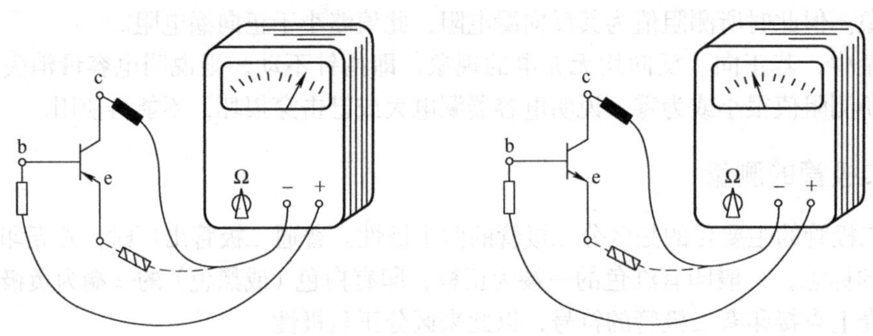

图3-4　晶体管基极的判别

2. 判别晶体管的发射极和集电极。

如图3-5所示，以PNP型晶体管为例，用手将基极和待定管脚捏在一起，但管脚不要相碰，红表笔接触和基极捏在一起的这一管脚，黑表笔接触另一待定管脚，测出阻值，然后再将两个要判别的管脚对调，同样的方法再测量一次。两次测量中，阻值较小的一次，黑表笔所接触的管脚为发射极。NPN型晶体管判别方法相同，只要用手捏住基极和黑表笔所接触的管脚，两次测量中，阻值小的一次黑表笔所接触的管脚为集电极，红表笔所接触的管脚是发射极。

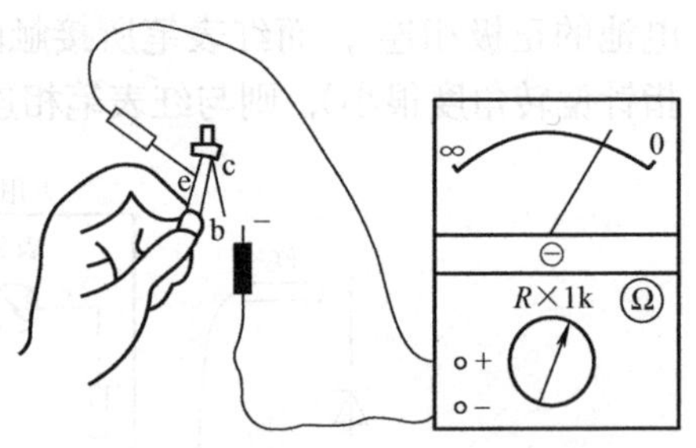

图3-5　晶体管发射极和集电极的判别

3.1.7　电压的测量

电压分为直流电压和交流电压两种，测量电压之前，我们首先应该知道是直流电压还是交流电压。

测量电压时，万用表的两支表笔分别跨接在所要测量的电路两端，即并联接入被测电路两端，如图 3-6 所示。

1. 直流电压的测量

测量直流电压时，选择万用表直流电压挡，如图 3-7 所示。

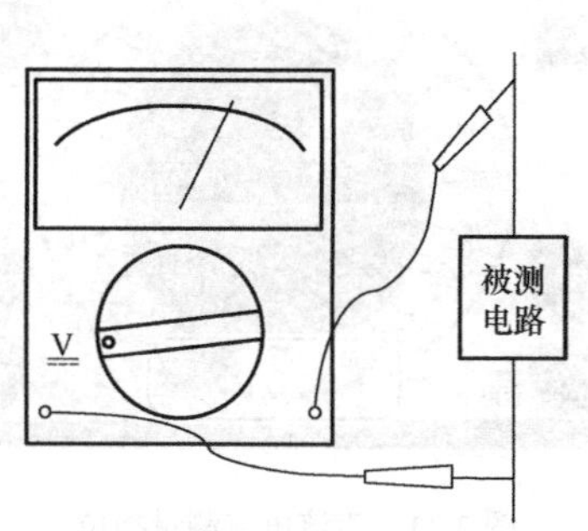

图 3-6　电压测量时万用表表笔接法

图 3-7　直流电压测量挡

1）注意被测电路的极性，万用表的正极接线柱接于电路的高电位端，万用表的负极接线柱接于电路公共端或低电位端。

2）选用较高挡位进行估测，测量出被测电压的大致范围。

3）根据估测值选择适当量程进行测量，并准确读出电压值。

MF47F 型指针式万用表表盘电压挡刻度如图 3-8 所示。

被测电压值 = 对应刻度满偏值 × 对应读数 ÷ 电压量程值。

2. 交流电压的测量

交流电压的测量与直流电压的测量过程相同，只是不需要判别所测电压的极性。交流电压测量挡位如图 3-9 所示。

图 3-8　电压挡刻度线

图 3-9　交流电压测量挡位

3.1.8　电流的测量

电流分为直流电流和交流电流两种，测量电流之前，我们首先应该知道是直流电流还是交流电流。

测量电流时，万用表的两支表笔串联接入要测的电路中，如图 3-10 所示。

电流测量时，同样遵循电压测量的步骤：先估测，然后精确测量。测量挡位选择如图 3-11 所示。

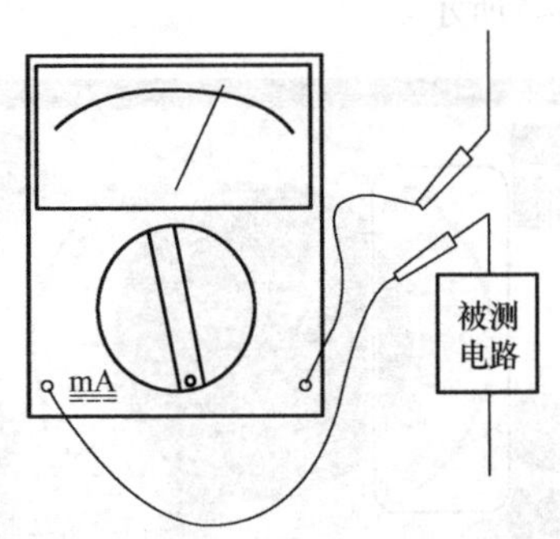

图 3-10　电流测量时万用表表笔接法

图 3-11　直流电流测量挡位

MF47F 型指针式万用表表盘电流挡刻度如图 3-12 所示。

被测电流值 = 对应刻度满偏值 × 对应读数 ÷ 电流量程值。

图 3-12　电流挡刻度线

3.1.9　使用指针式万用表的注意事项

万用表属于常规测试仪表，不仅使用人员多，而且使用次数非常频繁，稍有不慎，轻则损坏表内元器件，重则烧坏表头，甚至危及操作者的安全，造成损失。为了保护万用表及人身安全，使用中应注意下列事项：

1）使用万用表之前，应当熟悉各组合开关、旋钮（或按键）、专用插口、测量插孔（或接线柱）以及仪表附件（高压探头等）的作用。了解每条刻度线对应的被测量。测量前首先明确要测什么和怎样测量，然后拨至相应的测量项目和量程挡。如果预先无法估计被测量的大小，应先拨到最高量程挡，再逐渐降低量程到合适的位置。每一次拿起表笔准备测量时，务必再核对一下测量种类及量程选择开关是否拨对位置。

2）万用表在使用时一般应水平放置，否则会引起倾斜误差。若发现指针不指在机械零点处，需用螺钉旋具调节表头下面的调整螺钉，使指针回零，消除零点误差。读数时视线应正对着指针，以免产生视差。

3）测量完毕后，应将量程选择开关拨到交流电压挡的最大挡位，防止下次使用时不慎烧坏万用表。有的万用表设有空挡，使用完毕应将开关拨到空挡位置，使其内部短路。也有的万用表设置“OFF”挡，使用完毕应将功能开关拨于此挡，将表头短路，起到防振保护的作用。注意：有的新式万用表只有接通电源开关才能工作，每次使用完毕，一定要关闭电源开关，以免空耗电池。

4）测电压时，应将万用表并联在被测电路的两端。测直流电压时要注意正、负极性。

如果不知道被测电压的极性，也应先拨到高压挡进行试测，防止因表头严重过载而将指针打弯。指针反向偏转时，最容易打弯。如果误用直流电压挡去测交流电压，指针则不动或稍微抖动。如果误用交流电压挡去测直流电压，读数可能偏高一倍，也可能为零，这与万用表的具体接法有关。

5）严禁在测较高电压（如 220V）或较大电流（如 0.5A）时拨动量程选择开关，以免产生电弧，烧坏开关的触点。当被测电压高于 100V 时必须注意安全。应当养成单手操作的习惯，预先把一支表笔固定在被测电路的公共地端，再拿另一支表笔去碰触测试点，保持精神集中。测量高内阻电源的电压时，应尽量选择较高的电压量程，以提高电压挡的内阻。虽然这样指针的偏转角度减小了，但所得到的测量结果却更能反映真实情况。

6）测电流时，若电源内阻和负载电阻都很小，应尽量选择较大的电流量程，以降低电流挡的内阻，减小对被测电路工作状态的影响。

7）严禁在被测电路带电的情况下测量电阻，也不允许用电阻挡测量电池的内阻。因为这相当于接入一个外部电压，使测量结果不准确，而且极易损坏万用表，甚至危及人身安全。

8）每次更换电阻挡时应重新调整欧姆零点。若连续使用“$R\times1$”挡的时间较长，也应重新检查零点。尤其当该挡位使用 1.5V 电池时，电池的容量有限，工作时间稍长，电动势下降，内阻会增大，使欧姆零点改变。

9）测量电路中元件的电阻时，应考虑与之并联的电阻的影响。必要时应去除钎料，从电路中拆除被测元器件的一端再测量。对于晶体管则应脱开两个电极。

10）长期不用的万用表，应将电池取出，以免电池存放过久而变质，渗出的电解液腐蚀电路板。

3.2　数字万用表

数字万用表是一种多用途电子测量仪器，一般包含电流表、电压表、电阻表等功能，有时也称为万用计、多用计、多用电表，或三用电表。

常用的 UT70D 型数字万用表外观如图 3-13 所示。

3.2.1　数字万用表主要技术指标

1. 分辨率

分辨率是指数字万用表在测量过程中所能体现出来的最小变化量。分辨率是用来判断万用表优劣的重要技术参数，用来体现万用表测量被测电参数最小变化的能力。

分辨率是以位数、字来表示的。字是指数字万用表读数的最后一位，同时也是数字万用表的分类依据。

2. 精度

精度是用来描述数字万用表的测量值与被测电参数实际值的接近程度，一般用读数的百分数表示。

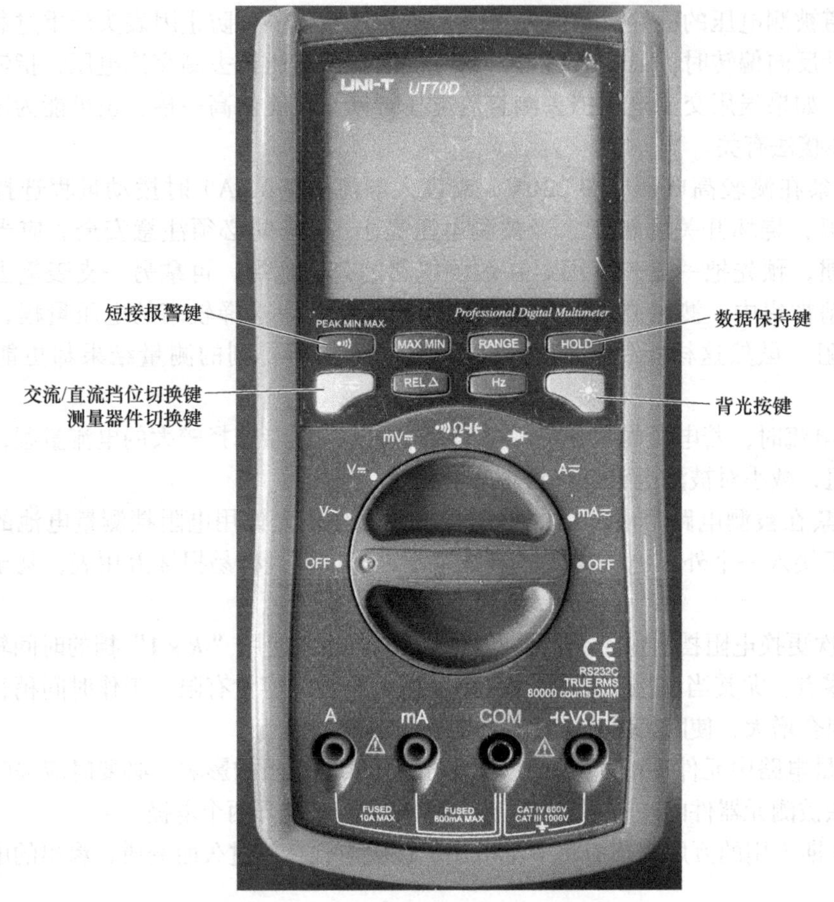

图 3-13　UT70D 型数字万用表外观图

3.2.2　数字万用表常用功能

使用数字万用表进行电参数测量比使用指针式万用表简单，只需要按照电参数测量要求连接到被测电路或元器件规定连接点，即可完成测量。

1. 电压测量

使用 UT70D 型数字万用表电压挡进行测量时，直接将表笔连接在被测电路两端，使用直流 / 交流挡位切换键进行不同性质被测电压的切换。UT70D 型数字万用表能够自动调节量程，无手动量程切换功能，因此表头所示数据即为实际测量值。

2. 电阻 / 电容测量

使用 UT70D 型数字万用表电阻 / 电容 / 短接测量挡进行测量时，通过测量器件切换键选择测量参数，直接将表笔连接在被测元器件两端，万用表直接显示电阻 / 电容值，或者在短接时发出报警声。

3. 二极管测量

使用 UT70D 型数字万用表二极管挡进行测量时，测量的是二极管正向导通电压降，如果正向连接，则万用表显示的数值表示二极管在正向导通时所需要的电压值。

4. 电流测量

使用 UT70D 型数字万用表电流挡进行测量时，将红表笔连接在被测电路电流流入端，黑表笔连接在待测元器件电流流入端，万用表直接显示被测电流值。由于电流测量对万用表电路有一定危险，因此一定要估测电流大小，不能用小电流挡位测量大电流。

3.3 直流稳压电源

直流稳压电源在电子仪器设备的调试中十分重要，常见的 DF1731SC3A 型直流稳压电源外观如图 3-14 所示。

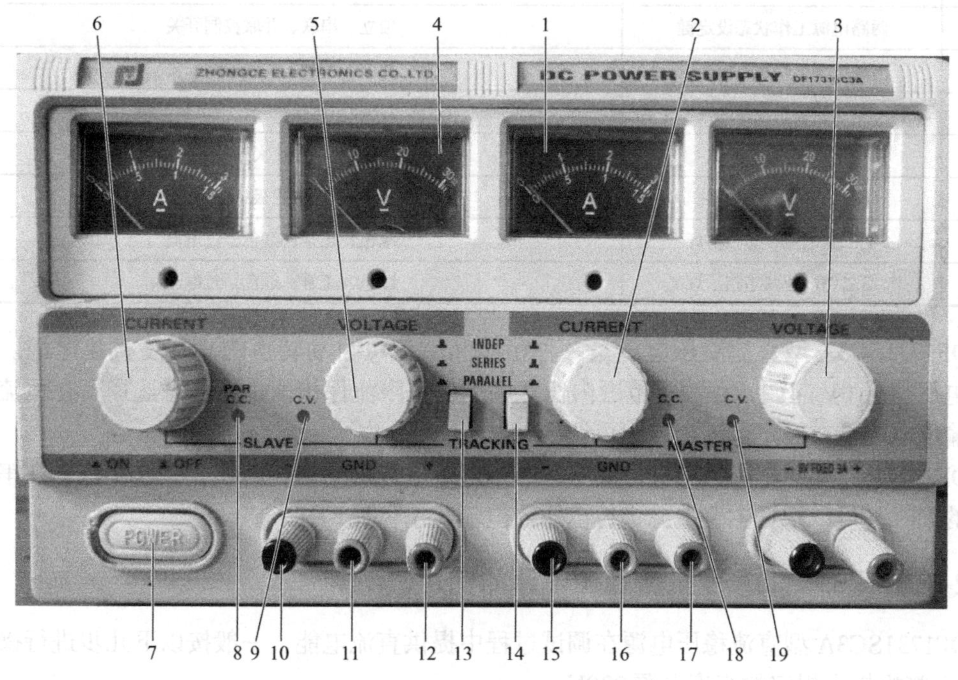

图 3-14 DF1731SC3A 型直流稳压电源

3.3.1 DF1731SC3A 型直流稳压电源控制面板

DF1731SC3A 型直流稳压电源控制面板功能见表 3-1。

表 3-1 直流稳压电源控制面板功能表

序号	名称	功能
1	第二路电压 / 电流表	指示第二路输出电压 / 电流值
2	第二路输出电流调节旋钮	调节第二路输出电流限制值
3	第二路输出电压调节旋钮	调节第二路输出电压值
4	第一路电压 / 电流表	指示第一路输出电压 / 电流值
5	第一路输出电压调节旋钮	调节第一路输出电压值
6	第一路输出电流调节旋钮	调节第一路输出电流限制值

（续）

序号	名称	功能
7	电源开关	开关按下时电源处于工作状态
8	第一路电流状态指示灯	绿色，正常；红色，过电流
9	第一路电压状态指示灯	绿色，正常；红色，过电流
10	第一路输出负接线柱	第一路输出电压负极，接负载负端
11	机壳接地端	机壳接大地
12	第一路输出正接线柱	第一路输出电压正极，接负载正端
13	两路电源工作状态设定键	独立、串联、并联控制开关
14	两路电源工作状态设定键	独立、串联、并联控制开关
15	第二路输出负接线柱	第二路输出电压负极，接负载负端
16	机壳接地端	机壳接大地
17	第二路输出正接线柱	第二路输出电压正极，接负载正端
18	第二路电流状态指示灯	绿色，正常；红色，过电流
19	第二路电压状态指示灯	绿色，正常；红色，过电流

DF1731SC3A 型直流稳压电源是一种稳压和恒流可自动转换的高精度直流电源。电路输出电压能从 0V 起调，在额定范围内任意调节，且限流保护值也可任意选择。在恒流状态时，输出电流能在额定范围内连续可调。

DF1731SC3A 型直流稳压电源能够在两路可调电源之间进行串联或并联调整，在串联或并联的同时又可以根据主路电源进行电压或电流（并联时）跟踪。

3.3.2　DF1731SC3A 型直流稳压电源的使用

DF1731SC3A 型直流稳压电源在调试过程中提供直流电能，一般按以下几步进行操作：

1）整机接入规定的交流电源 220V。

2）打开电源开关，指示灯亮。

3）电源设置为独立运行模式，旋转电流调节旋钮，设定保护电流。

4）旋转电压调节旋钮，得到所需电压值。

5）接入工作负载，电流表应有指示（正负极不能接反）。

6）当大于或等于最大电流时，过载保护功能启动，输出电压、电流降为零；故障排除后，重新启动电源，即可输出所需电压。

3.3.3　台式直流毫安表

台式直流毫安表用于测量直流稳压电源的输出电流，其外观如图 3-15 所示。

台式直流毫安表直接指示调试电流，显示精度比直流稳压电源更高，能够直观体现出调试效果。

图 3-15　台式直流毫安表外观图

3.4　高频信号发生器

高频信号发生器输出高频信号，用于对电子设备进行调试。常见的 GRG–450B 型高频信号发生器如图 3-16 所示。

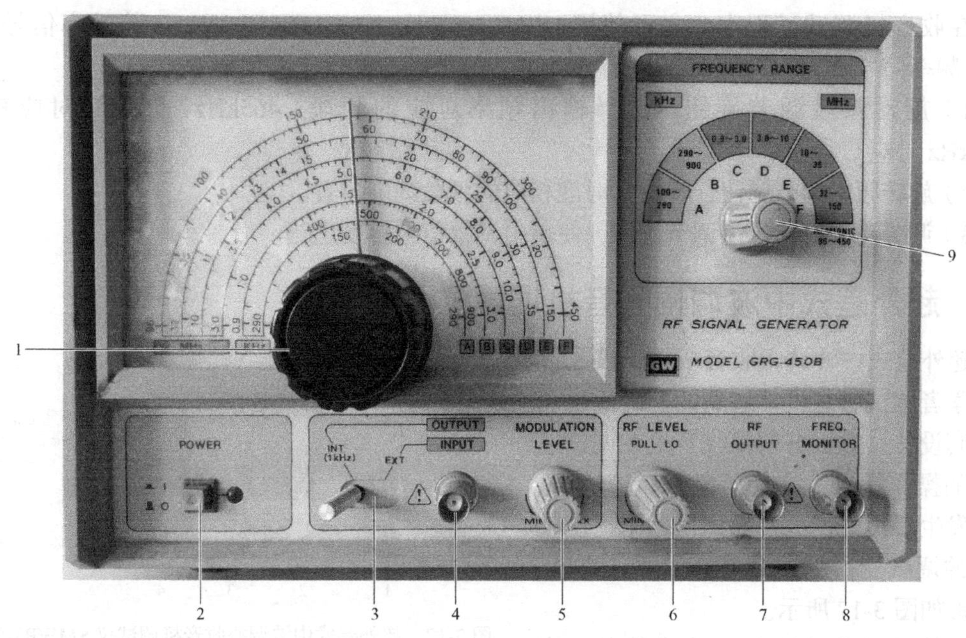

图 3-16　GRG–450B 型高频信号发生器

GRG–450B 型高频信号发生器频率范围为 100kHz ~ 150MHz，分为 6 个频段，具有一个供调幅用的音频信号，并可输出供外用。

3.4.1　GRG–450B 型高频信号发生器控制面板

GRG–450B 型高频信号发生器控制面板功能见表 3-2。

表 3-2　信号发生器控制面板功能表

序号	名称	功能
1	频率调节旋钮	调节输出频率
2	电源开关	开关按下时信号发生器处于工作状态
3	INT/EXT 选择开关	选择内部、外部信号源
4	INPUT/OUTPUT（输入 / 输出）端	外部信号源输入 / 内部低频信号输出
5	内部信号输出幅值调节旋钮	调节内部输出低频信号的幅值
6	高频输出幅值调节旋钮	调节输出高频信号的幅值
7	RF OUTPUT（射频输出）端	输出高频（射频）信号
8	频率监测端	检测输出频率
9	频段调节旋钮	调节频段

调试中，1kHz 的频率信号是由信号发生器的 INPUT/OUTPUT 端输出的，位于频率盘的右下角，由信号输出线作为引出端。其他的频率信号是由位于整台仪器右下角的 RF OUTPUT 输出的。

3.4.2　GRG–450B 型高频信号发生器的使用

在收音机调试过程中，主要使用 1kHz、465kHz、535kHz、1605kHz 等频率信号。除 1kHz 频率信号由 INPUT/OUTPUT 端输出外，其他频率的设定采用如下操作：

1）旋动频段调节旋钮，选择输出频率对应的频段，465kHz、535kHz 对应 B 段，1605kHz 对应 C 段。

2）旋转频率调节旋钮，将指针对准相应的频段刻度位置。

3）调节高频输出幅值调节旋钮，使输出调幅信号幅度适当。

3.5　超外差式中波调幅收音机调试仪

超外差式中波调幅收音机调试仪是针对初学者调试收音机常遇到的问题而研发的一套设备，它根据调幅收音机在调试过程中的操作特点，把稳压电源、毫安表、信号发生器集中在一台调试仪器中，使收音机的调试变得更加简单、方便、快速。其外形如图 3-17 所示。

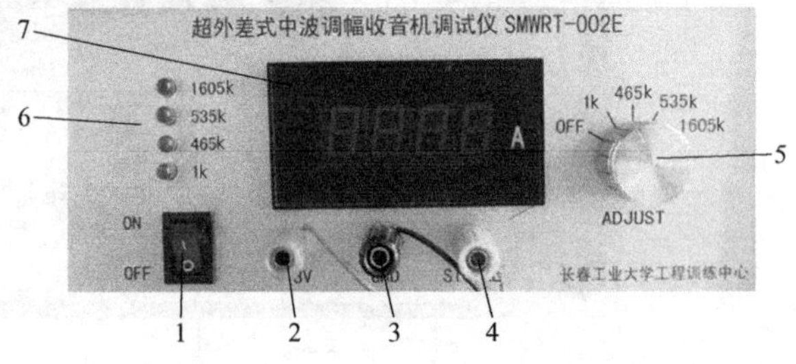

图 3-17　超外差式中波调幅收音机调试仪 SMWRT-002E

此款调试仪使用起来非常简单、直

观。调试仪控制面板功能见表 3-3。

表 3-3 控制面板功能表

序号	名称	功能
1	电源开关	仪器电源开关，ON 为打开，OFF 为关闭
2	固定 3V 电压正极输出端子	输出电压正极，接负载正端
3	固定 3V 电压负极输出端子	输出电压负载，接负载负端
4	信号输出端子	输出信号
5	频率选择旋钮	选择输出频率
6	频率指示灯	指示输出频率值
7	电流表头	显示电流，单位为 A

对超外差式收音机进行调试时，只需打开调试仪开关，旋转频率选择旋钮，使所需要的频率指示灯亮起，这样就从信号输出端输出所需频率，电流表头上显示的数值就是被测电路中的电流。

第 4 章　电子装配工艺

装配、焊接是电子设备制造中极为重要的环节，任何一个设计精良的电子设备，没有相应的工艺保证是难以达到其较高的技术指标的。从元器件的选择、测试，到装配成一台完整的电子设备，需要经过多道工序。在专业生产中，多采用自动化流水线。但在产品研制、设备维修，乃至一些生产厂家，目前仍广泛应用手工装配焊接方法。

了解焊接的机理，熟悉焊接工具、材料和基本原则，掌握基础的操作技艺是跨进电子科技大厦的第一步，本章内容将指导你迈出这坚实的一步。

4.1　焊接工具与焊接材料

4.1.1　电烙铁

电烙铁是手工焊接的基本工具，是根据电流通过发热元件产生热量的原理而制成的。电烙铁是一种电热器件，通电后可产生约 260℃的高温，可使焊料熔化，利用它可将电子元器件按电路图焊接成完整的产品。下面介绍几种常用电烙铁的构造及特点。

1. 外热式电烙铁

外热式电烙铁的外形如图 4-1 所示，由烙铁头、烙铁芯、外壳、手柄、电源线和插头等部分组成。电阻丝绕在云母片绝缘的圆筒上，组成烙铁芯。烙铁头装在烙铁芯内部，电阻丝通电后产生的热量传送到烙铁头上，使烙铁头温度升高，故称为外热式电烙铁。

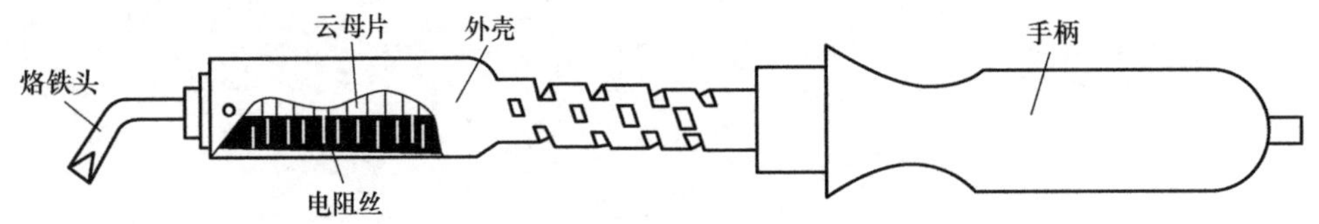

图 4-1　外热式电烙铁

外热式电烙铁结构简单，价格较低，使用寿命长，但其升温较慢，热效率低。

2. 内热式电烙铁

内热式电烙铁的外形如图 4-2 所示，由于烙铁芯装在烙铁头内部，故称为内热式电烙铁。由电阻丝产生的热量能够完全传到烙铁头上，升温快，因此热效率高达 85% ~ 90%，烙铁头温度可达 350℃左右。

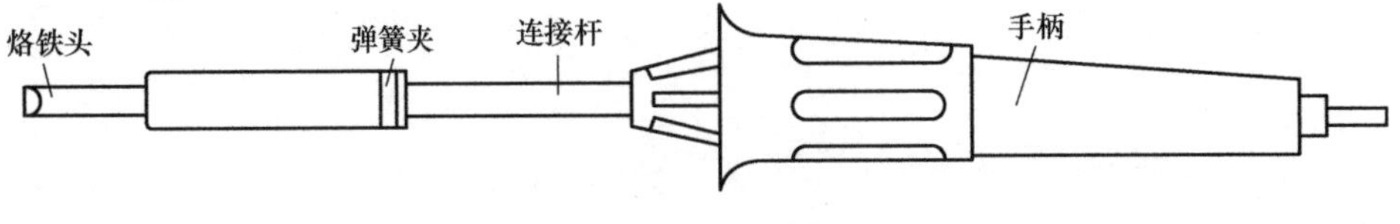

图 4-2　内热式电烙铁

内热式电烙铁具有体积小、重量轻、升温快和热效率高等优点。

3. 恒温电烙铁

目前使用的内热式和外热式电烙铁的温度一般都超过300℃，这对焊接晶体管、集成电路等是不利的。在质量要求较高的场合，通常需要恒温电烙铁。恒温电烙铁有电控和磁控两种。

电控恒温电烙铁是由热电偶作为电感元件来检测和控制电烙铁的温度。当烙铁头温度低于规定值时，温控装置内的电路控制半导体开关元件或继电器接通电源，给电烙铁供电，使其温度上升，温度一旦达到预定值，温控装置自动切断电源，如此反复动作使烙铁头基本保持恒温。

磁控恒温电烙铁是借助于软磁金属材料在达到某一温度时会失去磁性这一特点，制成磁性开关来达到控温目的。

4. 其他电烙铁

除上述几种电烙铁外，新近研制成的一种储能式烙铁是适应集成电路，特别是对电荷敏感的MOS电路的焊接工具。烙铁本身不接电源，当把烙铁插到配套的供电设备上时，烙铁处于储能状态，焊接时拿下烙铁，靠储存在烙铁中的能量完成焊接，一次可焊若干焊点。

还有用蓄电池供电的碳弧烙铁，可同时除去焊件氧化膜的超声波烙铁，具有自动送进焊料装置的自动烙铁。

4.1.2 电烙铁的使用和保养

电烙铁使用有一定的技巧，若使用不当，不仅焊接速度慢，而且会形成虚焊或假焊，影响焊接质量。

1）电烙铁使用前先用万用表测量一下插头两端是否短路或开路，正常时20W内热式电烙铁阻值约为2.4kΩ。再测量插头与外壳是否漏电或短路，正常时阻值为无穷大。

2）新电烙铁镀锡方法。新电烙铁的烙铁头表面镀有一层铬，不宜沾锡，使用前应先用砂纸将其去掉，接上电源，当烙铁头温度逐渐升高时，将松香涂在烙铁头上，待松香冒烟时，在烙铁头上镀一层焊锡后使用。

3）烙铁头长时间使用后会出现凹槽或豁口，应及时用锉刀修整，否则会影响焊点质量。对多次修整已较短的烙铁头，应及时更换。

4）在使用间歇，电烙铁应搁在金属的烙铁架上，这样既保证安全，又可适当散热，避免烙铁头“烧死”。对已“烧死”的烙铁头，应按新烙铁的要求重新上锡。

5）在使用过程中，电烙铁应避免敲击，因为高温时的振动最易使烙铁芯损坏。

4.1.3 焊接材料

焊接材料包括焊料（俗称焊锡）和助焊剂，对保证焊接质量有决定性影响。掌握焊料、助焊剂的性质、成分、作用原理及选用知识是电子工艺中的重要内容。

1. 焊料

焊料是一种熔点比被焊金属低，在被焊金属不熔化的条件下能润湿被焊金属表面，并在接触界面处形成合金层的物质。焊料的种类很多，按其组成成分分为锡铅焊料、银焊料和铜焊料等，按其熔点可分为软焊料（熔点在450℃以下）和硬焊料（熔点在450℃以上）。电子设备装配中，一般都选用锡铅焊料，它是一种软焊料。

为什么要用铅锡合金而不单独采用铅或锡作为焊料呢？有以下三点理由：

（1）熔点低便于使用　锡的熔点是232℃，铅的熔点是327℃，但把锡和铅作为合金，它开始熔化的温度可降到183℃。当锡的含量为61.9%时，锡和铅有一个共晶点，此时锡铅合金开始凝固和开始液化的温度是一定的，为183℃，是锡铅合金中熔点最低的一种。

（2）提高机械强度　锡和铅都是质软、强度低的金属，如果把两者熔为合金，机械强度就会得到很大的提高。一般说来，锡的含量约为65%时，合金的强度最大（拉伸强度约为5.5kg/mm^2；剪切强度约为4.0kg/mm^2），约为纯锡的两倍。它拉伸强度和剪切强度高，导电性能好，电阻率低。

（3）抗腐蚀性能好　锡和铅的化学稳定性比其他金属好，抗大气腐蚀能力强，而共晶焊锡的抗腐蚀能力更好。

一个良好的连接点（焊点）必须有足够的机械强度和良好的导电性能，而且要在短时间内（通常小于3s）形成。在焊点形成的短时间内，焊料和被焊金属会经历3个变化阶段：

1）熔化的焊料润湿被焊金属表面阶段。

2）熔化的焊料在被焊金属表面扩展阶段。

3）熔化的焊料渗入焊缝，在接触界面形成合金层阶段。

其中润湿是最重要的阶段，没有润湿，焊接就无法进行。在焊接过程中，同样的工艺条件，会出现有的金属好焊，有的不好焊，这往往是由焊料对各种金属的润湿能力不同而造成的。此外，被焊金属表面若不清洁，也会影响焊料对金属的润湿能力，给焊接带来不利。

2. 助焊剂

由于电子设备的金属表面同空气接触后都会生成一层氧化膜。温度越高，氧化越厉害。这层氧化膜阻止液态焊锡对金属的浸润作用，犹如玻璃上沾油就会使水不能浸润一样。助焊剂就是用于清除氧化膜，保证焊锡浸润的一种化学剂。

（1）助焊剂的作用

1）除去氧化物。助焊剂中的氯化物、酸类物质能够溶解氧化物，发生还原反应，从而除去氧化膜，反应后的生成物变成悬浮的渣，漂浮在焊料表面。

2）防止工件和焊料加热时氧化。焊接时助焊剂在焊锡之前熔化，在焊料和工件的表面形成一层薄膜，使之与外界空气隔绝，因而防止了焊接面的氧化。

3）降低焊料表面的张力。使用助焊剂可以减小熔化后焊料的表面张力，增加焊锡流动性，有助于焊锡浸润。

（2）助焊剂的要求

1）常温下必须稳定，熔点应低于焊料，只有这样才能发挥助焊作用。

2）在焊接过程中具有较高的活化性，表面张力、黏度、比重小于焊料。

3）残渣容易清除。助焊剂都带有酸性，而且残渣影响外观。

4）不能腐蚀母材。助焊剂酸性太强，就不仅会除氧化层，也会腐蚀金属，造成危害。

5）不产生有害气体和臭味。

3. 阻焊剂

阻焊剂是一种耐高温的涂料，可将不需要焊接的部分保护起来，致使焊接只在需要的部位进行，以防焊接过程中发生桥连、短路等现象，对高密度印制电路板尤为重要，可降低返修率，节约焊料，使焊接时印制电路板受到的热冲击小，板面不易起泡和分层。我们常见的印制电路板上的绿色涂层即为阻焊层。

阻焊剂的种类有热固化型阻焊剂、紫外线光固化型阻焊剂和电子辐射固化型阻焊剂等几种，目前常用的是紫外线光固化型阻焊剂。

4.2　焊接技术

4.2.1　工业生产中的焊接技术

1. 波峰焊

波峰焊是目前应用最广泛的自动化焊接工艺，它适用于大面积、大批量印制电路板的焊接。波峰焊的主要工艺流程如图 4-3 所示。

先把插件台送来的已装有元器件的印制电路板夹具送到接口自动控制器上，然后自动控制器将印制电路板送入涂覆助焊剂的装置内，对印制电路板喷涂助焊剂，喷涂完毕后，再送入预热器，对印制电路板进行预热，预热的温度为 60 ~ 80℃，然后送到波峰焊料缸里进行焊接，温度可达 240 ~ 245℃，并且要求锡峰高于铜铂面 1.5 ~ 2mm，焊接时间为 3s 左右。将焊好的印制电路板进行强风冷却，冷却后的印制电路板再送入切头机进行元器件引脚的切除，切除引脚后，再送入清除器用毛刷对残脚进行清除，最后由自动卸板机装置把印制电路板送往硬件装配线。

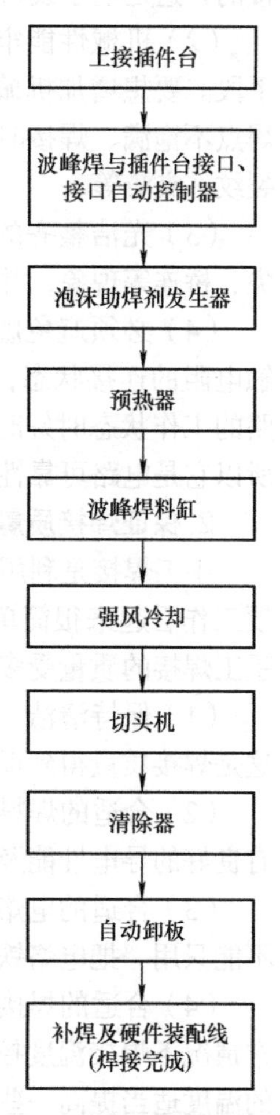

图 4-3　波峰焊工艺流程

2. 高频加热焊

高频加热焊是利用高频感应电流，在变压器二次回路将被焊的金属进行加热焊接的方法。

焊接的方法是：把感应线圈放在被焊件的焊接部位上，然后将垫圈形或圆环形焊料放入感应圈内，再给感应圈通以高频电流，此时焊件就会受电磁感应而被加热，当焊料达到熔点时就会熔化并扩散，待焊料全部熔化后，便可移开感应圈或焊件。

3. 脉冲加热焊

这种焊接方法是以脉冲电流的方式通过加热器在很短的时间内给焊点施加热量完成焊接。具体的方法是：在焊接前，利用电镀及其他方法，在被焊接的位置上加上焊料，然后进行极短时间的加热，一般以 1s 左右为宜，在焊料加热的同时也需加压，从而完成焊接。

脉冲加热焊适用于小型集成电路的焊接，如电子手表、照相机等高密度焊点的产品，即不易使用电烙铁和助焊剂的产品。

4. 其他焊接方法

除了上述几种焊接方法以外，在微电子器件组装中，超声波焊、热超声金丝球焊、机械热脉冲焊都有各自的特点。例如新近发展起来的激光焊，能在几秒的时间内将焊点加热到熔化而实现焊接，热应力影响之小，可以同锡焊相比，是一种很有潜力的焊接方法。

4.2.2 手工焊接

1. 焊点的质量要求

（1）可靠的电连接 电子设备的焊接同电路通断情况紧密相连。一个焊点要能稳定、可靠地通过一定的电流，没有足够的连接面积和稳定的结合层是不行的。因为使用焊料实现的连接不是靠压力，而是靠结合层达到电连接的目的，如果焊料仅仅是堆在焊件表面或只有少部分形成结合层，那么在最初的测试和工作中也许不能发现，但随着条件的改变和时间的推移，电路会产生时通时断或者干脆不工作的现象，而这时观察外表，电路依然是连接的，这是电子设备制造者必须重视的问题。

（2）机械性能牢固 焊接不仅起电连接作用，同时也是固定元器件、保证机械连接的手段。要想增加机械强度，就要有足够的连接面积，影响机械强度的常见缺陷有焊料过少、焊点不饱满、焊接时焊料尚未凝固就使焊件振动而引起的焊点晶粒粗大（像豆腐渣状）以及裂纹、夹渣等。

（3）光洁整齐的外观 良好的焊点要求焊料用量恰到好处，外表有金属光泽，没有拉尖、桥连等现象，并且不伤及导线绝缘层及相邻元器件。良好的外表是焊接质量的反映。

（4）必须避免虚焊 虚焊主要是由金属表面的氧化物和污垢造成的，它使焊点呈有接触电阻的连接状态，从而使电路工作不正常，噪声增加，而且元器件易脱落。虚焊会使电路的工作状态时好时坏，没有规律性。虚焊的影响也许在电路工作很长时间后才表现出来，所以它是电路可靠性的一大隐患，必须避免。

2. 保证焊接质量的因素

手工焊接是利用电烙铁加热焊料和被焊金属，实现金属间牢固连接的一项工艺过程。这项工作看起来很简单，但要保证众多焊点的均匀一致、个个可靠却是十分不容易的，因为手工焊接的质量受多种因素影响和控制。通常，应注意以下几个保证焊接质量的因素：

（1）保持清洁 要使熔化的焊料与被焊金属受热形成合金，其接触表面必须十分清洁，这是焊接质量得到保证的首要因素和先决条件。

（2）合适的焊料和助焊剂 电子设备手工焊接通常采用共晶锡铅合金焊料，以保证焊点有良好的导电性能及足够的机械强度。目前常用的是松脂芯焊丝。

（3）合适的电烙铁 手工焊接主要使用电烙铁，应按焊接对象选用不同功率的电烙铁，不能只用一把电烙铁完成不同形状、不同热容量焊点的焊接。

（4）合适的焊接温度 焊接温度是指焊料和被焊金属之间形成合金层所需要的温度。通常情况下焊接温度控制在260℃左右，但考虑到烙铁头在使用过程中会散热，可以把电烙铁的温度适当提高一些，控制在（300 ± 10）℃为宜。

（5）合适的焊接时间 由于被焊金属的种类和焊点形状的不同及助焊剂特性的差异，焊接时间各不相同。通常，焊接时间不大于 3s。

（6）被焊金属的可焊性 可焊性主要是指元器件引线、接线端子和印制电路板的可焊性。为了保证可焊性，在焊接前，要进行搪锡处理或在印制电路板表面镀上一层锡铅合金。

3. 焊接操作姿势

电烙铁的基本的握法如图 4-4a 所示，这种姿势与握笔的姿势相似，称为笔握式。图 4-4b 是正握式，适用于焊接大型电气设备。

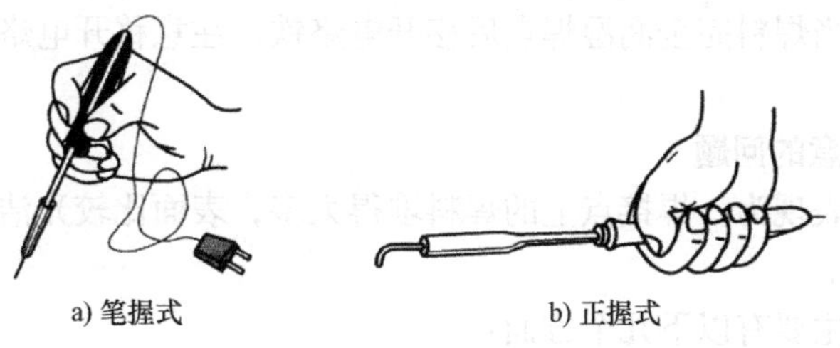

图 4-4　电烙铁常用的握法

焊料丝一般有两种拿法，如图 4-5 所示。由于焊料丝成分中，铅占一定比例，它是对人体有害的重金属，因此操作时应戴上手套或在操作后洗手，避免食入。

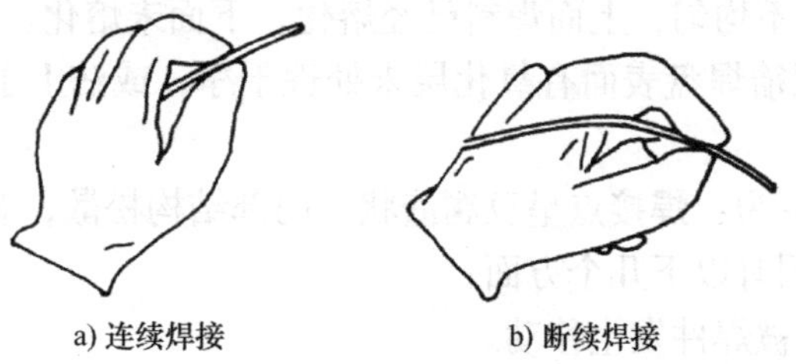

图 4-5　焊料常用拿法

4. 手工焊接的基本步骤

下面介绍的五步操作法有普遍意义，如图 4-6 所示。

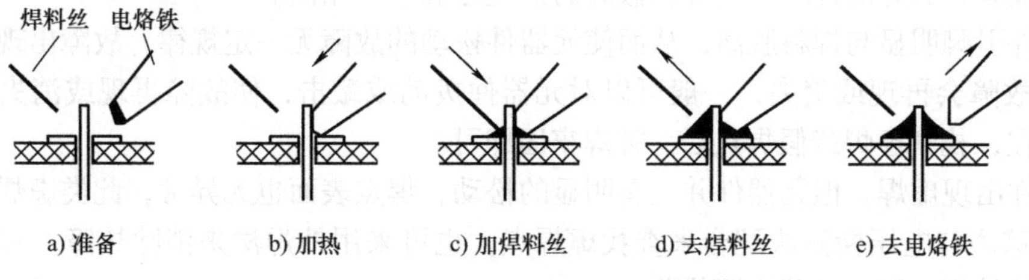

图 4-6　焊接步骤

（1）准备　准备好焊料丝和电烙铁。此时特别强调的是烙铁头要保持干净，以便可沾上焊料。

（2）加热　将电烙铁接触焊接点，注意首先要保持电烙铁加热被焊件各部分，如印制电路板上引线和焊盘都要受热；其次要注意让烙铁头的扁平（斜口）部分（较大部分）接触热容量较大的被焊件，烙铁头的侧面或边缘部分接触热容量较小的部分，以保持被焊件均匀受热。

（3）加焊料丝　当被焊件加热到能熔化焊料的温度后将焊料丝置于焊点，焊料开始熔化并润湿焊点。

（4）去焊料丝　当熔化一定量的焊料后将焊料丝移开。焊料量为：覆盖所焊接焊盘面积的 80%左右。

（5）去电烙铁　当焊料完全润湿焊点后移开电烙铁，注意移开电烙铁的方向应该是大致45℃的方向。

5. 手工焊接中注意的问题

（1）虚焊　虚焊表现为：焊接点上的焊料堆得太多，表面比较光洁，但实际被焊物与焊料并没有熔合在一起。

产生虚焊的原因主要有以下几个方面：

1）被焊件的焊接点未处理干净，可焊性较差。

2）电烙铁表面有氧化层。

3）烙铁头的温度过高或过低，温度过高会使焊料熔化过快、过多而不容易焊接，温度过低会使焊料未充分熔化而成豆腐渣状。

4）焊接点加热温度不均匀，上面焊料已经熔化，下面未熔化。

5）印制电路板上铜箔焊盘表面有氧化层未处理干净，或沾上了阻焊剂等，使焊盘的可焊性差。

（2）冷焊　冷焊表现为：焊接点呈豆腐渣状，内部结构松散，有裂缝。

冷焊产生的主要原因有以下几个方面：

1）在冷却过程中，被焊件发生移动。

2）烙铁头温度不够。

3）电烙铁的功率太小，而焊接点散热又快。

6. 焊点缺陷的处理方法

焊接时最常见的缺陷是虚焊、假焊和连焊等，不同的缺陷处理方法也不同。

（1）虚焊和假焊的处理　虚焊和假焊的处理方法基本相同。

元器件引脚明显与焊料脱离，从而使元器件松动的故障无一定规律，故障出现时经过敲击振动后故障会再现或消失，一般可以对元器件拨动或敲击，使故障再现或消失，就可发现问题所在，找到虚焊或假焊点后，补焊牢固即可。

元器件出现虚焊，但元器件并没有明显的松动，焊点表面也无异常，此类虚焊通常可采用信号跟踪法与电压检测法配合来查找虚焊点，也可采用补焊法来消除故障。对怀疑有虚焊点的部位补焊一遍，故障也可排除。

（2）可焊性差产生的缺陷的处理　焊盘和元器件引线可焊性差产生的缺陷主要是引线或焊盘氧化润湿不良造成的，应分别采用打磨和浸锡处理，恢复其可焊性。

（3）连焊的处理　焊接焊点排列细密的印制电路板时，常因焊料过多或焊盘间距太小等，出现焊料将邻近焊盘或铜箔条粘连的情况。可以用电烙铁熔化连焊点，待焊料熔化以后，及时移走电烙铁，使之自然流开分离。

4.2.3　拆焊技术

在电子设备的研究、生产和维修过程中，有很多时候需要将已经焊好的元器件无损伤地拆下来，焊接元器件的无损拆卸（拆焊）也是焊接技术的一个重要组成部分。

在实际操作中拆焊比焊接难度高，如果拆焊不得当，很容易将元器件损坏或损坏印制电路板的焊盘。对于只有两三个引脚，并且引脚位点比较分开的元器件，可采用吸锡法逐点脱焊。对于引脚较多，引脚位点较集中的元器件（如集成块等），一般采用堆锡法脱焊。例如，拆卸双列直插封装的集成块，可用一段多股芯线置于集成块一列引脚上，用焊料堆积此列引脚，焊料全部熔化时即可将引脚拔出。无论采用何种拆焊法，必须确保拆下来的元器件及元器件拆走后的印制电路板完好无损。

1. 拆焊的原则

拆焊的步骤一般与焊接的步骤相反，拆焊前一定要弄清楚原焊接点的特点，不要轻易动手。

1）不损坏拆除的元器件、导线、原焊接部位的结构件。

2）拆焊时不可损坏印制电路板上的焊盘与印制导线。

3）对已判断为损坏的元器件，可先将引线剪断后再拆除，这样可减少其他的损伤。

4）在拆焊过程中，应尽量避免拆动其他元器件或变动其他元器件的位置，如确实需要，应做好复原工作。

2. 拆焊工具

常用的拆焊工具除了普通电烙铁外还有以下几种：

（1）镊子　以端头较尖、硬度较高的不锈钢为佳，用以夹持元器件或借助电烙铁恢复焊孔。

（2）吸锡器　用以吸去熔化的焊料，使焊盘与元器件引线或导线分离。

（3）吸锡绳　用以吸取焊接点上的焊料，也可用镀锡的编制套浸以助焊剂代替，效果也较好。

（4）吸锡电烙铁　它是一种专用拆焊电烙铁，在对焊接点加热的同时把焊盘上的焊料吸入内腔，逐步将焊接点上的焊料吸干净，从而完成拆焊。

3. 拆焊的操作要点

1）严格控制加热的温度和时间。因拆焊的加热时间和温度较焊接时要长和高，所以要严格控制加热时间和温度，以免将元器件烫坏或使焊盘翘起、断裂。宜采用间隔加热法来进行拆焊。

2）拆焊时不要用力过猛。在高温状态下，元器件封装的强度都会下降，尤其是塑封器件、陶瓷器件、玻璃端子等，过分的用力拉、摇、扭都会损坏元器件和焊盘。

3）吸去拆焊点上的焊料。拆焊前，用电烙铁加热拆焊点，吸锡器吸去焊料，即使还有少量锡连接，也可以减少拆焊的时间，减少元器件及印制电路板损坏的可能性。

4）对需要保留元器件引线和导线端头的拆焊，要求比较严格，也比较麻烦。可用吸锡器先吸去被拆焊接点外面的焊料，再在电烙铁加热下，用镊子夹住线头逆绕退出，再调直待用。

4. 吸锡器拆焊法

这种方法是利用吸锡器内置空腔的负压作用，将加热后熔化的焊料吸入空腔，使引线与焊盘分离。吸锡器拆焊操作步骤如图 4-7 所示。

5. 拆焊后的重新焊接

拆焊后一般都要重新焊上元器件或导线，操作时应注意以下几个问题。

1）重新焊接的元器件引线和导线的剪裁长度，离印制电路板的高度、弯曲形状和方向，都应和原来尽量保持一致，使电路的分布参数不会发生大的变化，以免使电路的性能受到影响。

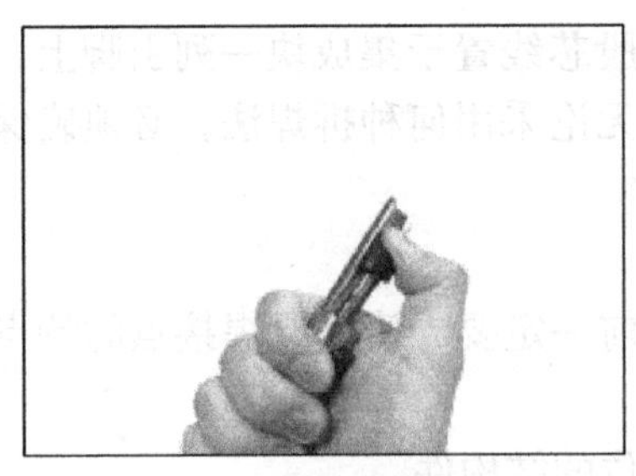

a) 吸锡前按下滑杆

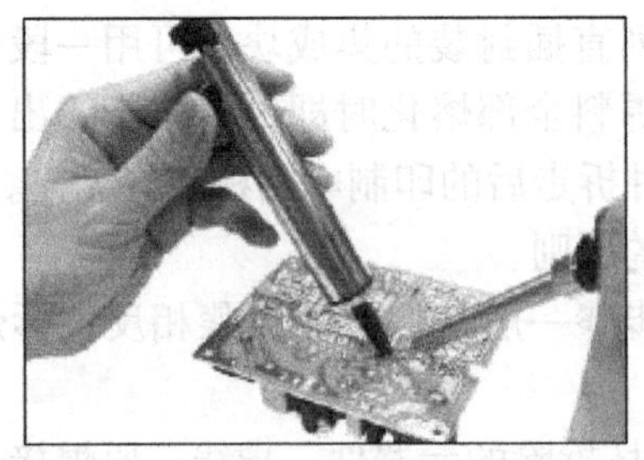

b) 吸筒尽量垂直，吸锡时按下按钮

图 4-7　吸锡器拆焊法

2）印制电路板拆焊后，如果焊盘孔被堵塞，应先用镊子或锥子尖端在加热的情况下，从铜箔面将孔穿透，再插进元器件引线或导线进行重焊。不能靠元器件引线从基板面捅穿孔，这样很容易使焊盘铜箔与基板分离，甚至使铜箔断裂。

3）拆焊点重新焊好元器件或导线后，应将因拆焊需要而弯折、移动过的元器件恢复原状。一个熟练的维修人员拆焊过的维修点一般是不容易被看出来的。

4.3　电子设备组装

电子设备组装的目的就是以合理的结构安排、最简化的工艺实现整机的技术指标，快速有效地制造出稳定可靠的产品。

4.3.1　电子设备组装内容和方法

1. 组装内容和组装级别

电子设备的组装是将各种电子元器件、机电元件和结构件按照设计要求，装接在规定的位置上，组成具有一定功能、完整的电子产品的过程。

组装内容主要有：单元的划分，元器件的布局，各种元件、部件、结构件的安装，整机联装等。在组装过程中，根据组装单位的大小、尺寸、复杂程度和特点的不同，将电子设备的组装分成不同的等级，称之为电子设备的组装级。组装级分为：

1）第一级组装，一般称为元件级，是最低的组装级别，其特点是结构不可分割，通常指通用电路元件、分立元件及其按需要构成的组件、集成电路组件等的组装。

2）第二级组装，一般称为插件级，用于组装和互连第一级元器件。例如，装有元器件的印制电路板或插件等的组装。

3）第三级组装，一般称为底板级或插箱级，用于安装和互连第二级组装的插件或印制电路板部件。

4）第四及更高级别的组装，一般称箱级、柜级及系统级，主要通过电缆及连接器互连第二、三级组装，并以电源反馈线构成独立的有一定功能的仪器或设备。对于系统级，设备不在同一地点时，需用传输线或其他方式连接。

2. 组装特点及方法

（1）组装特点　电子设备的组装，在电气上是以印制电路板为支撑主体的电子元器件的电路连接，在结构上是以组成产品的钣金硬件和模型壳体，通过紧固零件或其他方法，由内到外按一定的顺序安装。电子设备属于技术密集型产品，组装电子设备的主要特点是：

1）组装工作是由多种基本技术构成的，如元器件的筛选与引线成形技术、线材加工处理技术、焊接技术、安装技术和质量检验技术等。

2）装配操作质量，在很多情况下都难以进行定量分析，如焊接质量的好坏，通常以目测判断，刻度盘、旋钮等的装配质量多以手感鉴定等。因此，掌握正确的安装操作方法是十分必要的，切勿养成随心所欲的操作习惯。

3）进行装配工作的人员必须进行训练和挑选，经考核合格后持证上岗，否则，由于知识缺乏和技术水平不高，就可能生产出次品；而一旦生产出次品，就不可能百分之百地被检查出来，产品质量就没有保证。

（2）组装方法　组装工序在生产过程中要占去大量时间。装配时对于给定的生产条件，必须研究几种可能的方案，并选取其中最佳方案。目前，电子设备的组装方法，从组装原理上可以分为功能法、组件法和功能组件法三种。

1）功能法是将电子设备的一部分放在一个完整的结构部件内。该部件能完成变换或形成信号的局部任务，从而得到在功能和结构上都已完整的部件，便于生产和维护。不同的功能部件（接收机、发射机、存储器、译码器、显示器）有不同的结构外形、体积、安装尺寸和连接尺寸，很难做出统一的规定，这种方法将降低整个设备的组装密度。此方法广泛用在采用电真空器件的设备上，也适用于以分立元件为主的产品或终端功能部件上。

2）组件法就是制造出一些外形尺寸和安装尺寸都统一的部件，这时部件的功能完整性退居到次要地位。这种方法广泛应用于电气安装工作中并可大大提高安装密度。根据实际需要，组件法又可分为平面组件法和分层组件法，大多用于组装以集成器件为主的设备。

3）功能组件法兼顾了功能法和组件法的特点，用以制造出既保证功能完整性又有规范化的结构尺寸的组件。随着微型电路的发展，组装密度进一步增大，还可能有更大的结构余量和功能余量。因此，对微型电路进行结构设计时，要同时遵从功能原理和组件原理的原则。

4.3.2　整机装配工艺过程

整机装配的工序因设备的种类、规模不同，其构成也有所不同，但基本功能并没有什么变化，据此就可以制定出制造电子设备最有效的工序来。一般整机装配工艺过程如图 4-8 所示。

由于产品的复杂程度、设备场地条件、生产数量、技术力量及工人操作技术水平等情况的不同，生产的组织形式和工序也要根据实际情况有所变化。

4.3.3　电子元器件的布局

电子设备的组装过程就是按照工艺图样把所有的元器件连接起来的过程。一般电子设备都有上千个元器件，这些元器件在安装时如何布置，放在什么位置，它们之间有什么关系等，都是布局所需解决的问题。电子设备中元器件的布局是否合理，将直接影响组装工艺和设备的技术性能。

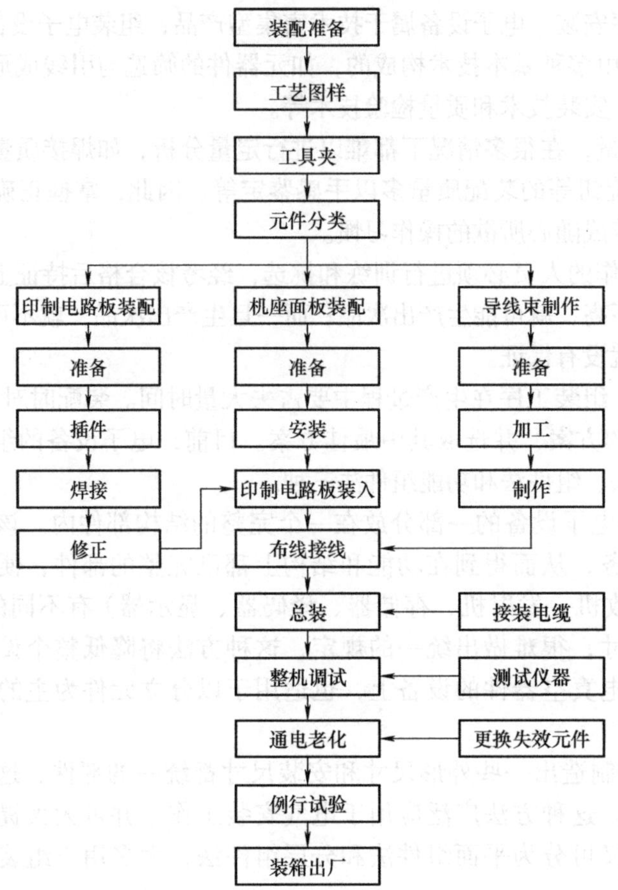

图 4-8　整机装配的工艺过程

电子设备中元器件布局应遵循下列原则：

1. 应保证电路性能指标的实现

电路性能一般指电路的频率特性、波形参数、电路增益和工作稳定性等有关指标，具体指标随电路的不同而异。例如对于高频电路，在元器件布局时，解决的主要问题是减小分布参数的影响。布局不当，将会使分布电容、接线电感、接地电阻等的分布参数增大，直接改变高频电路的参数，从而影响电路基本指标的实现。

无论什么电路，使用的元器件，特别是半导体元器件，对温度非常敏感，元器件布局应采取有利于机内的散热和防热的措施，以保证电路性能指标不受或减少温度的影响。此外，元器件的布局应使电磁场的影响减小到最低限度，采取措施避免电路之间形成干扰，以及防止外来的干扰，以保证电路正常稳定地工作。

2. 应有利于布线

元器件布设的位置，直接决定着连线长度和敷设路径，布线长度和走线方向不合理会增加分布参数和产生寄生耦合，而且不合理的走线还会给装接工艺带来麻烦。

3. 应满足结构工艺的要求

电子设备的组装无论是整机还是分机都要求结构紧凑、外观好、重量平衡、防振等，因此元器件布局时要考虑重量大的元器件及部件的位置，使其分布合理，整机重心降低，机内重量分布均衡。

元器件布局时，应考虑排列的美观性。尽管导线纵横交叉，长短不一，但外观要力求平直、整齐、对称，使电路层次分明。信号的进出，电源的供给，主要元器件和回路的安排顺序要妥当，使众多的元器件排列繁而不乱，杂而有章。

4. 应有利于设备的装配、调试和维修

现代电子设备由于功能齐全、结构复杂，往往将整机分为若干功能单元，每个单元在安装、调试方面都是独立的，因此元器件的布局要有利于生产时装调的方便和使用维修时的方便，如便于调整、观察、更换元器件等。

4.4 电子设备调试工艺

电子设备的调试指的是整机调试，整机调试是在整机装配以后进行的。电子设备的质量固然与元器件的选择、印制电路板的设计制作、装配焊接工艺密切相关，也与整机调试分不开。在这一阶段不但要使电路达到设计时预想的性能指标，对整机在前期加工工艺中存在的缺陷，也尽可能进行修改和补救。

整机的调试可包括调整和测试两个方面，即用测试仪器仪表调整电路的参数，使之符合预定的性能指标要求，并对整机的各项性能指标进行系统的测试。

整机的调试通常分为静态调试和动态调试两种方式。调试流程图如图 4-9 所示。

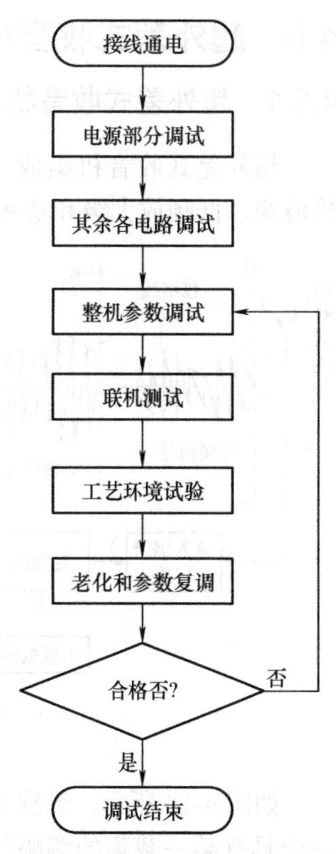

图 4-9　电子设备整机调试流程图

4.4.1 静态调试

所谓静态调试，是指在电路未加输入信号的直流工作状态下测试和调整其静态工作点和静态技术指标。

1）对于模拟电路主要应调整各级的静态工作点。

2）对于数字电路主要应调整各输入、输出端的电平和各单元电路间的逻辑关系。在此基础上，将电路各点测出的电压、电流与设计值相比较，如果两者相差较大，则先调节各相关可调零部件，若还不能纠正，则要从以下方面分析原因：

① 电源电压是否正确。

② 电路安装有无错误。

③ 元器件型号是否选对，本身质量是否有问题。

一般来说，在正确安装的前提下，交流放大电路比较容易成功。因为交流电路的各级之间用隔直流电容器互相隔离，在调整静态工作点时互不影响。

对于直流放大电路来说，由于各级电路直流相连，各点的电流、电压互相牵制，有时调整一个晶体管的静态工作点，会使各级的电压、电流值都发生变化。所以，在调整电路时要有耐心，一般要反复多次进行调整才能成功。

4.4.2 动态调试

动态测试与调整是保证电路各项参数、性能、指标的重要步骤。其测试与调整的项目内容包括动态工作电压、波形的形状及其幅值和频率、动态输出功率、相位关系、频带、放大倍数、动态范围等。

调整电子电路的交流参数最好用信号发生器和示波器。对于数字电路来说，由于多数采用集成电路，因此调试的工作量要少一些。只要元器件选择符合要求，直流工作状态正常后，逻辑关系通常不会有太大的问题。

动态调试，就是在整机的输入端加上信号，例如收音机动态调试时，在其输入端送入高频信号或直接接收电台的信号，来对其进行中频频率、频率覆盖范围和灵敏度的调整，使其满足设计的要求。

4.5 超外差式收音机

4.5.1 超外差式收音机工作原理

超外差式收音机组成原理如图 4-10 所示，它由输入调谐电路、变频级、中频放大级、检波级、低频放大级和功率放大级组成。

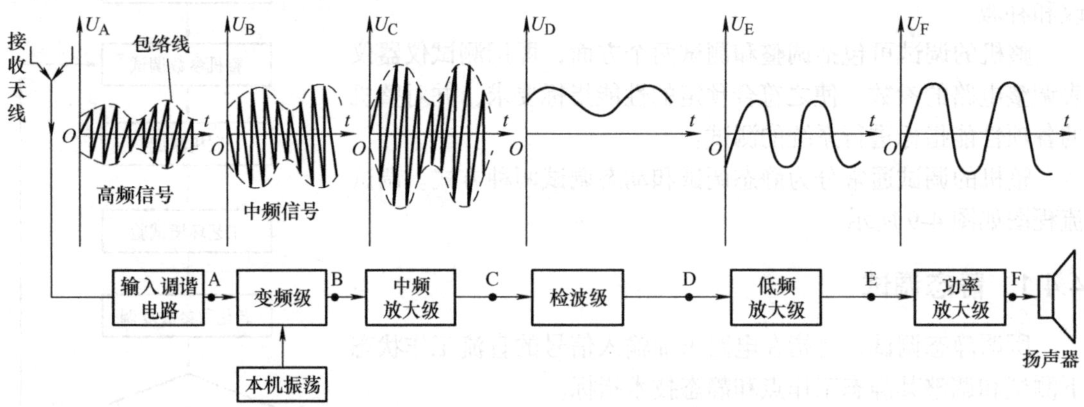

图 4-10 超外差式收音机原理框图

如图 4-10 所示，天线接收到的高频调幅信号，经过输入调谐电路的选择，在 A 点形成一个具有某一载频的调幅信号。此调幅信号进入变频级后，与变频级中的本机振荡信号进行混频，变成一个介于低频和高频之间的固定频率（465kHz）的信号，称为中频信号。外来的高频调幅信号经过变频级后，只是换了载频，加在它上面的音频信号并没有改变，即包络线不变，并调制在新的中频上面，在 B 点变成了新的中频调幅信号。此信号由中频放大级进行放大，在 C 点形成了放大后的中频调幅信号。中频信号人耳是听不到的，放大后的中频调幅信号经过检波，在 D 点才能得到音频信号。检波得到的音频信号再送到电压放大级，在 E 点处形成放大后的音频信号。放大后的音频信号由功率放大级进行放大处理，在 F 点形成放大后的功率信号，最终推动扬声器发出声音。

4.5.2　超外差式收音机各级工作过程

超外差式收音机各级在工作中都起到不可替代的作用，尤其是变频级、中频放大级、检波级和功率放大级，它们是相当重要的。

以七晶体管收音机 HX108–2 为例，其工作原理图如图 4-11 所示。从原理图上看，以 VT_1 为核心构成变频级，其中 B_2 为振荡线圈，是本机振荡器反馈网络与选频网络，B_3、B_4、B_5 为 465kHz 带通滤波器（中心频率为 465kHz，带宽很窄），它仅传输 465kHz 的窄频带，VT_2、VT_3 为中频放大管，VT_4 构成检波放大级，VT_5 构成电压放大级，VT_6、VT_7、B_6、B_7 共同构成推挽功率放大级。

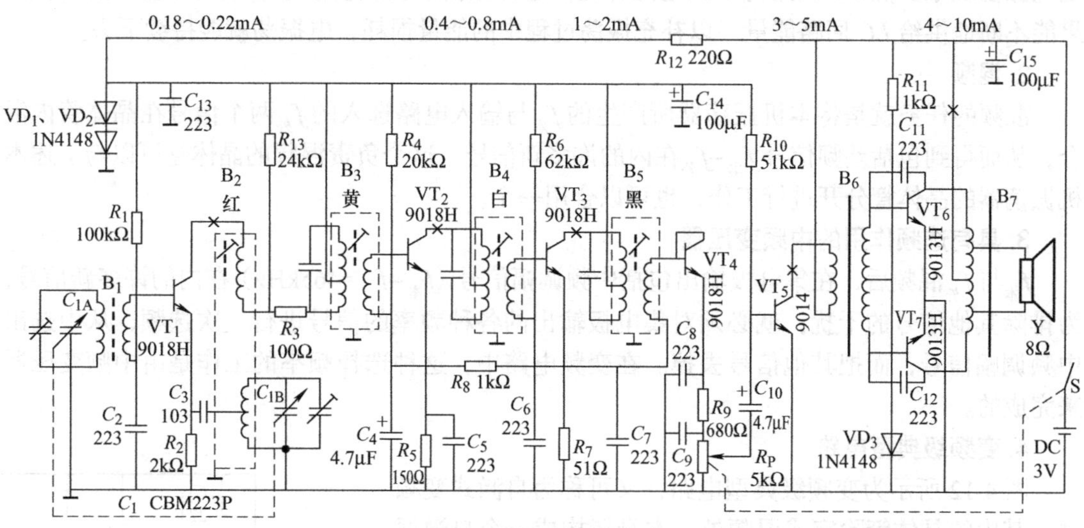

图 4-11　HX108-2 七晶体管收音机工作原理图

4.5.3　输入调谐电路

输入调谐电路的任务是有选择地收集从广播电台传来的高频信号，并把它传送到变频级。它对提高收音机的灵敏度、选择性，降低噪声和干扰等都有重要意义。从谐振电路的工作特点可知，串联谐振电路是允许谐振频率及其附近频率信号通过电路的，而大大削弱远离谐振频率的信号，从而达到选频的目的，也就实现了初步选台效果，这个被初步选择来的信号传入变频级做进一步处理，并经收音机其他电路，最终可得到清晰稳定的电台广播信号。

4.5.4　外来信号“加工厂”——变频级

超外差式收音机首先应把选入的高频调幅信号进行一次加工，使之变为固定的中频调幅信号，然后再进行放大，完成这项加工任务的“加工厂”就被称为变频级。

我们知道，两种不同的颜色在调色盘里混合，便可以产生新的颜色。同样将两种不同频率的信号，同时输入晶体管，混合后也可以产生新的频率信号，不过这一过程比较复杂，产生的是多种频率的信号。在变频级这个“加工厂”中，我们是把外来的高频调幅信号 $f_{外}$，与收音机本身产生的一个高频等幅信号 $f_{本}$，同时输入晶体管里混合，从而在输入端得到许多新的频率信号。这些新的信号中有一种差频信号$f_{本}-f_{外}$，恰好就是我们所需要的中频调幅信号。最后，只要把这个中频调幅信号选出来，就达到了高频调幅信号$f_{外}$加工成中频调幅信号的目的。由此可见，变频级这个“加工厂”主要有三个任务：一是能产生高频等幅信号$f_{本}$，又称本机振荡信号；二是将$f_{外}$与$f_{本}$相混合，即混频；三是从混频后输出的信号中，选出中频调幅信号$f_{本}-f_{外}$，即选频。

1. 本机振荡器

所谓本机振荡器，就是一种能够自己产生振荡信号的装置。由一个线圈L和一个电容C组成回路，只要给它一点电能，电流就可以在L和C之间流动，即有振荡信号产生，这就是电振荡现象。但LC回路得不到电能补充，这种振荡就会慢慢减小，最终停止。然而，如果能不断地供给LC回路能量，以补充振荡过程中的能量损耗，电振荡就能持续下去。

2. 混频

混频的任务就是将本机振荡器所产生的$f_{本}$与输入电路选入的$f_{外}$两个信号在晶体管内混合，从而得到包括差频信号$f_{本}-f_{外}$在内的许多新信号。这个负责混频的晶体管可以与上述本机振荡器的晶体管分开进行工作，也可以合用一个。

3. 具有选频作用的中频变压器

$f_{本}$与$f_{外}$混频后，在集电极输出包括中频调幅信号（$f_{本}-f_{外}$=465kHz）在内的许多新信号，为排除其他信号的干扰，就必须对集电极输出的各种频率的信号进行一次选频，从中选出中频调幅信号，而把其他信号去掉。在变频电路中，这种选择频率的工作是由中频变压器来完成的。

4. 变频级典型电路

图4-12所示为变频级典型电路，又可称为自激式变频器。其中的晶体管除完成混频外，本身还构成一个自激振荡器。信号加至晶体管的基极，振荡电压注入晶体管的发射极，在输出调谐电路上得到中频电压。在晶体管的发射极和基极之间接调谐电路（谐振于本振频率$f_{本}$），集电极和发射极间通过变压器B_2的正反馈作用完成耦合，所以适当地选择B_2的圈数比和连接的极性，能够产生并维持振荡。电阻R_1、R_2和R_3组成变频级晶体管VT_1的偏置电路；电容C_3作为耦合电容实现本机振荡信号的传递；B_3作为选频器件完成选频的任务。

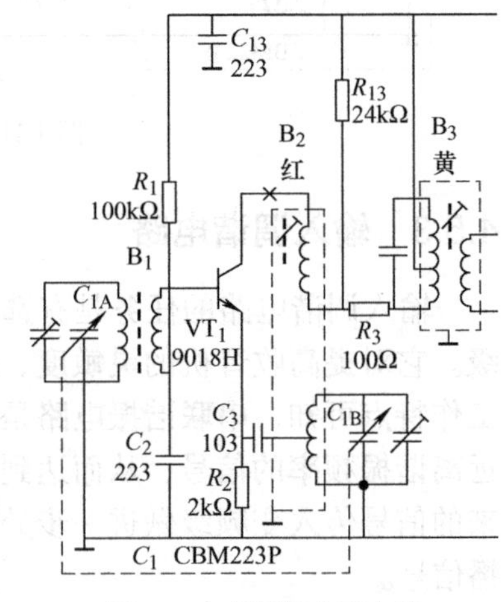

图4-12　变频级典型电路

从原理图中我们看到，输入调谐电路的可变电容C_{1A}与本机振荡回路可变电容C_{1B}采取同轴调谐，即采取双联可变电容。这样是为了使本机振荡产生的高频等幅信号$f_{本}$总是比选入的外来高频调幅信号$f_{外}$高出一个固定的中频值，即$f_{本}-f_{外}$=465kHz，这就是“超外差”名称的由来。

4.5.5　超外差式收音机的“心脏”——中频放大级

在超外差式收音机中，中频放大级是相当重要的一级。它对于收音机的灵敏度、选择性、保真度的好坏，都起着决定性作用，所以被称为超外差式收音机的“心脏”。

1. 中频放大级的特点

1）工作在中频频率，它的任务是把中频信号加以放大。

2）中频放大级与变频级之间是用中频变压器耦合的，它本身又以第二个中频变压器为负载，输出信号到下一级。所以，只要我们把两个中频变压器的一次、二次绕组匝数比选择好，就能保证与上级及下级之间阻抗匹配良好，把放大后的中频信号尽可能地输送到下一级去。

3）两个中频变压器的调谐电路都是调在中频的谐振点上，这样就能很好地选择中频信号并加以放大，而抑制其他干扰信号。

2. 中频放大级电路

图 4-13 所示为共射极变压器耦合放大电路。R_4、B_3 的二次绕组、R_8 构成中频放大管 VT_2 的偏置电路；C_4、C_5 是交流旁路电容，为中频信号提供交流通路；B_3 构成输入端的选频网络，B_4 构成输出端的选频网络。

在中频放大级电路中，中频变压器是决定中频放大性能的关键。它具有两个重要作用：

1）选频作用，保证整机的选择性。

2）耦合作用，起重要的阻抗变换作用，保证中频放大级的增益。

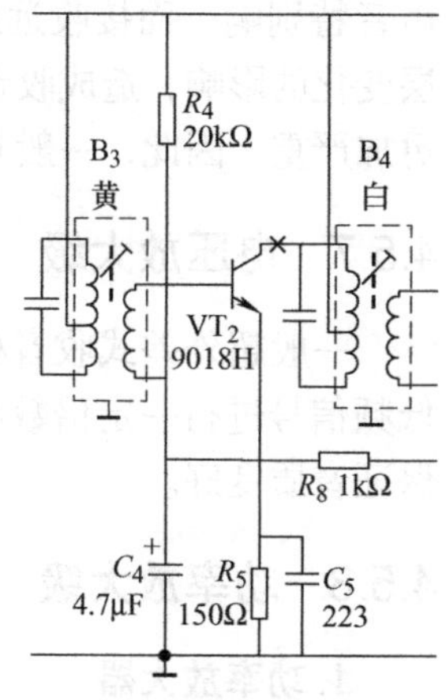

图 4-13 中频放大级的电路

4.5.6 检波器（晶体管检波）和自动增益控制（AGC）电路

中频放大级的输出信号是载波频率为 465kHz 的调幅波，不能被人耳听到，必须经过检波，从中频调幅信号中解调出音频信号，并经低频放大，才能听到。从高频调幅信号中解出调制信号的过程叫作检波，也叫解调。完成检波作用的装置称为检波器，它是收音机的必备装置。

晶体管、二极管具有检波的功能，是超外差式收音机常用的检波元件。二极管检波器具有失真小，便于加自动增益控制（AGC）电路等优点。我们采用晶体管检波，利用其检波的同时进行放大。

1. 射极检波器

所谓射极检波器，就是用晶体管按射极输出方式工作的检波器。实际检波过程由晶体管的 PN 结完成，电路兼有二极管检波和射极输出器的一些特点。

射极检波器的原理电路如图 4-14 所示。检波管 VT_4 的集电极被较大的电容所旁路，所以 VT_4 为共集电极工作方式。经末级中频变压器耦合过来的中频信号加到 VT_4 的 eb 结上，因此在射极电阻 R_9 上得到的是正极性音频信号，残留的中频和其谐波成分由 C_8 和 C_9 旁路。图中 R_4 和 R_8 用来给 VT_4 提供较低的偏压，使 VT_4 工作在微导通的状态下，这对提高检波灵敏度，减

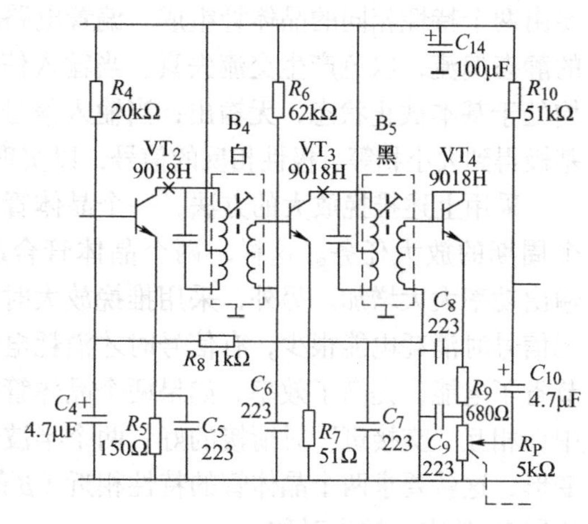

图 4-14 三极管检波及 AGC 电路

少失真是有好处的。因为 VT_4 按射极输出器方式工作，所以从 R_9 上得到的是被放大了的音频信号。这时，它与二极管检波电路相比是不一样的。二极管检波电路有十几 dB 的功率损失，而射极检波器却有电流增益，所以功率损失相对小些。实际上，很多收音机采用一级中频放大和射极检波器，也可达到与两级中频放大和二极管检波的收音机基本相同的指标。

2. 关于 AGC 电路

收音机在接收远地和附近电台广播时，输入信号的强弱相差很大，造成接收附近电台时声音特别响，而接收远地电台时极弱。另外，由于无线电波在传播中，会受到大气中电离层变化的影响，造成收音机收听同一电台时，声音也忽强忽弱；收听远地电台时，这种情况更加严重。因此，一般收音机中都加有 AGC 电路，以改善上述情况。

4.5.7　电压放大级

一般超外差式收音机都有电压放大级（低频放大级），其作用是把从检波级送来的微弱低频信号进行一定倍数的放大。因此，要求低频放大电路有足够的放大倍数，且失真要小，保证音质良好。

4.5.8　功率放大级

1. 功率放大器

在多管收音机中，末级负载（扬声器）需要的功率都比较大。因此，为了使扬声器能正常工作，要求最后一级放大器有较大的功率输出，我们把这一级放大器称为功率放大级。

功率放大器的输入信号经过前面多级放大器的放大已经变得较大，这就使功率放大器处于大信号工作状态，充分利用功放管的动态范围，以求最大输出功率，尽量减少失真。在额定负载下的最大不失真功率基本上决定了整机的额定输出功率、效率。它的效率低不仅标志着电能浪费大，而且由于浪费的电能绝大部分都消耗在功放管上，既加重了功放管的负担，又造成机内升温。因此，为提高效率，功率放大级一般都用互补放大器、准互补放大器或乙类推挽放大器中的一种。

2. 乙类推挽放大器原理

乙类推挽功率放大器的典型电路如图 4-15 所示，电路主要由两个特性相同的晶体管组成。偏置电路使两管产生很小的静态偏流，以免产生交流失真。当输入信号为 0 时，两管均处于基本截止状态，无输出；当输入信号不为 0 时，两管基极得到大小相等、极性相反的信号，以实现两管交替工作。

采用上述推挽放大的方法，一个晶体管只需承担信号半个周期的放大任务。这样，两个晶体管合起来，就可以使输出功率大大增加。另外，采用推挽放大时，两个晶体管在无信号时消耗电能很少，有信号时才消耗电能较多，这样就节省了电能，提高了效率。如果两个晶体管在轮流工作过程中，相互“交接班”时衔接的好，两个半波合在一起就不会变形，这就要求两个晶体管的特性相近（β 值基本相等），变压器 B_6 的中心抽头对称。

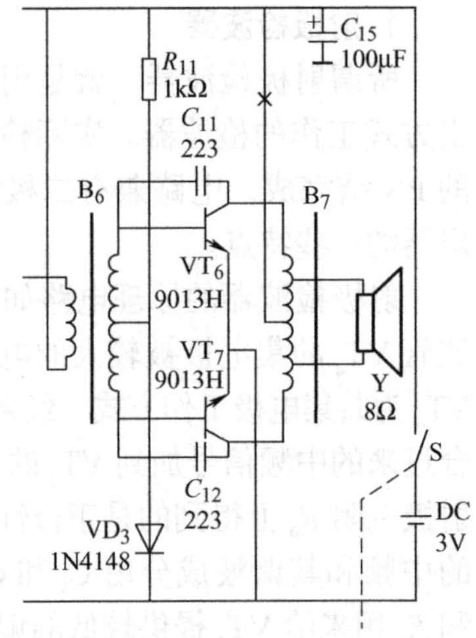

图 4-15　乙类推挽功率放大器电路

4.5.9　超外差式调幅收音机的调试

对超外差式调幅收音机进行调试时，通常使用的仪器有：信号发生器、直流稳压电源、示波器和毫安表（或毫伏表）等。

为使所组装的收音机的各项性能参数满足原设计的要求，并有良好的可行性，在整机装配好之后要进行整机调试。要将收音机的各种部件性能调试好，必须懂得收音机的电路原理，并了解它的性能指标要求。以 HX108–2 七管晶体管收音机为例，调试过程如下。

1. 低频调试的过程

超外差式调幅收音机低频安装完成后就要进行低频调试，这样便于检查。低频调试分以下 4 步进行：

1）将收音机接上电源。（电源输出电压为 3V）

2）把音量调到最大。用信号发生器的低频输出线点住电压放大器（VT_5）的基极，也就是把低频信号注入了电压放大级。如果收音机性能良好，则发出较尖的“嘟 – 嘟 –”声，电流在 210 ~ 300mA 之间。

3）再用信号发生器的低频输出线点住电位器的非地端（2 个），如果收音机性能良好，则发出较尖的“嘟 – 嘟 –”声，电流在 210 ~ 300mA 之间。

4）把电源关好，低频调试结束。

2. 统调的过程

使用仪器调试也必须在收音机电路正常工作情况下进行。

1）高频信号由第一级注入（把高频信号发生器的高频输出线夹在天线与双联电容之间），打开收音机，并将音量调到最大，将收音机的双联电容 C_1 全部旋进（逆时针打到最大）。

2）将信号发生器频率调到 465kHz 的位置上，先调 B_5，再调 B_4 和 B_3，在收音机发出较尖的“嘟 – 嘟 –”声时，使毫伏表或毫安表指针摆到最大。

3）将信号发生器频率调到 535kHz 的位置上，改变磁棒上线圈的位置，并调节振荡线圈 B_2 的磁帽，在收音机发出较尖的“嘟 – 嘟 –”声时，使毫伏表或毫安表指针摆到最大。

4）将信号发生器频率调到 1605kHz（为了便于在信号发生器指示盘上找到对应频率刻度，可以使用 1600kHz）的位置上，将收音机的双联电容全部旋出（顺时针打到最大），调节双联电容 C_1 的微调电容，在收音机发出较尖的“嘟 – 嘟 –”声时，使毫伏表或毫安表指针摆到最大。

5）反复调节几次即可调好。

4.6　整机故障检测方法

电子设备千差万别，其故障现象也千奇百怪，但在分析、排除故障时，运用一些基本的方法，对帮助排除故障是有益的。当然，下面所列举的几种基本方法，并不是每次都要用到，必须根据当时出现的故障现象，有选择、针对性地选用。

4.6.1　测量法

测量法是故障检测中使用最广泛、最有效的方法，根据检测的电参数特性又可分为电阻法、电压法、电流法、逻辑状态法等。

1. 电阻法

电阻是各种电子元器件和电路的基本特征，利用万用表测量电子元器件或电路各点之间阻值来判断故障的方法称为电阻法。

测量阻值，有“在线”和“离线”两种基本方式。“在线”测量需要考虑被测元器件受其他并联支路的影响，测量结果应对照原理图分析判断。“离线”测量需要将被测元器件或电路从整个电路或印制电路板上脱焊下来，操作较麻烦但结果准确可靠。

用电阻法测量集成电路，通常先将一支表笔接地，用另一支表笔测各种引脚对地阻值，然后交换表笔再测一次，将测量值与正常值（有些维修资料给出，或自己积累）进行比较，相差较大者往往是故障所在（不一定是集成电路坏）。

电阻法对确定开关、接插件、导线、印制电路板导电图形的通断及电阻器的变质，电容器短路，电感线圈断路等故障非常有效而且快捷，但对晶体管、集成电路以及电路单元来说，一般不能直接判定故障，需要对比分析或兼用其他方法，但由于电阻法不用给电路通电，因此可将检测风险降到最小。采用电阻法测量时要注意：

1）使用电阻法时应在线路断电、大电容放电的情况下进行，否则结果不准确，还可能损坏万用表。

2）在检测低电压供电的集成电路（电源电压不大于 5V）时避免用指针式万用表的“$R\times10$k”挡。

3）在线测量时应将万用表表笔交替测试，对比分析。

2. 电压法

电子线路正常工作时，线路各点都有一个确定的工作电压，通过测量电压来判断故障的方法称为电压法。电压法是通电检测手段中最基本、最常用的方法，根据电源性质又可分为交流和直流两种电压测量。

（1）交流电压测量　一般电子线路中交流回路较为简单，对 50Hz/60Hz 市电升压或降压后的电压只需使用普通万用表选择合适 AC 量程即可，测高压时要注意安全并养成单手操作的习惯。

对非 50Hz/60Hz 的电源，例如变频器输出电压的测量就要考虑所用电压表的频率特性，一般指针式万用表为 45 ~ 2000Hz，数字万用表为 45 ~ 500Hz，超过范围或非正弦波测量结果都不正确。

（2）直流电压测量　检测直流电压一般分为 3 步：

1）测量稳压电路输出端是否正常。

2）各单元电路及电路的关键“点”，例如放大电路输出点，外接部件电源端等处电压是否正常。

3）电路主要元器件如晶体管、集成电路各引脚电压是否正常，对集成电路首先要测电源端，也可对比正常工作时同种电路测得的各点电压。偏离正常电压较多的部件或元器件，往往就是故障所在部位。这种检测方法，要求工作者具有电路分析能力并尽可能收集相关电路的资料数据，才能达到事半功倍的效果。

3. 电流法

电子线路正常工作时，各部分工作电流是稳定的，偏离正常值较大的部位往往是故障所在。这就是电流法检测线路故障的原理。

电流法有直接测量和间接测量两种方法。直接测量就是将电流表直接串接在要检测的回路测得电流值的方法。这种方法直观、准确，但往往需要对线路动“手术”，例如断开导线，脱焊元器件的引脚等，才能进行测量，因而不太方便。对于整机总电流的测量，一般可通过将电流表的两支表笔接到开关上的方式测得，对使用 220V 交流电的线路必须注意测量安全。

间接测量法实际上是用测电压的方法换算成电流值。这种方法快捷方便，但如果所选测量点的元器件有故障，则不容易准确判断。

4.6.2　跟踪法

信号传输电路，包括信号获取（信号产生）、信号处理（信号放大、转换、滤波、隔离等）以及信号执行电路，在现代电子电路中占有很大比例。这种电路的检测关键是跟踪信号的传输环节，具体应用中根据电路的种类有信号寻迹法和信号注入法两种。

1. 信号寻迹法

信号寻迹法是针对信号产生和处理电路的信号流向寻找信号踪迹的检测方法，具体检测时又可分为正向寻迹（由输入到输出顺序查找）、反向寻迹（由输出到输入顺序查找）和等分寻迹三种。

正向寻迹是常用的检测方法，可以借助测试仪器（示波器、频率计、万用表等）逐级定性、定量检测信号，从而确定故障部位。反向寻迹仅仅是检测的顺序不同。等分寻迹对于单元较多的电路是一种高效的方法，适用多级串联结构的电路，且各级电路故障率大致相同，每次测试时间相近，对于有分支、有反馈或单元较少的电路则不适用。

2. 信号注入法

对于本身不带信号产生电路或信号产生电路有故障的信号，处理电路采用信号注入法是有效的检测方法。所谓信号注入，就是在信号处理电路的各级输入端输入已知的外加测试信号，通过终端指示器（例如指示仪表、扬声器、显示器等）或检测仪器来判断电路工作状态，从而找出电路故障。

各种广播电视接收设备是采用信号注入法检测的典型。检测时需要两种信号：鉴频器之前需要调频立体声信号，解码器之后需要音频信号。通常检测收音机电路采用反向信号注入，即先将一定频率和幅度的音频信号从功率放大级开始逐渐向前推移，通过扬声器或耳机监听声音的有无和音质及大小，从而判断电路故障。

采用信号注入法检测时要注意以下几点：

1）信号注入顺序根据具体电路可采用正向、反向或中间注入的顺序。

2）注入信号的性质和幅度要根据电路和注入点变化，可以估测注入点工作信号作为注入信号的参考。

3）注入信号时要选择合适接地点，防止信号源和被测电路相互影响，一般情况下可选择靠近注入点的接地点。

4）信号与被测电路要选择合适的耦合方式，例如交流信号应串接适当电容，直流信号串接适当电阻，使信号与被测电路阻抗匹配。

5）信号注入有时可采用简单易行的方式，如收音机检测时就可用人体感应信号作为注入信号（即手持导电体触碰相应电路部分）进行判别。同理，有时也必须注意感应信号对外加信号检测的影响。

4.7 收音机常见故障检修

收音机产生故障的原因很多，情况也错综复杂。收音机完全无声、声音小、灵敏度低、声音失真、有噪声而无电台信号等故障是经常出现的。一种故障现象可能是一种原因，也可能是多种原因造成的，但只要掌握了收音机故障的类型及特点，使用正确的检修方法，就会很快查出故障。

4.7.1 完全无声的故障

收音机无声是一种常见的故障，所涉及的原因较多。电源供不上电、扬声器损坏、低频放大级及功率放大级不工作等，都能使收音机出现完全不工作的状态。当收音机焊装完毕后出现无声的故障，最好使用观察法进行检修。检修时重点检查元器件安装和焊接的错误，例如电池夹是否焊牢，电池连接线和扬声器连接线是否接错，元器件相对位置及带有极性元器件焊装是否正确，是否因元器件相碰造成短路，焊接时是否存在漏焊、虚焊、桥接等现象。将焊装完的收音机对照电路原理图和装配图认真地检查，可能会发现由于焊装的疏忽大意造成的故障。若经过认真地观察、对照，仍然无法发现故障，可按下述步骤进行检修。

1. 测电源

检查电源电路是否正常，首先测电源两端电压，再测电源接入电路板的电压。若无电压，说明电源连接线开路，电池夹接触不良或开关没有接通。对交直流供电收音机还要重点检查外接电源插座的焊点和其内部接触情况。若为正常的电压，再逐级测低频放大级、前置、检波级及前级电路的供电电压。

2. 检查低频放大及功率放大电路

低频部分的检查应先检查功率放大级，再检查低频放大级。使用干扰法判断故障在低频放大级还是在功率放大级。对于采用电位器分压方式进行音量调整的收音机，首先“碰”电位器的滑动端（电位器不可放在音量最小处），确定低频部分的确有故障，再“碰”低频放大级和功率放大级的输入端，判断故障所在。用电压测量法找出损坏的元器件，检查输出变压器、输入变压器、一次侧与二次侧是否开路，晶体管是否损坏。也可以将被怀疑的元器件拆焊，用万用表的电阻挡进行测量，以确认是否真的损坏。

3. 检查扬声器

将扬声器连线拆焊，用万用表电阻挡“$R\times1$”测扬声器的阻抗，应为8Ω左右，再检查连接扬声器、耳机插孔的导线是否断线、接错，耳机插孔开关接触是否良好。

4.7.2 有“沙沙”噪声而无电台信号的故障

收音机接通电源后，能听到“沙沙”的噪声，而收不到电台广播，基本可以断定低频电路是正常的。收不到电台信号，应重点检查检波以前的各级电路。在检修这类故障时先使用观察法，查看检波以前各级电路元器件是否有明显的相碰短路或引脚虚接，天线线圈是否断线或接错。

检查时可根据听到“沙沙”声的大小，分析故障可能出现在收音部分前级电路还是后级电路，因为“沙沙”声越大，经过的放大级数越多，故障在前级的可能性就越大。相反，经过的放大级数越少，“沙沙”声就越小。没有检修经验的初学者，难以从“沙沙”声的大小判断故障在前级电路还是在后级电路。在实际检修中，往往使用干扰法判断故障在哪一级电路。

4.7.3　啸叫声的故障

超外差式收音机因灵敏度高、放大级数多，容易产生各种啸叫声和干扰，引起啸叫声故障的原因很多，查找起来比较困难。检修时要根据啸叫声的特点，判断该啸叫声是属于高频、低频或差拍啸叫，并根据啸叫声频率的高低，针对不同电路进行检查。

1. 高频啸叫

收音机在调谐电台时，常常在频率的高端产生刺耳的尖叫声，这种啸叫出现在中波频率1000kHz 以上的位置时，可能是变频电路的电流大、元器件变质、本机振荡或输入电路调偏等原因造成的。

如果啸叫出现在频率的低端位置，可能是中频频率调得太高，接近于中波段的低端频率，此时收音机很容易接收到由中频放大末级和检波级辐射出的中频信号，构成正反馈而形成自激啸叫。另一种啸叫在频率的高低端都出现，且无明显变化，并在所接收的电台附近啸叫声强，这多是由中频放大级的自激造成的。

对频率高端的啸叫主要检查输入电路和变频级电路。先检查偏置电路是否正常，测变频级电流是否在规定的范围内。对天线输入回路或振荡电路失谐产生的啸叫，最好用信号发生器重新进行跟踪统调，并用铜铁棒两端测试后将天线线圈固定好。

对频率低端的啸叫可用校准中频 465kHz 的方法解决，用信号发生器输送 465kHz 中频信号，从中频放大末级向前级依次反复调整中频变压器。

2. 低频啸叫

这种啸叫不像高频啸叫那样尖锐刺耳，且与一种“嘟嘟”声混杂在一起，而且发生在整个波段范围内，啸叫来源主要在低频放大电路或电源滤波电路，检修时先测电源电压是否正常，当电压不足时也会出现“嘟嘟”声。电源滤波电路或前后级电路的去耦滤波电容电容量减小、干涸或失效也会引起啸叫和“嘟嘟”声。

3. 差拍啸叫

这种啸叫并不是满刻度都有，也不是伴随电台信号两侧出现，而是在某一固定频率出现的。比较常见的是中频频率 465kHz 的二次谐波、三次谐波干扰，这种啸叫将出现在中波段 930kHz、1395kHz 的位置，并伴随电台的播音而出现。检修时重点检查中频放大级，是否因中频变压器外壳接地不良，造成各个中频变压器之间的电磁干扰，从而引起差拍啸叫。减小中频放大级电流，将检波级进行屏蔽也是消除差拍啸叫的有效办法。

判断收音机啸叫声的方法除了根据啸叫频率的高低、啸叫所处频率刻度上的位置以外，通常以电位器为分界点。先判断啸叫在前级还是在后级，当调小音量时啸叫声仍然存在，说明故障在电位器后面的低频电路；若调小音量时啸叫声减小或消失，说明故障在电位器前面的各级电路。故障范围确定后，再采用基极信号短路的方法判断故障在哪一级电路中。

第5章　低压电器基础

电器是根据外界施加的信号和要求，能手动或自动地断开、接通电路，断续或连续地改变电路参数，以实现对电或非电对象的切换、控制、检测、保护、变换和调节的电工器械。电器以交流1000V、直流1500V为标准可划分为高压电器和低压电器两大类，在工业、农业、交通、国防以及日常生活中普遍存在。

5.1　常用低压电器的分类

1. 按用途及所控对象分类

（1）配电电器　配电电器是指在正常或事故状态下，能够有效接通或断开用电设备或供电电网所用到的电器。配电电器一般不经常操作，要求具有较强的灭弧能力、较好的分断能力、较好的热稳定性能和准确的限流特性。生活中常见的配电电器包括刀开关、低压断路器、组合开关、熔断器等。

（2）控制电器　控制电器是指在电气传动系统中，控制执行机构完成机械要求的起动、调速、制动等状态所用的电器。控制电器需要频繁操作，要求具有可靠的动作执行能力、较高的操作频率响应性、较长的使用寿命、较强的负载能力。生活中常见的控制电器包括接触器、控制继电器、按钮、主令控制器和终端开关等。

2. 按执行机构类型分类

（1）有触点电器　有触点电器是指具有可分离的动触点和静触点，利用触点接触和分离来实现电路通断控制的电器。生活中常见的有触电电器包括接触器、刀开关、按钮等。

（2）无触点电器　无触点电器是指没有可分离的触点，主要利用半导体元器件的开关效应来实现电路通断控制的电器。生活中常见的无触点电器包括接近开关、霍尔开关、电子式时间继电器、固态继电器等。

3. 按操作方式分类

（1）手动电器　手动电器是指用手动方式完成切换操作的电器。生活中常见的手动电器包括刀开关、组合开关、按钮等。

（2）自动电器　自动电器是指在自身参数或外界信号的触发下，能够自动完成接通或分断动作的电器。生活中常见的自动电器包括接触器、继电器等。

4. 按工作原理分类

（1）电磁式电器　电磁式电器是指根据电磁感应原理完成动作的电器。生活中常见的电磁式电器包括接触器、继电器、电磁铁等。

（2）非电量型电器　非电量型电器是指依靠非电量信号（速度、压力、温度等）变化而动作的电器。生活中常见的非电量型电器包括组合开关、行程开关、速度继电器、压力继电器、温度继电器等。

5.2　低压电器的主要技术参数

1. 额定电压

额定电压分额定工作电压 U_e、额定绝缘电压 U_i、额定脉冲耐受电压 U_{imp} 三种。

1）额定工作电压是与额定工作电流共同决定使用类别的一种电压。对于多相电路，此电压是指相间电压，即线电压。

2）额定绝缘电压是与介电性能试验、爬电距离（电器中具有电位差的相邻两导电物体间沿绝缘体表面的最短距离，也称漏电距离）相关的电压，在任何情况下都不低于额定工作电压。

3）额定脉冲耐受电压，是反映电器当其所在系统发生最大过电压时所能耐受的能力。额定绝缘电压和额定脉冲耐受电压，共同决定了该电器的绝缘水平。

2. 额定电流

额定电流分额定工作电流 I_e、约定发热电流 I_{th}、约定封闭发热电流 I_{the} 及额定不间断电流 I_u 四种。

1）额定工作电流是在规定条件下保证电器正常工作的电流。

2）约定发热电流和约定封闭发热电流是电器处于非封闭和封闭状态下，按规定条件试验时，其部件在八小时工作制下的温升不超过极限值时所能承载的最大电流。

3）额定不间断电流是指电器在长期工作制下，各部件温升不超过极限值时所能承载的电流值。

3. 操作频率与通电持续率

开关电器每小时内可能实现的最高操作循环次数称为操作频率。通电持续率是电器工作于断续周期制时，有载时间与工作周期之比，通常以百分数表示，符号为 TD。

4. 通断能力和短路通断能力

通断能力是开关电器在规定条件下，能在给定电压下接通和分断的预期电流值。短路通断能力是开关电器在规定条件下，包括其出线端短路在内的接通和分断能力。此外，接通能力与分断能力可能相等，也可能不相等。

5. 机械寿命和电寿命

开关电器的机械部分在需要修理或更换机械零件前所能承受的无载操作循环次数称为机械寿命。在规定的正常工作条件下，开关电器的机械部分在无须修理或更换零件的负载操作循环次数称为电寿命。

5.3　电气工程几种常见图形符号

1. 导线类图形符号

导线类图形符号包括导线、导线组、电线、电缆、电路、传输通路、线路、母线等图形符号，如图 5-1 ～图 5-4 所示。

图 5-1　导线通用图形符号

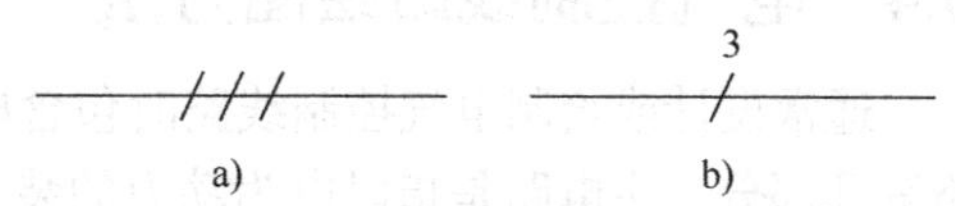

图 5-2　三根导线图形符号

图 5-3　屏蔽导线图形符号　　图 5-4　同轴电缆图形符号

2. 端子和导线的连接类图形符号

端子和导线的连接类图形符号包括导线连接点、连接端子、可拆卸端子、导线的连接、导线的非连接跨越、端子板、导线或电缆的分支与合并等图形符号，如图 5-5 ~ 图 5-8 所示。

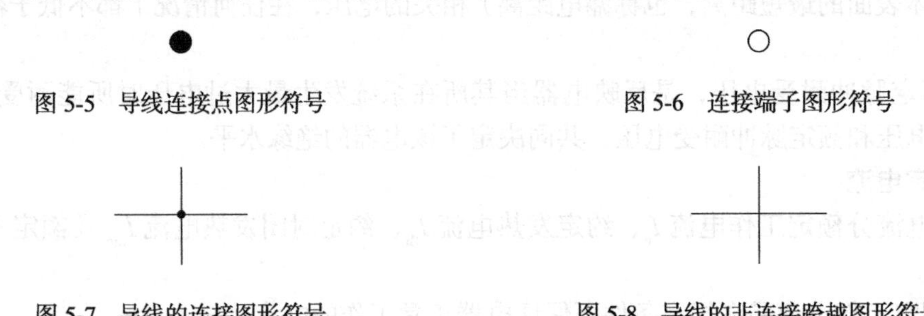

图 5-5　导线连接点图形符号　　图 5-6　连接端子图形符号

图 5-7　导线的连接图形符号　　图 5-8　导线的非连接跨越图形符号

3. 连接器件类图形符号

连接器件类图形符号包括插座、插头、插头和插座、多极插头和插座、连接器的固定部分、连接器的可动部分、接通的连接片、断开的连接片等图形符号，如图 5-9 ~ 图 5-16 所示。

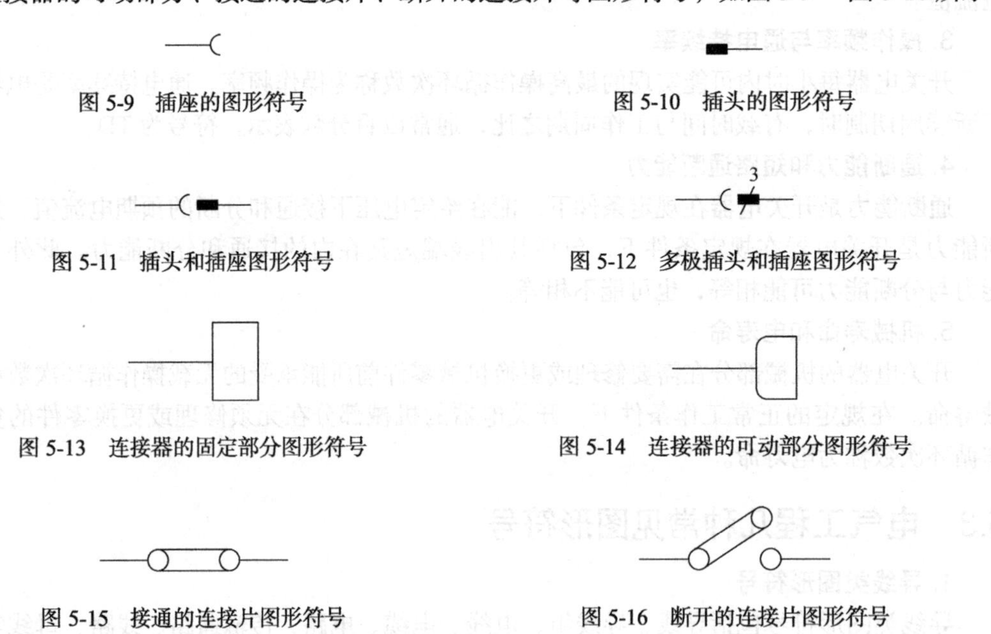

图 5-9　插座的图形符号　　图 5-10　插头的图形符号

图 5-11　插头和插座图形符号　　图 5-12　多极插头和插座图形符号

图 5-13　连接器的固定部分图形符号　　图 5-14　连接器的可动部分图形符号

图 5-15　接通的连接片图形符号　　图 5-16　断开的连接片图形符号

5.4　电气控制线路绘图方法

通常设计或绘制电气控制线路时包含电源电路、主电路、控制电路、信号电路及照明电路等几部分。主电路是指以电为动力的装置及其保护电路，它通过负载的电流较大；控制电路是指控制主电路工作状态的电路；信号电路是指显示主电路工作状态的电路；照明电路是指实现机床设备局部照明的电路。

原理图可以水平布置，也可以垂直布置。当其水平布置时，电源电路垂直画，其他电路水平绘制，控制电路中的耗能元件要绘制在电路的最右侧；当其垂直布置时，电源电路水平放置，其他电路垂直绘制，电路中的耗能元件画在电路的最下方。

由此，在绘制电气控制线路原理图时通常应遵循以下原则：

1）电源电路画水平线，三相交流电源相序 L1、L2、L3 由上而下依次排列，中性线 N 和保护地线画在相线之下；直流电源则正端在上、负端在下画出；电源开关要水平画出。

2）各电器的触头位置都按电路未通电或电器未受外力作用时的常态位置画出。分析原理时，应从触头的常态位置开始。

3）各电器元件不画实际的外形图，而采用国家规定的统一国际符号画出。

4）同一电器的各元件不按它们的实际位置画在一起，而是按其在线路中所起作用画在不同电路中，但它们的动作却是相互关联的，必须标以相同的文字符号。

5）对有直接电联系的交叉导线连接点，要用小黑圆点表示，无直接电联系的交叉导线连接点则不画小黑圆点。

电器元件布置图主要是表明机械设备上所有电气设备和电器元件的实际位置，是电气控制、制造、安装和维修必不可少的技术文件。

接线图主要用于安装接线、线路检查、线路维修和故障处理。它表示了设备电控系统各单元和各元器件间的接线关系，并标注出所需数据，如接线端子号、连接导线参数等，实际应用中通常与电路图和位置图一起使用。

第6章　常用低压电器

6.1　开关

开关是普通的电器之一，主要用于低压配电系统及电气控制系统中，对电路和电气设备进行通断、转换电源或负载控制，有的还可用作小容量笼型异步电动机的直接起动控制。低压开关也称低压隔离器，是低压电器中结构比较简单、应用较广的一类手动电器，主要有刀开关、负荷开关、组合开关、低压断路器等。

6.1.1　刀开关

刀开关一般用于不频繁手动操作的低压电路中，用作接通和切断电源，或用来将电路与电源隔离，有时也用来控制小容量电动机的直接起动与制动。

刀开关种类很多，按极数分为单极、双极和三极，按结构分为平板式和条架式，按操作方式分为直接手柄操作式、杠杆操作机构式和电动操作机构式，按转换方向分为单投和双投，按灭弧情况可分为有灭弧装置和无灭弧装置等。

刀开关由闸刀（动触点）、静插座（静触点）、手柄和绝缘底板等部分组成。

刀开关一般与熔断器串联使用，以便在短路或过载时熔断器熔断而自动切断电路。

常见刀开关及电路符号如图6-1所示。

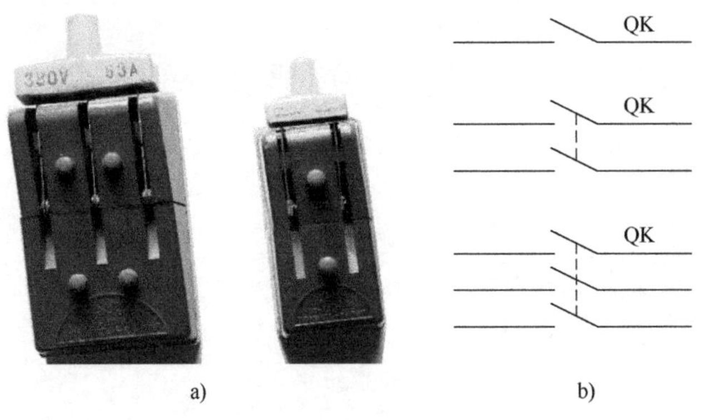

图6-1　刀开关及电路符号

刀开关安装时，电源线应接在闸刀上，负载线接在与闸刀相连的端子上。对有熔体的刀开关，负载线应接在闸刀下侧熔体的另一端，以确保刀开关切断电源后闸刀和熔体不带电。在垂直安装时，手柄向上合为合闸，即接通电源，向下拉为断开电源，不能反装或倒装。

刀开关的选用主要考虑回路额定电压、长期工作电流以及短路电流所产生的动热稳定性等因素。刀开关的额定电流应大于其所控制的最大负载电流。用于直接动停3kW及以下的三相异步电动机时，刀开关的额定电流必须大于电动机额定电流的3倍。

6.1.2　组合开关

组合开关又称转换开关，在电气控制线路中也作为隔离开关使用，起到不频繁接通和分断电气控制线路的作用。它实质上也是一种特殊的刀开关，只不过一般刀开关的操作手柄是在垂直于安装面的平面内向上或向下转动，而组合开关的操作手柄则是在平行于其安装面的平面内向左或向右转动而已。

组合开关有单极、双极、三极和多极结构，根据动触片和静触片的不同组合，有许多接线方式，常用作不频繁地接通、分断及转换交、直流电阻性负载电路。

组合开关具有多触头、多位置、体积小、性能可靠、操作方便等特点，主要参数包括额定电压、额定电流、极数等。

常见组合开关及电路符号如图 6-2 所示。

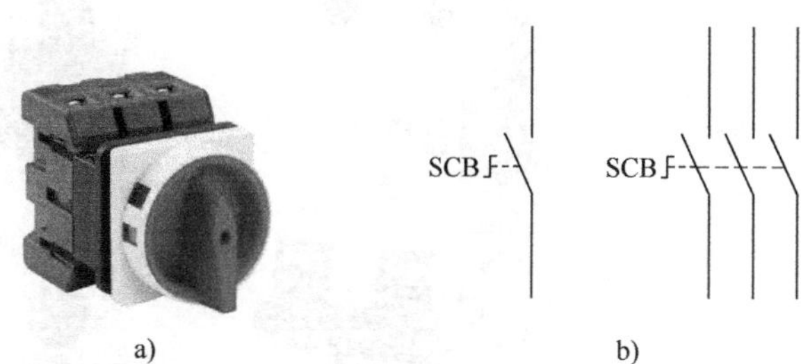

图 6-2　组合开关及电路符号

6.1.3　倒顺开关

倒顺开关是组合开关的一种，是一种手动开关。倒顺开关既能接通和分断电源，还能用来改变电源输入的相序，或者用来直接实现对小容量电动机的正、反转控制，亦称为可逆组合开关。倒顺开关有三个位置，中间一个是分开位置，在电机控制线路中，倒顺开关往一边拨动电机顺着某一方向运转，往另一边拨动电机将顺着相反方向运转，简而言之就是手动控制电机的正反转。

倒顺开关一般分为单相倒顺开关、三相倒顺开关。

常见倒顺开关如图 6-3 所示。

图 6-3　倒顺开关

6.1.4　低压断路器

低压断路器是断路器的一种，是一种过电流保护装置，在室内配电线路中用于总开关与分电流控制开关，也是有效的保护电器的重要元件。它集控制和多种保护功能于一身，除能完成接触和分断电路外，尚能对电路或电气设备发生的短路、严重过载及欠电压等进行保护。

低压断路器操作使用方便、工作稳定可靠、具有多种保护功能，并且保护动作后不需要像熔断器那样更换熔丝即可复位工作。低压断路器主要应用在低压配电电路、电动机控制电路和机床等电气设备的供电电路中，也可作为不频繁操作的手动开关。低压断路器由主触头、接通按钮、切断按钮、电磁脱扣器、热脱扣器等部分组成，具有多重保护功能。三副主触头串接在被控电路中，当按下接通按钮时，主触头的动触头与静触头闭合并被机械锁扣锁住，断路器保持在接通状态，负载工作。当负载发生短路时，极大的短路电流使电磁脱扣器瞬时动作，驱动机械锁扣脱扣，主触头弹起切断电路。当负载发生过载时，过载电流使热脱扣器过热动作，驱动机械锁扣脱扣，切断电路。当按下切断按钮时，也会使机械锁扣脱扣，从而手动切断电路。

低压断路器的种类较多，按结构可分为塑壳式和框架式，双极断路器和三极断路器等；按保护形式可分为电磁脱扣式、热脱扣式、欠电压脱扣式、漏电脱扣式以及分励脱扣式等；按操作方式可分为按键式和拨动式等。室内配电箱上普遍使用的触电保护器也是一种低压断路器。图 6-4 所示为部分应用较广的低压断路器外观。

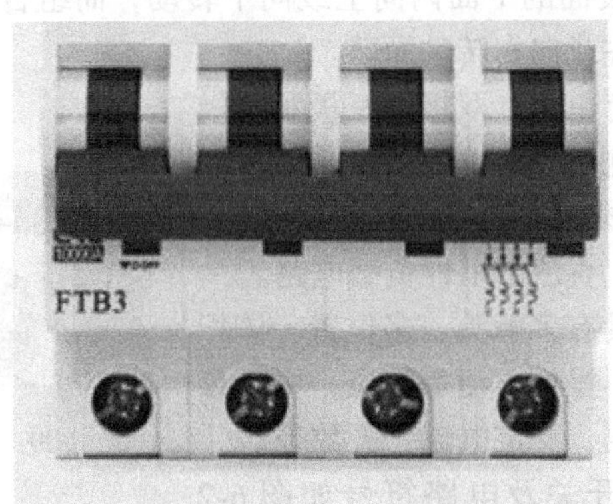

图 6-4　低压断路器外观

1. 低压断路器的图形符号

低压断路器的文字符号为 QF，图形符号如图 6-5 所示，结构如图 6-6 所示。

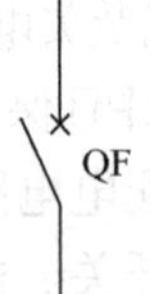

图 6-5　低压断路器图形符号

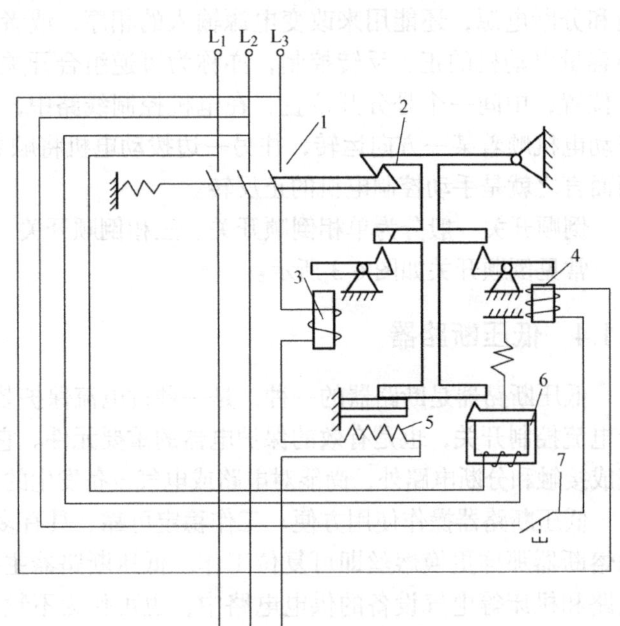

图 6-6　低压断路器结构图

1—主触点　2—连杆装置　3—过电流脱扣器　4—分离脱扣器
5—热脱扣器　6—欠电压脱扣器　7—起动按键

2. 低压断路器型号

低压断路器的型号命名一般由 7 部分组成，见表 6-1。第一部分用字母“D”表示低压断路器。第二部分用字母表示低压断路器的形式。第三部分用 1 ~ 2 位数字表示序号。第四部分用数字表示额定电流，单位为 A。第五部分用数字表示极数。第六部分用数字表示脱扣器形式。第七部分用数字表示有无辅助触点。例如：型号为 DZ5–20/330，表示这是额定电流为 20A 的塑壳式、三极复式脱扣器式、无辅助触点的低压断路器。

表 6-1　低压断路器的型号命名表

<table>
<tr><th>第一部分</th><th>第二部分</th><th>第三部分</th><th>第四部分</th><th>第五部分</th><th>第六部分</th><th>第七部分</th></tr>
<tr><td rowspan="4">D</td><td rowspan="2">Z：塑壳式</td><td rowspan="4">序号</td><td rowspan="4">额定电流
（单位为 A）</td><td rowspan="2">2：两极</td><td>0：无脱扣器</td><td rowspan="2">0：无辅助触点</td></tr>
<tr><td>1：热脱扣器式</td></tr>
<tr><td rowspan="2">W：框架式</td><td rowspan="2">3：三极</td><td>2：电磁脱扣器式</td><td rowspan="2">1：有辅助触点</td></tr>
<tr><td>3：复式脱扣器式</td></tr>
</table>

3. 低压断路器的主要参数

低压断路器的主要参数有额定电压、主触点额定电流、热脱扣器额定电流、电磁脱扣器瞬时动作电流。

（1）额定电压　额定电压是指低压断路器长期安全运行所允许的最高工作电压，例如：220V、380V 等。

（2）主触点额定电流　主触头额定电流是指低压断路器在长期正常工作条件下允许通过主触点的最大工作电流，例如：20A、100A 等。

（3）热脱扣器额定电流　热脱扣器额定电流是指热脱扣器不动作时所允许的最大负载电流。如果电路负载电流超过此值，热脱扣器将动作。

（4）电磁脱扣器瞬时动作电流　电磁脱扣器瞬时动作电流是指导致电磁脱扣器动作的电流值，一旦负载电流瞬间达到此值，电磁脱扣器将迅速动作切断电路。

6.2　熔断器

熔断器是低压配电系统和电力拖动系统中的保护电器。熔断器的动作是靠熔体的熔断来实现的，当该电路发生过载或短路故障时，通过熔断器的电流达到或超过了某一规定值，以其自身产生的热量使熔体熔断而自动切断电路。当电流较大时，熔体熔断所需的时间就较短；而电流较小时，熔体熔断所需用的时间就较长，甚至不会熔断。熔体材料多用熔点较低的铅锑合金、锡铅合金做成。熔断器图形符号如图 6-7 所示。

图 6-7　熔断器图形符号

熔断器主要由熔体和安装熔体的绝缘管（绝缘座）组成。使用时，熔体串接在被保护的电路中，当电路发生短路故障时，熔体被瞬时熔断而分断电路，起到保护作用。

常用的低压熔断器有插入式熔断器、螺旋式熔断器、封闭式熔断器等。

6.2.1 插入式熔断器

插入式熔断器常用于380V及以下电压等级的线路末端，作为配电支线或电气设备的短路保护。

插入式熔断器包括底座、熔断器盖、动触头、熔丝和空腔五个部分组成。插入式熔断器外观如图6-8所示。

6.2.2 螺旋式熔断器

螺旋式熔断器用于交流50Hz、额定电压580V/500V、额定电流200A以下的配电线路，作为输送配电设备、电缆、导线过载和短路保护。常见螺旋式熔断器外观如图6-9所示。

图6-8 插入式熔断器

图6-9 螺旋式熔断器及其熔丝

螺旋式熔断器由瓷帽、熔体和基座三部分组成，主要部分均由绝缘性能良好的电瓷制成。熔体内装有一组熔丝（片）和充满足够紧密的石英砂，具有较高的断流能力，能在带电(不带负载）时不用任何工具安全取下并更换熔体；具有稳定的保护特性，能得到一定的选择性保护，还具有明显的熔断指示。

6.2.3 封闭式熔断器

封闭式熔断器分为无填料熔断器和有填料熔断器。无填料熔断器通常将熔体装入密闭式圆筒中，分断能力小，用于500V/600A以下电力网络或配电设备中；有填料熔断器一般为方形瓷管，内装石英砂及熔体，分断能力强，用于500V/1000A以下的电力网络或配电设备中。

封闭式熔断器外观如图6-10所示。

6.2.4 自恢复熔断器

自恢复熔断器是可多次动作的熔断器，采用金属钠作为熔体，常温下具有很高的电导率。当电路发生短路故障时，短路电流产生高温，从而导致熔体钠迅速升华，气态钠呈现出极高的阻抗状态，限制短路电流；当短路电流消失后，温度下降，金属钠恢复成原固体状态，呈现良好的导电效果，恢复电路的导通状态。

自恢复熔断器外观如图6-11所示。

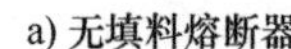

a) 无填料熔断器

b) 有填料熔断器

图 6-10　封闭式熔断器

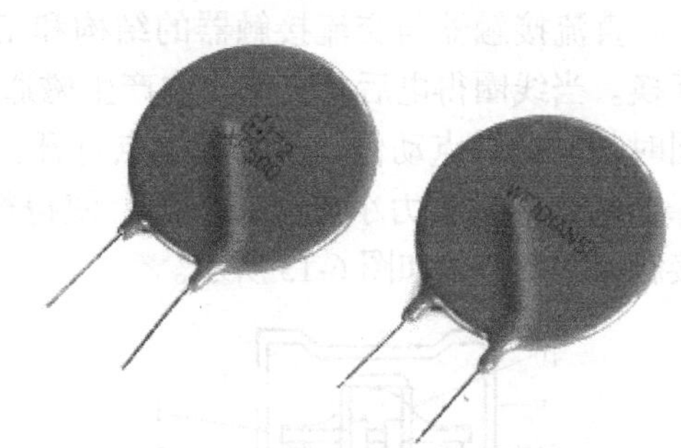

图 6-11　自恢复熔断器

6.2.5　熔体额定电流的选择

1）对于负载平稳无冲击的照明电路、电阻、电炉等，熔体额定电流略大于或等于负载电路中的额定电流，即

$$I_{re} \geqslant I_e$$

式中　I_{re}——熔体的额定电流；

I_e——负载的额定电流。

2）对于单台长期工作的电动机，熔体电流可按最大起动电流选取，也可按下式选取：

$$I_{re} \geqslant (1.5 \sim 2.5) I_e$$

式中　I_{re}——熔体的额定电流；

I_e——电动机的额定电流。

如果电动机频繁起动，式中系数可适当加大至 3 ~ 3.5，具体应根据实际情况而定。

3）对于多台长期工作的电动机（供电干线）的熔断器，熔体的额定电流应满足

$$I_{re} \geqslant (1.5 \sim 2.5) I_{emax} + \sum I_e$$

式中　I_{emax}——多台电动机中容量最大的一台电动机额定电流；

$\sum I_e$——其余电动机额定电流之和。

当熔体额定电流确定后，根据熔断器额定电流大于或等于熔体额定电流来确定熔断器额定电流。

6.3　接触器

接触器是用来频繁地控制接通或断开交流、直流及大电容控制电路的自动控制电器。接触器在电力拖动和自动控制系统中，主要的控制对象是电动机，也可用于控制电热设备、电焊机、电容器等其他负载。接触器具有手动切换电器所不能实现的遥控功能，它虽然具有一定的断流能力，却不具备短路和过载保护功能。接触器具有控制容量大、过载能力强、寿命长、设备简单经济等特点。

6.3.1　接触器基本结构

电磁式接触器结构如图 6-12 所示。

直流接触器与交流接触器的结构和工作原理基本相同，但灭弧装置不同，使用时不能互换。当线圈得电后，在铁心中产生磁通及电磁吸力，衔铁在电磁吸力的作用下吸向铁心，同时带动动触点动作，使常闭触点打开，常开触点闭合。当线圈失电或线圈两端电压显著降低时，电磁吸力小于弹簧反力，使得衔铁释放，触头机构复位，断开电路或接触互锁。接触器图形符号如图 6-13 所示。

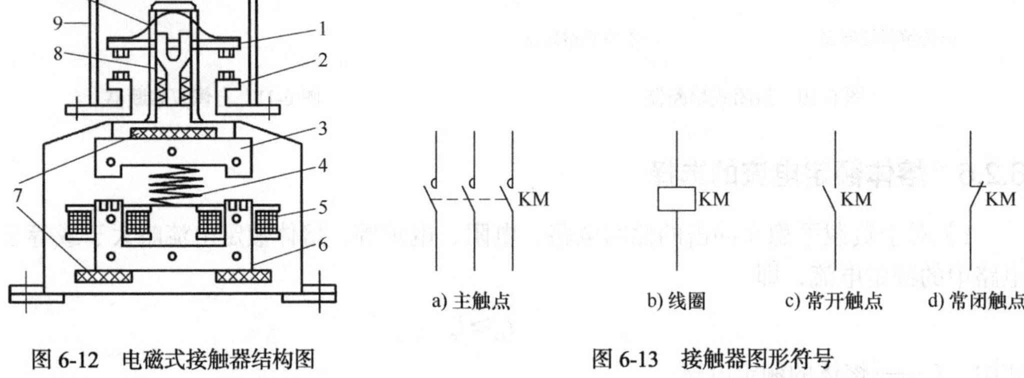

a) 主触点　b) 线圈　c) 常开触点　d) 常闭触点

图 6-12　电磁式接触器结构图

1—动触点　2—静触点　3—衔铁　4—弹簧
5—线圈　6—铁心　7—垫毡　8—触点弹簧
9—灭弧罩　10—触点压力弹簧

图 6-13　接触器图形符号

6.3.2　交流接触器

交流接触器常采用双断口电动灭弧、纵缝灭弧和栅片灭弧三种灭弧方法，用以消除动、静触点在分离、吸合过程中产生的电弧。容量在 10A 以上的接触器都有灭弧装置。交流接触器还有反作用弹簧、缓冲弹簧、触点压力弹簧、传动机构、底座及接线柱等辅助部件。

图 6-14　CJX1-23/22 型交流接触器

交流接触器的种类很多，常用的有我国自行设计生产的 CJ0 等系列，还有引进的产品 B 系列。另外，有些比较先进的接触器如 CJK1 系列真空接触器及 CJW1–200A/N 型晶闸管接触器，也在电力拖动系统中开始应用。CJX1–23/22 型交流接触器如图 6-14 所示。

交流接触器按负载种类一般分为一类、二类、三类和四类，分别记为 AC1、AC2、AC3 和 AC4。一类交流接触器对应的控制对象是无感或微感负载，如白炽灯、电阻炉等；二类交流接触器用于绕线转子异步电动机的起动和制动；三类交流接触器的典型用途是笼型异步电动机的运转和运行中分断；四类交流接触器用于笼型异步电动机的起动、反接制动、反转和点动。

交流接触器的基本参数包括额定电压、额定电流、通断能力、动作值、吸引线圈、工作频率及寿命等。

6.3.3　直流接触器

直流接触器是主要用于远距离接通和分断额定电压为 440V、额定电流达 600A 的直流电路或频繁操作和控制直流电动机的一种控制电器。

一般工业中，如冶金、机床设备的直流电动机控制，普遍采用CZ0系列直流接触器，该产品具有寿命长、体积小、工艺性好、零部件通用性强等特点。除CZ0系列外，尚有CZ18、CZ21、CZ22等系列直流接触器。直流接触器如图6-15所示。

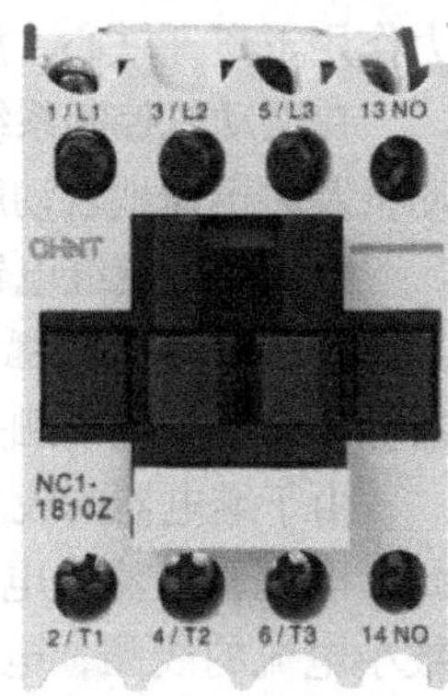

图 6-15　直流接触器

直流接触器的动作原理与交流接触器相似，但直流分断时感性负载存储的磁场能量瞬时释放，断点处产生高能电弧，因此要求直流接触器具有一定的灭弧功能。中/大容量直流接触器常采用单断点平面布置整体结构，其特点是分断时电弧距离长，灭弧罩内含灭弧栅。小容量直流接触器采用双断点立体布置结构。

6.4　继电器

继电器是一种根据电量或非电量的变化，接通或断开控制电路，实现自动控制和保护电力拖动装置的电器。几种常见的继电器如图6-16所示。

a) 热继电器

b) 小型低压继电器

c) 小型电力继电器

d) 固态继电器

图 6-16　常见继电器

继电器在自动控制电路中是常用的一种低压电器元件，使用较小电流控制较大电流的一种自动开关电器，是当某些参数（电量或非电量）达到预定值时而动作使电路发生改变，通过其触点促使在同一电路或另一电路中的其他器件或装置动作的一种控制元件。

继电器分类有若干种，按输入信号的性质分为：电压继电器、电流继电器、速度继电器、压力继电器等；按工作原理分为：电磁式继电器、感应式继电器、热继电器、晶体管继电器等；按输出形式分为：有触点和无触点两类。

继电器在电力拖动系统、电力保护系统以及各类遥控或通信系统当中广泛应用。通用型继电器的图形符号如图6-17所示。

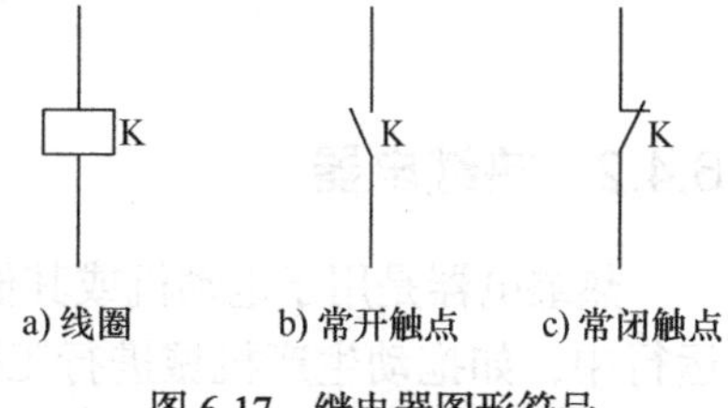

a) 线圈　b) 常开触点　c) 常闭触点

图 6-17　继电器图形符号

输入感测机构和输出执行机构是继电器两个主要组成部分。输入感测机构用于反映输入量的高低，输出执行机构用于接通或分断电路。

6.4.1　电磁式电压、电流继电器

电磁式继电器当线圈通电时，衔铁承受两个方向彼此相反的作用力，即电磁铁的吸力和弹簧的拉力；当吸力大于弹簧拉力时，衔铁被吸住，触点闭合；线圈断开后，衔铁在弹簧拉

力作用下离开铁心，触点断开，此触点为常开触点。

在电动机控制系统中，需要监视电动机的负载状态，当负载过大或发生短路时，应使电动机及时迅速地自动脱离电源，此时可用电流继电器来反映电动机负载电流的变化。

电压和电流继电器都是电磁式继电器，它们的动作原理和接触器基本相同，由于触点容量小，一般没有灭弧装置。此外，同一继电器的所有触点容量一般都是相同的，不像接触器分主触头和辅助触头。

由于继电器的吸力是由铁心中磁通的大小决定的，也就是由励磁线圈的匝数决定的，因此，电压和电流继电器在结构上基本相同，只是吸引线圈有所不同。电压继电器采用多匝数小电流的线圈，电流继电器则采用少匝数大电流的线圈，故电压继电器线圈的导线截面积较小，而电流继电器的线圈导线截面积较大。对于同一系列的继电器可以利用更换线圈的方法，应用于不同电压和电流的电路。

电压继电器常见图形符号如图 6-18 所示。

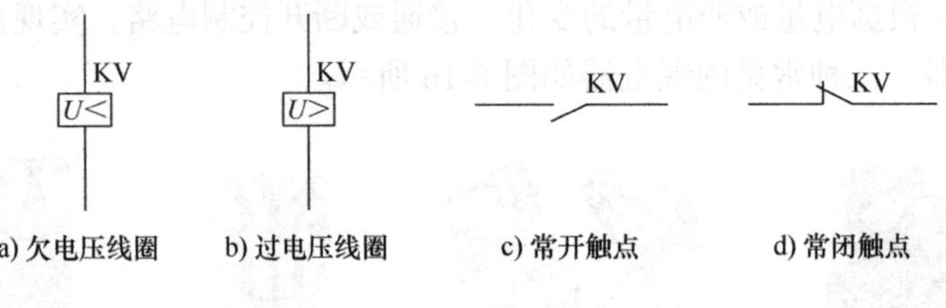

图 6-18　电压继电器常见图形符号

电流继电器常见图形符号如图 6-19 所示。

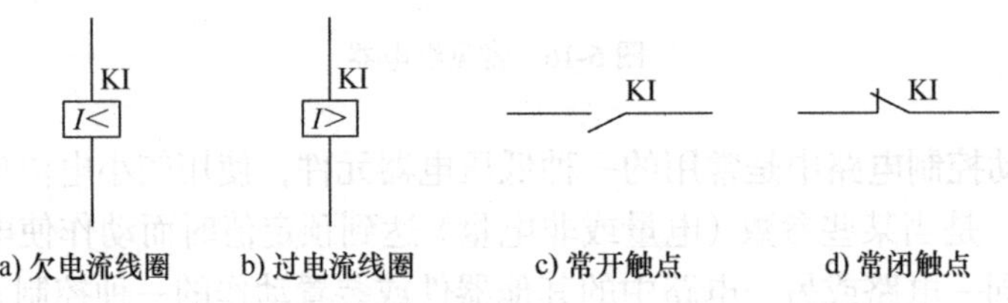

图 6-19　电流继电器常见图形符号

6.4.2　热继电器

热继电器是用于电动机或其他电气设备、电气线路过载保护的保护电器。电动机在实际运行中，如拖动生产机械进行工作过程中，若机械出现不正常的情况或电路异常使电动机遇到过载，则电动机转速下降，绕组中的电流将增大，使电动机的绕组温度升高。若过载电流不大且过载的时间较短，电动机绕组不超过允许温升，这种过载是允许的。但若过载时间长，过载电流大，电动机绕组的温升就会超过允许值，使电动机绕组老化，缩短电动机的使用寿命，严重时甚至会使电动机绕组烧毁。所以，这种过载是电动机不能承受的。

热继电器就是利用电流的热效应来推动动作机构使触点系统闭合或分断的保护电器。主要用于电动机的过载保护、断相保护、电流不平衡运行的保护及其他电气设备发热状态的控制。常见热继电器外观如图 6-20 所示。

图6-20 常见热继电器外观

常见热继电器图形符号如图6-21所示。

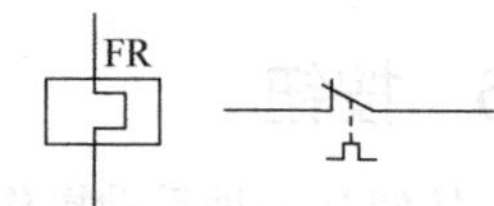

图6-21 常见热继电器图形符号

热继电器包括双金属片式、热敏电阻式、易熔合金式三种形式。双金属片式热继电器是利用两种膨胀系数不同的金属（通常为锰镍和铜板）辗压制成的，当双金属片受热弯曲，从而推动杠杆，带触点动作；热敏电阻式热继电器是利用阻值随温度变化而变化的特性制成的热继电器；易熔合金式热继电器是利用过载电流的热量使易熔合金达到某一温度值时，合金熔化而使继电器动作。

6.4.3 时间继电器

在控制线路中，为了达到控制的顺序性、完善保护等目的，常常需要使某些装置的动作有一定的延缓，例如顺序切除绕线转子电动机转子中的各段起动电阻等，往往要采用时间继电器。凡是感测系统获得输入信号后需要延迟一段时间，然后其执行系统才会动作输出信号，进而操纵控制电路的电器叫作时间继电器，即从得到输入信号（即线圈通电或断电）开始，经过一定的延时后才输出信号（延时触点状态变化）的继电器，它被广泛用来控制生产过程中按时间原则制定的工艺程序。

时间继电器的种类很多，根据动作原理可分为：电磁式、电子式、气动式、钟表机构式和电动机式等，应用最广泛的是直流电磁式时间继电器和空气式时间继电器。

时间继电器外观如图6-22所示。

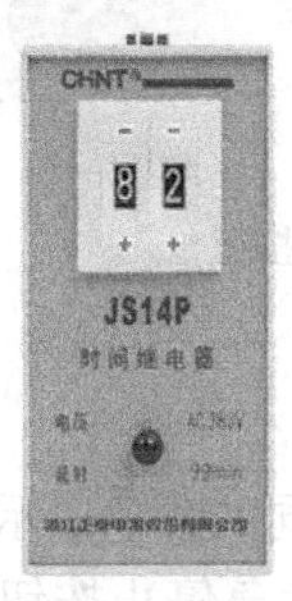

图6-22 时间继电器外观

时间继电器图形符号如图6-23所示。

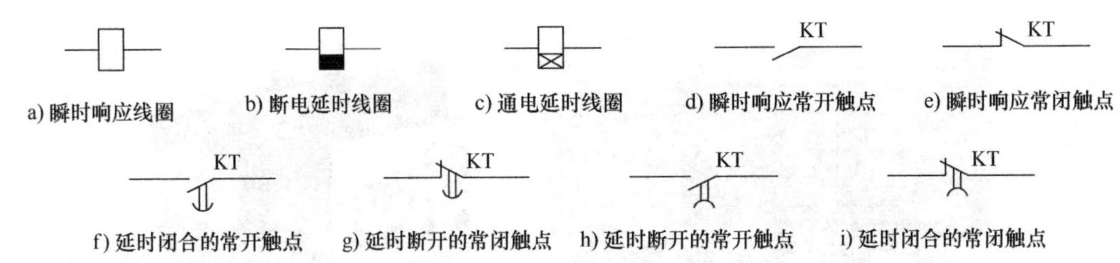

图 6-23　时间继电器图形符号

时间继电器的触点图形符号主要是通过判断触点半圆符号的开口指向来确认，遵循的原则是：半圆开口方向是触点延时动作的指向。

6.5　按钮

按钮是一种手动操作接通或分断小电流控制电路的主令电器，是发出控制指令或者控制信号的电器开关。按钮一般可以自动复位，其结构简单，应用广泛。按钮触头允许通过的电流较小，一般不超过 5A，主要用在低压控制电路中，手动发出控制信号。按钮根据静态时触点分合状况，可分为常开按钮、常闭按钮及复合按钮。如图 6-24 所示，按钮一般由按钮、复位弹簧、触点和外壳等部分组成。

常态时，在复位弹簧的作用下，动触点与常闭触点断开；当按下按钮帽时，动触点与常闭触点断开，与常开触点闭合。

按钮的种类很多，在结构上有掀扭式、紧急式、钥匙式、旋钮式、指示灯式和打碎玻璃按钮等。常见按钮如图 6-25 所示。

图 6-24　按钮结构图

1—按钮帽　2—复位弹簧　3—动触点
4—常闭触点　5—常开触点

图 6-25　常见按钮

为了标明各个按钮的作用，避免误操作，通常将按钮帽做成不同的颜色以示区别，其颜色有红、橘红、绿、黑、黄、蓝、白等颜色。一般以橘红色表示紧急停止按钮，红色表示停止按钮，绿色表示起动按钮，黄色表示信号控制按钮等。

紧急式按钮有突出的较大面积并带有橘红色的蘑菇形按钮帽，以便紧急操作。该按钮按动后将自锁为按动后的工作状态。

旋钮式按钮装有可扳动的手柄式或钥匙式并可单一方向或可逆向旋转的按钮帽。该按钮可实现如顺序或互逆式往复控制。

指示灯式按钮是在透明的按钮帽内部装有指示灯，用作按动该按钮后的工作状态以及控制信号是否发出或者接收状态的指示。

钥匙式按钮是依据重要或者安全的要求，在按钮帽上装有必须用特制钥匙方可打开或者接通装置的按钮。

按钮用 SB 表示，图 6-26 所示为按钮的图形符号。

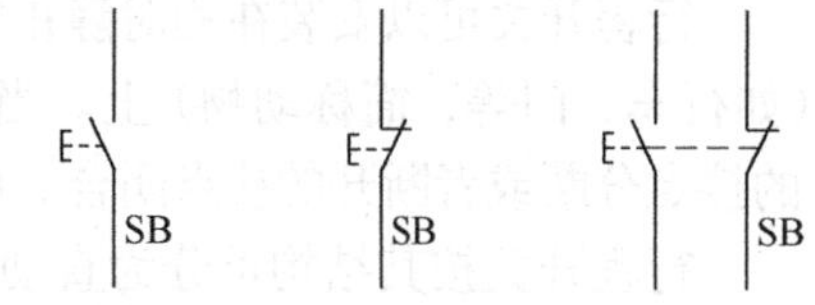

a) 常开触点　b) 常闭触点　c) 复合触点

图 6-26　按钮图形符号

选用按钮时应根据使用场合、被控电路所需触点数目、动作结果的要求、动作结果是否显示及按钮帽的颜色等方面的要求综合考虑。使用前，应检查按钮动作是否自如，弹簧的弹性是否正常，触点接触是否良好，接线柱紧固螺钉是否正常，带有指示灯的按钮其指示灯是否完好。由于按钮触点之间的距离较小，因此应注意保持触点及导电部分的清洁，防止触点间短路或漏电。

6.6　行程开关

行程开关又称位置开关或限位开关，是一种很重要的小电流主令电器，能将机械位移转变为电信号以控制机械运动。

行程开关应用于各类机床和起重机械的控制机械的行程，限制它们的动作或位置，对生产机械予以必要的保护。它是利用生产设备某些运动部件的机械位移而碰撞行程开关，使其触点动作，将机械信号变为电信号，接通、断开或变换某些控制电路的指令，借以实现对机械的电气控制要求。通常，这类开关被用来限制机械运动的位置或行程自动停止、反向运动、变速运动或自动往返运动等。图 6-27 所示为行程开关的结构图。

行程开关图形符号如图 6-28 所示。

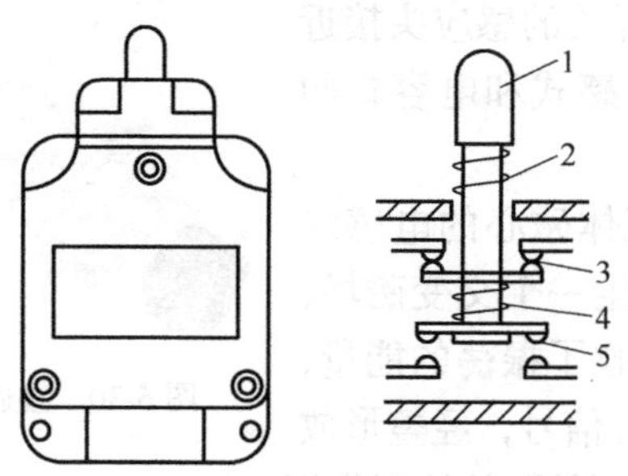

图 6-27　行程开关结构图

1—顶杆　2—复位弹簧　3—常闭触点　4—触点弹簧　5—常开触点

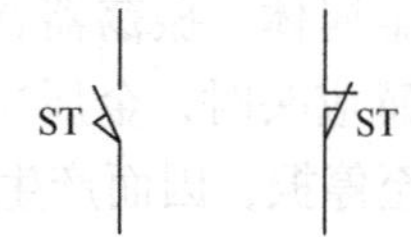

图 6-28　行程开关图形符号

在电气控制系统中，行程开关的作用是实现顺序控制、定位控制和位置状态的检测，用于控制机械设备的行程及限位保护，由操作头、触点系统和外壳组成。

在实际生产中，将行程开关安装在预先安排的位置，当装于生产机械运动部件上的模块撞击行程开关时，行程开关的触点动作，实现电路的切换。因此，行程开关是一种根据运动部件的行程位置而切换电路的电器，它的作用原理与按钮类似。

行程开关广泛用于各类机床和起重机械，用以控制其行程、进行终端限位保护。在电梯的控制电路中，还利用行程开关来控制开关轿门的速度、自动开关门的限位，轿厢的上、下限位保护。

行程开关可以安装在相对静止的物体（如固定架、门框等，简称静物）上或者运动的物体（如行车、门等，简称动物）上。当动物接近静物时，开关的连杆驱动开关的接点，引起闭合的接点分断或者断开的接点闭合。由开关接点开、合状态的改变去控制电路和机构的动作。

行程开关按其结构可分为直动式、滚轮式、微动开关式和组合式。

1. 直动式行程开关

直动式行程开关的动作原理同按钮类似，所不同的是：按钮是手动，直动式行程开关是由运动部件的撞块碰撞。外界运动部件上的撞块碰压按钮使其触点动作，当运动部件离开后，在弹簧作用下，其触点自动复位。

2. 滚轮式行程开关

当运动机械的挡铁（撞块）压到行程开关的滚轮上时，传动杠连同转轴一同转动，使凸轮推动挡铁，当挡铁碰压到一定位置时，推动微动开关快速动作。当滚轮上的挡铁移开后，复位弹簧就使行程开关复位。这种是单轮自动恢复式行程开关。而双轮旋转式行程开关不能自动复原，它是依靠运动机械反向移动时，挡铁碰撞另一滚轮将其复原。

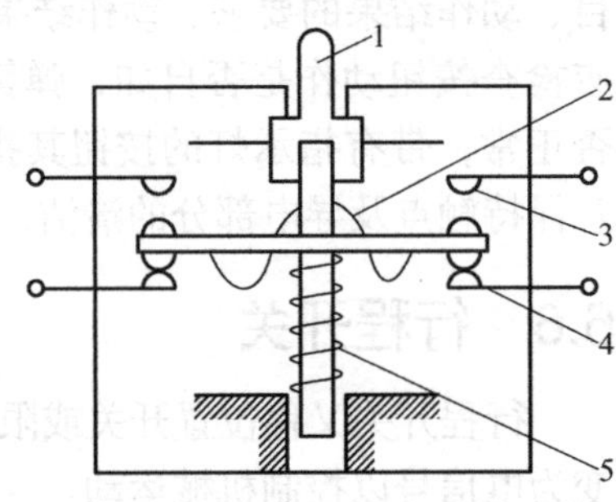

图 6-29　微动开关式行程开关

1—推杆　2—复位弹簧　3—常开触头　4—常闭触点　5—压缩弹簧

3. 微动开关式行程开关

微动开关式行程开关，以常用的 LXW-11 系列产品为例，其结构原理如图 6-29 所示。

6.7　接近开关

接近开关是一种非接触式的行程开关。它由感应头、高频振荡器、放大器和外壳组成。当运动部件与接近开关的感应头接近时，就使其输出一个电信号。接近开关分为电感式和电容式两种，其外观如图 6-30 所示。

图 6-30　接近开关外观

电感式接近开关的感应头是一个具有铁氧体磁心的电感线圈，用于检测金属体。振荡器在感应头表面产生一个交变磁场，当金属块接近感应头时，金属中产生的涡流吸收了振荡的能量，使振荡减弱以至停振，因而产生振荡和停振两种信号，经整形放大器转换成二进制的开关信号，从而起到“开”“关”的控制作用。

电容式接近开关的感应头是一个圆形平板电极，与振荡电路的地线形成一个分布电容，当有导体或其他介质接近感应头时，电容量增大而使振荡器停振，经整形放大器输出电信号。电容式接近开关既能检测金属，又能检测非金属及液体。常用的电感式接近开关型号有 LJ1、LJ2 等系列，电容式接近开关型号有 LXJ15、TC 等系列产品。

6.8　光电开关

光电开关是传感器的一种，它把发射端和接收端之间光的强弱变化转化为电流的变化以达到探测的目的。由于光电开关输出回路和输入回路是电隔离的（即电绝缘），所以它可以在许多场合得到应用。采用集成电路技术和表面安装技术（SMT）而制造的新一代光电开关器件，具有延时、展宽、外同步、抗相互干扰、可靠性高、工作区域稳定和自诊断等智能化功能。这种新颖的光电开关是一种采用脉冲调制的主动式光电探测系统型电子开关，它所使用的冷光源有红外光、红色光、绿色光和蓝色光等，可非接触、无损伤地迅速和控制各种固体、液体、透明体、黑体、柔软体和烟雾等物质的状态和动作，具有体积小、功能多、寿命长、精度高、响应速度快、检测距离远以及抗光、电、磁干扰能力强的优点。各类光电开关外观如图 6-31 所示。

图 6-31 各类光电开关外观

光电开关是利用被检测物对光束的遮挡或反射，由同步回路选通电路，从而检测物体的有无。物体不限于金属，所有能反射光线的物体均可被检测。光电开关将输入电流在发射器上转换为光信号射出，接收器再根据接收到光线的强弱或有无对目标物体进行探测。安防系统中常见的光电开关有烟雾报警器，工业中经常用它来计数机械臂的运动次数。

光电开关已被用作物位检测、液位控制、产品计数、宽度判别、速度检测、定长剪切、孔洞识别、信号延时、自动门传感、色标检出、冲床和剪切机以及安全防护等诸多领域，此外，利用红外线的隐蔽性，还可在银行、仓库、商店、办公室以及其他需要的场合作为防盗警戒之用。

光电开关按结构可分为放大器分离型、放大器内藏型和电源内藏型三类。根据检测方式的不同，红外线光电开关可分为漫反射式光电开关、镜面反射式光电开关、对射式光电开关、槽式光电开关、光纤式光电开关。下面主要介绍常用的几种光电开关。

6.8.1 对射式光电开关

对射式光电开关由发射器和接收器组成，其工作原理是：通过发射器发出的光线直接进入接收器，当被检测物体经过发射器和接收器之间阻断光线时，光电开关就产生开关信号。与反射式光电开关不同之处在于，前者是通过电 – 光 – 电的转换，而后者是通过介质完成。对射式光电开关的特点在于：可辨别不透明的反光物体，有效距离大，不易受干扰，高灵敏度，高解析，高亮度，低功耗，响应时间快，使用寿命长，无铅，广泛应用于小家电、投币机、自动感应器、传真机、扫描仪等设备。图 6-32 所示为各种对射式光电开关的外观。

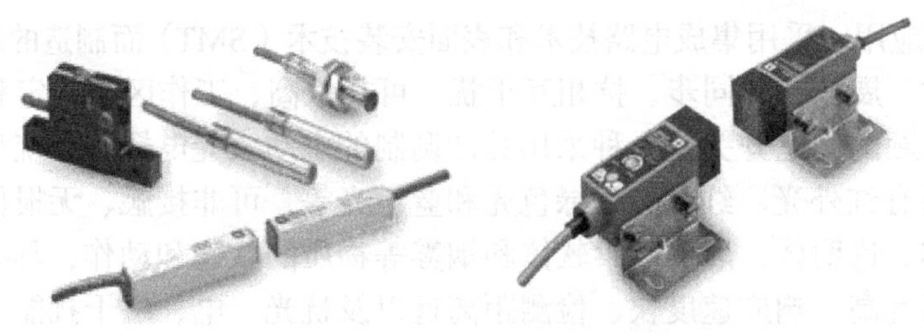

图 6-32　各种对射式光电开关外观

6.8.2　槽形光电开关

槽形光电开关其实是对射式光电开关的一种，又被叫作 U 形光电开关，是一款红外线感应光电产品，由红外线发射管和红外线接收管组合而成，而槽宽决定了感应接收型号的强弱与接收信号的距离，以光为介质，由发光体与受光体间的红外光进行接收与转换，检测物体的位置。槽形光电开关与接近开关同样是无接触式的，受检测体的制约少，且检测距离长，可进行长距离的检测（几十米），检测精度高，能检测小物体，应用非常的广泛。

图 6-33 所示为槽形光电开关外观。槽形光电开关是红外线发射器和红外线接收器于一体的光电传感器，其发射器和接收器分别位于 U 形槽的两边，并形成一条光轴，当被检测物体经过 U 形槽且阻断光轴时，槽形光电开关就产生了检测到的开关信号。槽形光电开关比较安全可靠，适合检测高速变化，分辨透明与半透明物体，并且可以调节灵敏度。当有被检测物体经过时，将槽形光电开关红外线发射器发射的足够量的光线反射到红外线接收器，就产生了开关信号。

图 6-33　槽形光电开关外观

与接近开关相同，由于无机械运动，所以能对高速运动的物体进行检测。镜头容易受有机尘土等的影响，镜头受污染后，光会散射或被遮，所以在水蒸气、尘土等较多的环境下使用时，需施加适当的保护装置。槽形光电开关几乎不受一般照明光的影响，但像太阳光那样的强光直接照射受光体时，会造成误动作或损坏。

6.8.3　反射式光电开关

反射式光电开关也属于红外线不可见光产品，是一种小型光电元器件，它可以检测出其接收到的光强的变化。在早期应用中，反射式光电开关是用来检测有无物体的，它是由一个红外线发射管和一个红外线接收管组合而成，它的发射波长是 780nm ~ 1mm，发射器带一个校准镜头，将光聚焦射向物体表面，接收器接收物体表面反射的光线，并通过电缆将这套装置接到一个真空管放大器上。检测对象是当它进入间隙的开槽开关和块光路之间的发射器和检测器，当物体接近到灭弧室时，接收器的一部分收集的光线从对象反射到光电元件上面。它是利用物体对红外线光束遮光或反射，由同步回路选通而检测物体的有无。检测的物体不限于金属，对所有能反射光线的物体均可检测。

第 7 章　三相异步电动机常见电路

电动机是电力拖动系统中的重要部分，由于不同生产机械的加工工艺不同，对电动机的运转要求也不尽相同。要使电动机按照生产机械的要求正常运转，需要配备相应的电气控制设备和保护设备组成控制电路，实现机械加工工艺。

三相异步电动机常见电路包括基本控制电路、起动电路、制动电路。基本控制电路包括三相异步电动机的点动控制、连续控制、混合控制等。起动电路包括绕组串电阻起动、Y－△降压起动等。制动电路包括短接制动、反接制动、能耗制动等。

掌握三相异步电动机各种电路有助于提高对各种机床及机械设备电气运行电路进行设计、检修、维护的能力。

7.1　电气控制原理图的基本组成

电气控制原理图简称电气图，通常由主电路、控制电路、辅助电路、联锁保护环节组成。电气控制电路分析的基本思路是“先机后电、先主后辅、化整为零”。

使用和查看电气控制原理图时，一般先分析执行元器件的电路（即主电路）。查看主电路有哪些控制元器件的触头及电气元器件等，根据它们大致判断被控制对象的性质和控制要求，然后根据主电路分析的结果及元器件触头的文字符号，在控制电路上查找有关的控制环节，结合元器件表和元器件动作位置图进行读图。控制电路的读图通常是由上而下或从左往右，读图时假想按下操作按钮，跟踪控制电路，观察有哪些电气元器件受控动作，再查看这些被控制元器件的触头又怎样控制另外一些控制元器件或执行元器件动作的。如果有自动循环控制，则要观察执行元器件带动机械运动将使哪些信号元器件状态发生变化，并又引起哪些控制元器件状态发生变化。在读图过程中，特别要注意控制环节相互间的联系和制约关系，直至将电路全部看懂为止。

电气控制原理图是描述电气控制系统工作原理的电气图，是用各种电气符号、带注释的围框、简化的外形表示系统、设备、装置、元器件的相互关系或连接关系的一种简图。“简图”这一技术术语，切不可从字义上理解为简单的图。“简图”并不是指内容“简单”，而是指形式的“简化”，是相对于严格按几何尺寸、绝对位置等绘制的机械图而言的。电气图阐述电路的工作原理，描述电气产品的构成和功能，用来指导各种电气设备、电气电路的安装接线、运行、维护和管理。电气图是沟通电气设计人员、安装人员和操作人员的工程语言，是进行技术交流不可缺少的重要手段。

要做到会看图和看懂图，首先必须掌握看电气图的基本知识，即应该了解电气图的构成、种类、特点以及在工程中的作用，了解各种电气图形符号，了解常用的土木建筑图形符号，还应该了解绘制电气图的一般规则，以及看图的基本方法和步骤等。掌握了这些基本知识，也就掌握了看图的一般原则和规律，为看图打下了基础。

电气符号包括图形符号、文字符号、项目代号和回路标号等，它们相互关联、互为补充，以图形和文字的形式从不同角度为电气图提供了各种信息。只有弄清楚电气符号的含义、构成及使用方法，才能正确地看懂电气图。

7.2　三相异步电动机基本控制电路

7.2.1　三相异步电动机点动控制电路

点动正转控制电路是用按钮、交流接触器来控制电动机运行的最简单正转控制电路。电路由刀开关、熔断器、起动按钮、交流接触器以及电动机组成。首先合上刀开关，三相电源被引入控制电路，但电动机还不能起动。按下控制电路中的起动按钮，交流接触器线圈通电，衔铁吸合，触点动作，常开触点闭合，常闭触点断开，主电路中的交流接触器主触点闭合，电动机定子接入三相电源起动运行；当松开按钮时，线圈断电，衔铁复位，主电路常开主触点 KM 断开，电动机因断电停止运转。三相异步电动机点动控制电路如图 7-1 所示。

7.2.2　三相异步电动机连续运转控制电路

三相异步电动机连续运转控制电路如图 7-2 所示。连续运转控制线路由起动按钮、停止按钮、交流接触器等组成，合上 SCB，电动机无法运转，闭合 SB_2，线圈得电，主电路中接触器主触头闭合，电动机得电运行，同时控制电路交流接触器辅助触点 KM 闭合，即使松开 SB_2，电流依然会通过辅助触点 KM 构成回路，线圈保持通电的状态，电动机可以连续单向运行；按下 SB_1，瞬间控制回路断电，线圈失电，交流接触器主触点、辅助触点均恢复到原来状态，主电路电动机停止，即使松开 SB_1，电动机已经停止。因此，SB_1 是停止按钮，SB_2 是起动按钮。其中 FU_1 保护主电路，发生短路故障时会自动熔断，FU_2 则保护控制回路；当主电路电动机发生过载、过热时，热继电器辅助触点会自动断开，切断控制回路电源，强制电动机停止运转，保护电动机。

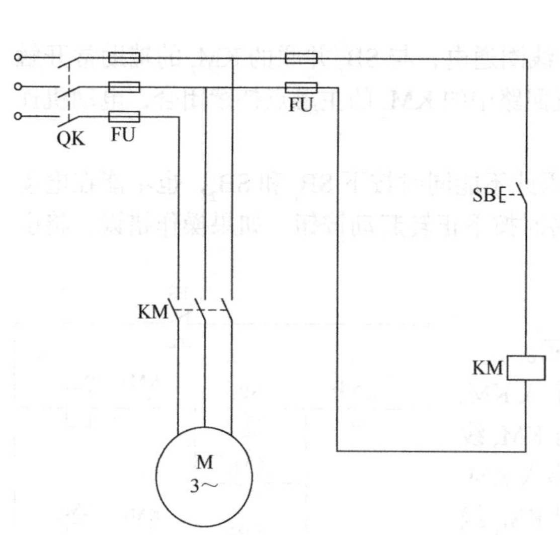

图 7-1　三相异步电动机点动控制电路图

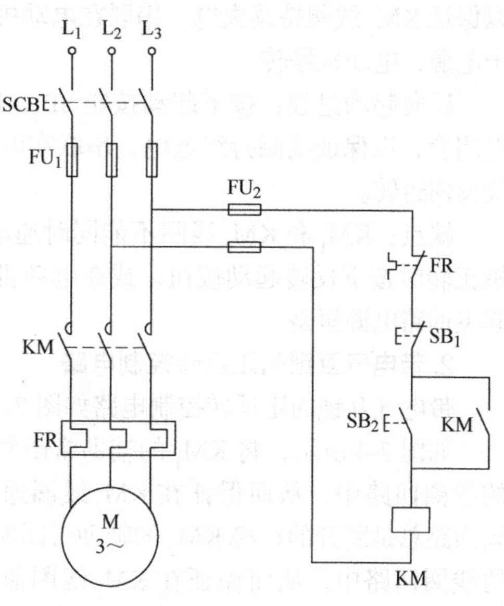

图 7-2　三相异步电动机连续运转控制电路图

7.2.3 三相异步电动机正反转控制电路

1. 简单的正反转控制电路

简单的正反转控制电路如图 7-3 所示。

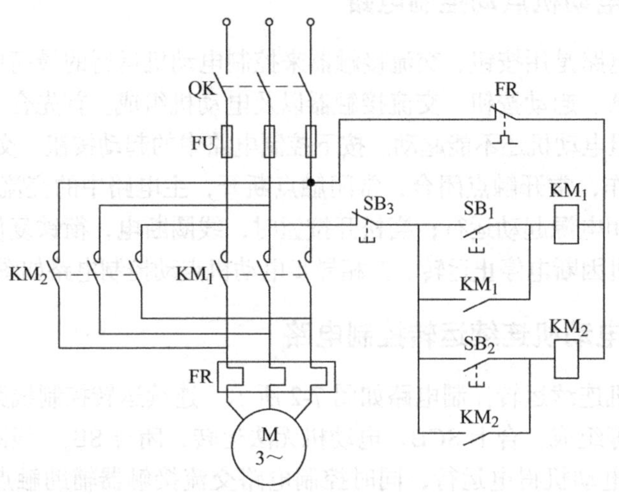

图 7-3 简单的正反转控制电路图

正向起动过程：按下起动按钮 SB_1，KM_1 线圈通电，与 SB_1 并联的 KM_1 的辅助常开触点闭合，以保证 KM_1 线圈持续通电，串联在电动机回路中的 KM_1 的主触点持续闭合，电动机连续正向运转。

停止过程：按下停止按钮 SB_3，KM_1 线圈断电，与 SB_1 并联的 KM_1 的辅助触点断开，以保证 KM_1 线圈持续失电，串联在电动机回路中的 KM_1 的主触点持续断开，切断电动机定子电源，电动机停转。

反向起动过程：按下起动按钮 SB_2，KM_2 线圈通电，与 SB_2 并联的 KM_2 的辅助常开触点闭合，以保证线圈持续通电，串联在电动机回路中的 KM_2 的主触点持续闭合，电动机连续反向运转。

缺点：KM_1 和 KM_2 线圈不能同时通电，因此不能同时按下 SB_1 和 SB_2，也不能在电动机正转时按下反转起动按钮，或在电动机反转时按下正转起动按钮。如果操作错误，将引起主回路电源短路。

2. 带电气互锁的正反转控制电路

带电气互锁的正反转控制电路如图 7-4 所示。

如图 7-4 所示，将 KM_1 的辅助常闭触点串入 KM_2 的线圈回路中，从而保证在 KM_1 线圈通电时 KM_2 线圈回路总是断开的；将 KM_2 的辅助常闭触点串入 KM_1 的线圈回路中，从而保证在 KM_2 线圈通电时 KM_1 线圈回路总是断开的。这样保证了两个接触器线圈不能同时通电，这种控制方式称为互锁或者联锁，这两个辅助常开触点称为互锁或者联锁触点。

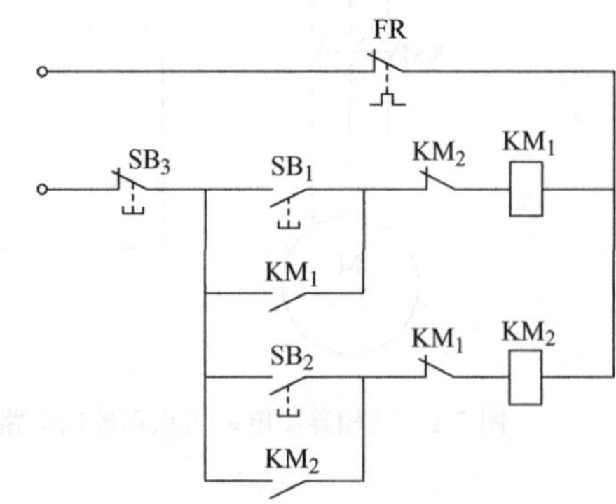

图 7-4 带电气互锁的正反转控制电路图

缺点：电路在具体操作时，若电动机处于正转状态，要反转时必须先按停止按钮 SB_3，使 KM_1 互锁触点闭合后再按下反转起动按钮 SB_2，才能使电动机反转；若电动机处于反转状态，要正转时必须先按停止按钮 SB_3，使 KM_2 互锁触点闭合后再按下正转起动按钮 SB_1，才能使电动机正转。

3. 复合式互锁的正反转控制电路

复合式互锁，即同时具有电气互锁和机械互锁，复合式互锁的正反转控制电路如图 7-5 所示。

如图 7-5 所示，采用复式按钮，将 SB_1 的常闭触点串接在 KM_2 的线圈电路中，将 SB_2 的常闭触点串接在 KM_1 的线圈电路中，这样无论何时，只要按下反转起动按钮，在 KM_2 线圈通电之前就首先使 KM_1 断电，从而保证 KM_1 和 KM_2 不同时通电，从反转到正转的情况也是一样。这种由机械按钮实现的互锁也叫机械或按钮互锁。

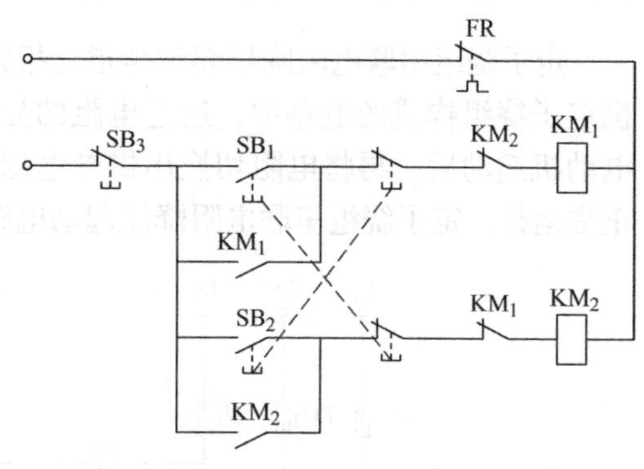

图 7-5　复合式互锁的正反转控制电路图

7.2.4　单台三相异步电动机异地控制电路

单台三相异步电动机异地控制是指能够在不同的地点对电动机的动作进行控制。通常把常开起动按钮并联在一起，实现异地起动控制，而把常闭停止按钮串联在一起，实现异地停止控制，并将这些按钮分装在不同的地方即可达到目的。单台三相异步电动机异地控制电路如图 7-6 所示。

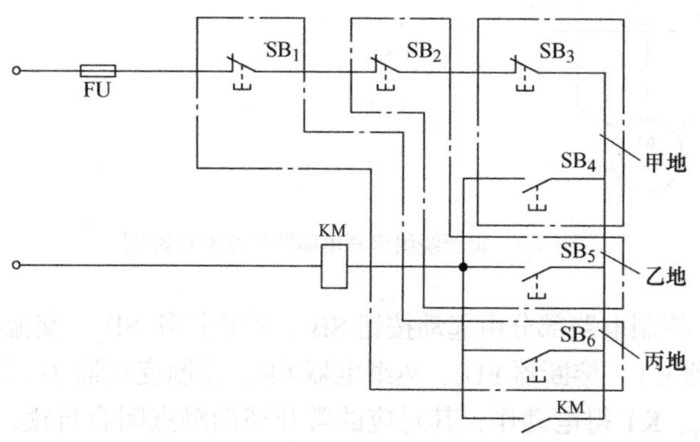

图 7-6　单台三相异步电动机异地（三地）控制电路图

如图 7-6 所示，当需要电动机运行时，在三地任意位置按下起动按钮 SB_4、SB_5、SB_6 中的任意一个，KM 线圈得电，在主电路中的接触器主触点吸合，电动机连入电源，起动运行。当需要电动机停止时，在三地中任意位置按下停止按钮 SB_1、SB_2、SB_3 中的任意一个，KM 线圈失电，在主电路中的接触器主触点释放，电动机脱离电源，停止运行。

7.3 三相异步电动机降压起动电路

为降低电动机在起动过程中对供电网络的影响，降低电动机起动电流，实践中常对能够实现Y－△接法转换的电动机采取降压起动的方式。

7.3.1 定子绕组串联电阻降压起动

定子绕组串联电阻降压起动是指三相异步电动机起动时，将电阻串联入供电电源和电动机定子绕组构成的电路中，通过电阻的分压、限流作用来降低定子绕组上的起动电压，待电动机起动后，再将电阻切换出供电电源和定子绕组构成的电路，使电动机在额定电压下正常运行。定子绕组串联电阻降压起动电路如图 7-7 所示。

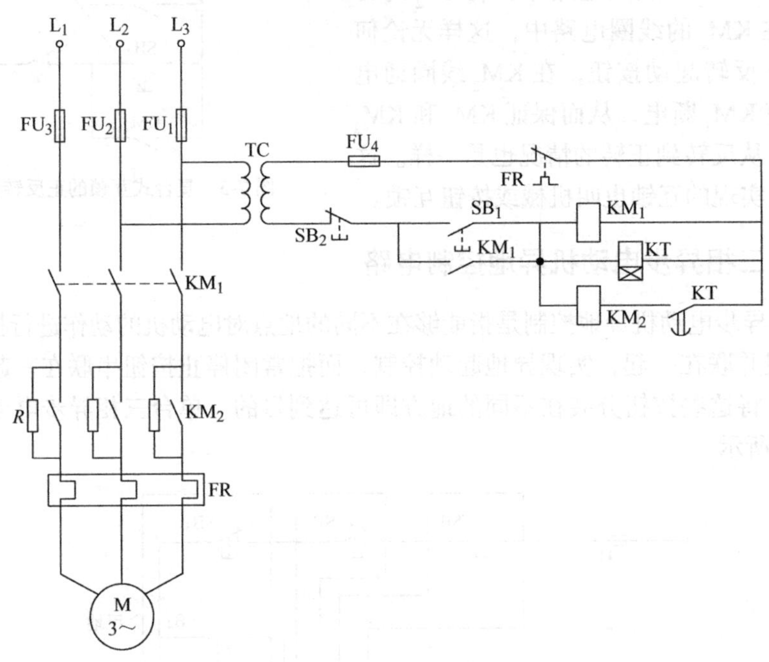

图 7-7　定子绕组串联电阻降压起动电路图

如图 7-7 所示，控制电路部分由起动按钮 SB_1、停止按钮 SB_2、交流接触器 KM_1、KM_2、通电延时时间继电器 KT、熔断器 FU_4、热继电器 FR、控制变压器 TC 等组成。电动机起动时，按下 SB_1，KM_1、KT 得电动作，其对应的常开辅助触点闭合自锁，供电电源和电动机定子绕组之间串入电阻，电动机处于降压状态起动。KT 的定时时间到达后，其常开延时闭合触点闭合，KM_2 得电动作。KM_2 动作时，其主触点闭合，以短路的方式将电阻移出供电电源和电动机定子绕组的电路，电动机定子绕组获得完全的供电电压，起动过程结束。

7.3.2 双接触器Y－△降压起动控制

双接触器Y－△降压起动控制电路如图 7-8 所示。

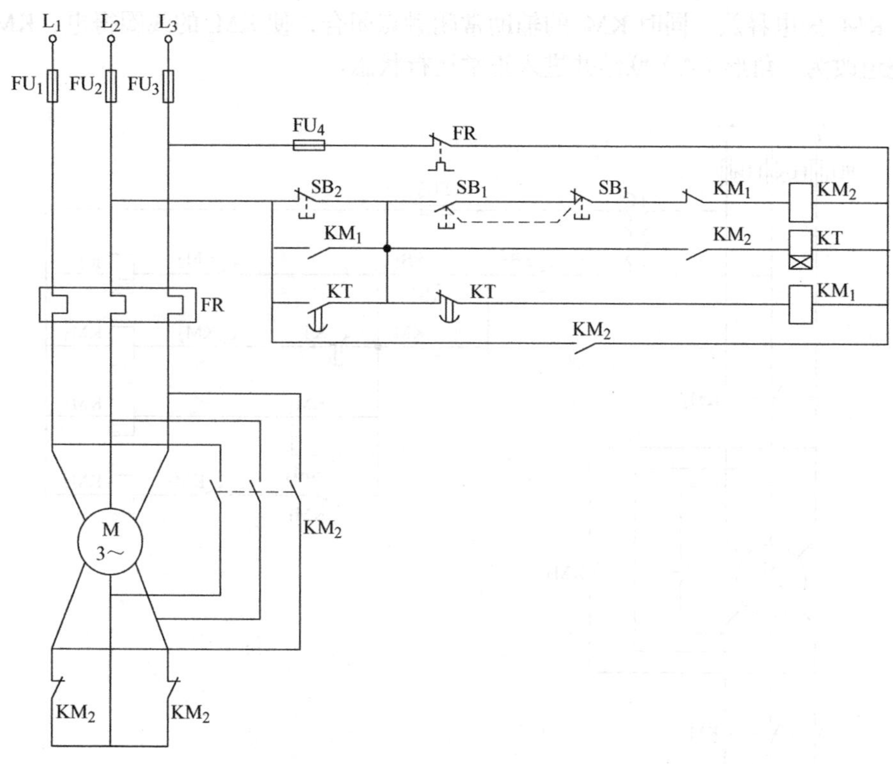

图 7-8　双接触器Y - △降压起动控制电路图

如图 7-8 所示，控制电路部分由起动按钮 SB_1、停止按钮 SB_2、交流接触器 KM_1、KM_2、通电延时时间继电器 KT、熔断器 FU_4、热继电器 FR 等组成。电动机起动时，按下 SB_1，KM_1、KT 得电动作，KM_1 常开辅助触点闭合自锁，KM_1 常闭辅助触点断开，电动机绕组构成星形（Y）联结，处于降压起动状态。电动机运行到 KT 的定时时间，KT 的延时断开的常闭触点断开，KM_1 失电释放，其常闭辅助触点闭合。在 KM_1 失电释放的同时，KT 延时闭合的常开触点闭合，KM_2 得电动作，其常闭触点断开，电动机绕组从星形（Y）联结脱离出来，电动机绕组转换为三角形（△）联结并进入正常运行状态。

由于交流接触器 KM_2 的辅助常闭触点接在主电路中，其容量较小、较易损坏，因此双接触器Y – △降压起动控制电路适用于功率不超过 13kW，并以三角形联结运行的小容量三相异步电动机。

7.3.3　三接触器自动转换Y – △降压起动控制

三接触器自动转换Y – △降压起动控制电路如图 7-9 所示。

如图 7-9 所示，控制电路部分由起动按钮 SB_1、停止按钮 SB_2、交流接触器 KM_1、KM_2、KM_3、通电延时时间继电器 KT、熔断器 FU_4、热继电器 FR、控制变压器 TC 等组成。电动机起动时，按下 SB_1，KM_3 吸合，KM_3 的主触点闭合，KM_3 的吸合引起在 KM_1 支路中 KM_3 的辅助常开触点闭合，KM_1 吸合，KM_1 的辅助常开触点和主触点闭合，电动机绕组构成星形（Y）联结并降压起动。电动机运行到 KT 的定时时间，电动机起动完毕，KT 的常闭触点断开，KM_3 失电释放，同时 KM_3 的辅助常闭触点闭合，使 KM_2 的线圈得电，KM_2 吸合，电动机绕组改为三角形（△）联结并进入正常运行状态。

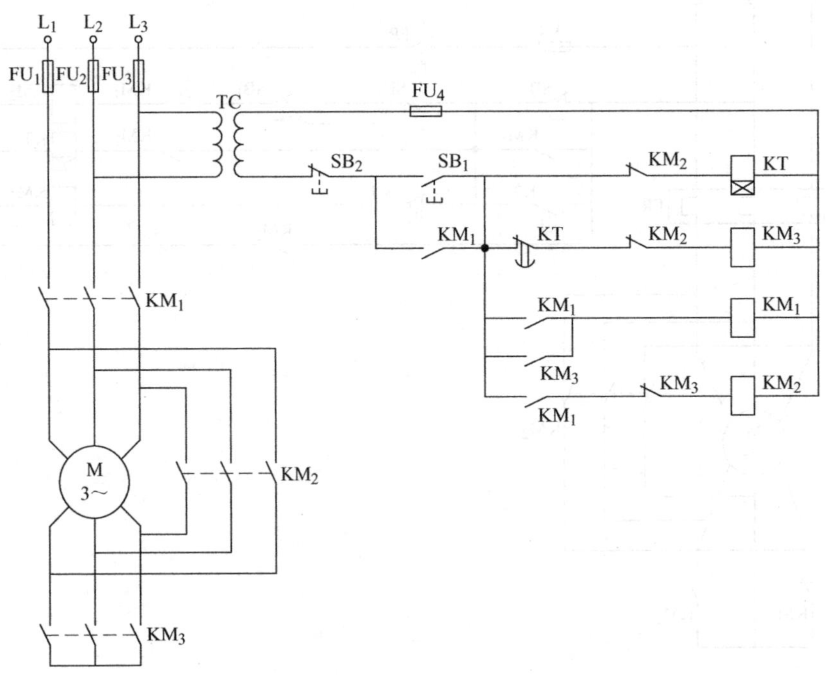

图 7-9　三接触器自动转换Y-△降压起动控制电路图

7.4　三相异步电动机制动电路

由于惯性的存在，三相异步电动机在脱离电源后，经过一段时间才能够停止运行，而生产生活中常常需要电动机迅速停止运行，因此，需要制动电路来控制电动机迅速停止。

7.4.1　三相异步电动机短接制动

三相异步电动机短接制动电路如图 7-10 所示。

如图 7-10 所示，在定子绕组与供电电源脱离的同时，将定子绕组短接，由于转子中存在剩余磁场，形成了转子旋转磁场，该磁场切割定子绕组，在定子绕组中产生感应电动势。由于此时的定子绕组已被接触器 KM 常闭触点短接，所以在定子绕组电路中产生感应电流，此电流与转子形成的旋转磁场相互作用，产生制动转矩，导致转子迅速停转。

三相异步电动机短接制动具有无需特殊控制设备、简单易行的优点，但由于接触器容量限制，仅适用于小容量的高速异步电动机或对制动要求并不是很高的场合。

7.4.2　三相异步电动机反接制动

在改变三相异步电动机接入供电电源相序的情况下，能够实现三相异步电动机的反接制动。当三相异步电动机定子绕组的相序发生变化后，其旋转磁场反向，则电动机产生的转矩和原来的转矩相反，因而产生制动效果。三相异步电动机反接制动电路如图 7-11 所示。

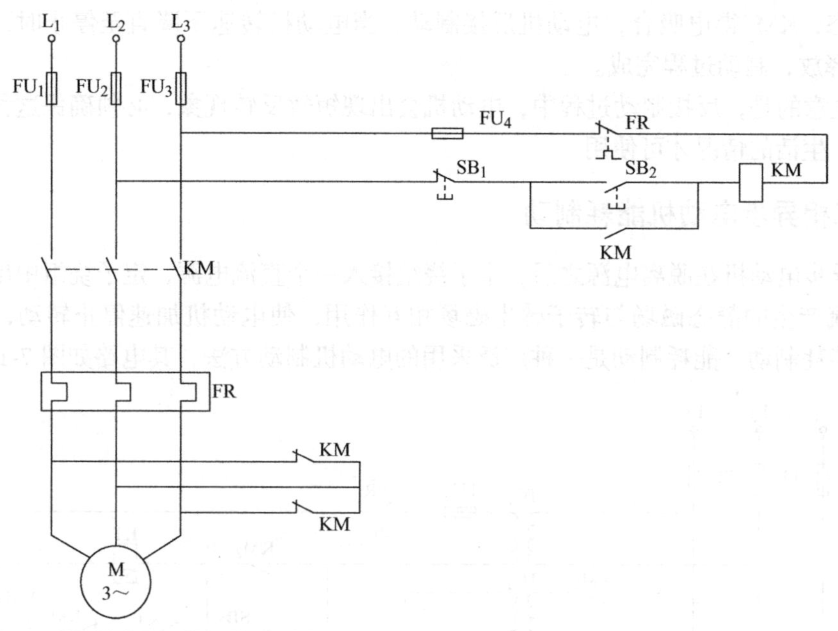

图 7-10　三相异步电动机短接制动电路图

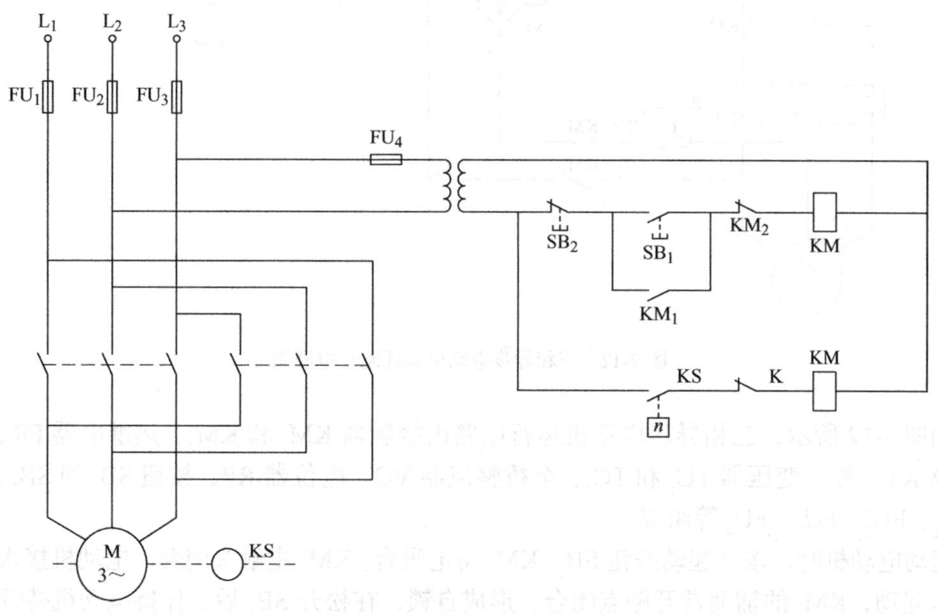

图 7-11　三相异步电动机反接制动电路图

如图 7-11 所示，当起动时，按下起动按钮 SB_1，接触器 KM_1 吸合自锁，电动机起动运转，同时带动速度继电器 KS 一起旋转。当转速达到 KS 设定的额定转速后，KS 常开触点闭合，为制动做好准备。当停止时，按下停止按钮 SB_2，KM_1 失电释放，其常闭触点闭合，KS 的常开触点在电动机惯性作用下仍然保持原连接状态，此时，接触器 KM_2 线圈电路处于导通状态，KM_2 得电吸合，电动机反接制动。当电动机转速下降直至停止时，KS 断开，KM_2 失电释放，制动过程完成。

需要注意的是，反接制动过程中，电动机会出现短暂反转现象，必须确保这种现象不会影响生产、生活的情况才可使用。

7.4.3 三相异步电动机能耗制动

三相异步电动机在脱离电源之后，定子绕组接入一个直流电源，定子绕组中出现直流电流，该电流产生的静态磁场与转子感生磁场相互作用，使电动机加速停止转动，此种制动方法称为能耗制动。能耗制动是一种广泛采用的电动机制动方法，其电路如图 7-12 所示。

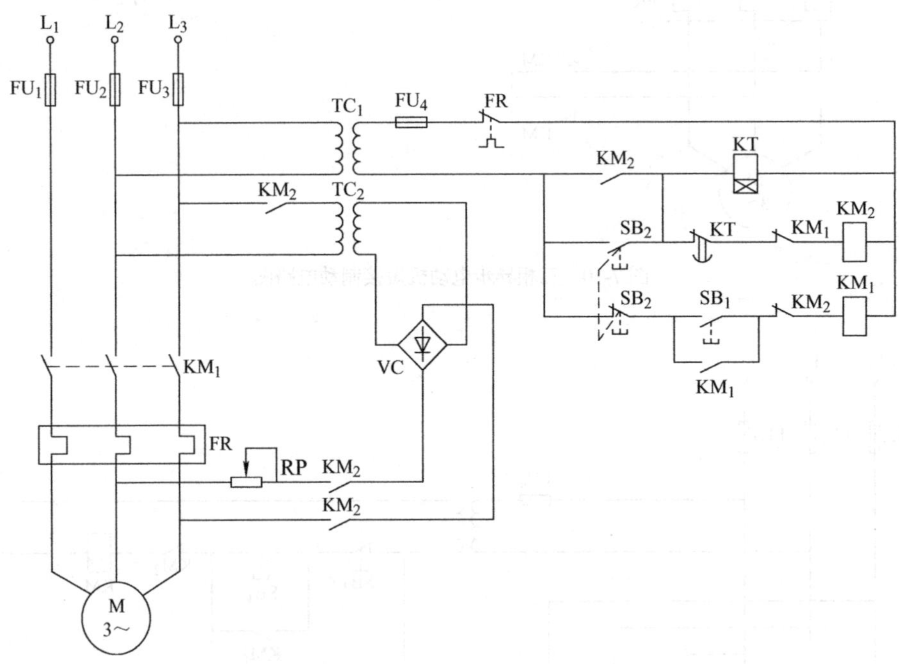

图 7-12 三相异步电动机能耗制动电路图

如图 7-12 所示，三相异步电动机运行电路由接触器 KM_1 和 KM_2、热继电器 FR、时间继电器 KT、控制变压器 TC_1 和 TC_2、全桥整流器 VC、电位器 RP、按钮 SB_1 和 SB_2、熔断器 FU_1、FU_2、FU_3、FU_4 等组成。

起动电动机时，按下起动按钮 SB_1，KM_1 得电吸合，KM_1 主触头闭合，电动机接入电源，电动机起动；KM_1 的辅助常开触点闭合，形成自锁，在松开 SB_1 后，保持电动机持续运转；KM_1 的辅助常闭触点断开，对 KM_2 形成锁定，避免发生误动作。

停止电动机时，按下停止按钮 SB_2，由于 SB_2 是复合按钮，电路分 3 个步骤完成工作：

1）SB_2 的常闭触点断开，KM_1 失电释放，其在 KM_2 线圈电路的辅助常闭触点复位吸合，电动机脱离电源。

2）SB_2 的常开触点闭合，KM_2 得电吸合，KM_2 的辅助常闭触点断开、辅助常开触点吸合，RP 和全桥整流器 VC 构成的直流电路串联接入电动机定子绕组，形成能耗制动。

3）当电路运行至 KT 的延时时间后，KT 的延时断开触点断开，KM_2 失电释放，能耗制动结束。

电位器 RP 也可采用可变电阻，是通过调整全桥整流器 VC 输出电流大小来调整能耗制动强度的。在同样的转速情况下，制动电流越大，制动作用越强。

7.5 三相异步电动机经验电路

7.5.1 三相异步电动机 Y / △ 实物接线方法

常用的三相异步电动机接线架上都会引出 6 个接线端子 D_1 ~ D_6。

当电动机为星形（Y）联结时，D_4、D_5、D_6 三个端子短接在一起，D_1、D_2、D_3 三个端子接入电源电路，如图 7-13 所示。

当电动机为三角形（△）联结时，D_1 和 D_6 两个端子相连接，D_2 和 D_4 两个端子相连接，D_3 和 D_5 两个端子相连接，D_1、D_2、D_3 三个端子接入电源电路，如图 7-14 所示。

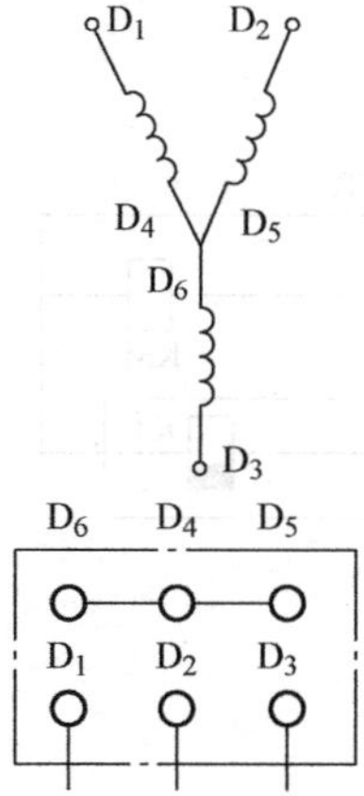

图 7-13　三相异步电动机星形（Y）联结端子接线示意图

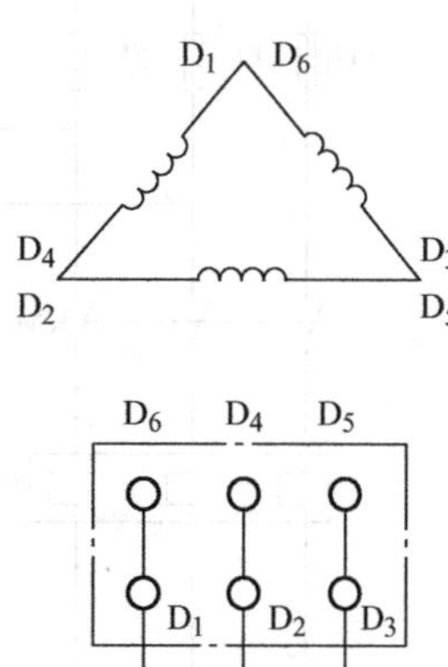

图 7-14　三相异步电动机三角形（△）联结端子接线示意图

7.5.2 具有安控环节的电动机控制电路

为防止电气设备的意外动作、非操作人员误起动电气设备，需要在电动机起动电路上增加安控环节，最简安控环节电路如图 7-15 所示。

如图 7-15 所示，电路中采用按钮 SB_2 作为安控环节。当需要电动机起动时，首先确认安全后，按下 SB_2，然后在不断开 SB_2 的情况下按下起动按钮 SB_3，这样电动机才能起动运转。安控环节常安装在非安控人员无法接触的位置，以确保安控环节的可靠性。

7.5.3 具有防电压波动环节的电动机控制电路

在生产过程中，常遇到电源波动的情况，为确保电动机的工作状态稳定，需要在电动机控制电路中增加防电压波动环节。具有防电压波动环节的电动机控制电路如图 7-16 所示。

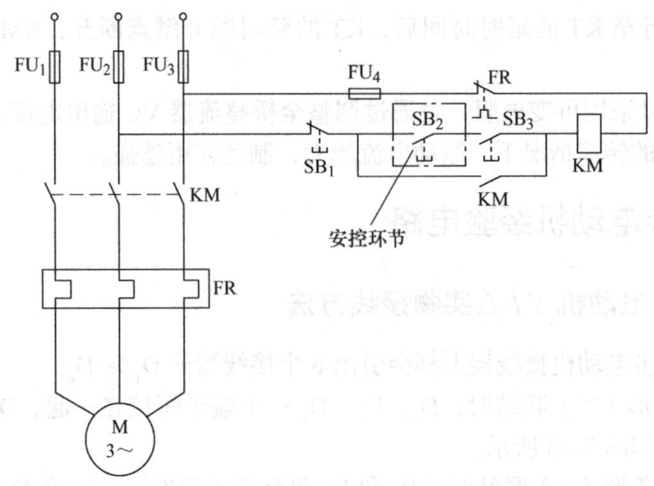

图 7-15　具有最简安控环节的电动机控制电路图

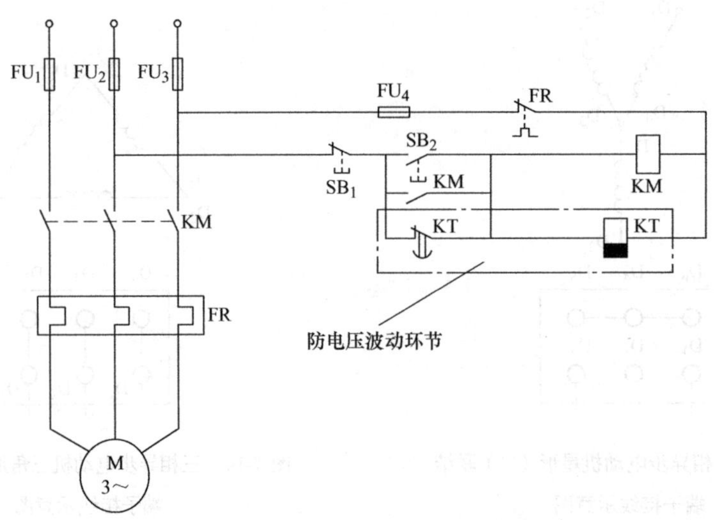

图 7-16　具有防电压波动环节的电动机控制电路

如图 7-16 所示，电路中采用断电延时继电器作为防电压波动环节。电动机运行过程中，断电延时继电器的延时断开触点处于连接状态；当电网电压出现较大范围波动，电动机控制电路中的 KM 线圈因瞬时失电压而释放，其用于自锁的辅助常开触点复位，断电延时继电器的延时断开触点仍处于连接状态；当电网电压在延时继电器延时时间范围内恢复电压，KM 通过 KT 触点恢复接通，其各触点恢复工作状态，电动机立即回复到运转状态，而无明显停机。

第 8 章　EDA 技术概述

随着数字化和信息化时代的到来，各种数字化产品得到广泛应用。数字产品无论是在性能、复杂程度都有着极大的提高，芯片制造技术和设计技术的进步促使数字产品更新换代的速度越来越快，从电子计算机辅助设计（Computer Aided Design，CAD）技术、电子计算机辅助工程（Computer Aided Engineering，CAE）技术到电子设计自动化（Electronic Design Automation，EDA）技术，电子系统设计的自动化及复杂程度随之增高，引起了电子系统设计理念和设计方法的深刻变化。

8.1　EDA 技术概况

1. EDA 技术及其发展

随着电子计算机技术的迅猛发展，计算机技术已深入人类生活的各个领域，在世界范围内开创了研究和应用 CAD。CAD 技术的应用和发展，引发了工业设计与制造领域的革命。它极大地改变了工业产品和电子产品设计和制造的传统设计方式，随着 CAD 技术的深入发展与普及，目前已被广泛地应用于机械、电子、通信、航空、建筑、化工、医学、矿产等各个领域。

计算机辅助制造（Computer Aided Manufacturing，CAM）可以将产品的设计与制造有机地连接起来，可以反复使用系统的一次性输入及后期处理的二次信息，从而使计算机辅助渗透到设计与制造的全过程。CAE 是从产品的方案设计阶段起，在计算机上建立产品的整体系统模型。计算机辅助测试（Computer Aided Test，CAT）则是在产品开发、生产过程中对产品的成品、半成品进行测试、检验。

在电子系统的整体或大部分设计中采用 CAD 技术来实现，对电子产品的设计文件自动完成逻辑编译、逻辑化简、逻辑综合、逻辑优化和仿真测试，直至实现电子系统功能的全过程，称为 EDA。

EDA 技术在硬件实现方面融合了大规模集成电路（Large-Scale Integrated circuit，LSI）制造技术、集成电路（Integrated Circuit，IC）板图设计技术、专用集成电路（Application Specific Integrated Circuit，ASIC）测试和封装技术、现场可编程门阵列（Field Programmable Gate Array，FPGA）/ 复杂可编程逻辑器件（Complex Programmable Logic Device，CPLD）编程下载技术等，在计算机辅助技术方面融合了 CAD、CAM、CAT、CAE 等设计概念，在现代电子学方面容纳了电子线路设计理论、数字信号处理技术、数字系统设计等理论知识。所以，EDA 技术不再是某一学科的分支，或某种新的技能技术，而是一门综合性学科。它打破了软件与硬件间的隔膜，使计算机软件技术与硬件有机地结合起来，代表了当今电子应用技术的发展方向。

2. 可编程逻辑器件

可编程逻辑器件（Programmable Logic Device，PLD）是一种用户根据需要而自行构造逻辑功能的数字集成电路。最初，PLD 被视为分立逻辑电路和小规模集成电路的替代品，随着 EDA 技术的不断发展，电子设计的含义已经不止局限在当初的类似 Protel 电路板图的设计自动化概念上，当今的 EDA 技术更多的是指芯片内的电路设计自动化。开发人员完全可以通过自己的电路设计来定制其芯片内部的电路功能，使之成为设计者自己的 ASIC 芯片，这就是当今的用户 PLD 和 FPGA 技术。

PLD 在数字系统研制阶段有着设计灵活、修改快捷、使用方便、研制周期短和成本较低等优越性，是一种有现实意义的系统设计途径。可编程器件已有很久的发展历史，PLD 最早出现于 20 世纪 70 年代初，先后出现可编程只读存储器（Programmable Read Only Memory，PROM）、可编程逻辑阵列（Programmable Logic Arrays，PLA）、可编程阵列逻辑（Programmable Arrays Logic，PAL）、通用阵列逻辑（Generic Array Logic，GAL）、FPGA、在系统可编程大规模集成电路（In System Programmable Large Scale Integration，ISPLSI）等不同种类。

PLD 体积小、容量大、I/O 口丰富、易于编程和加密，更突出的优点是其芯片的在系统可编程技术。它不但具有可编程和可再编程的能力，而且只要把器件插在系统内电路板上，就能对其进行编程或再编程，这种技术是当今最流行的在系统可编程（In System Programming，ISP）技术。ISP 技术打破了产品开发时必须先编程后装配的惯例，使产品可以先装配后编程，成为产品后还可以在系统反复编程。ISP 技术使得系统内硬件的功能像软件一样被编程配置，可以说让 PLD 真正做到了硬件的“软件化”设计。毫不夸张地说，由于 PLD 和 ISP 技术的出现，使得传统的数字电路设计方法和过程得到了一次革命和飞跃。PLD 之所以发展迅速并被广泛应用，主要有两个原因：一是不断出现新的品种，以满足用户自己设计电路的需求；二是开发应用环境良好，软件开发系统高度集成、易学易用，使用户设计、开发极为方便。目前 PLD 已成为数字 ASIC 设计的主流。

1984 年，FPGA 出现，随后出现了 CPLD。FPGA 具有类似门阵列或类似 ASIC 的结构，而 CPLD 是将多个可编程阵列逻辑器件集成到一个芯片。CPLD 和 FPGA 的主要区别是 CPLD 逻辑单元有数量有限的触发器和丰富的乘积项结构，适合于高编码状态序列的状态机，而高门数的 FPGA 逻辑单元有扇入有限和丰富的触发器结构，适合于每一个状态用一个触发器来构造状态机，低扇入的要求对 FPGA 是重要的，因为 FPGA 的基本单元的扇入数目是受到限制的。CPLD 与 FPGA 的异同点主要是由各自的物理结构决定的。FPGA 在器件内部的互连上提供了比 CPLD 更大的自由度和集成度，同时也有更为复杂的布线结构和逻辑实现。这些器件由于具有用户可编程的特性，利用 EDA 设计软件，在实验室内就可以设计自己的 ASIC 器件，实现用户的各种专门用途。

3. 硬件描述语言

一个数字系统，当借助 EDA 工具进行设计时，需要对所设计系统的功能结构进行描述，也就是需要为 EDA 工具按规定格式提供输入数据。这种对数字系统在系统级至电路级进行设计描述的语言称为硬件描述语言（Hardware Description Language，HDL）。

1980 年，美国国防部开始实施超高速集成电路（Very High Speed Integrated Circuit，VHSIC）开发项目。在开发进程中，出现了一个越来越明显的需求，就是一个可以描述集成电路的结构和功能的标准语言。因此，开发了 VHSIC HDL（VHDL），并且成了 IEEE 的标准（IEEE 1076—1987），1993 年做了修订，形成 IEEE 1076—1993。

VHDL 描述硬件实体的基本单元是设计实体（Design Entity），设计实体是由接口描述和若干个程序体描述组成。其中，接口描述定义了该实体的外部特性，即输入、输出端口和类属参数（Generic），而程序体描述则表述该实体的内部特性，即系统功能描述。一般我们把接口描述称为 VHDL 的实体声明（Entity），把程序体描述称为结构体声明（Architecture）。编写 VHDL 的程序代码与编写其他计算机程序语言的代码有很大的不同，必须清醒地认识到 VHDL 是硬件编程语言，编写的 VHDL 程序代码必须能够综合、编程下载且硬件实现。

VHDL 可以满足设计进程中的多种需求。首先，它允许对设计进行结构化描述，也就是可以将一个设计分成多个不同的功能块及其之间的相互连接关系来考虑；其次，它允许使用易读的程序设计语言形式来规定设计功能；再次，它可以在一个设计投入生产以前对其进行仿真，所以用户可以方便地比较不同的设计并测试其正确性，从而省略了生成硬件原形这一耗时耗力的过程。

8.2　数字系统设计方法

随着 EDA 技术的发展，数字系统的设计方法发生了深刻的变化。传统的数字系统采用搭积木的方式进行设计，即由固定功能的器件加上一定的外部电路构成模块，由这些模块进一步形成各种功能电路，进而构成系统。这种方法的设计灵活度低、设计基础需求过于庞大，已经不能满足当前越来越复杂的电子产品开发需求。基于 EDA 技术进行电子产品开发的过程中，通常采用自顶向下（Top-Down）的设计方法。

自顶向下的设计方法，就是在整个设计流程中各设计环节逐步求精的过程。自顶向下的设计方法首先从系统设计入手，在顶层进行功能框图的划分和结构设计，在框图一级进行仿真、纠错，并用硬件描述语言对高层次的系统进行行为级描述，在系统级进行验证；然后用综合优化工具生成具体门电路的网表，其对应的物理实现级可以是印制电路板或专用集成电路。自顶向下的设计方法，可以利用 EDA 软件强大的仿真功能，在高层次上完成整个系统的调试过程，不仅有利于尽早地发现结构设计上的错误，避免设计时间、设计成本以及人力资源的浪费，同时也减少了电路的调试工作量，提高了设计的成功率。

数字系统的设计一般采用自顶向下、由粗到细、逐步求精的方法。设计的最顶层是指系统的整体要求，最底层是指具体逻辑电路的实现。自顶向下的具体实现是指将数字系统的整体逐步分解为各个子系统和模块，若子系统规模较大，则还需将子系统进一步分解为更小的子系统和模块，层层分解，直至整个系统中各子系统关系合理，并便于逻辑电路级的设计和实现为止。

1. 数字系统设计的流程

数字系统设计过程一般包括系统任务分析、确定逻辑算法、系统划分、系统逻辑描述、电路级设计、模拟仿真、物理实现等 7 个部分。

（1）系统任务分析　数字系统设计中的第一步是明确系统的任务。设计任务书可用各种方式提出对整个系统设计的逻辑要求，常用方式有自然语言、逻辑流程图、时序图等。对系统任务的分析非常重要，它直接决定整个系统设计的正确和好坏。所以，分析时必须细致、全面，不能出现理解上的偏差或疏漏。

（2）确定逻辑算法　实现系统逻辑运算的方法称为逻辑算法。一个数字系统的逻辑运算往往有多种算法，设计者的任务不但要找出各种算法，还要选择并确定最合理的一种。算法是逻辑设计的基础，算法不同，则系统的结构也不同，算法是否合理决定了系统结构的合理性。所以，确定算法是数字系统设计中最重要的一环。

（3）系统划分　当完成系统算法的确定后，根据算法构造的硬件框图，把系统科学地划分为若干部分，各部分分别承担不同的逻辑功能，便于进行电路级的实现。

（4）系统逻辑描述　在系统各个功能模块和子模块的逻辑功能及结构确定后，要采用比较规范的形式来描述系统的逻辑功能，形成详细的逻辑流程图并与系统硬件产生关联，为电路级实现提供依据。

（5）电路级设计　根据系统逻辑的描述，选择合理的设计方法和器件来实现底层模块的逻辑功能。

（6）模拟仿真　电路设计完成后必须验证设计是否正确。目前，利用 EDA 软件开发系统自带的仿真功能先进行“软仿真”，当验证结果正确后再进行实际电路的搭建和测试。

（7）物理实现　物理实现指用实际的器件实现数字系统设计电路的最终功能。要正确运用测量仪器检测电路，注意检查印制电路板本身的物理特性等。

2. 数字系统设计时应考虑的主要因素

（1）系统设计的可行性分析　系统设计的可行性分析是指为了进一步明确设计的目标、规模和功能，对系统设计的相关内容进一步分析，并提出设计的初步方案和计划。

（2）确定软件或硬件实施方案　确定软件或硬件实施方案是指将系统设计相关软件、硬件进行统一规划，明确软件实施方案、硬件具体构成。

（3）可测量性设计　可测量性设计是指在设计中优化添加可判别性内容，为系统调试及使用准备测试条件。

（4）可靠性和可维护性设计　可靠性设计是指系统设计时添加稳定系统可靠性的内容，以避免系统因意外而脱离正常运行状态；可维护性设计是指系统设计时预留维护所需的接口，以确保在维护过程中能迅速定位并完成维护。

（5）外界因素（电磁干扰等）

3. 基于 FPGA/CPLD 的数字系统设计流程

基于 FPGA/CPLD 的数字系统设计一般包括设计输入、设计综合、设计适配、设计仿真和编程配置等 5 个部分。

（1）设计输入　设计输入是指采用原理图或 HDL 描述方式按设计需求将设计输入到 EDA 软件的过程。原理图是图形化的表达方式，使用图形符号和连线对设计进行描述，常用于层次较高或难以采用 HDL 描述的设计输入。HDL 是一种用文本形式来描述和设计电路的方式，是文字形式的叙述，贴近开发人员的生活习惯，灵活性强，有利于开发效率的提高。

（2）设计综合　设计综合是指将较高抽象层的设计描述自动转化为低层描述的过程，一般由软件型综合器自动完成，形成由基本门阵列、RAM、触发器、寄存器等逻辑单元组成的电路结构网表。

（3）设计适配　设计适配是指将设计综合所生成的电路逻辑网表映射到具体目标器件的过程，又称为布局布线。布局是指将已分割的逻辑块放到器件内部逻辑资源的具体位置，并使之易于连线；布线则是指利用器件的布线资源完成各功能块之间和反馈信号之间的连接。

（4）设计仿真　设计仿真是指对所设计电路的功能进行验证，又称为设计模拟。在设计过程中对整个系统或各个模块进行仿真，通过计算机软件验证所设计的功能是否正确、各部分的配合是否准确，从而大幅度降低设计的失败率，节约设计的成本。

（5）编程配置　编程配置是指把适配后生成的编程文件装载进 FPGA/CPLD 或其主动配置器件当中的过程。目前，常用 ISP 方式进行 FPGA/CPLD 的编程配置。

第 9 章　KX-CDS 系列实验开发系统

9.1　实验系统主板

KX–CDS 系列实验开发系统主板结构框图如图 9-1 所示。

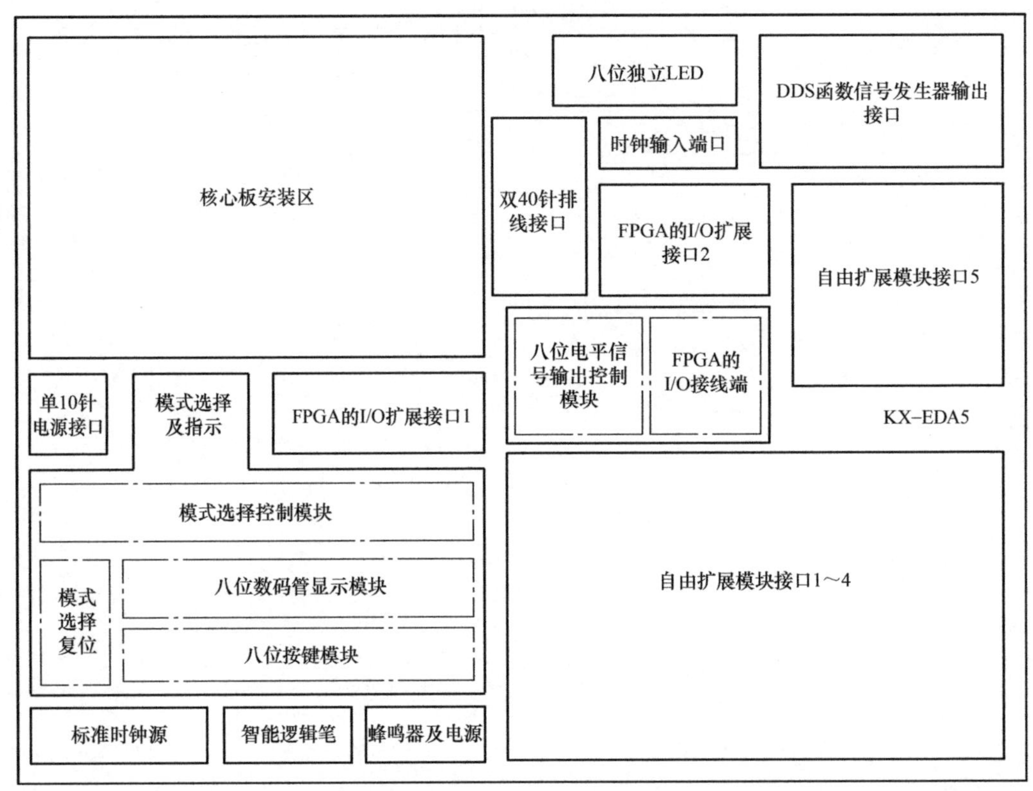

图 9-1　KX-CDS 主板结构框图

1. 核心板安装区

核心板安装区如图 9-2 所示。

核心板安装区用于安装不同类型的核心板。该区域内有多种尺寸的固定孔，可以用来安装 DE0、DE0–CV、DE1–SOC 等多款核心板，配合完成不同主控芯片的实验及开发。不同类型核心板通过两组 40 针（Pin）排线，将核心板自带 FPGA 的 I/O 引脚连接到 KX–CDS 主板上，从而完成对主板硬件资源的控制。

图 9-2　KX4CE55K 核心板安装区

本书所使用的核心板为 KX4CE55K 核心板，属于

DE1–SOC 型核心板。为了使用方便，核心板 FPGA 的 I/O 引脚都以 PIOx 或 DAx、DBx 等形式定义，通过查找相关对照表，即可了解 FPGA 的每个 I/O 引脚控制的相关硬件，具体见表 9-1。

表 9-1　信号名与 FPGA 的 I/O 引脚及 40 芯端口对应表

结构图上的信号名	EP4CE55F23C8 芯片	2 组 40 芯端口名
	引脚号	扩展口名
PIO0	N1	DB31
PIO1	R1	DB29
PIO2	V1	DB27
PIO3	Y1	DB25
PIO4	AB3	DB23
PIO5	AA6	DB21
PIO6	Y7	DB19
PIO7	AB6	DB17
PIO8	U2	DB26
PIO9	W2	DB24
PIO10	AA3	DB22
PIO11	AB5	DB20
PIO12	W6	DB18
PIO13	W8	DB16
PIO14	P1	DA31
PIO15	N2	DA30
PIO16	U1	DA29
PIO17	R2	DA28
PIO18	W1	DA27
PIO19	V2	DA26
PIO20	AA1	DA25
PIO21	Y2	DA24
PIO22	AA5	DA23
PIO23	AA4	DA22
PIO24	Y6	DA21
PIO25	V6	DA20
PIO26	Y8	DA19
PIO27	W7	DA18
PIO28	AB7	DA17
PIO29	AA7	DA16
PIO30	AB9	DA15

（续）

结构图上的信号名	EP4CE55F23C8 芯片	2 组 40 芯端口名
	引脚号	扩展口名
PIO31	AA9	DAT1
PIO32	V11	DA14
PIO33	Y10	DAT0
PIO34	AB14	DA13
PIO35	AA13	DA12
PIO36	T16	DA11
PIO37	AA15	DA10
PIO38	W17	DA9
PIO39	Y17	DA8
PIO40	AB16	DA7
PIO41	AA16	DA6
PIO42	U20	DA5
PIO43	AB18	DA4
PIO44	AA19	DA3
PIO45	AB19	DA2
PIO46	U21	DA1
PIO47	U22	DA0
PIO48	P2	DB28
PIO49	M2	DB30
CLKB0	W22	CLKB0
CLKB1	W21	CLKB1
MT	V22	CLKA0
NO	V21	CLKA1
PE0	AA21	DB2
PE2	W20	DB4
	Y22	DB0
	Y21	DB1
	AA20	DB3
	AB20	DB5
	AA17	DB6
	AB17	DB7
	V16	DB8
	U16	DB9
	AA14	DB10

（续）

结构图上的信号名	EP4CE55F23C8 芯片	2 组 40 芯端口名
	引脚号	扩展口名
	AB15	DB11
	Y13	DB12
	AB13	DB13
	AA10	DBT0
	AB10	DB14
	AA8	DBT1
	AB8	DB15

2. 多模式重配置模块

（1）模式选择及指示　模式选择及指示如图 9-3 所示。

模式选择与指示电路由一个按键和一个数码管组成，完成模式的选择与显示。模式选择键每按动一次，模式选择控制模块获得一次模式转换信息，模式转换电路的相应器件完成模式转换，模式选择指示器件显示相应模式编码。模式显示编码为 0 ~ 9，对应代表模式 0 ~ 模式 9，每一种模式对应电路结构及其应用范围将在 9.3 节中介绍。

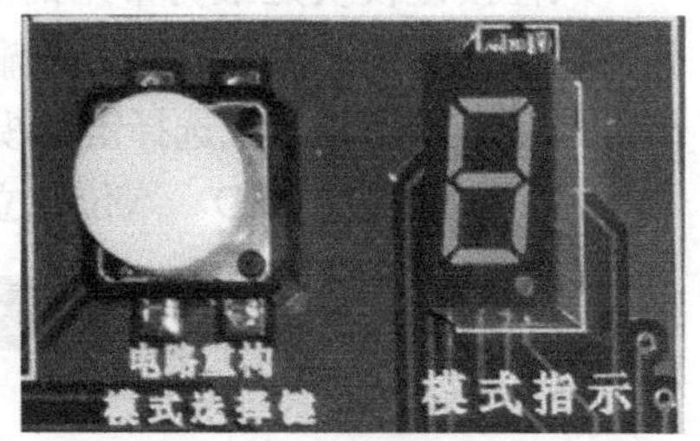

图 9-3　模式选择及指示

（2）模式选择控制模块　模式选择控制模块如图 9-4 所示。

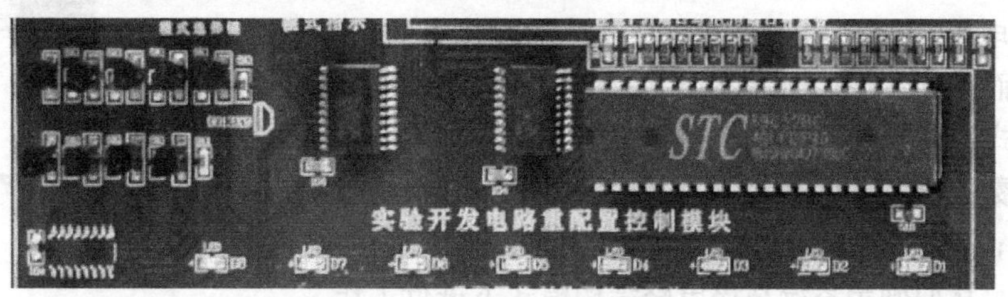

图 9-4　模式选择控制模块

模式选择控制模块由 STC–51 单片机及其辅助器件构成。模式选择控制模块通过软件方式调整核心板上 FPGA 芯片与各个多任务重配置模块间的物理连接，一方面大大提高了实验系统的连线灵活性，另一方面在无外接导线情况下不影响系统的工作速度。

（3）八位数码管显示模块　八位数码管显示模块如图 9-5 所示。

图 9-5　八位数码管显示模块

八位数码管显示模块是最为常用的数码显示模块，能够以 4 位二进制编码、7 位二进制编码方式工作，用于显示 0 ~ 9、A、B、C、D、E、F 等多种字符，受“多模式重配置”电路控制，功能及其与主系统的连接方式随着模式选择键的模式选定而改变，使用时需参照 9.3 节中的电路结构确定。

（4）八位按键模块　八位按键模块如图 9-6 所示。

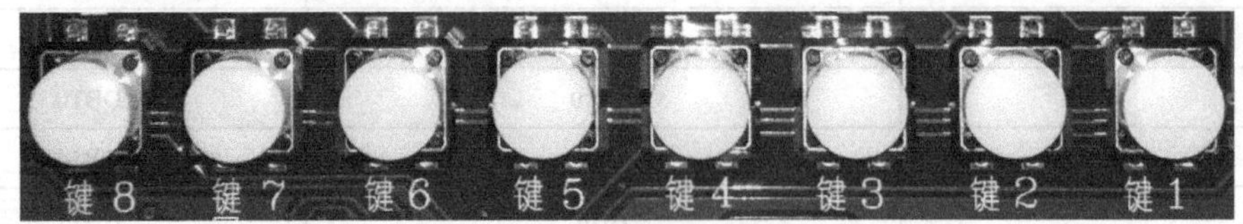

图 9-6　八位按键模块

八位按键模块是最为常用的独立按键模块，能够以编码、脉冲、电平、琴键等方式工作，用于为系统提供不同类型的输入信息，受“多模式重配置”电路控制，功能及其与主系统的连接方式随着模式选择键的模式选定而改变，使用时需参照 9.3 节中的电路结构确定。

（5）八位独立 LED　八位独立 LED 如图 9-7 所示。

图 9-7　八位独立 LED

八位独立 LED 模块是最常见的指示电路，能够以编码、电平等方式进行显示，用于指示系统工作状态、二进制编码输出等，受“多模式重配置”电路控制，功能及其与主系统的连接方式随着模式选择键的模式选定而改变，使用时需参照 9.3 节中的电路结构确定。

图 9-8　模式选择复位

（6）模式选择复位　模式选择复位如图 9-8 所示。

在通过数据线对 FPGA 完成下载以后，按动模式选择复位键，能够稳定系统；在实验操作过程中，当选中某种模式后，要按一下模式选择复位键，从而确定系统在该电路结构模式下进行工作。

需要注意的是：模式选择复位键仅对实验系统的监控模块即模式选择控制模块进行复位，而对目标器件 FPGA 没有影响。原则上，FPGA 本身是没有复位这一概念的，芯片供电之后即开始工作；FPGA 在没有进行数据配置前，其所有通用可编程 I/O 口（GPIO）是随机的，可以在 LED 或数码管等显示器件上看到随机闪动；FPGA 在配置后，I/O 口才会有确定的输入或输出状态。

3. 标准时钟源

标准时钟源如图 9-9 所示。

图 9-9　标准时钟源

标准时钟源通过 20MHz 的有源晶振及其分频器件产生 0.5Hz ~ 20MHz 之间的若干方

波信号，使用时需通过实验导线连接至其他部分。

4. 双 40 针排线接口

双 40 针排线接口如图 9-10 所示。

核心板预留的 2 个 40 芯插座通过排线向主系统引出，每个 I/O 口都标有通用的标识号，具体引脚号参照表 9-1。

5. 时钟输入端口

时钟输入端口如图 9-11 所示。

图 9-10　双 40 针排线接口

图 9-11　时钟输入端口

时钟输入端口将时钟信号引入到 FPGA 的 CLKB0（W22）、CLKB1（W21）引脚，从而使 FPGA 比较灵活地获取指定频率的时钟信号。

6. DDS 函数信号发生器输出接口

DDS 函数信号发生器输出接口如图 9-12 所示。

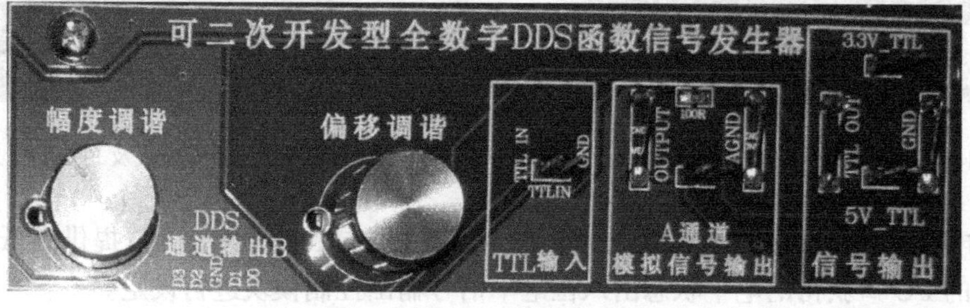

图 9-12　DDS 函数信号发生器输出接口

DDS 函数信号发生器输出接口用于对输入模拟信号进行幅度调谐输出，也可以实现输入模拟信号的电平偏移调谐输出，TTL 电平信号的输入和输出，A 通道模拟信号输出，幅度最大为 ± 10V，可通过电位器调整幅度。

7. 单 10 针电源接口

单 10 针电源接口如图 9-13 所示。

图 9-13　单 10 针电源接口

单 10 针电源接口通过排线将主系统电源引入核心板，为核心板上各个器件供电。

8. FPGA 的 I/O 扩展接口 1、2

FPGA 的 I/O 扩展接口 1 如图 9-14 所示。

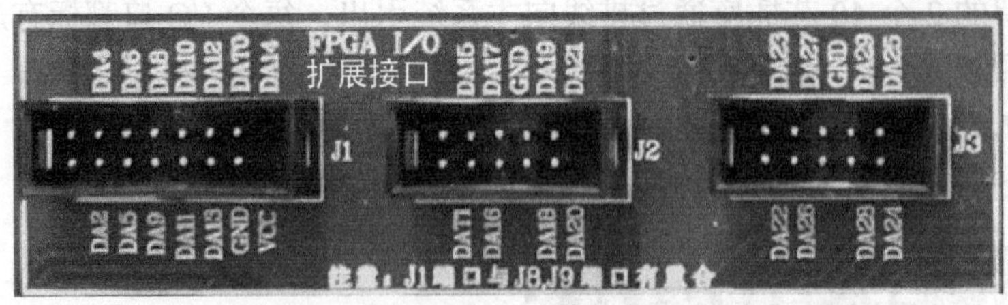

图 9-14　FPGA 的 I/O 扩展接口 1

FPGA 的 I/O 扩展接口 2 如图 9-15 所示。

FPGA 的 I/O 扩展接口以排针方式由主系统引出到各个扩展模块。

9. 八位电平信号输出控制模块及 FPGA 的 I/O 接线端

八位电平信号输出控制模块及 FPGA 的 I/O 接线端如图 9-16 所示。

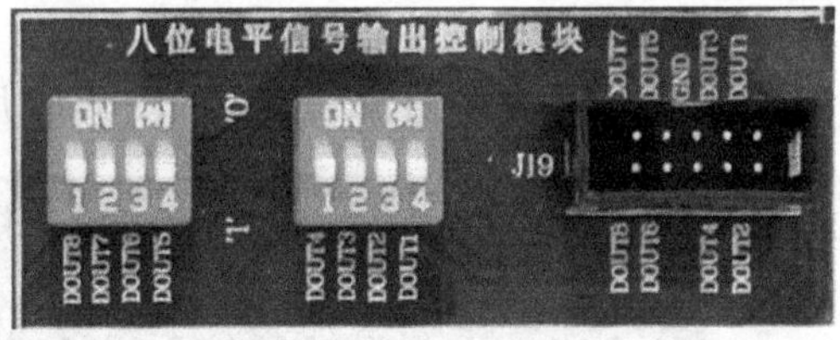

图 9-15　FPGA 的 I/O 扩展接口 2　　　　图 9-16　八位电平信号输出控制模块及 FPGA 的 I/O 接线端

八位电平信号输出控制模块与 FPGA 的 IO 接线端向 FPGA 对应 I/O 提供高低电平，每个 FPGA 的 I/O 口获得的电平状态由八位电平信号输出控制模块进行设定。

10. 自由扩展模块接口 1 ~ 5

自由扩展模块接口 1 ~ 4 如图 9-17 所示。

自由扩展模块接口 5 如图 9-18 所示。

自由扩展模块接口为扩展模块提供电源，每个自由扩展模块接口能够外接多种扩展模块，如综合键盘模块、交通灯模块、ADC/DAC 模块、电机模块、继电器及通信模块、彩色液晶模块、DDS 模块等。

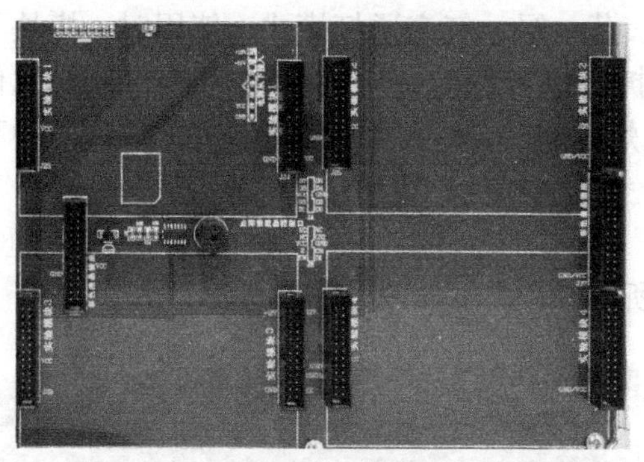

图 9-17　自由扩展模块接口 1 ~ 4

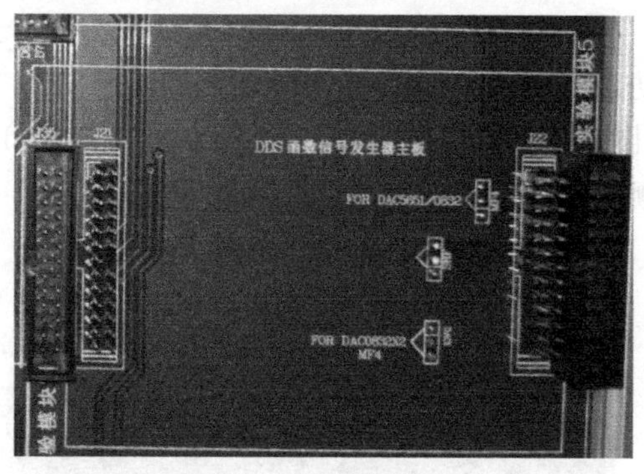

图 9-18　自由扩展模块接口 5

9.2　实验系统核心板及扩展模块

1. KX4CE55K 核心板

KX4CE55K 核心板如图 9-19 所示。

KX4CE55K 核心板采用 EP4C55F23C8 芯片，通过两组 40 芯插座引出排线连接到主系统板，通过主系统板的扩展功能完成对各个模块的控制。

2. 综合键盘模块

综合键盘模块如图 9-20 所示。

图 9-19　KX4CE55K 核心板

图 9-20　综合键盘模块

综合键盘模块是将编码键盘及独立按键集成到一起的按键模块。模块中 16 个黑色按键采用 8 条线扫描方式构成 16 键位编码键盘，可参考 4×4 键盘工作原理；模块中 8 个白色键盘是独立的单脉冲键盘。使用时，模块中 J1 的 10 芯接口与 FPGA 的任意一组 10 芯扩展接口相连接，即可作为编码键盘使用；模块中 J2 的 10 芯借口与 FPGA 的任意一组 10 芯扩展接口相连接，即可作为独立按键键盘使用。

3. 交通灯显示模块

交通灯显示模块如图 9-21 所示。

交通灯显示模块从右向左依次提供4组红、黄、绿、红交通灯模式。使用时，模块下方的两组10芯接口分别与FPGA的两组10芯扩展接口相连接。左侧10芯接口控制北侧（图9-21中上侧）和西侧（图9-21中左侧）交通灯，右侧10芯接口控制南侧（图9-21中下侧）和东侧（图9-21中右侧）交通灯。

4. 八通道ADC和双通道DAC模块

八通道ADC和双通道DAC模块如图9-22所示。

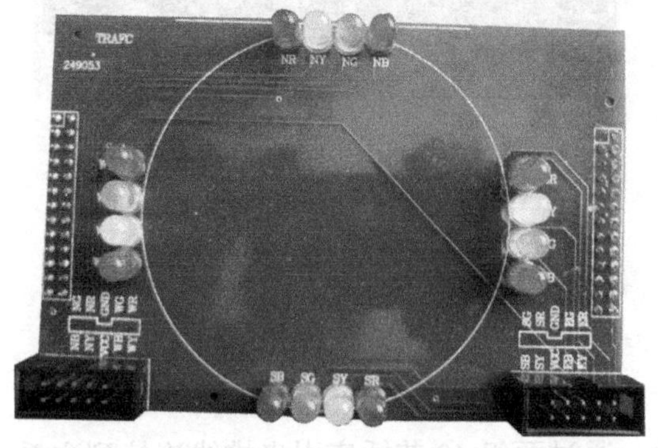

图9-21　交通灯显示模块

图9-22　八通道ADC和双通道DAC模块

八通道ADC部分采用电压型A/D转换芯片ADC0809。ADC0809具有8个通道、8bit分辨率，采样误差为±1 LSB，采样电压范围在0～5V之间，转换时间为100μs，最大控制时钟频率为1.2MHz。为方便实验，其中通道0直接连接在模块自带的电位器输出端，可以直接进行电压检测实验。使用时，通过模块中J2、J3的两个10芯接口与FPGA的两组扩展10芯接口相连接。

双通道DAC部分采用两组电流型D/A转换芯片DAC0832。DAC0832具有1个电流输出通道、8bit分辨率、1μs电流建立时间等性能。DAC0832输出的模拟量为电流型信号，为检测方便，模块中采用集成运算放大器进行了I/V转换，使输出信号由电流信号转变为电压信号。使用时，通过模块中J4、J5、J6的3个10芯接口与FPGA的3组扩展10芯接口相连接。

5. 电机模块

电机模块如图9-23所示。

直流电动机部分采用晶体管驱动方式。FPGA通过10芯插座中的DM+和DM–来控制电动机的驱动晶体管9013。通过控制晶体管的导通或关断，从而完成直流电动机的起停；通过控制两个晶体管的状态变化，从而完成电动机的换向；通过控制晶体管通断时间，从而完成电动机的PWM调速。直流电动机部分还包括一个红外测速模块，可以采集电动机的转速信息，并通过10芯插座中的CNTN反馈给FPGA，从而使FPGA可以获取电动机当前转速情况，完成直流电动机的闭环控制。

步进电动机部分采用集成芯片驱动方式。FPGA通过10芯插座中的AP、BP、CP、DP来控制步进电动机驱动芯片ULN2003。通过控制驱动芯片产生不同频率节拍的驱动信号，从而调整步进电动机的转速；通过控制驱动芯片产生不同顺序节拍的驱动信号，从而调整步进电动机的转向。

6. 继电器 /CAN 通信 /RS485 通信模块

继电器 /CAN 通信 /RS485 通信模块如图 9-24 所示。

图 9-23　电机模块

图 9-24　继电器 /CAN 通信 /RS485 通信模块

继电器模块是控制中最常见的通断控制模块，无论在直流电动机、交流电动机的起动、停止、转向等操作中，还是信号的延续、转接等操作中，都可以采用继电器实现最简单的解决方案。本继电器模块采用信号型 TQ2–5V 继电器，具有 50mΩ 的内部导通电阻、DC 110V/AC 125V 的转接电压、最大 1A 的转接电流等性能。使用时，通过模块中 J1 的 10 芯接口与 FPGA 的任意扩展 10 芯接口相连接。

CAN 是控制器局域网络（Controller Area Network）的简称，是由以研发和生产汽车电子产品著称的德国 BOSCH 公司开发的，并最终成为国际标准（ISO 11898）的串行通信协议，是国际上应用最广泛的现场总线之一。本模块采用 P82C250 型 CAN 收发器，两线差分总线上支持高达 1Mbit/s 的传输速率，支持 ISO 11898 标准。使用时，通过模块中 J2 的 10 芯接口与 FPGA 的任意扩展 10 芯接口相连接。

RS485 是定义平衡数字多点系统中的驱动器和接收器的电气特性的标准，由电信行业协会和电子工业联盟定义。使用该标准的数字通信网络能在远距离条件下以及电子噪声大的环境下有效传输信号。本模块采用标准 485 收发器件 MAX485 实现。使用时，通过模块中 J3、J4 的 10 芯接口分别与 FPGA 的任意两组扩展 10 芯接口相连接。

7. 彩色触摸屏

彩色触摸屏采用 InnoLux 公司出品的 7in（1in=0.0254m）、分辨率为 800×480、RGB（6 : 6 : 6）三色的 TFT 彩色触摸屏，如图 9-25 所示。

使用时，模块中 JP1 的 14 芯接口与主系统 J1 的 14 芯接口相连接，模块中 JP2 的 10 芯接口与主系统 J3 的 10 芯接口相连接。

8. 高速 A/D、D/A 模块

高速 A/D、D/A 模块如图 9-26 所示。

图 9-25　分辨率为 800 × 480 彩色触摸屏

图 9-26　高速 A/D、D/A 模块

高速 A/D 部分采用高速型 ADC 芯片 ADS807。ADS807 是一个高速、高动态范围、12 位流水线型模 / 数转换器。

高速 D/A 部分采用高速型 DAC 芯片 DAC902。DAC902 是一种高速、高性能 12 位分辨率数 / 模转换器。

使用时，模块的 40 芯接口与核心板 J4 的 40 芯接口相连接。

9. 定制型 DDS 模块

定制型 DDS 模块包括三个组成部分，如图 9-27 ~ 图 9-29 所示。

图 9-27　定制型 DDS 模块主控

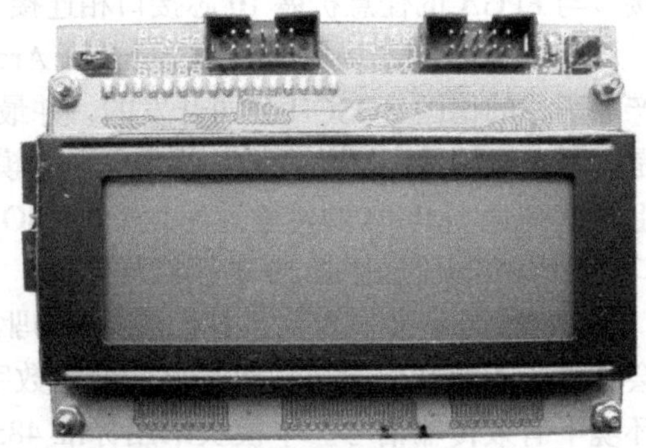

图 9-28　定制型 DDS 模块显示屏

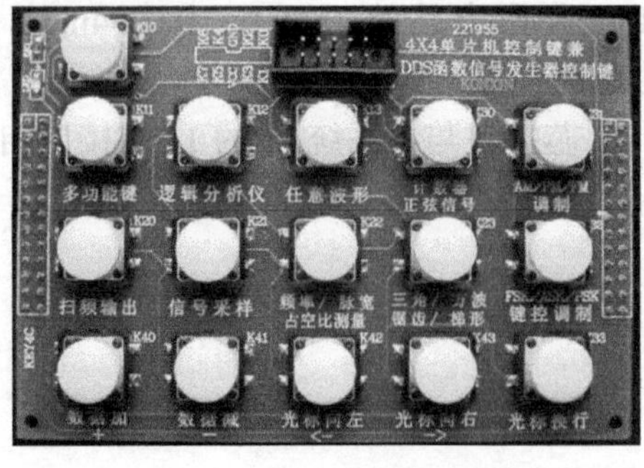

图 9-29　定制型 DDS 模块键盘

定制型 DDS 模块主控部分主要由 FGPA、MCU（微控制单元）、DAC 以及运放构成。FPGA 采用 Cyclone I 系列 EP1C3T144C8N 型，具有 2910 逻辑单元、8KB 的数据 RAM、1 路锁相环。MCU 采用 AT89 系列 AT89S8253 型，具有 12KB 的 Flash 存储器、256B 的内部 RAM、3 个 16bit 定时器。DAC 采用低速型 DAC082 和高速型 THS5651 两种，THS5651 具有 10bit 分辨率、100MSPS 更新率、1ns 的建立 / 保持时间。运放电路采用通用型 TL082 运放和高速型 AD811 运放。其中，MCU 完成键盘、显示、功能设定等外部接口控制；FPGA 完成波形数据的具体产生及 DAC 控制；DAC 完成数字量到模拟量的转换；运放电路完成电流信号至电压信号的转换。

定制型 DDS 模块键盘采用 4 × 4 阵列键盘，用来实现模块功能的设定，是人机交互的输入部分。

定制型 DDS 模块显示屏采用 16 × 4 字符型单色液晶屏，用来显示 DDS 模块的运行内容，是人机交互的输出部分。

使用时，显示屏的 14 芯接口与主控的 14 芯接口相连接，显示屏左侧的 10 芯接口与键盘的 10 芯接口相连接。

9.3　多模式重配置

9.3.1　电路结构图符号说明

图 9-30a 所示符号是十六进制数转 7 段数码译码器。该译码器是将十六进制编码（8421 码）转换成 7 段数码管的字段码，用以驱动数码管的字段显示 0 ~ 9 以及 A、B、C、D、E、F 等字符。

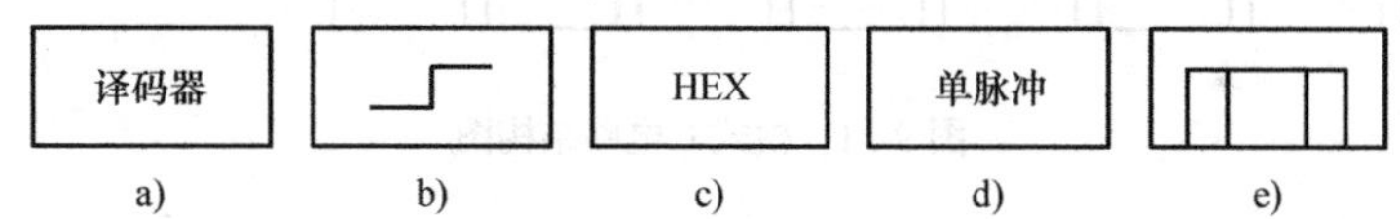

图 9-30　实验电路符号

图 9-30b 所示符号是高低电平发生器。该发生器在每按动一次按键时，输出的电平取反一次。当该发生器输出为高电平时，对应的指示二极管被点亮；当该发生器输出为低电平时，对应的指示二极管被熄灭。

图 9-30c 所示符号是十六进制编码（8421 码）发生器。该发生器在每按动一次按键时，会自动递增产生一组由 4 个二进制位构成的十六进制编码，该编码范围为二进制形式的 0000 ~ 1111，即十六进制形式的 0x0 ~ 0xF（C 语言表示）。

图 9-30d 所示符号是单脉冲发生器。该发生器在每按动一次按键时，会输出一个脉宽约为 20ms 的正脉冲，其对应的指示二极管会闪亮一次。

图 9-30e 所示的符号是琴键式信号发生器。该发生器在按键按下时，输出为高电平，对应的指示二极管被点亮；在按键松开时，输出为低电平，对应的指示二极管被熄灭。

9.3.2 模式电路结构

1. 模式 0

模式 0 电路结构如图 9-31 所示。

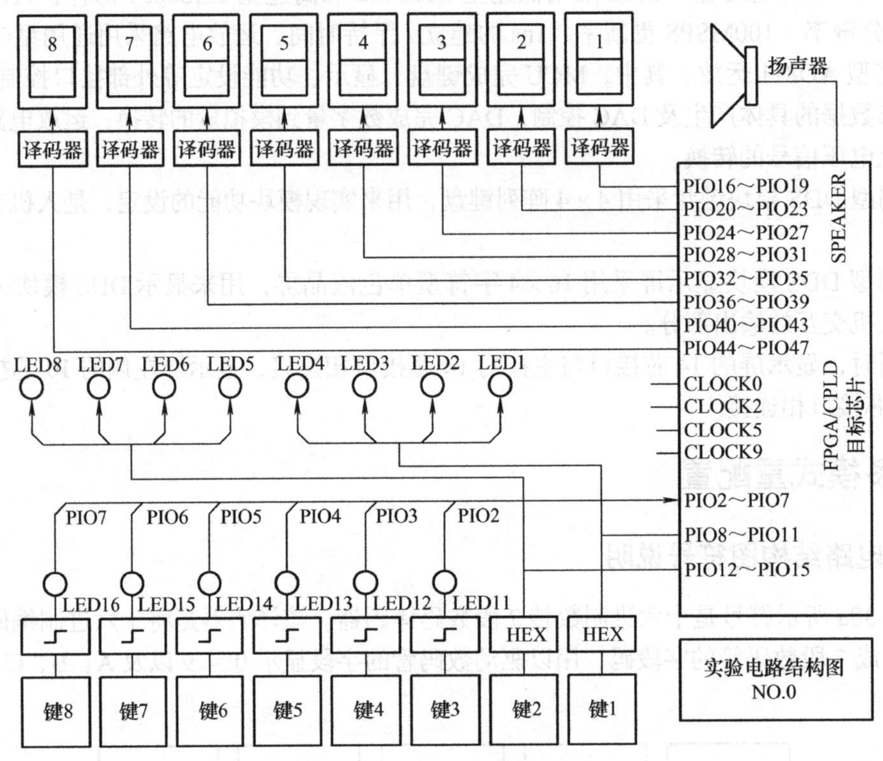

图 9-31　模式 0 电路结构图

如图 9-31 所示，FPGA 芯片的 PIO16 ~ PIO47 共 8 组 4 位二进制码输出，经重配置电路的 7 段译码器译码后，由实验系统中的数码管 1 ~ 数码管 8 进行显示。FPGA 芯片的 PIO8 ~ PIO11 和 PIO12 ~ PIO15 分别连接键 1 和键 2 对应的十六进制编码器输出端，获取键 1 和键 2 按动后的编码值，编码值的二进制形式可以通过观察发光二极管 LED1 ~ LED8 来了解。FPGA 芯片的 PIO2 ~ PIO7 分别连接键 3 ~ 键 8 对应的高低电平发生器输出端，获取键 3 ~ 键 8 的输出状态，输出状态可以通过观察发光二极管 LED11 ~ LED16 来了解。

模式 0 可以应用于需要独立按键（键 3 ~ 键 8）输入、十六进制编码按键（键 1、键 2）输入、不多于 8 位的数码管（数码管 1 ~ 数码管 8）显示等相关硬件的实验。

2. 模式 1

模式 1 电路结构如图 9-32 所示。

如图 9-32 所示，FPGA 芯片的 PIO16 ~ PIO31 共 4 组 4 位二进制码输出，经重配置电路的 7 段译码器译码后，由实验系统中的数码管 5 ~ 数码管 8 等 4 支数码管进行显示。FPGA 芯片的 PIO32 ~ PIO39 分别连接 8 支发光二极管 LED1 ~ LED8，直接用于控制发光二极管 LED1 ~ LED8 的亮灭。FPGA 芯片的 PIO48 和 PIO49 分别连接在键 8 和键 7 所对应的高低电平发生器输出端，获取键 8 和键 7 按动后的电平状态，该状态可以通过发光二极管 LED15 和 LED16 进行观察。FGPA 芯片的 PIO0 ~ PIO15 分别连接在键 1 ~ 键 4 对应的十六进制编码器输出端，获取键 1 ~ 键 4 按动后的编码值。

模式 1 可以应用于需要高低电平（键 7 和键 8）输入、十六进制编码按键（键 1 ~ 键 4）输入、发光二极管（LED1 ~ LED8）指示、不多于 4 位的数码管（数码管 5 ~ 数码管 8）显示等相关硬件的实验。

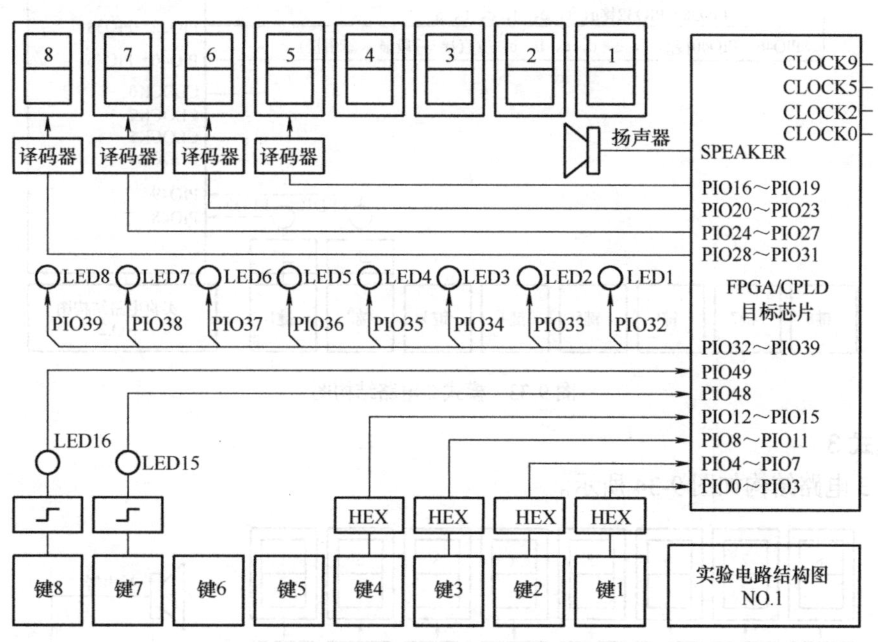

图 9-32　模式 1 电路结构图

3. 模式 2

模式 2 电路结构如图 9-33 所示。

如图 9-33 所示，FPGA 芯片的 PIO0 ~ PIO15 共 4 组 4 位二进制码输出，经重配置电路的 7 段译码器译码后，由实验系统中的数码管 1 ~ 数码管 4 等 4 支数码管进行显示。FPGA 芯片的 PIO16 ~ PIO46 共 4 组 7 位二进制码输出，直接控制数码管 5 ~ 数码管 8 进行显示。FPGA 芯片的 PIO48 和 PIO49 分别连接在键 1 和键 2 所对应的高低电平发生器输出端，获取键 1 和键 2 按动后的电平状态，该状态可以通过发光二极管 LED9 和 LED10 进行观察。

模式 2 可以应用于需要高低电平（键 1 和键 2）输入、不多于 4 位的数码管编码（数码管 1 ~ 数码管 4）显示、不多于 4 位的数码管非译码（数码管 5 ~ 数码管 8）显示等相关硬件的实验。

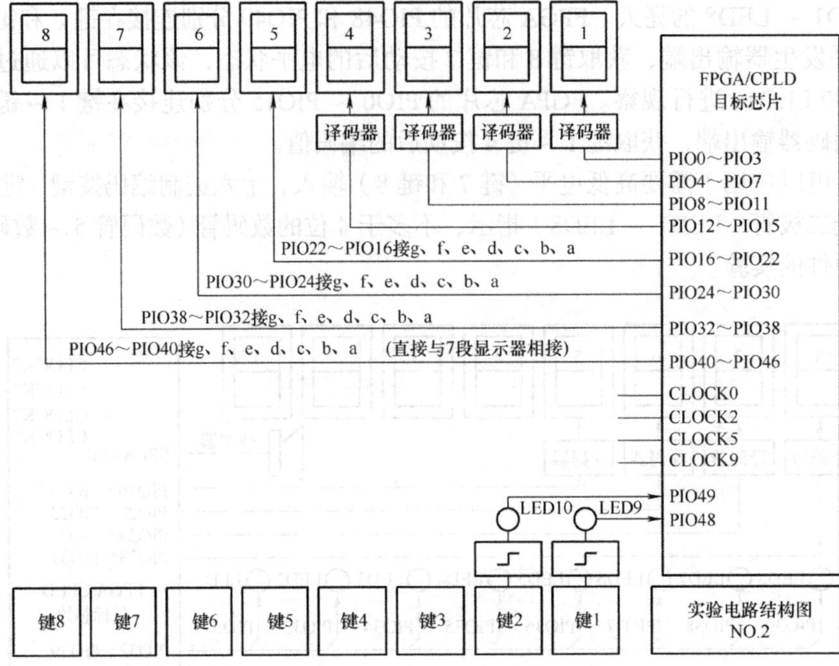

图 9-33 模式 2 电路结构图

4. 模式 3

模式 3 电路结构如图 9-34 所示。

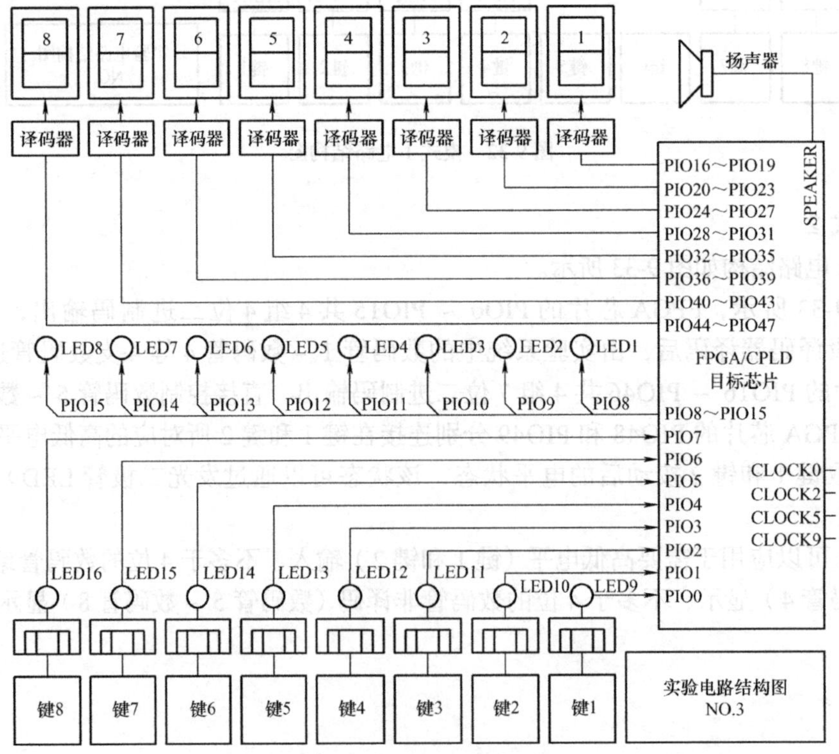

图 9-34 模式 3 电路结构图

如图 9-34 所示，FPGA 芯片的 PIO16 ~ PIO47 共 8 组 4 位二进制码输出，经重配置电路的 7 段译码器译码后，由实验系统中的数码管 1 ~ 数码管 8 等 8 支数码管进行显示。FPGA 芯片的 PIO8 ~ PIO15 分别连接在 8 支发光二极管 LED1 ~ LED8，直接用于控制发光二极管 LED1 ~ LED8 的亮灭。FPGA 芯片的 PIO0 ~ PIO7 分别连接在键 1 ~ 键 8 的琴键式发生器的输出端，获取键 1 ~ 键 8 产生的脉宽可变的正脉冲，可以通过发光二极管 LED9 ~ LED16 观察键 1 ~ 键 8 的正脉冲发生情况。

模式 3 可以应用于需要正脉冲（键 1 ~ 键 8）输入、发光二极管（LED1 ~ LED8）指示、不多于 8 位的数码管（数码管 1 ~ 数码管 8）显示等相关硬件的实验。

5. 模式 4

模式 4 电路结构如图 9-35 所示。

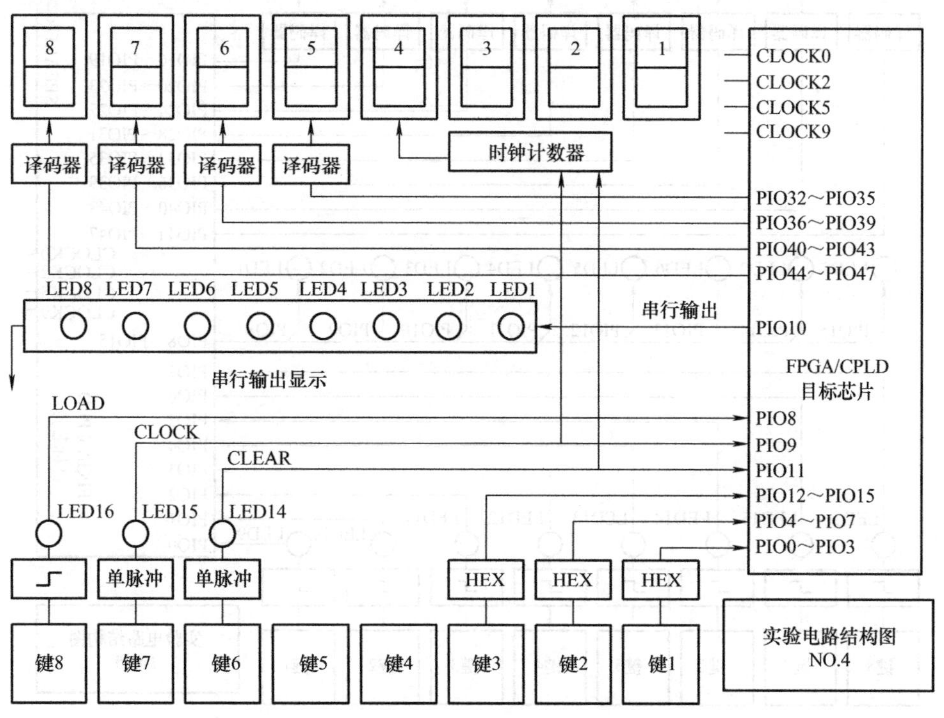

图 9-35　模式 4 电路结构图

如图 9-35 所示，FPGA 芯片的 PIO32 ~ PIO47 共 4 组 4 位二进制码输出，经重配置电路的 7 段译码器译码后，由实验系统中的数码管 5 ~ 数码管 8 等 4 支数码管进行显示。FPGA 芯片的 PIO10 连接串行显示发光二极管 LED1 ~ LED8，控制发光二极管的依次亮灭。FPGA 芯片的 PIO8 连接键 8 的高低电平发生器输出端，获取键 8 的输出电平状态，通过发光二极管 LED16 可以观察键 8 输出电平的情况。FPGA 芯片的 PIO9 连接键 7 的单脉冲发生器输出端，获取键 7 产生的 20ms 正脉冲，通过发光二极管 LED15 可以观察键 7 脉冲输出情况。键 7 同时作为数码管 4 所连接计数器的时钟输入。FPGA 芯片的 PIO11 连接键 6 的单脉冲发生器输出端，获取键 6 产生的 20ms 正脉冲，通过发光二极管 LED14 可以观察键 6 脉冲输出情况。键 6 同时作为数码管 4 所连接计数器的清除输入。FPGA 芯片的

PIO0 ~ PIO7、PIO12 ~ PIO15 分别连接在键 1 ~键 3 对应的十六进制编码器输出端，获取键 1 ~键 3 按动后的编码值。

模式 4 可以应用于需要高低电平（键 8）输入、脉冲（键 6 和键 7）输入、十六进制编码（键 1 ~键 3）输入、发光二极管（LED1 ~ LED8）指示、不多于 4 位的数码管（数码管 5 ~数码管 8）显示等相关硬件的实验。

6. 模式 5

模式 5 电路结构如图 9-36 所示。

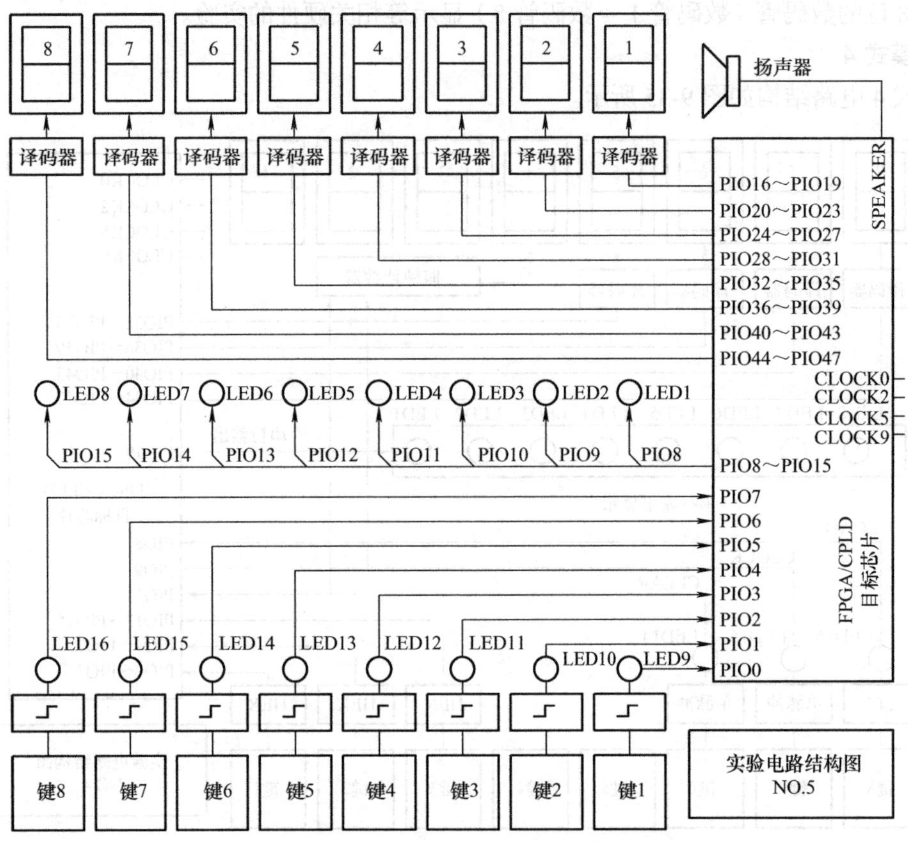

图 9-36 模式 5 电路结构图

如图 9-36 所示，FPGA 芯片的 PIO16 ~ PIO47 共 8 组 4 位二进制码输出，经重配置电路的 7 段译码器译码后，由实验系统中的数码管 1 ~数码管 8 等 8 支数码管进行显示。FPGA 芯片的 PIO8 ~ PIO15 分别连接 8 支发光二极管 LED1 ~ LED8，直接用于控制发光二极管 LED1 ~ LED8 的亮灭。FPGA 芯片的 PIO0 ~ PIO7 分别连接键 1 ~键 8 的高低电平发生器输出端，获取键 1 ~键 8 的电平状态，可以通过发光二极管 LED9 ~ LED16 观察键 1 ~键 8 的高低电平情况。

模式 5 可以应用于需要高低电平（键 1 ~键 8）输入、发光二极管（LED1 ~ LED8）指示、不多于 8 位的数码管（数码管 1 ~数码管 8）显示等相关硬件的实验。

7. 模式 6

模式 6 电路结构如图 9-37 所示。

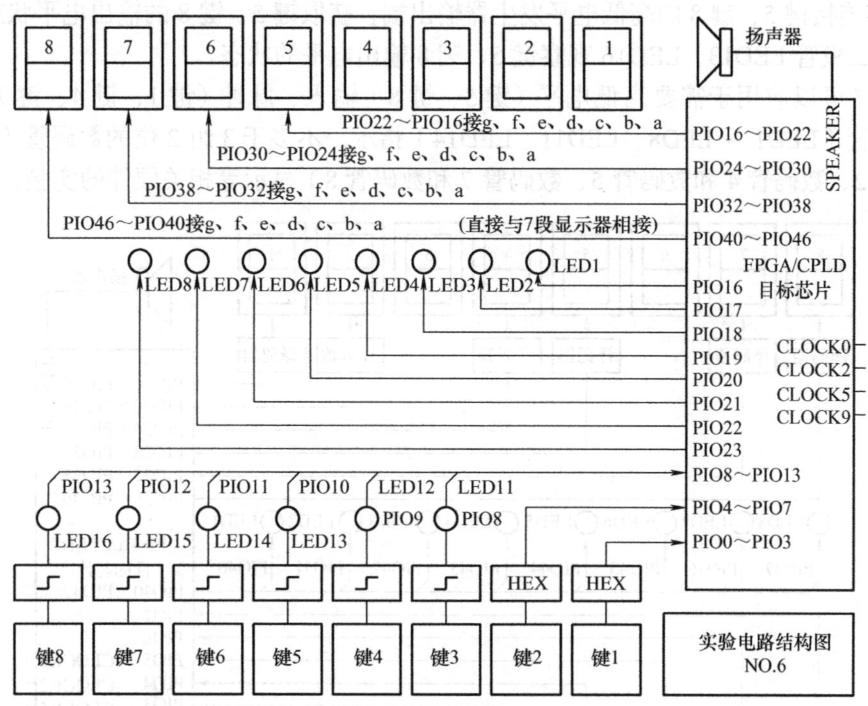

图 9-37　模式 6 电路结构图

如图 9-37 所示，FPG 芯片的 PIO16 ~ PIO22、PIO24 ~ PIO30、PIO32 ~ PIO38、PIO40 ~ PIO46 共 4 组 7 位二进制码输出，直接控制数码管 5 ~ 数码管 8 进行显示。FPGA 芯片的 PIO16 ~ PIO23 分别连接 8 支发光二极管 LED1 ~ LED8，直接用于控制发光二极管 LED1 ~ LED8 的亮灭。FPGA 芯片的 PIO8 ~ PIO13 分别连接键 3 ~ 键 8 的高低电平发生器输出端，获取键 3 ~ 键 8 的电平状态，可以通过发光二极管 LED11 ~ LED16 观察键 1 ~ 键 8 的高低电平情况。FPGA 芯片的 PIO0 ~ PIO7 分别连接在键 1 ~ 键 2 对应的十六进制编码器输出端，获取键 1 ~ 键 2 按动后的编码值。

模式 6 可以应用于需要高低电平（键 3 ~ 键 8）输入、十六进制编码（键 1 ~ 键 2）输入、发光二极管（LED1 ~ LED8）指示、不多于 4 位的数码管非译码（数码管 5 ~ 数码管 8）显示等相关硬件的实验。

8. 模式 7

模式 7 电路结构如图 9-38 所示。

如图 9-38 所示，FPGA 芯片的 PIO16 ~ PIO39 共 6 组 4 位二进制码输出，经重配置电路的 7 段译码器译码后，由实验系统中的数码管 1 和数码管 2、数码管 4 和数码管 5、数码管 7 和数码管 8 等 6 支数码管进行显示。FPGA 芯片的 PIO40 ~ PIO47、PIO2、PIO5 分别连接在 10 支发光二极管 LED1 ~ LED8、LED11、LED14，直接用于控制发光二极管 LED1 ~ LED8、LED11、LED14 的亮灭。FPGA 芯片的 PIO0、PIO3、PIO6 分别连接键 1、键 4、键 7 的单脉冲发生器输出端，获取键 1、键 4、键 7 输出的 20ms 正脉冲，可以通过发光二极管 LED9、LED12、LED15 观察键 1、键 4、键 7 脉冲输出情况。FPGA 芯片的 PIO4、PIO7 分别连接键 5、键 8 的高低电平发生器输出端，获取键 5、键 8 的输出电平状态，可以通过发光二极管 LED13、LED16 观察键 5、键 8 输出电平的状态。

模式 7 可以应用于需要高低电平（键 5、键 8）输入、脉冲（键 1、键 4、键 7）输入、发光二极管（LED1 ~ LED8、LED11、LED14）指示、不多于 3 组 2 位的数码管（数码管 1 和数码管 2、数码管 4 和数码管 5、数码管 7 和数码管 8）显示等相关硬件的实验。

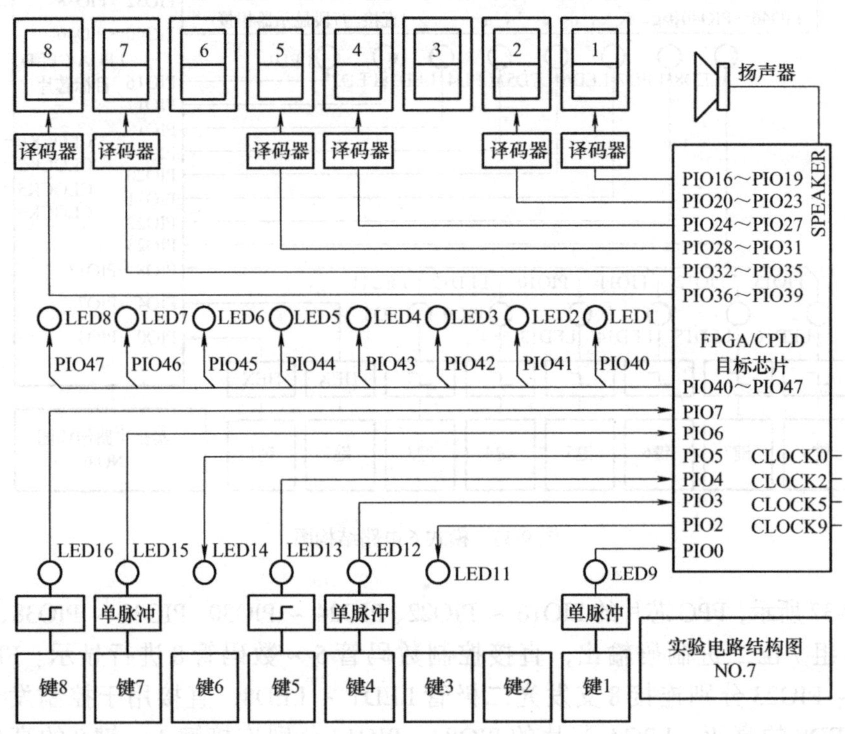

图 9-38　模式 7 电路结构图

9. 模式 8

模式 8 电路结构如图 9-39 所示。

如图 9-39 所示，FPGA 芯片的 PIO36 ~ PIO47 共 3 组 4 位二进制码输出，经重配置电路的 7 段译码器译码后，由实验系统中的数码管 6 ~ 数码管 8 等 3 支数码管进行显示。FPGA 芯片的 PIO10 连接串行显示发光二极管 LED1 ~ LED8 的输出端，接收串行显示控制数据。

FPGA 芯片的 PIO8 连接键 8 的高低电平发生器输出端，获取键 8 的电平状态，可以通过发光二极管 LED16 观察键 8 的电平情况。FPGA 芯片的 PIO9 和 PIO11 分别连接键 6 和键 7 的脉冲发生器输出端，获取键 6 和键 7 输出的 20ms 正脉冲，可以通过发光二极管 LED14 和 LED15 观察键 6 和键 7 输出脉冲情况。同时，键 6 还作为控制发光二极管 LED1 ~ LED8 串行显示的脉冲输入。FPGA 芯片的 PIO0 ~ PIO7、PIO12 ~ PIO15 分别连接键 3 ~ 键 5 的十六进制编码器输出端，获取键 3 ~ 键 5 按动后的编码。键 1 和键 2 分别通过十六进制编码器输出二进制形式的编码，该编码作为发光二极管 LED1 ~ LED8 串行显示的预制值。

模式 8 可以应用于需要高低电平（键 8）输入、脉冲或串行控制信息（键 6 和键 7）输入、十六进制编码（键 3 ~ 键 5）输入、发光二极管（LED1 ~ LED8）指示、不多于 3 位的数码管（数码管 6 ~ 数码管 8）显示等相关硬件的实验。

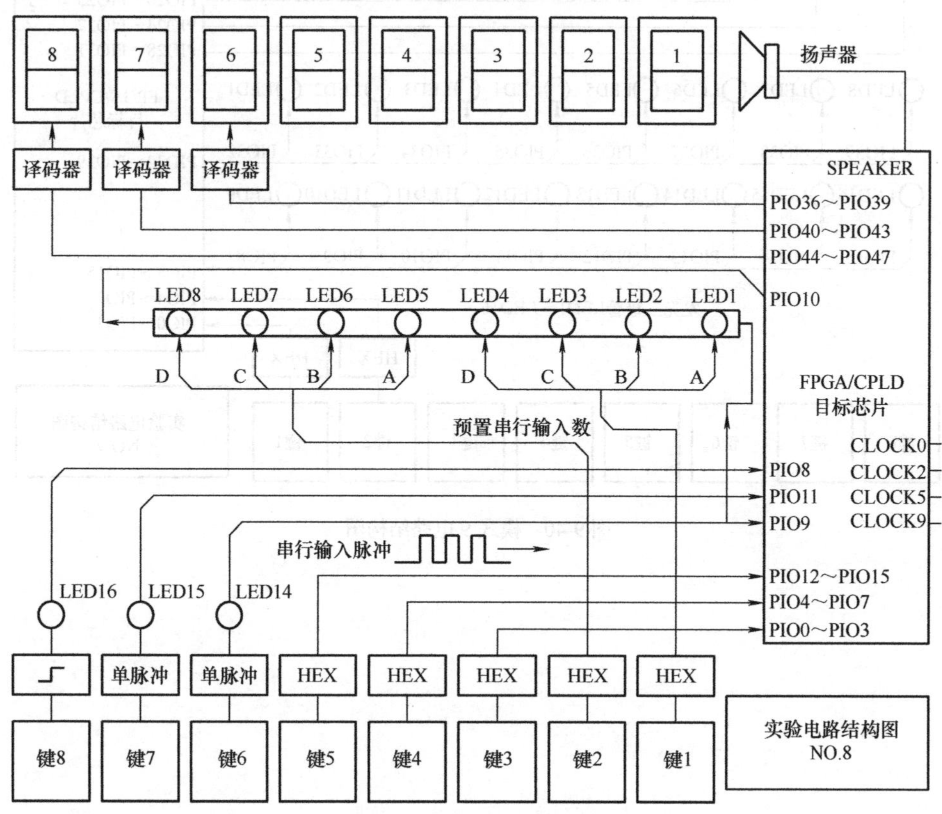

图 9-39　模式 8 电路结构图

10. 模式 9

模式 9 电路结构如图 9-40 所示。

如图 9-40 所示，FPGA 芯片的 PIO16 ~ PIO31 共 4 组 4 位二进制码输出，经重配置电路的 7 段译码器译码后，由实验系统中的数码管 5 ~ 数码管 8 等 4 支数码管进行显示。FPGA 芯片的 PIO32 ~ PIO39、PIO8 ~ PIO15 分别连接发光二极管 LED1 ~ LED16，直接控制发光二极管的亮灭。FPGA 芯片的 PIO0 ~ PIO7 分别连接键 1 和键 2 的十六进制译码器输出端，获取键 1 和键 2 按动后的编码。

模式 9 可以应用于需要十六进制编码（键 1 和键 2）输入、发光二极管（LED1 ~ LED16）指示、不多于 4 位的数码管（数码管 5 ~ 数码管 8）显示等相关硬件的实验。

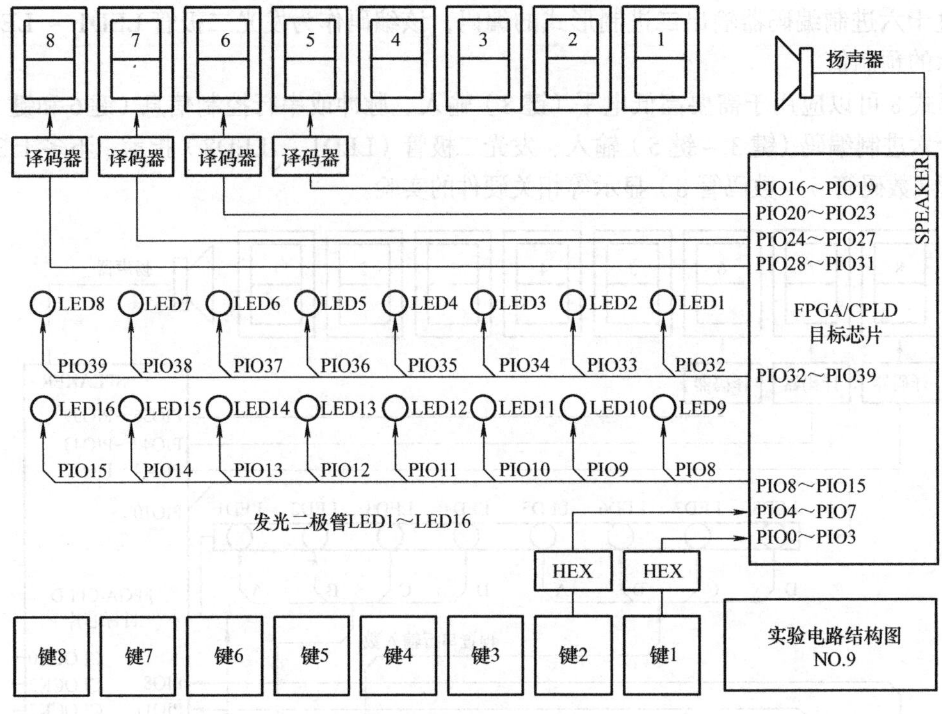

图 9-40　模式 9 电路结构图

第 10 章 EDA 软件入门

10.1 Quartus Ⅱ 13.1 软件基本操作

Quartus Ⅱ 13.1（以下简称 Q2）是 EDA 芯片及软件生产商 Altera 公司推出的综合性 CPLD/FPGA 开发软件，设计输入包括原理图、VHDL、Verilog HDL 以及 AHDL（Altera Hardware Description Language）等多种形式，嵌入第三方的综合器以及仿真器，可以完成由设计输入到硬件配置的完整 EDA 芯片设计流程。Q2 软件可以在多种版本的 Windows、Linux 及 UNIX 等操作系统上使用，为用户提供了完善的用户图形界面设计方式。Q2 软件具有快速的运行速度、统一的用户界面、集中的功能安排、用户易学易用等特点。Q2 软件支持 Altera 公司提供的 IP（知识产权核或知识产权模块）核，包含了 LPM（参数化模块库）/Megafunction（宏功能）模块库，用户可以充分利用这些成熟的模块完成自己的设计，简化了设计的复杂性，提高了设计的效率。

基于 Q2 的典型 FPGA 设计流程如图 10-1 所示。

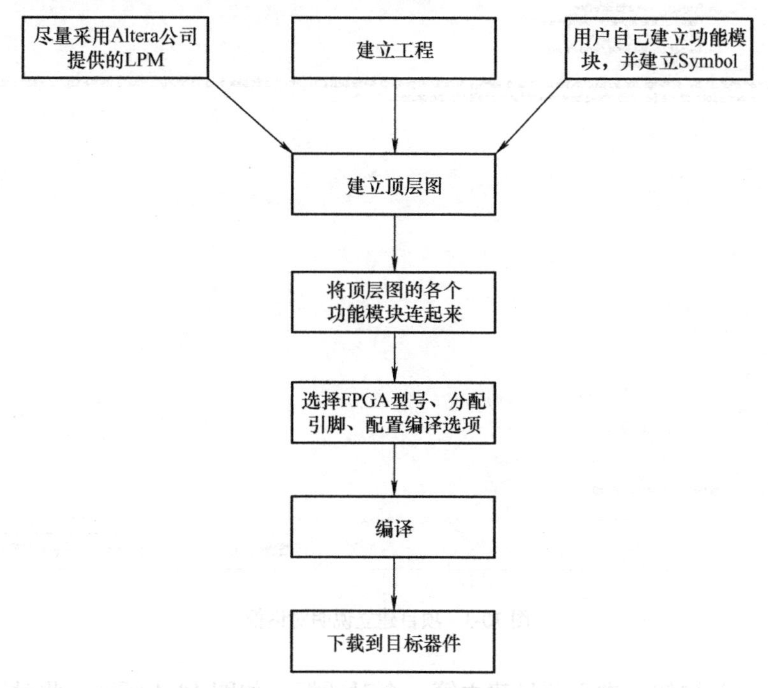

图 10-1 基于 Q2 的典型 FPGA 设计流程图

10.1.1 建立工程

运行 Q2 软件，建立工程，执行“File”→“New Project Wizard”，如图 10-2 所示。

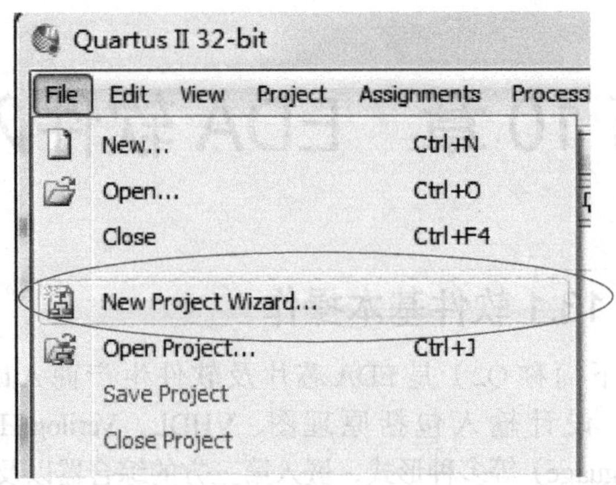

图 10-2　建立工程选项

单击“New Project Wizard”后弹出一个说明对话框，用来说明接下来几步的内容，如图 10-3 所示。

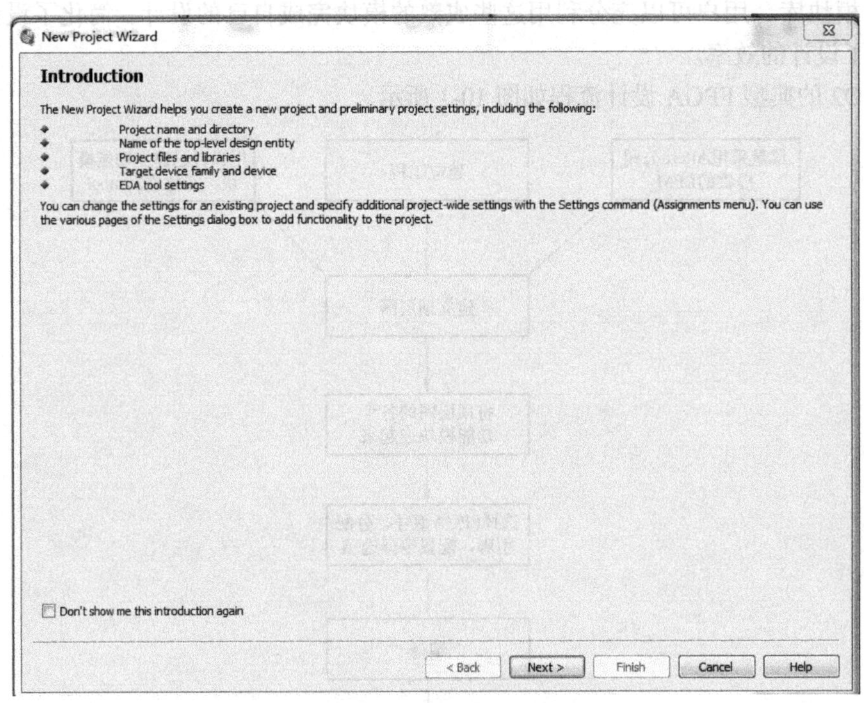

图 10-3　项目建立说明对话框

单击“Next”按钮，进入项目建立第一个对话框，如图 10-4 所示，此对话框用来指定工程文件夹、工程名、顶层实体。

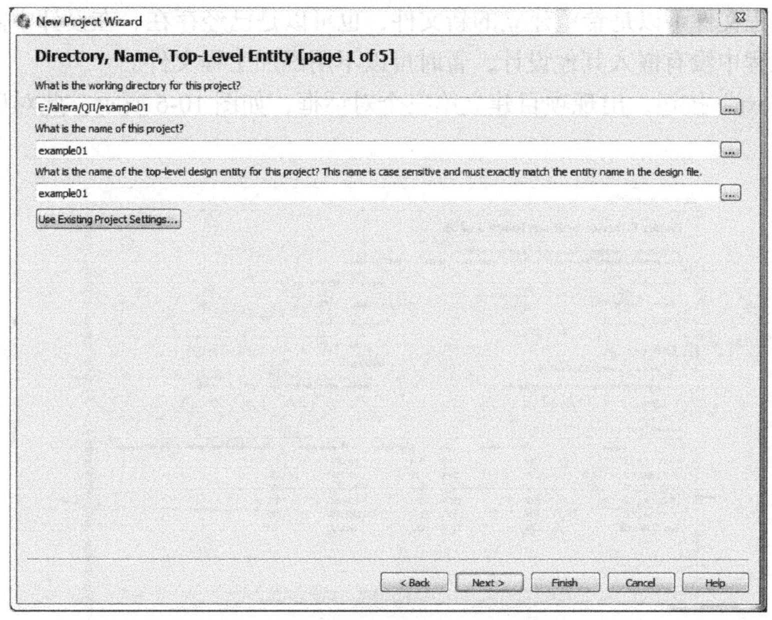

图 10-4　项目建立第一个对话框

如图 10-4 所示，根据需要完成的工程文件夹、工程名、顶层实体进行填写。其中，项目工作文件夹是“E:/altera/QⅡ/example01”，项目名称是“example01”，顶层实体名称是“example01”。需要注意的是，顶层实体名称必须和项目名称一致。

单击“Next”按钮，出现项目建立第二个对话框，如图 10-5 所示，此对话框用来添加工程文件。

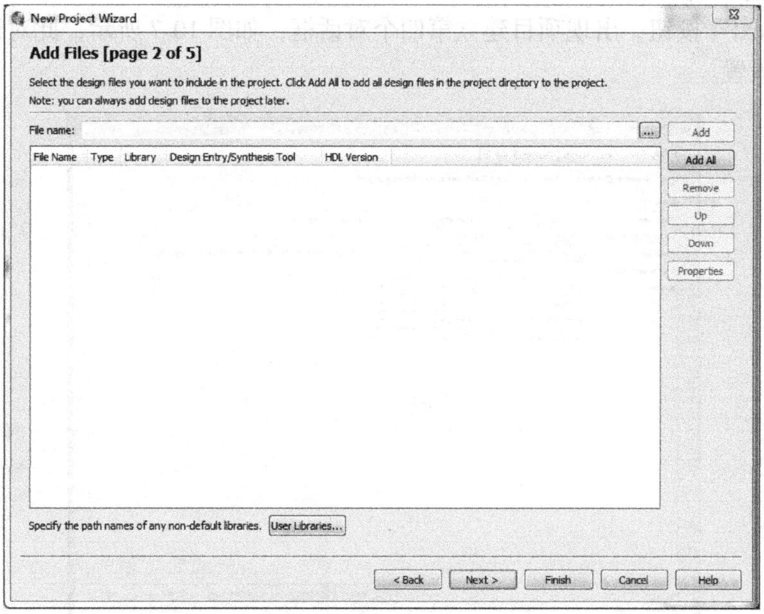

图 10-5　项目建立第二个对话框

添加的工程文件可以是希望建立的新文件，也可以是已经存在、在设计中需要用到的文件。如果在工程中没有嵌入其他设计，暂时可以不用添加工程文件。

单击“Next”按钮，出现项目建立第三个对话框，如图 10-6 所示，此对话框用来选择器件。

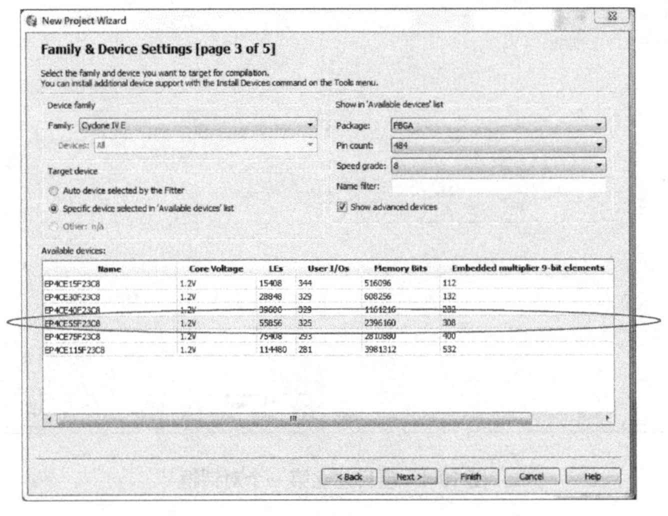

图 10-6　项目建立第三个对话框

如图 10-6 所示，在“Family”的下拉菜单中，选择所需要芯片的系列“Cyclone IV E”；在“Show in‘Available devices’list”选项中，“Package”（封装）选择“FBGA”，“Pin count”（引脚数量）选择“484”，“Speed grade”（速度等级）选择“8”；在“Available devices”选项中，选择型号“EP4CE55F23C8”。

单击“Next”按钮，出现项目建立第四个对话框，如图 10-7 所示，此对话框进行第三方 EDA 工具设置。

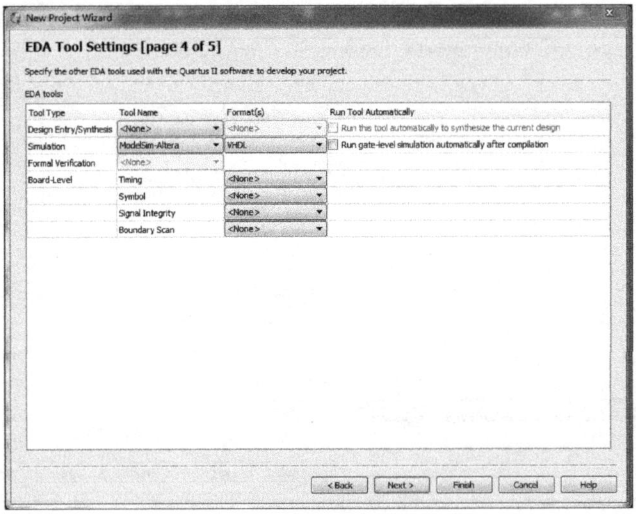

图 10-7　项目建立第四个对话框

单击“Next”按钮，出现项目建立第五个对话框，即工程的总体概括对话框，如图 10-8 所示。

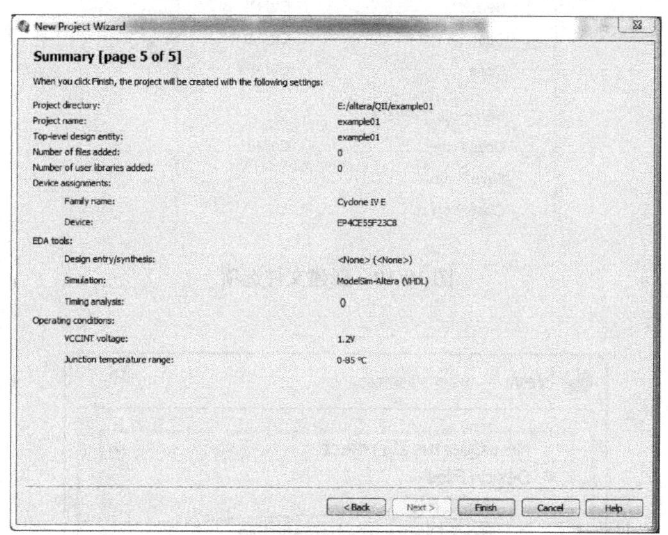

图 10-8　项目建立第五个对话框

单击“Finish”按钮，完成一个空工程的建立，如图 10-9 所示。

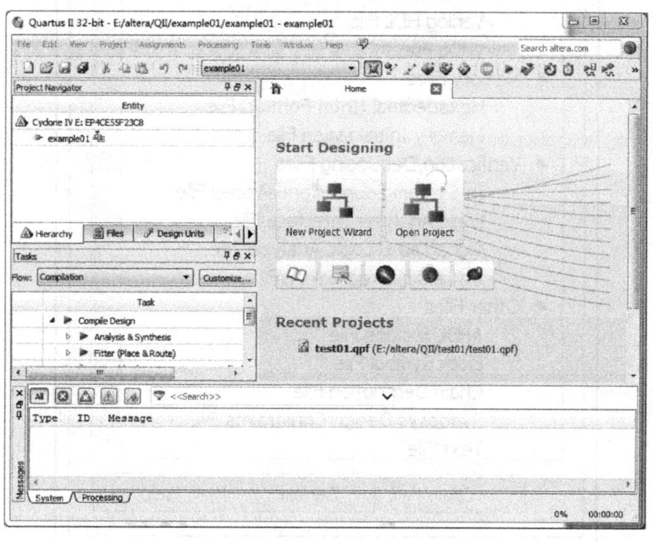

图 10-9　完成一个空工程的建立

10.1.2　建立顶层文件

如图 10-10 所示，执行“File”→“New”，弹出如图 10-11 所示的新建文件类型选择对话框。

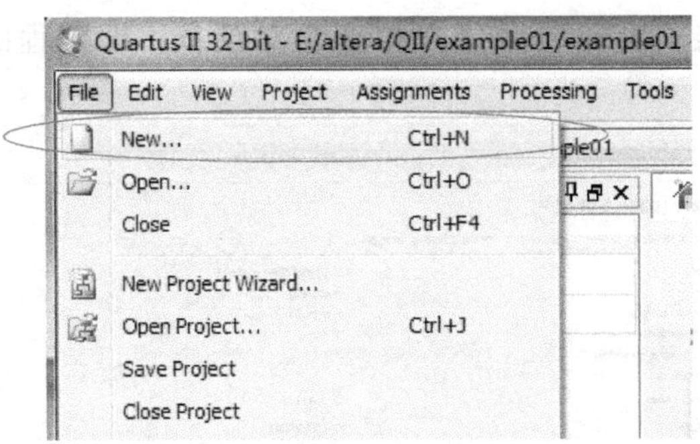

图 10-10　新建文件选项

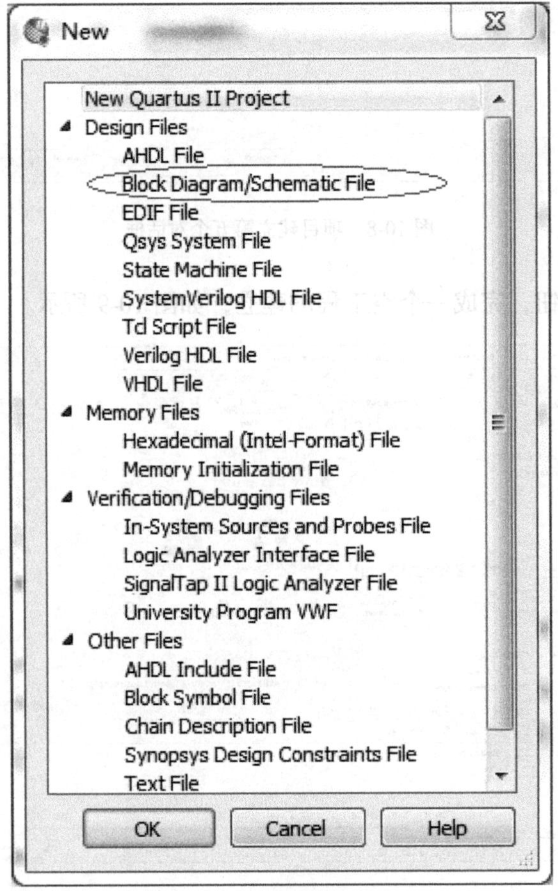

图 10-11　原理图文件建立

选择“Block Diagram/Schematic File”后，单击“OK”按钮，即可建立一个空的顶层原理图，默认名称是“Block1.bdf”。选择“VHDL File”后，单击“OK”按钮，即可建立一个空的顶层 VHDL 设计文件，默认名称是“VHDL1.VHD”。

1. **原理图文件**

原理图文件另存（“File”→“Save As”）如图 10-12 所示，接受默认的文件名，并将“Add file to current project”选项选上，使该文件添加到工程中，如图 10-13 所示。

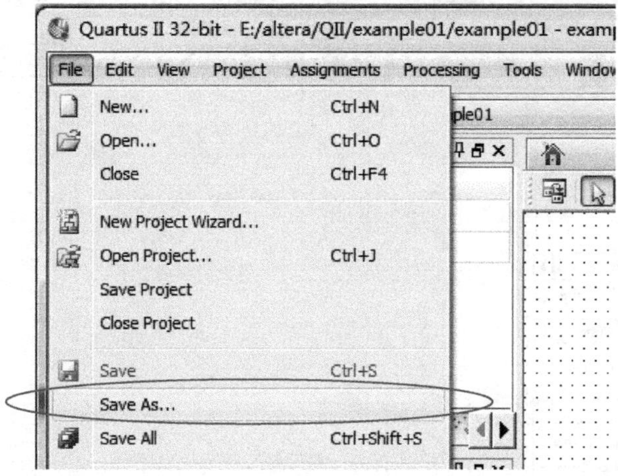

图 10-12 原理图文件另存选项

图 10-13 文件另存名字及项目添加

建立好的空白原理图文件如图 10-14 所示。

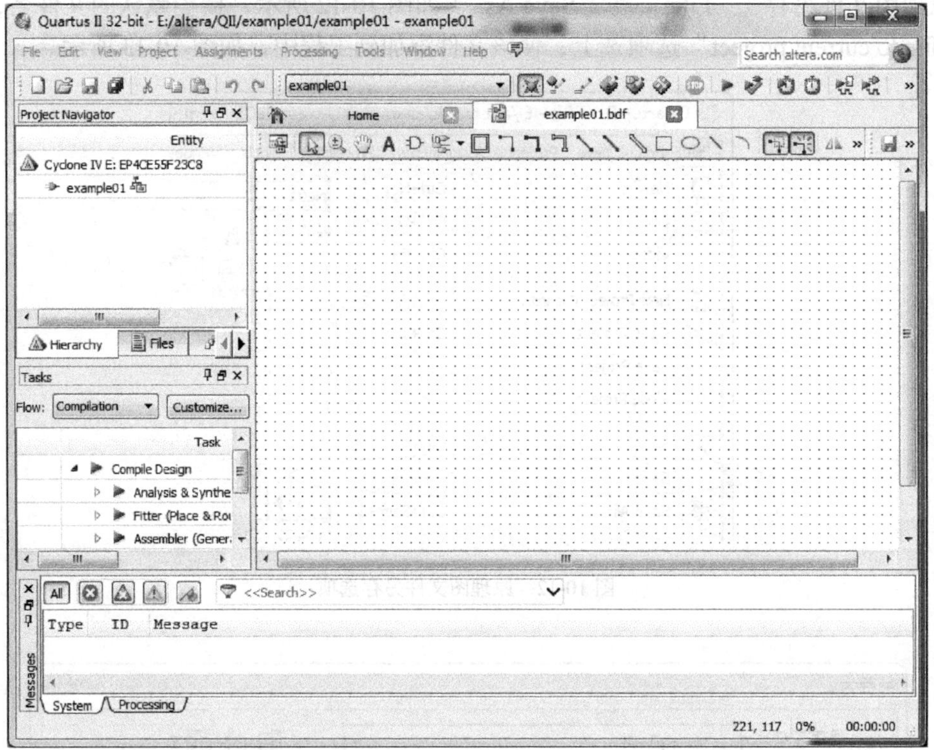

图 10-14　建立原理图文件

双击顶层图图纸的空白处，弹出添加元件的对话框，如图 10-15 所示。

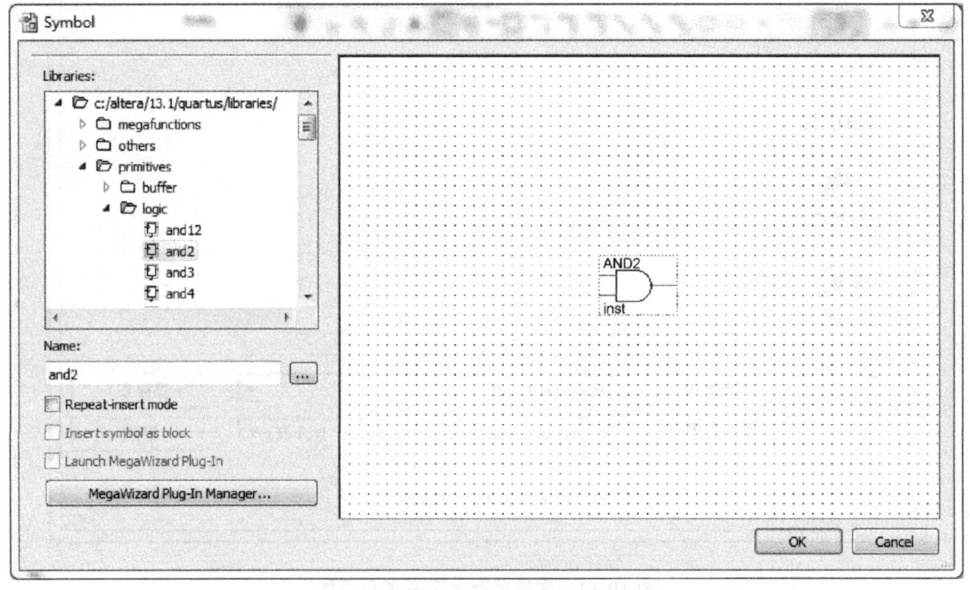

图 10-15　添加元件对话框

在“Libraries”栏里寻找所需要的逻辑元件，如果知道逻辑元件的名称，也可以直接在“Name”一栏输入名称，右边的预览图即可显示元件的外观，单击“OK”按钮后，光标旁边即拖着一个元件符号，在图纸上单击鼠标左键，元件即安放在图纸上。

如图 10-16 所示，从某一个元件的一端引出导线，到另一个元件的一端结束，就将两个元件的某两端连接在一起。双击输入（INPUT）的名称，即可对输入名进行修改；双击输出（OUTPUT）的名称，即可对输出名进行修改。

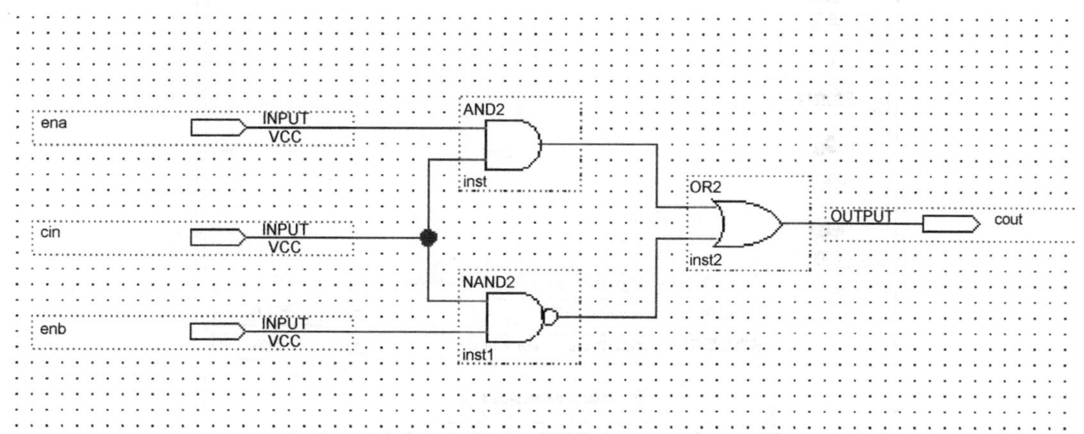

图 10-16 元件连线

根据设计需求，将库中调用出来的元件用线连接起来，并更改输入和输出名称，即完成原理图的绘制。

2. VHDL 代码文件

为了避免与原理图文件冲突，VHDL 代码文件建立在新项目“example02”中。项目建立过程及新文件建立过程与原理图文件过程一致，仅在新建文件类型选择时不同，如图 10-17 所示。

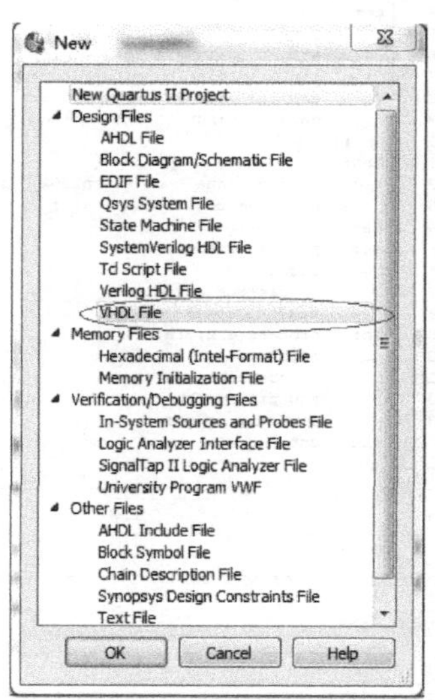

图 10-17 VHDL 文件建立

VHDL 文件另存如图 10-18 所示。

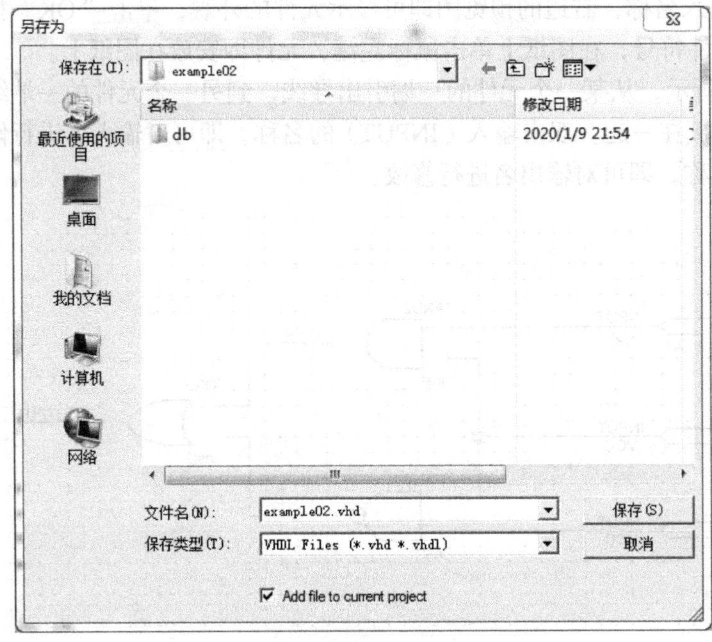

图 10-18　VHDL 文件另存

输入代码后的 VHDL 文件如图 10-19 所示。

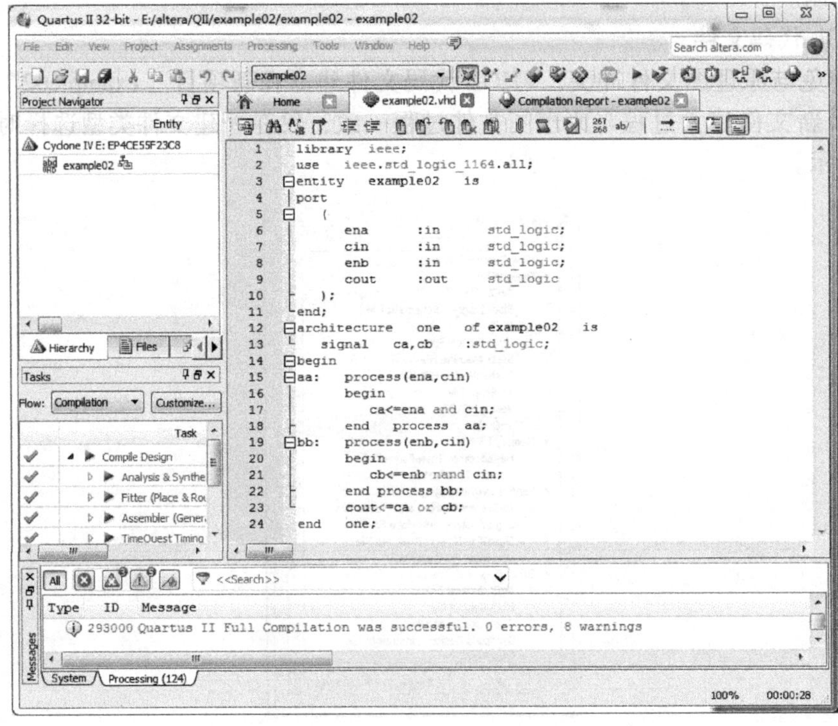

图 10-19　完整的 VHDL 代码

从代码中可以看到，此代码实现的功能与原理图完全相同。

10.1.3　器件设置

在建立工程的过程中选定了芯片型号，在这个步骤中同样可以设定芯片型号。选择菜单“Assignments”→“Device”选项，如图 10-20 所示。

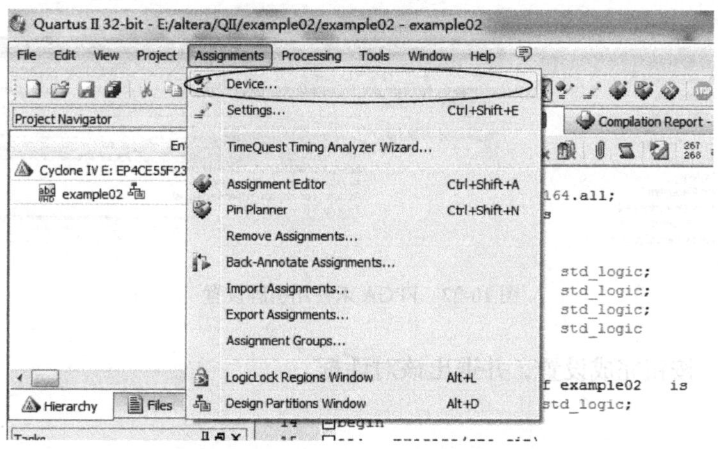

图 10-20　器件设置

弹出器件设置对话框，如图 10-21 所示。

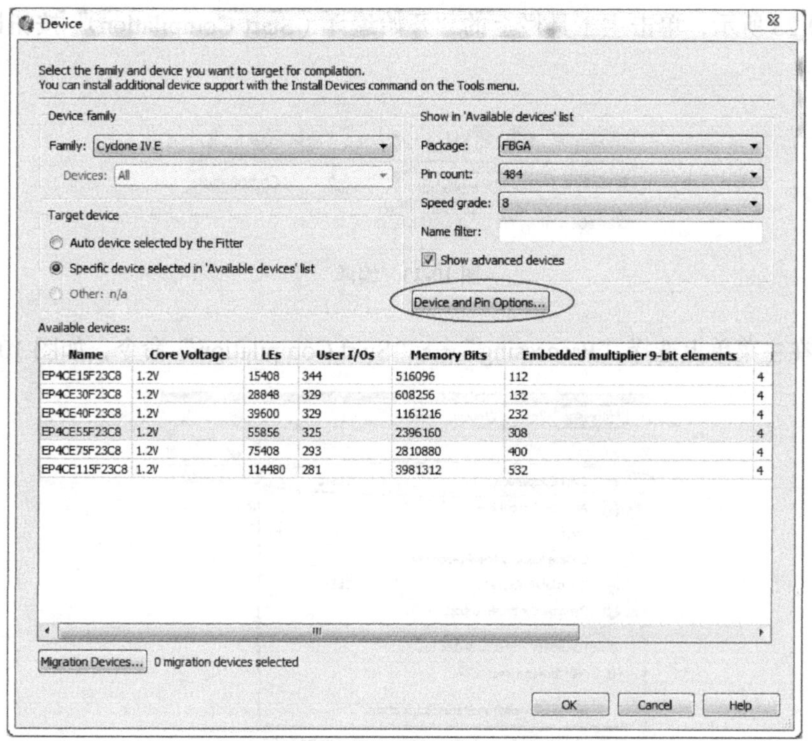

图 10-21　器件设置对话框

如前文所述，选择所需要使用的FPGA芯片，单击设置对话框的“Device and Pin Options”按钮弹出“Device and Pin Options”对话框，并选择该对话框的“Unused Pins”选项，如图10-22所示，选择“Reserve all unused pins”下拉列表框的“As input tri-stated”。

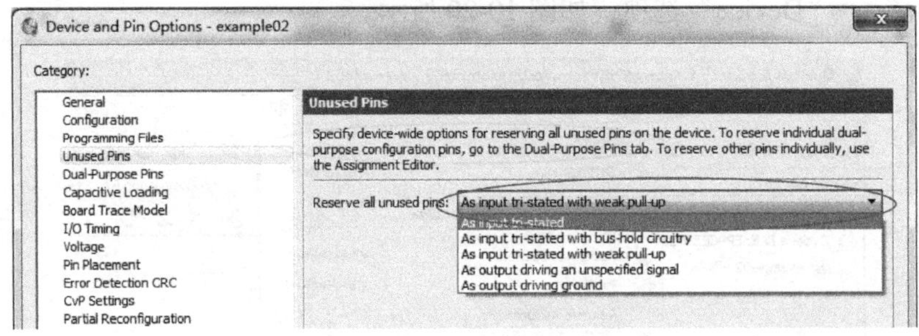

图 10-22　FPGA未使用引脚设置

单击“OK”按钮完成设置，并退出该对话框。

10.1.4　编译

Q2编译器是由一系列负责对设计项目进行检错、逻辑综合、结构综合、输出结果编辑配置、时序分析等工具模块构成的。在编译过程中，设计项目向FPGA目标器件适配，并产生如功能和时序信息文件、器件编程的目标文件等多种用途的输出文件。

如图10-23所示，单击主工具栏上的“开始编译（Start Compilation)”按钮即可开始编译。

图 10-23　编译

也可以在主菜单上选择“Processing”→“Start Compilation”命令，如图10-24所示。

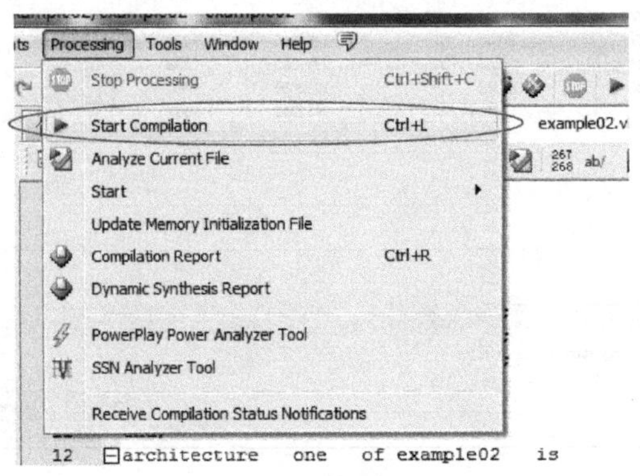

图 10-24　编译选项

Q2 自动调用编译器和信息显示窗口，显示出一些编译信息，最后编译成功弹出提示内容，如图 10-25 所示。

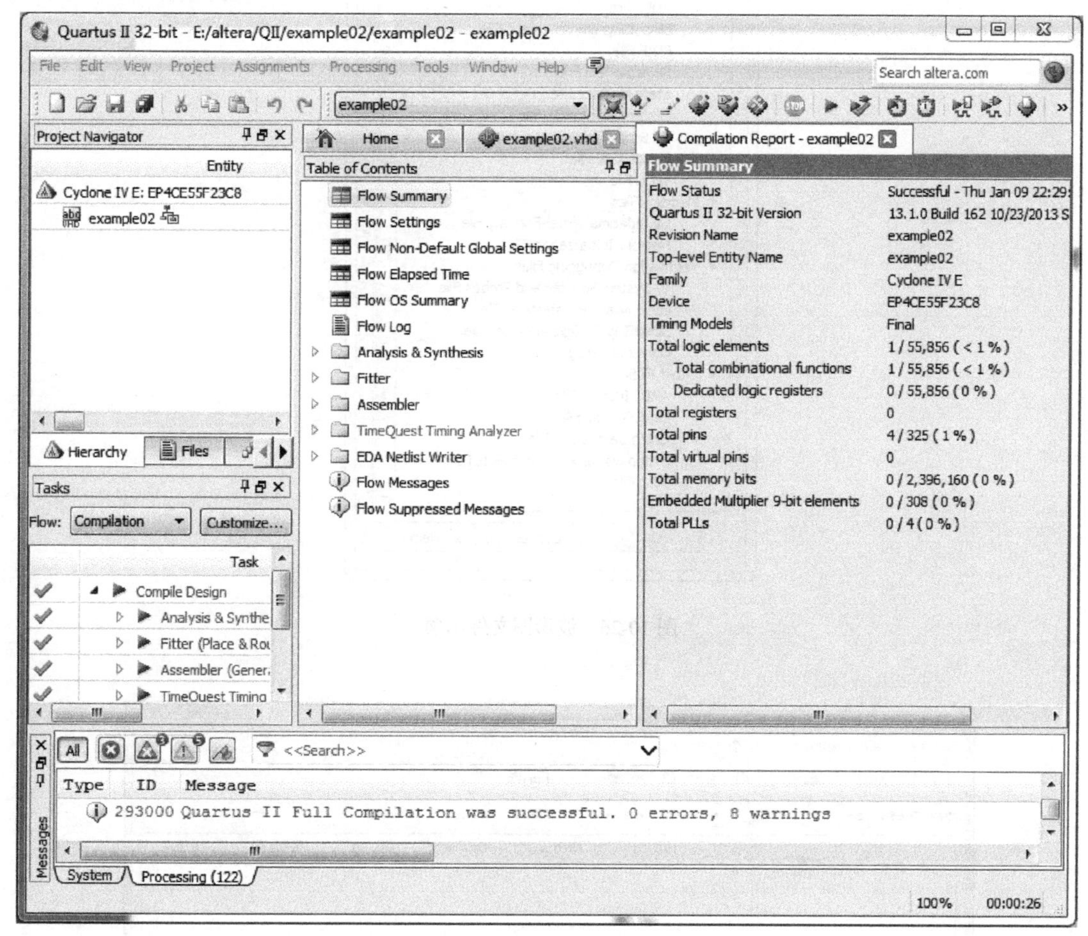

图 10-25　编译完成

10.1.5　波形仿真

首先需要注意的是，希望进行仿真的文件必须是顶层设计。

波形仿真一般需要经过建立波形文件、输入信号节点、设置波形参量、编辑输入信号、波形文件存盘、运行仿真器和分析仿真波形等过程。

1. 建立波形文件

执行 Q2 命令“File”→“New”，弹出编辑文件类型对话框，如图 10-26 所示。选择对话框“Verification/Debugging Files”中的“University Program VWF”文件类型，单击“OK”按钮，弹出如图 10-27 所示的新建波形文件编辑窗口界面。

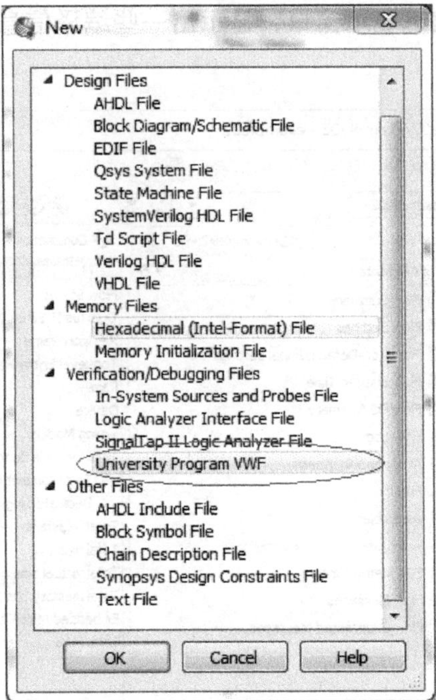

图 10-26　波形图文件选项

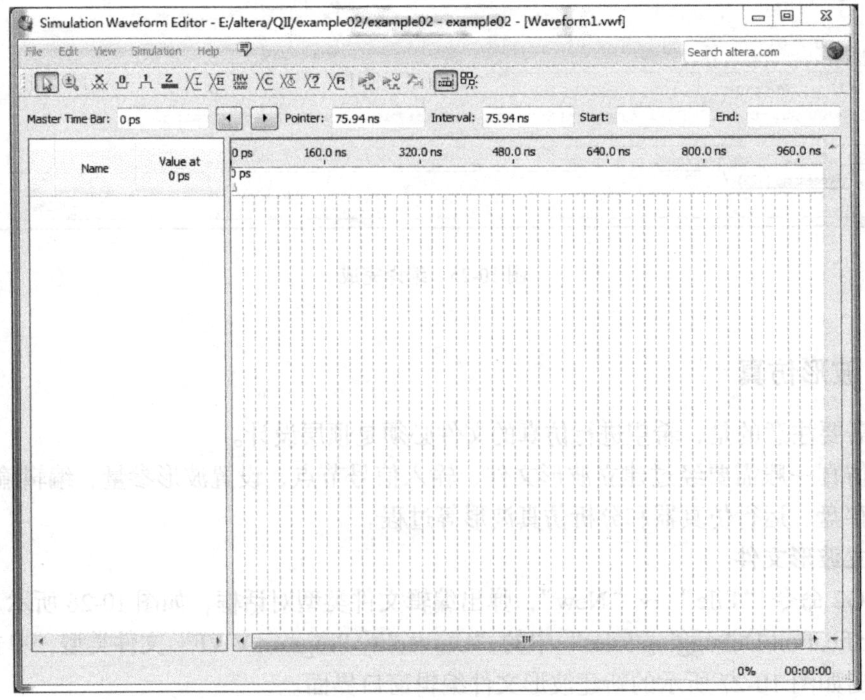

图 10-27　新建波形文件

2. 输入信号节点

如图 10-28 所示，在波形编辑方式下，执行命令菜单“Edit”→“Insert”→“Insert Node or Bus”，或在波形文件编辑窗口的“Name”栏中单击鼠标右键，在弹出的快捷菜单中选择“Insert Node or Bus”命令，弹出如图 10-29 所示的“Insert Node or Bus”对话框。

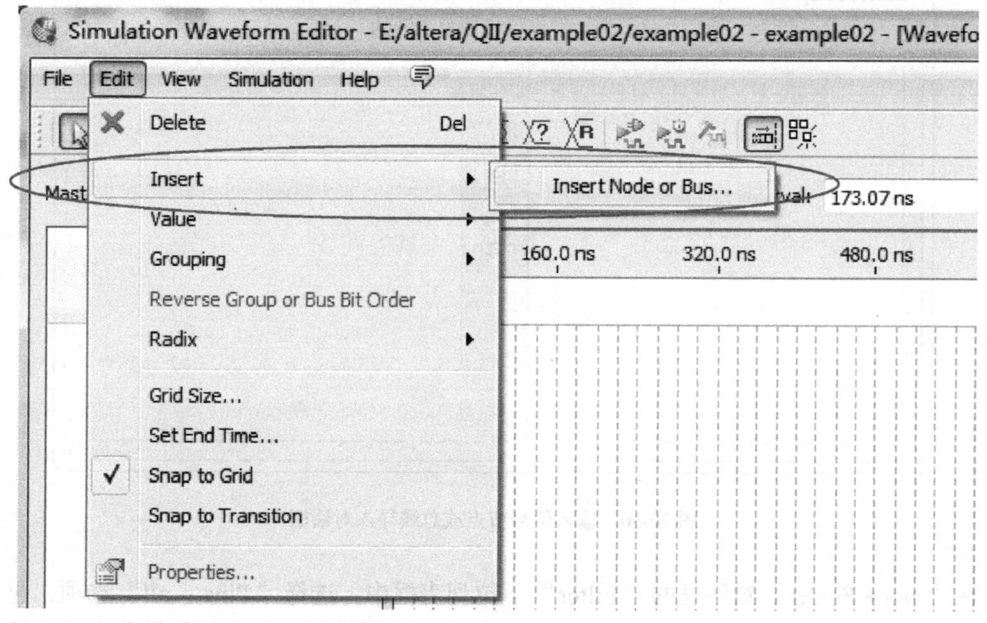

图 10-28　输入信号节点或总线选项

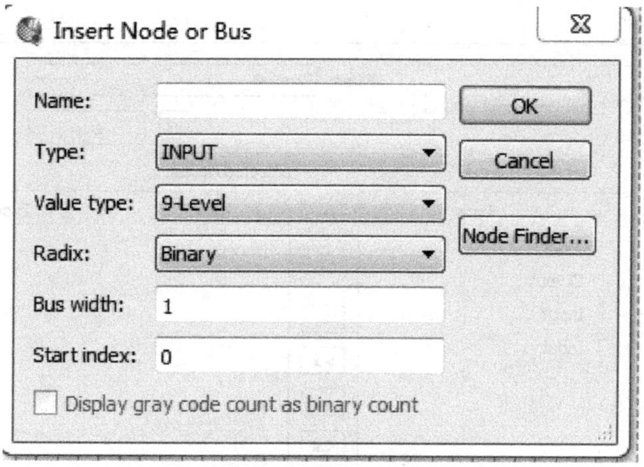

图 10-29　输入信号节点或总线对话框

在“Insert Node or Bus”对话框中单击“Node Finder”按钮，弹出如图 10-30 所示的“Node Finder”对话框。

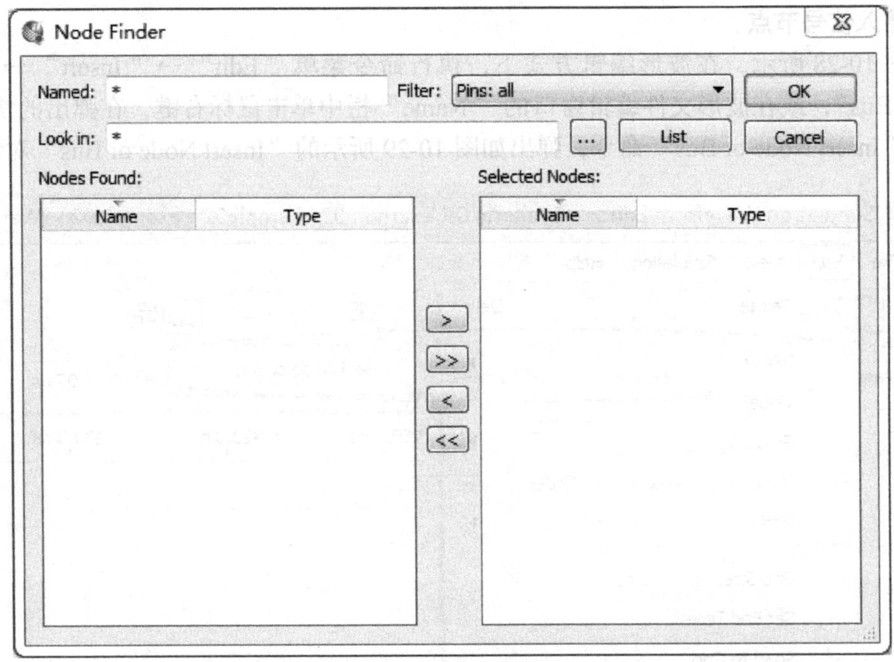

图 10-30　输入信号节点或总线导入对话框

在“Node Finder”对话框的“Filter”下拉列表框中，选择“Pins：all”选项，再单击“List”按钮，在窗口左侧的“Nodes Found”栏中列出设计项目的全部信号节点或总线，如图 10-31 所示。

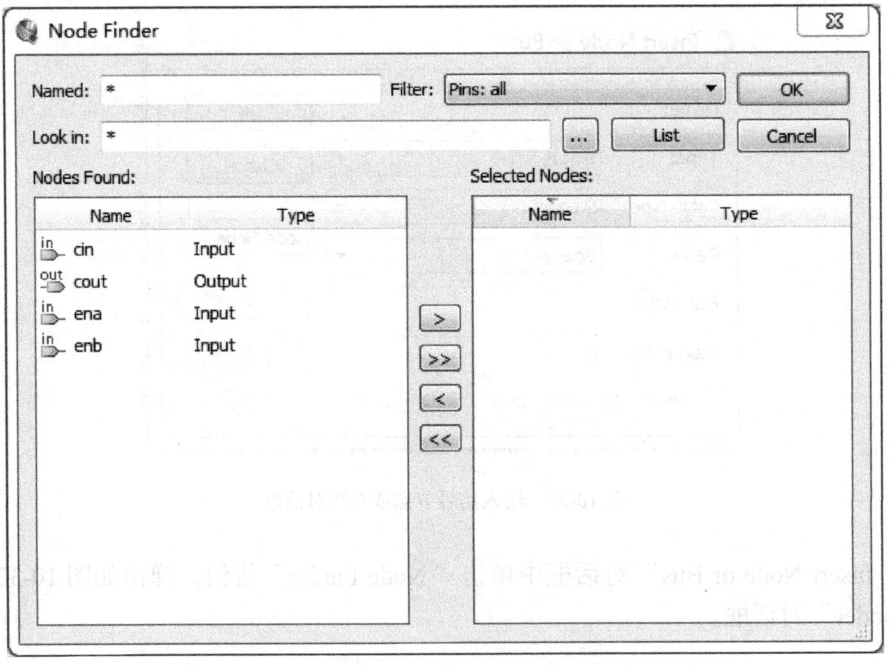

图 10-31　导入输入信号节点或总线

若需要观察全部信号的波形，则单击“>>”按钮，将信号添加到“Selected Nodes”栏中；若只需要观察部分信号的波形，则选中需要观察的信号，逐次单击“>”按钮，将信号添加到“Selected Nodes”栏中，如图 10-32 所示。

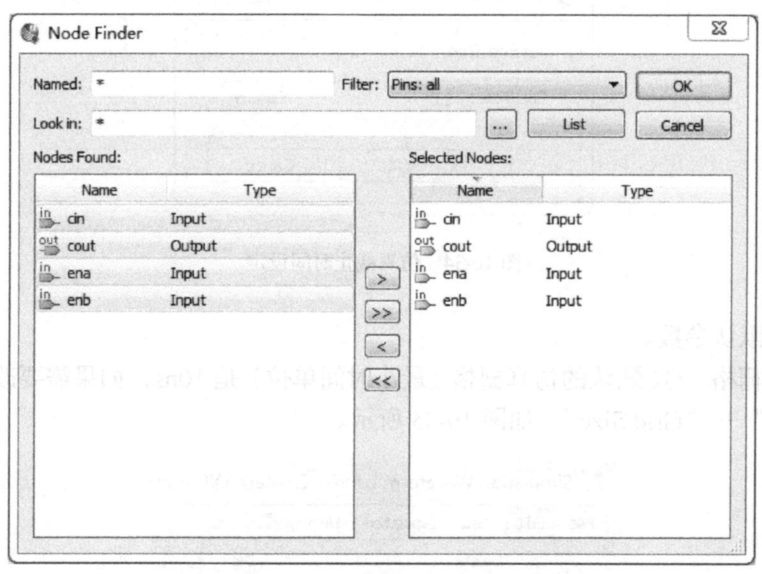

图 10-32　选中输入信号节点或总线

若需要删除某个“Selected Nodes”栏中的信号节点，只需要在“Selected Nodes”栏中选中该信号节点，单击“<”按钮即可；若需全部删除，只需单击“<<”按钮即可。

信号节点选择完毕后，单击“OK”按钮即可返回“Insert Node or Bus”对话框，单击“Insert Node or Bus”对话框的“OK”按钮，完成信号节点的输入。

3. 设置仿真参数

（1）仿真截止时间　Q2 默认的仿真时间长度是 1μs，如果需要更改仿真时间长度，可执行“Edit”→“Set End Time”命令，如图 10-33 所示。

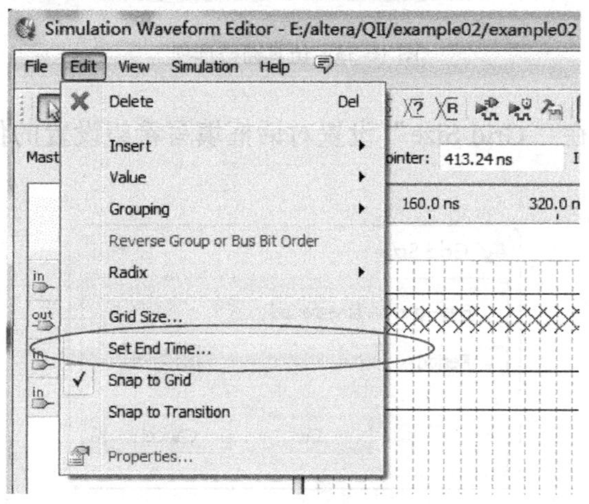

图 10-33　仿真截止时间选项

如图 10-34 所示，在“End Time”设置对话框填写希望设置的截止时间值，然后单击“OK”按钮完成设置。

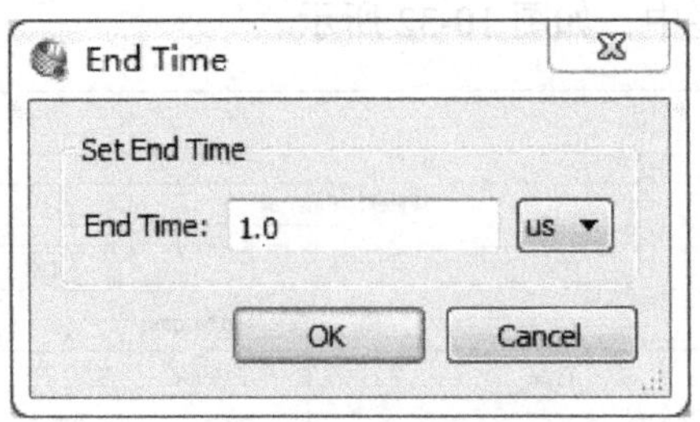

图 10-34　仿真截止时间设定

本例选择默认参数。

（2）仿真栅格　Q2 默认的仿真栅格（最小时间单位）是 10ns，如果需要改动栅格大小，可执行“Edit”→“Grid Size”，如图 10-35 所示。

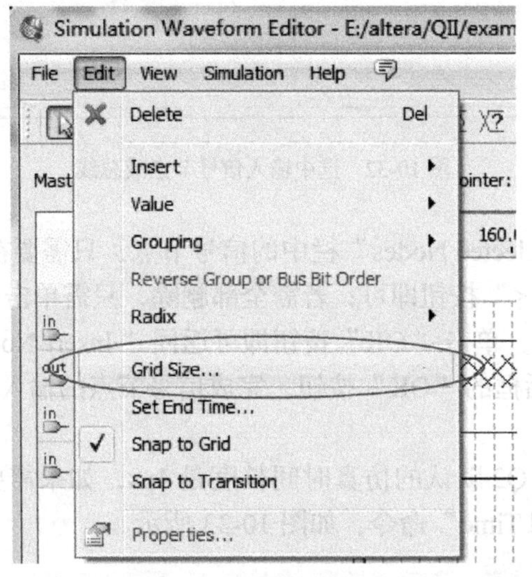

图 10-35　仿真栅格选项

如图 10-36 所示，在“Grid Size”设置对话框填写希望设置的仿真栅格值，然后单击“OK”按钮完成设置。

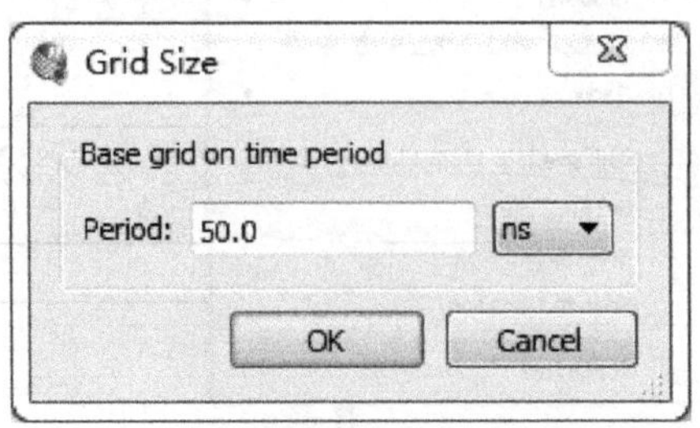

图 10-36　仿真栅格设定

本例该参数设置为 50ns。

4. 输入信号或总线状态编辑

（1）输入信号或总线状态编辑工具栏　输入信号或总线状态编辑工具栏如图 10-37 所示。工具栏从左至右的功能依次为：点选、缩放、设置为未知状态、设置为低电平状态、设置为高电平状态、设置为高阻态状态、设置为弱低电平状态、设置为弱高电平状态、对原状态取反、设置为计数值、设置为时钟、设置为任意状态、设置为随机状态。

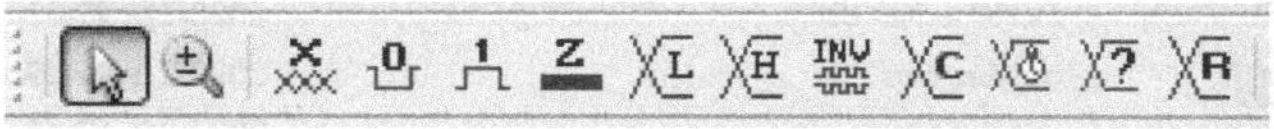

图 10-37　输入信号或总线状态编辑工具栏

（2）输入信号或总线状态设置　输入信号或总线状态设置，就是将每个输入可能出现的各种电平及电平的组合体现出来。本例输入信号电平状态设置如图 10-38 所示。

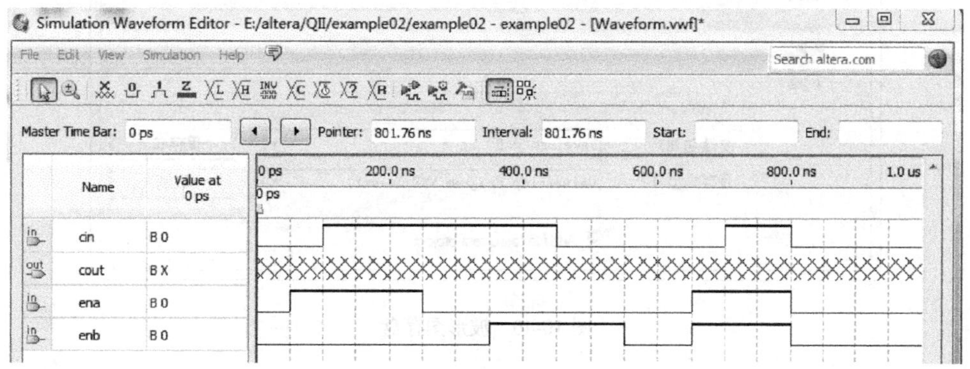

图 10-38　输入信号电平状态设置

5. 波形文件存盘

执行“File”→“Save”命令，如图 10-39 所示。

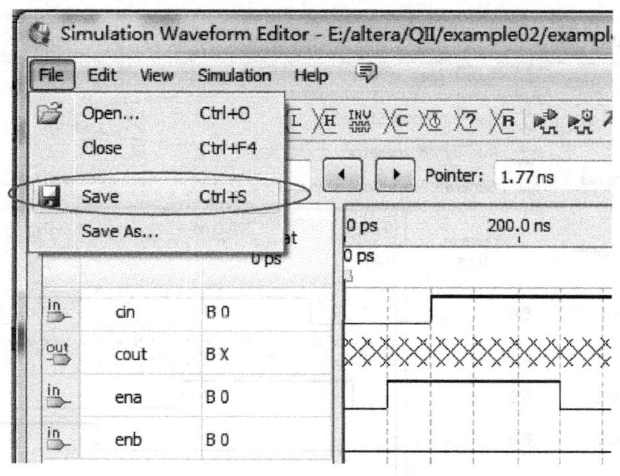

图 10-39　波形文件存盘选项

在弹出的“Save”或“Save as”对话框中单击“OK”按钮，完成波形文件的存盘，如图 10-40 所示。

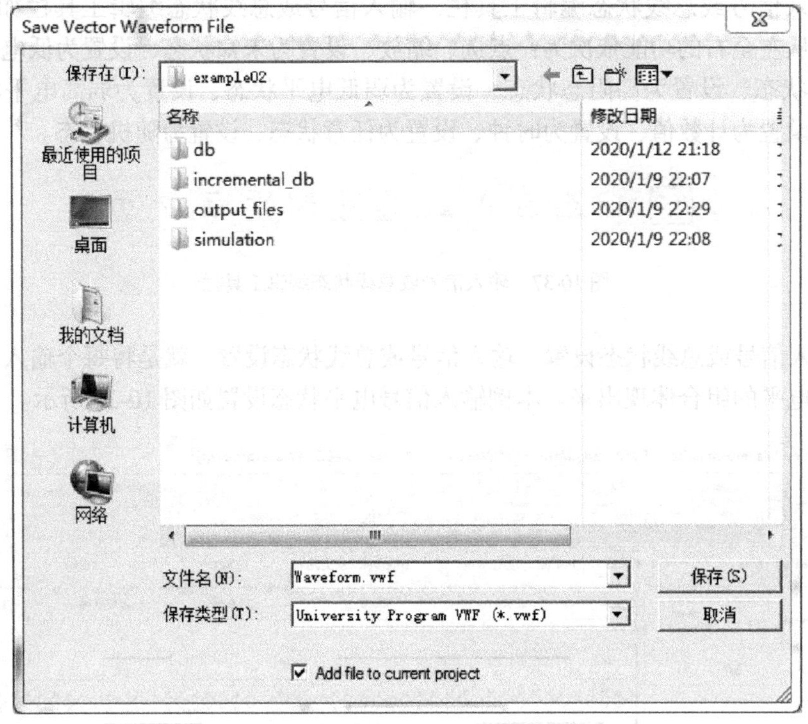

图 10-40　波形图存盘

在波形文件存盘操作中，系统自动将波形文件名设置成与设计文件名同名，但文件类型是“.vwf”。

6. 执行波形仿真

执行“Simulation”→“Run Functional Simulation”命令，如图 10-41 所示。

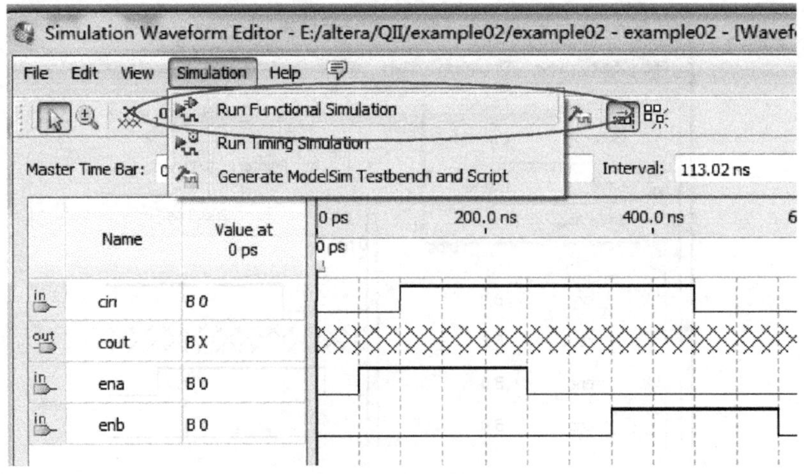

图 10-41　波形仿真选项一

或选择如图 10-42 所示的选项，对设计进行仿真。

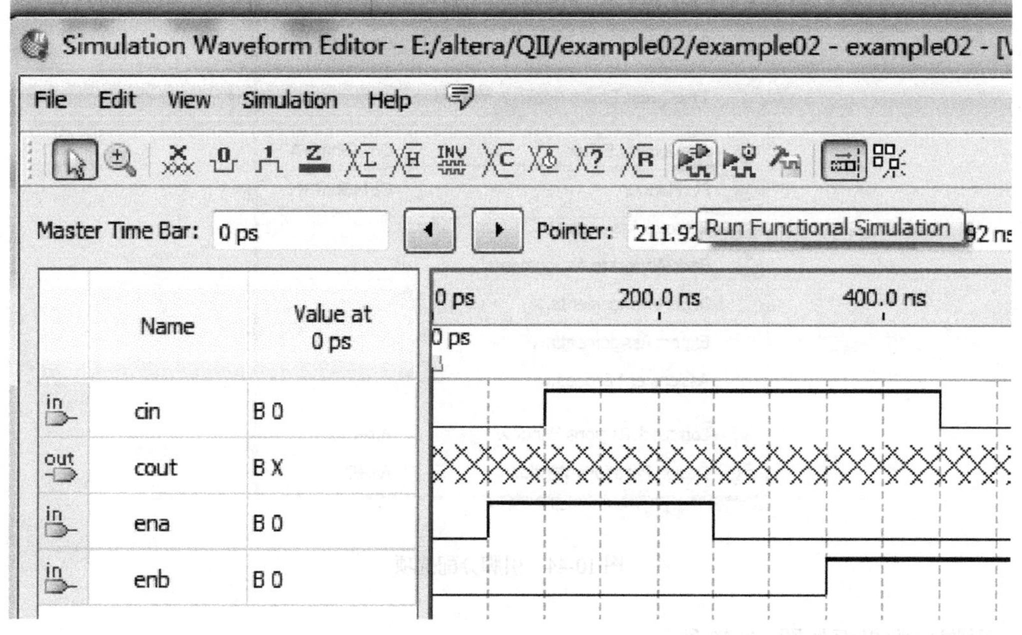

图 10-42　波形仿真选项二

波形仿真结果如图 10-43 所示。

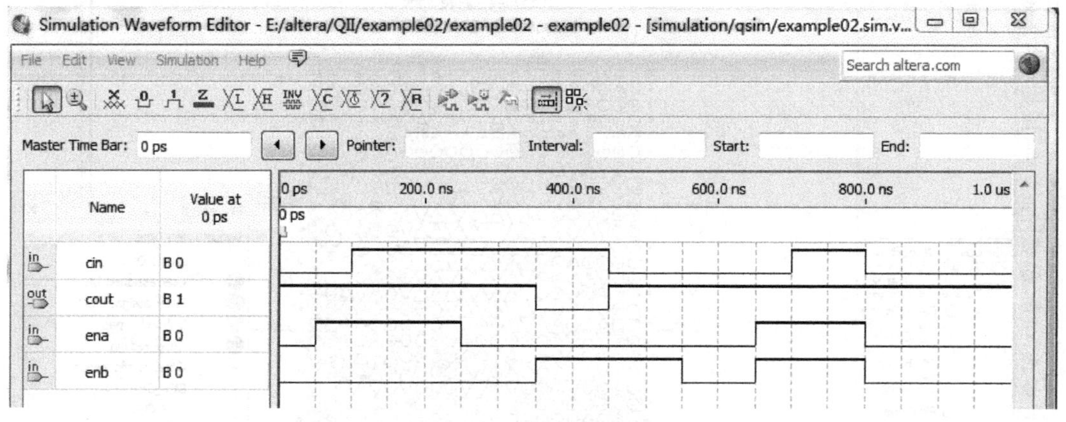

图 10-43　波形仿真结果

10.1.6　分配引脚

为芯片分配引脚可以用 Q2 软件里的 “Assignments” → “Pin Planner” 选项，如图 10-44 所示。

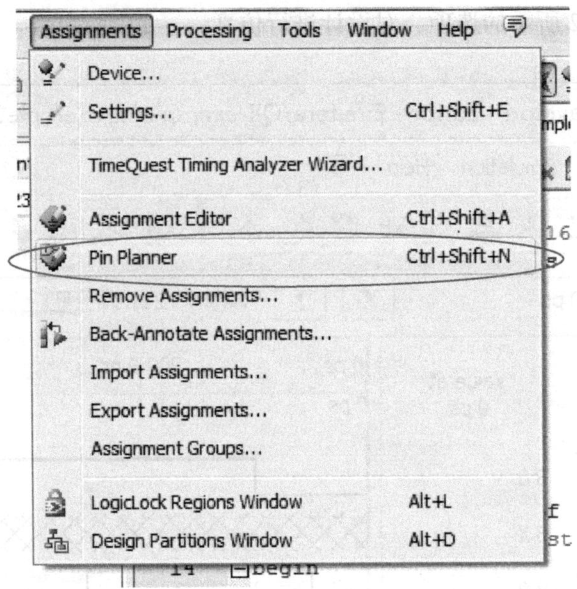

图 10-44　引脚分配选项

引脚分配界面如图 10-45 所示。

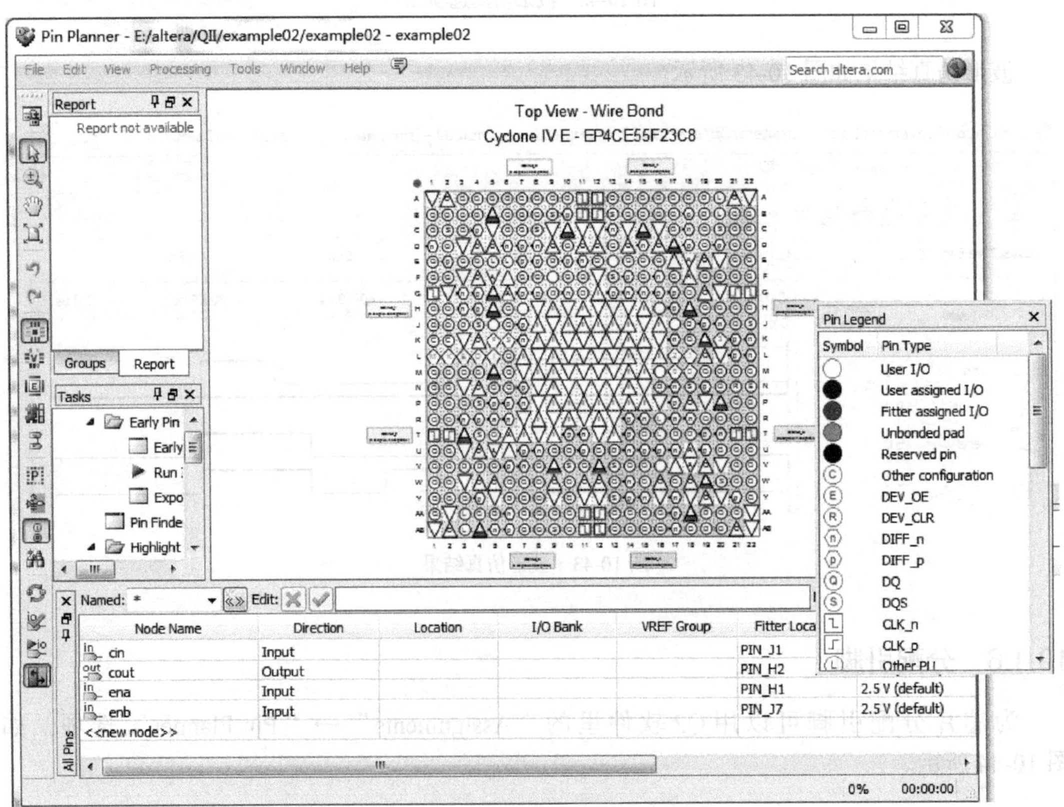

图 10-45　引脚分配界面

可以采用两种常用方式实现引脚的分配。

1）采用如图 10-46 所示的方法，即在“All Pins”操作栏的“Location”选项中对每一个需要用到的引脚进行选择或直接填写相应的名称。

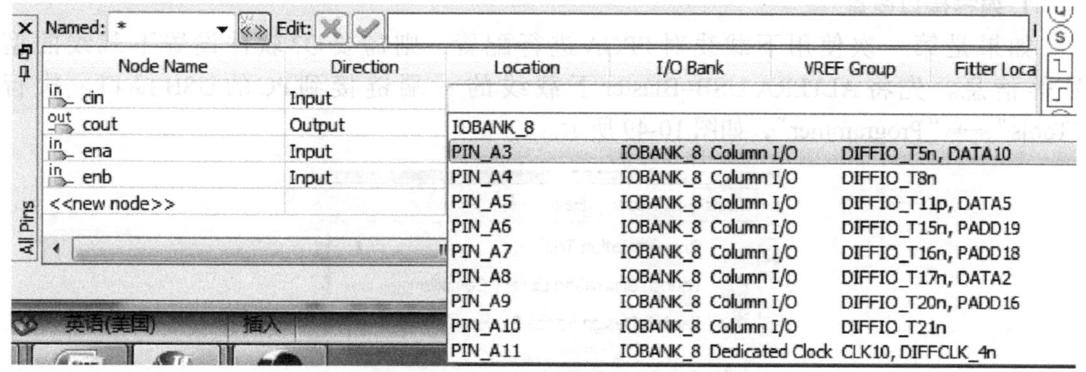

图 10-46　引脚分配方法一

2）双击希望分配引脚的位置，在弹出的对话框中填写或选择相应的名称即可，如图 10-47 所示。

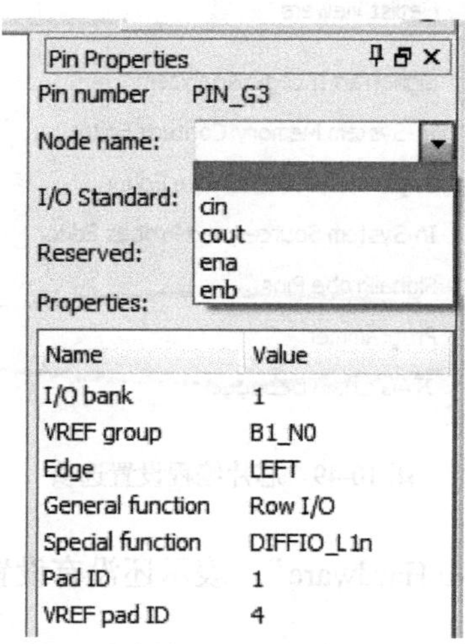

图 10-47　引脚分配方法二

本例引脚分配如图 10-48 所示。

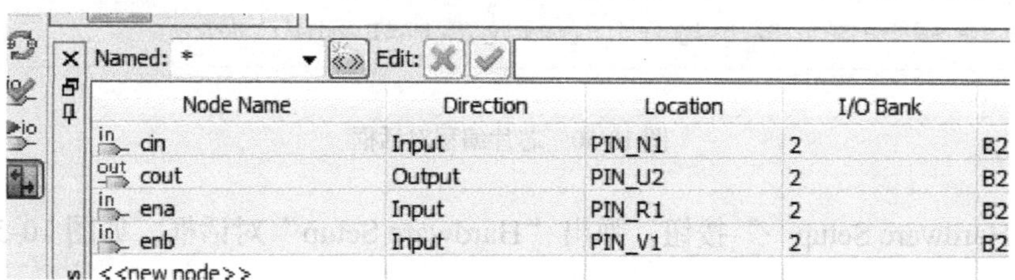

图 10-48　引脚分配结果

引脚分配完成后，一定要重新进行编译。

10.1.7　芯片编程

1. 编程接口设置

如果是第一次使用下载线对FPGA进行配置，则需要Q2软件设置下载线的型号等信息。先将ALTERA USB–Blaster下载线的一端链接到PC的USB接口，执行“Tools”→“Programmer”，如图10-49所示。

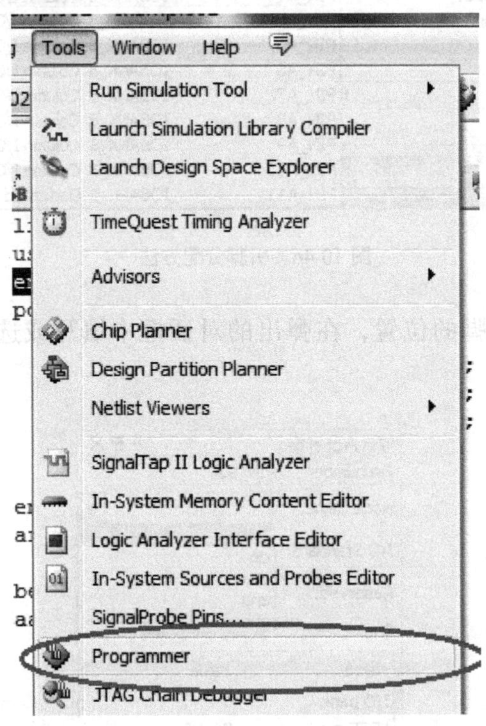

图10-49　芯片编程设置选项

打开编程界面，可看到“No Hardware”，表示还没有设置下载线，如图10-50所示。

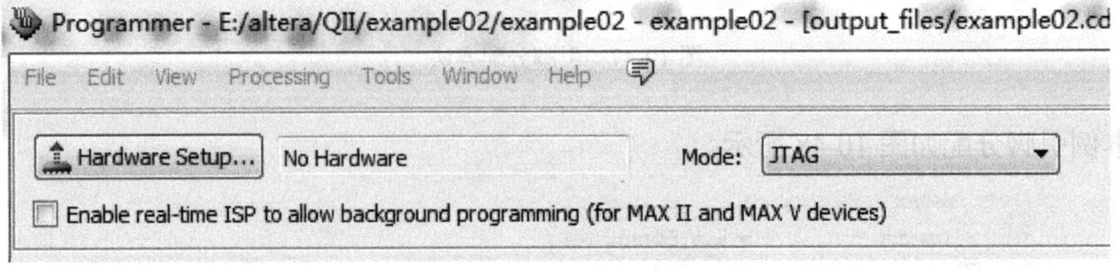

图10-50　芯片编程对话框

单击“Hardware Setup…”按钮，弹出“Hardware Setup”对话框，如图10-51所示。

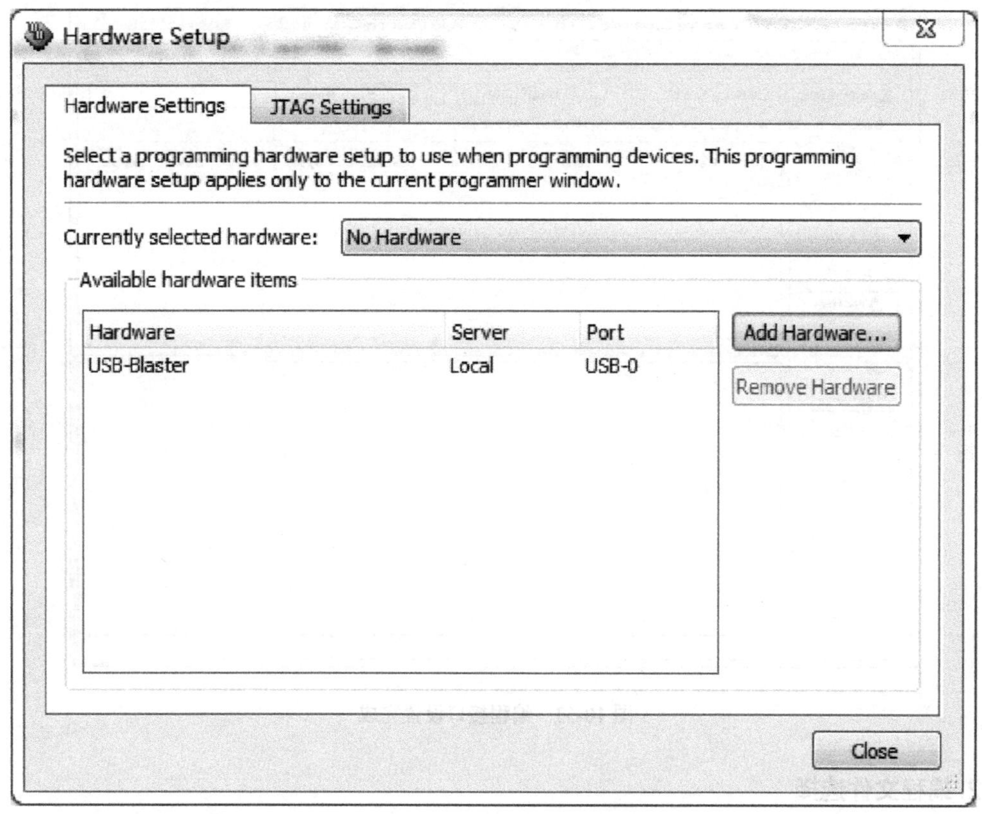

图 10-51 编程接口设置对话框

单击“Available hardware items”下拉菜单，选择“USB–Blaster[USB–0]”选项，如图 10-52 所示。

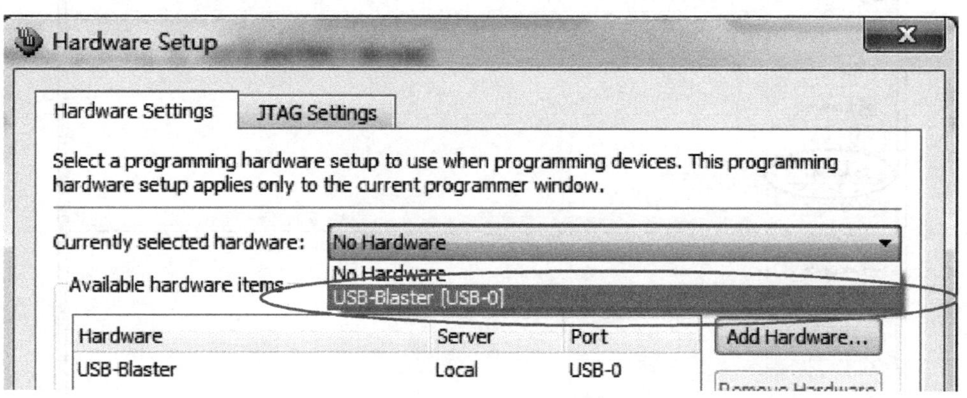

图 10-52 编程接口设置

单击“Close”按钮返回“Programmer”对话框，如图 10-53 所示。

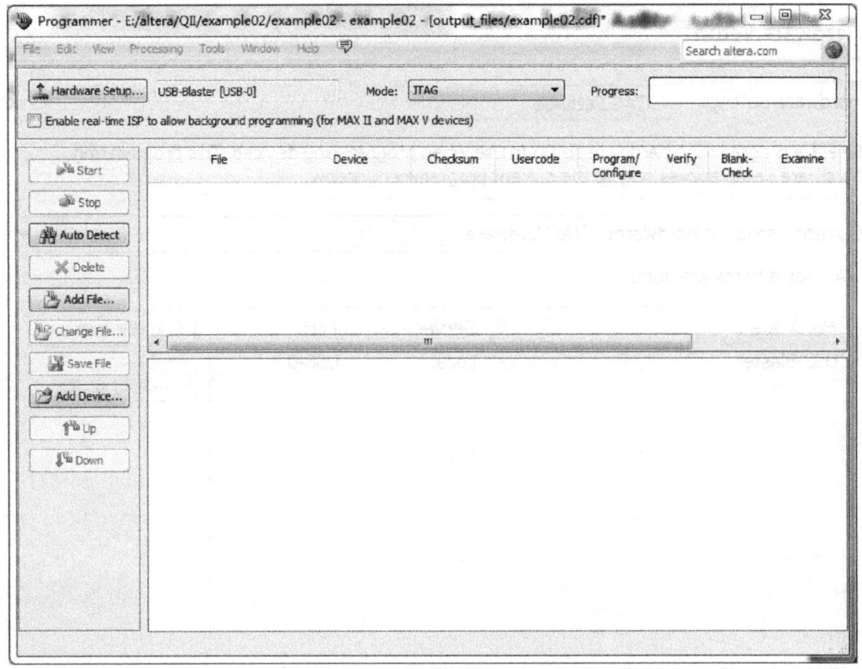

图 10-53　编程接口设置完成

2. 编程文件选择

在“Programmer”对话框单击“Add File”按钮，选择编程文件，如图 10-54 所示。

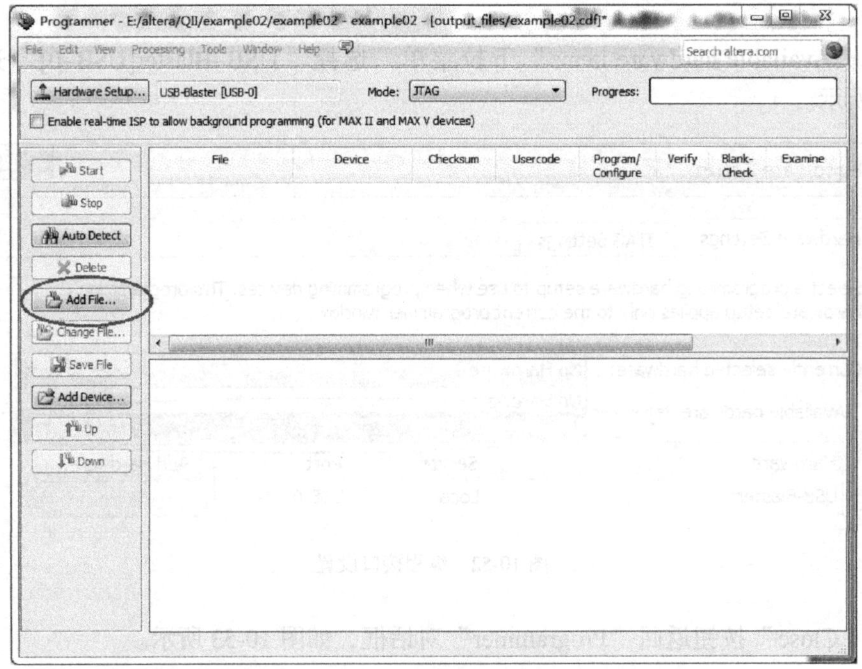

图 10-54　编程文件选项

选择编程文件对话框如图 10-55 所示。

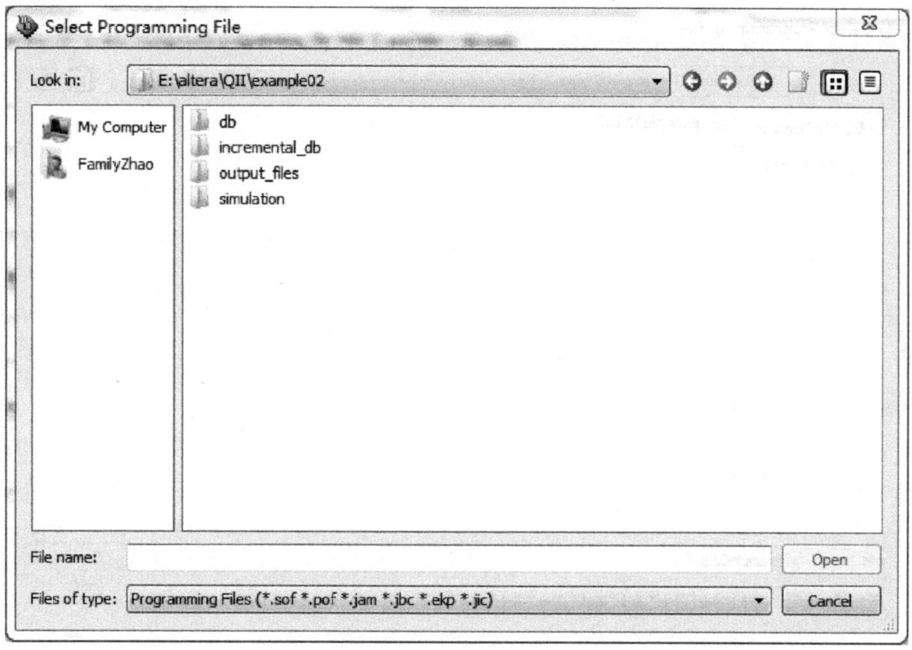

图 10-55 选择编程文件对话框

在如图 10-55 所示的选择编程文件对话框中，选择“output_files”文件夹，如图 10-56 所示。

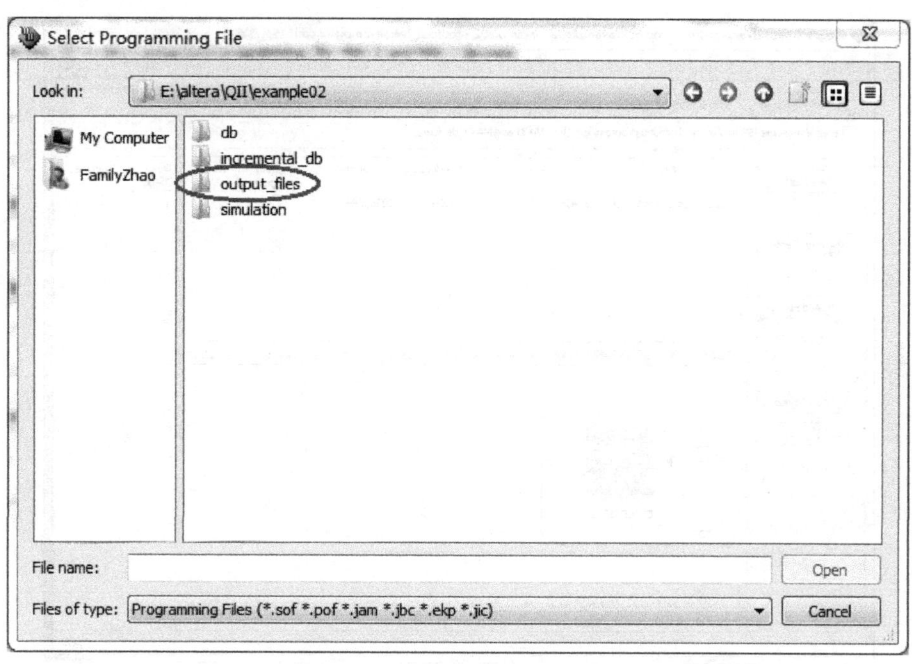

图 10-56 选择输出文件文件夹

双击“output_files”文件夹，如图 10-57 所示。

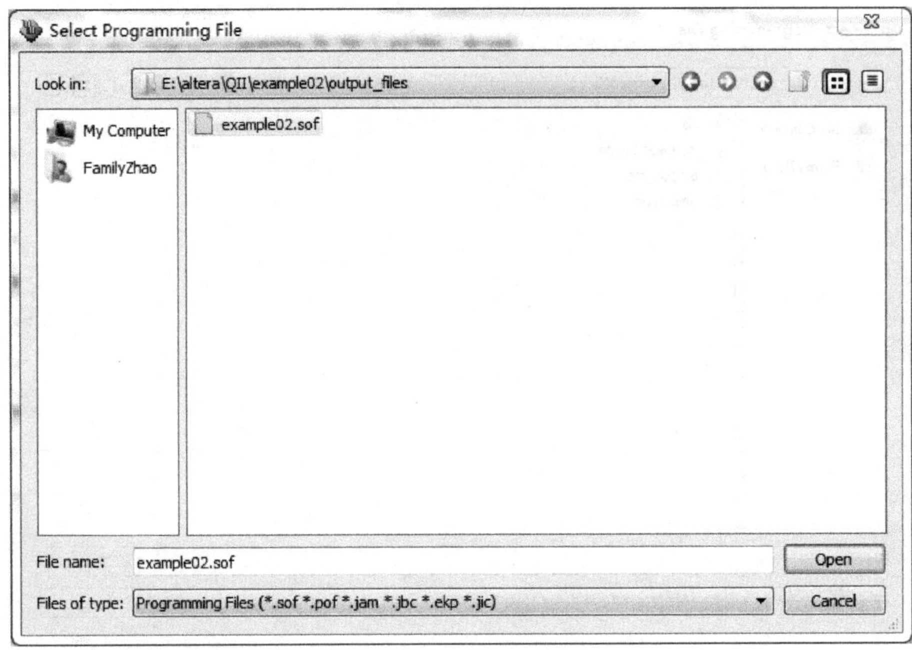

图 10-57　选择编程文件

在图 10-57 所示对话框中，选中编程文件，即与工程名称一致的 sof 文件，双击该文件或选中该文件后单击“Open”按钮，返回“Programmer”对话框，如图 10-58 所示。

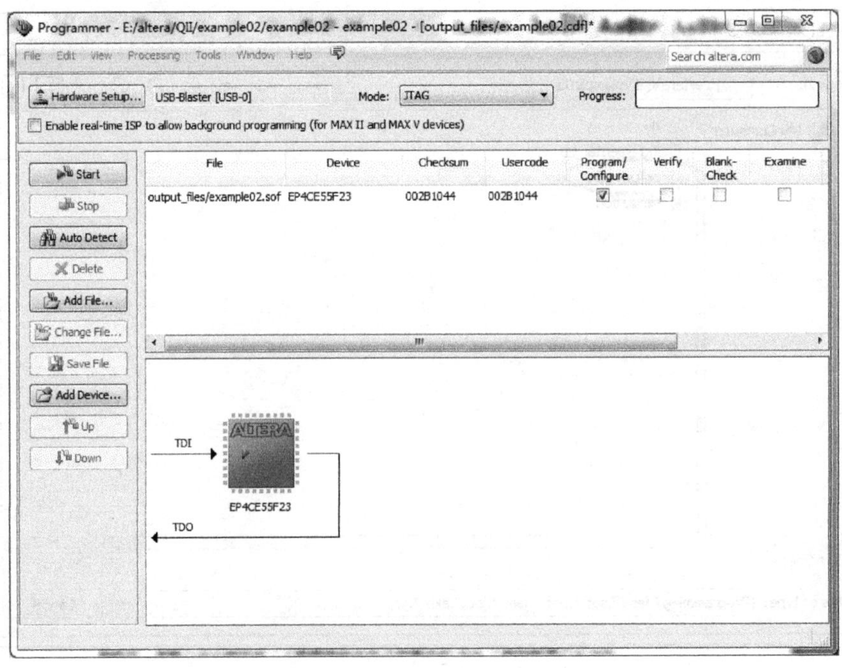

图 10-58　编程文件选择完成

3. 器件编程

将 ALTERA USB–Blaster Ⅱ 下载线一端与 PC 连接，另一端插入到 JTAG 接口或配置芯片的下载接口，打开实验箱电源，单击“Start”按钮，如图 10-59 所示。

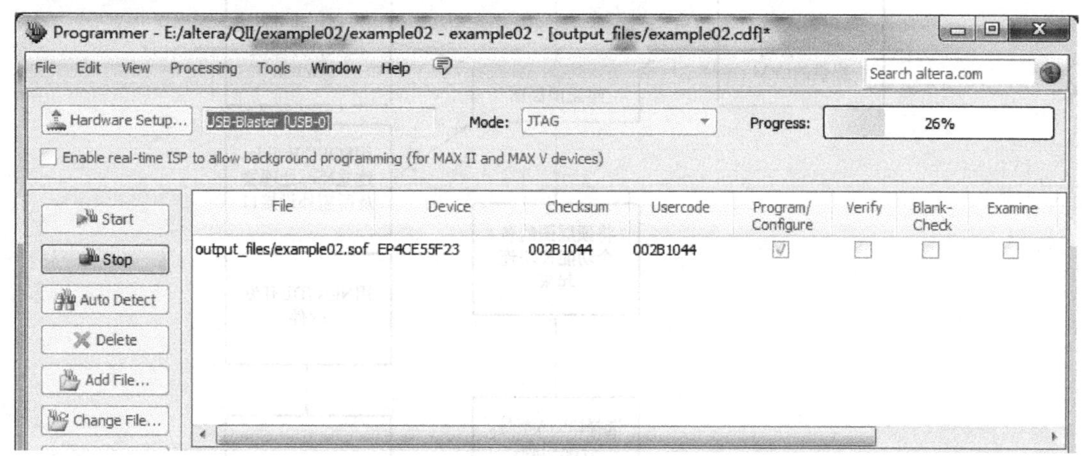

图 10-59　编程文件下载

4. 编程模式选择

可以通过 JTAG 接口把芯片的配置信息下载到 FPGA 芯片内，掉电后配置信息丢失。此时，下载界面的“Mode：”下拉列表应选择“JTAG”，并选择工程中“.sof”扩展名的文件进行下载。进行编程时，必须勾选“Program/Configure”，其他如“Verify”“Blank Check”等可根据需要选择。

可以将配置信息下载到非易失性 Flash 配置芯片里，掉电后配置信息不丢失，将 ALTERA USB–Blaster 下载线接头插到配置芯片的下载接口。在下载界面的“Mode：”下拉列表选择“Active Serial Programming”，选择工程中“.pof”扩展名的文件进行下载。一般情况下使用 JTAG 下载即可，等整个设计都完成并不需要再修改后才把最后的 pof 文件下载到配置芯片当中。

需要注意，插拔下载线要先断电；在插下载线的时候注意需要用手托着 PCB 底部，以免因插入的时候过于用力导致 PCB 变形，从而使 FPGA 有脱焊的危险；配置芯片的擦写次数是有限的，一般不需要经常下载 pof 文件到配置芯片当中，在验证、调试过程中，一直使用 JTAG 即可，只有当调试都顺利完成后，确实需要保存配置信息的时候才使用配置芯片，因此下载线就可以一直插在 JTAG 接口，这样就不需要频繁地插拔电源和下载线，以最大可能降低损坏 PCB 的风险，延长实验系统的使用寿命。

10.2　基于 Qsys 的 SOPC 开发流程

Qsys 是 Altera 公司为其 FPGA 上定制实现的 SOPC 框架，用于开发 Qsys 所需的软件也称为 Qsys，它是功能强大的、基于图形界面的片上系统定义和定制工具。Qsys 也是 Altera 公司为初学者提供的一个简单易用的工具，借助于它可以很容易地在 Altera 公司的 FPGA 上构建出一个功能强大的 SOPC 系统，即 Qsys 系统。

基于 Qsys 的 SOPC 开发流程如图 10-60 所示。

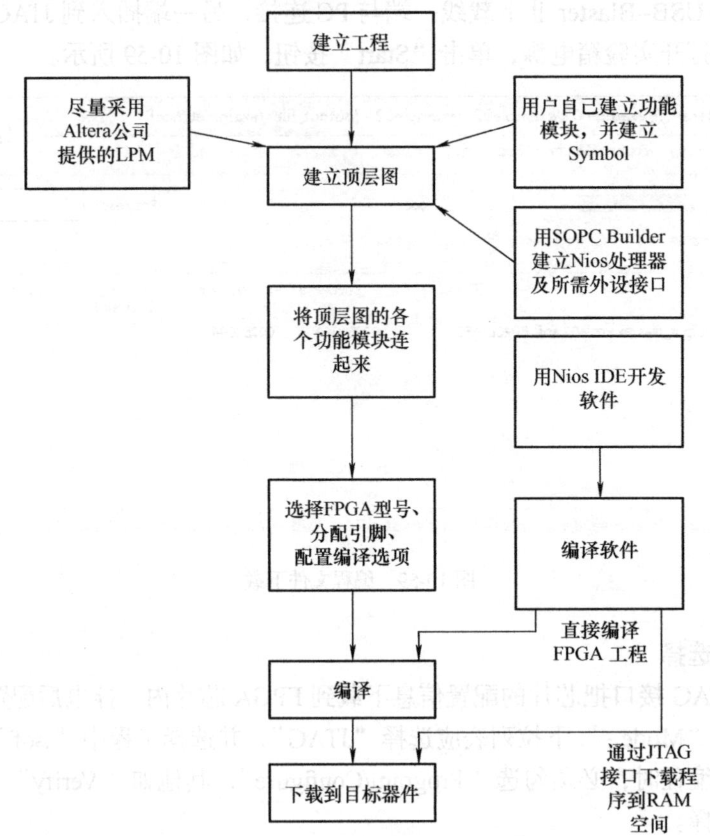

图 10-60　基于 Qsys 的 SOPC 开发流程

10.2.1　构建 Qsys 基本系统

1. 创建工程

首先创建一个工程，因为 Qsys 的使用必须基于一个工程，具体过程参考 10.1 节。

在新建工程下创建一个原理图文件，以存放定制的 CPU 及其相关模块。

2. 使用 Qsys 进行 CPU 定制

打开 Qsys，执行 "Tools" → "Qsys" 命令，如图 10-61 所示。

打开后的 Qsys 界面如图 10-62 所示，系统自动添加了一个时钟信号 clk_0。时钟信号是 CPU 运行的时间基准，是每一个 Qsys 系统不可缺少的组件。

3. 添加 Nios Ⅱ 核

在 Qsys 界面左侧的 "Library" 栏中选择 "Embedded Processors" → "Nios Ⅱ Processor" 选项，如图 10-63 所示。

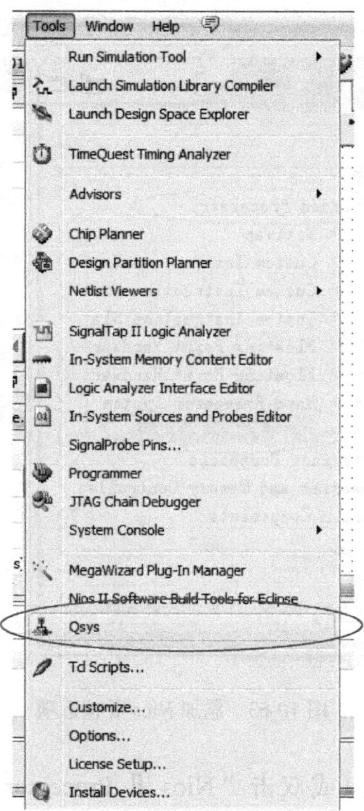

图 10-61　打开 Qsys 选项

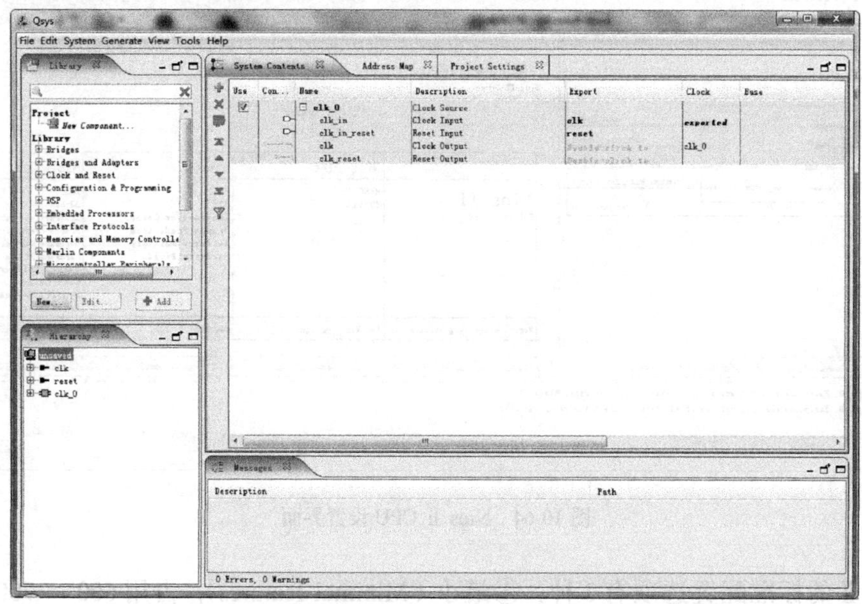

图 10-62　Qsys 界面

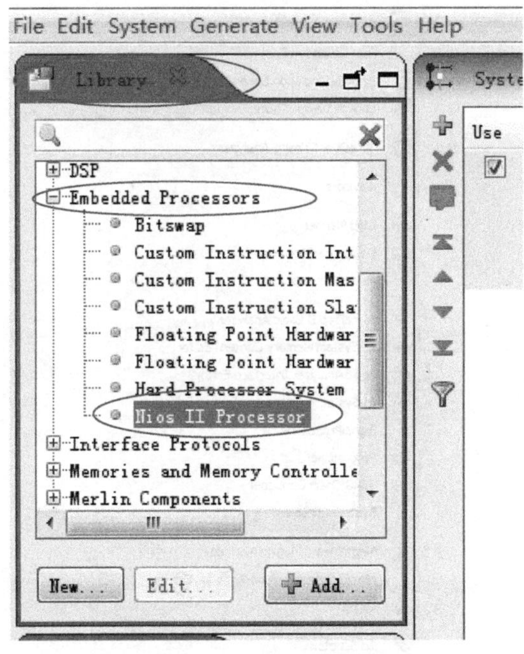

图 10-63　添加 Nios Ⅱ核选项

单击下方的“Add”按钮（或双击“Nios Ⅱ Processor”选项），即可进入到 Nios Ⅱ CPU 设置界面，如图 10-64 所示。

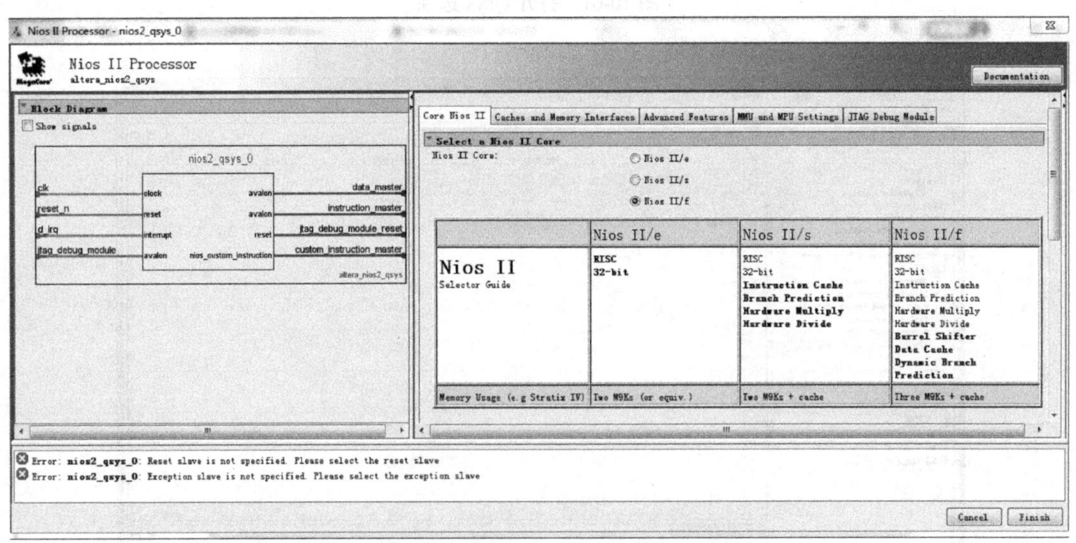

图 10-64　Nios Ⅱ CPU 设置界面

Nios Ⅱ的标准配置选项有 3 种：①最小（Minimal features），占用 600 ~ 700LEs，包含两个 M9K；②标准（Standard features），占用 1200 ~ 1400LEs，包含两个 M9K、Cache；③全功能（Full features），占用 1400 ~ 1800LEs，包含 3 个 M9K、Cache。

用户可以根据各自需求选用其他 CPU 软核，其他 CPU 软核可以通过自定义组件的方法引入。下面以标准 CPU 为例进行设置。

选择"Nios Ⅱ /f"，如图 10-65 所示。

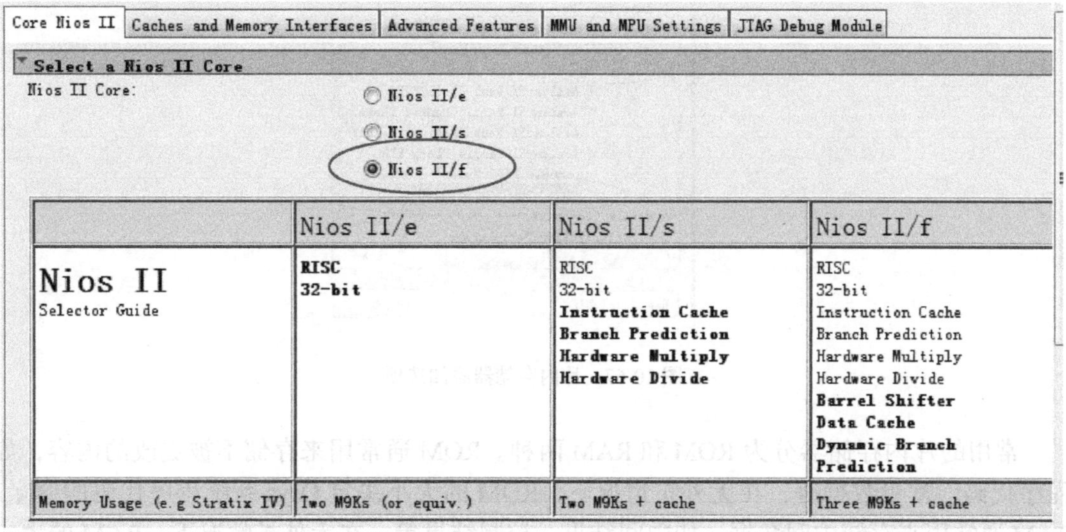

图 10-65　选择 Nios Ⅱ CPU 基本设置

由于其他硬件没有添加，Nios Ⅱ CPU 暂时先设置到这里，单击"Finish"按钮结束设置，返回 Qsys 界面，如图 10-66 所示。

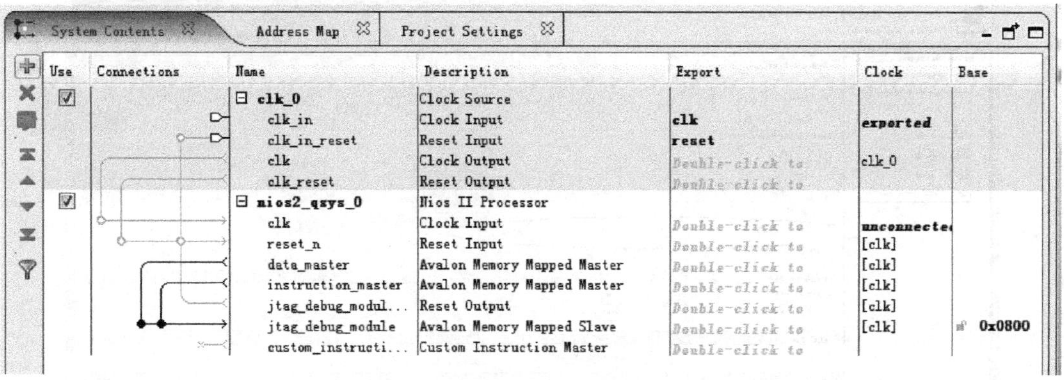

图 10-66　添加 CPU 后的 Qsys 界面

4. 添加片内存储器

与添加 CPU 类似，在"Library"栏中选择"Memories and Memory Controllers"→"On–Chip"→"On–Chip Memory(RAM or ROM)"选项，单击"Add"按钮或者双击"On–Chip Memory(RAM or ROM)"，如图 10-67 所示。

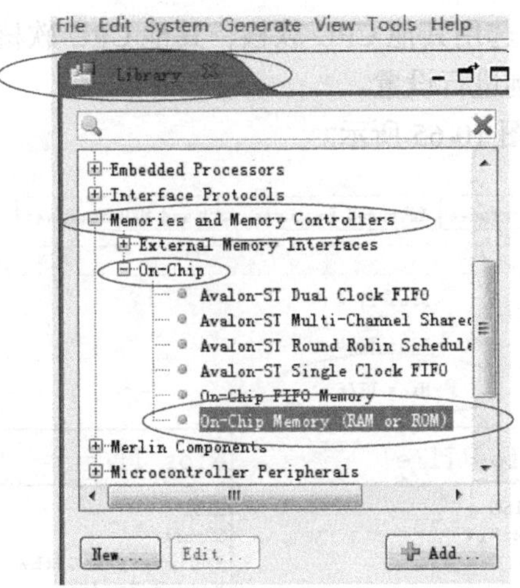

图 10-67 片内存储器添加选项

常用的片内存储器分为ROM和RAM两种。ROM通常用来存储不被更改的内容，如程序代码、常量数据等，在无外扩情况下，ROM的大小决定Qsys系统程序代码的容量；RAM通常用来存储中间数据，如中间结果、控制结果等，在无外扩情况下，RAM的大小决定Qsys系统数据暂存的能力。

片内存储器ROM和RAM的添加过程完全相同，只是选择存储器类型时有区别，如图10-68、图10-69所示。

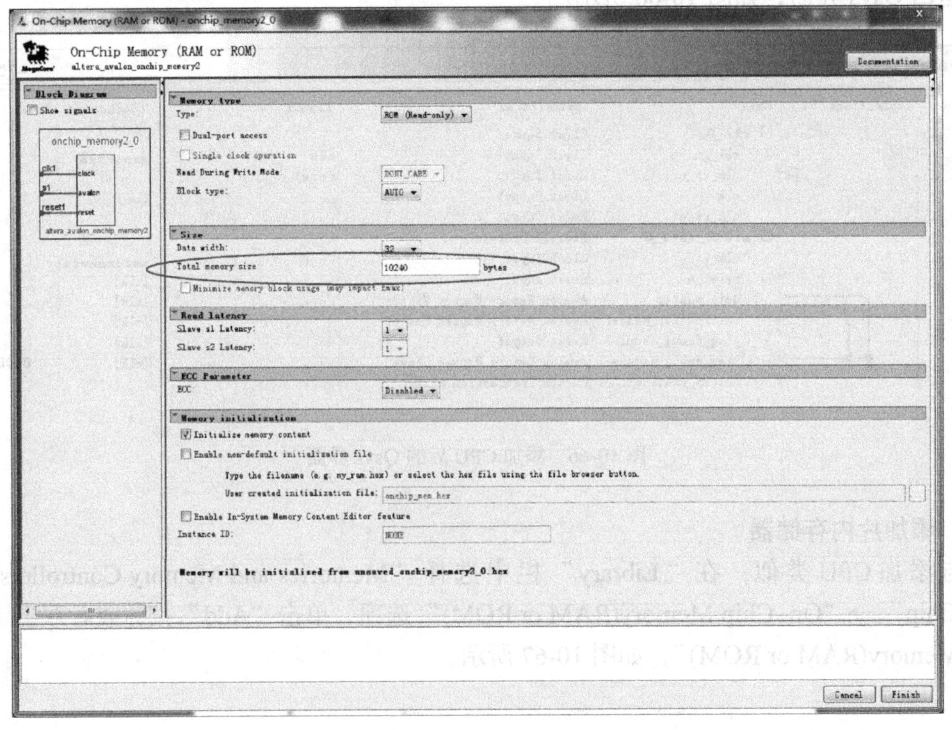

图 10-68 添加 ROM

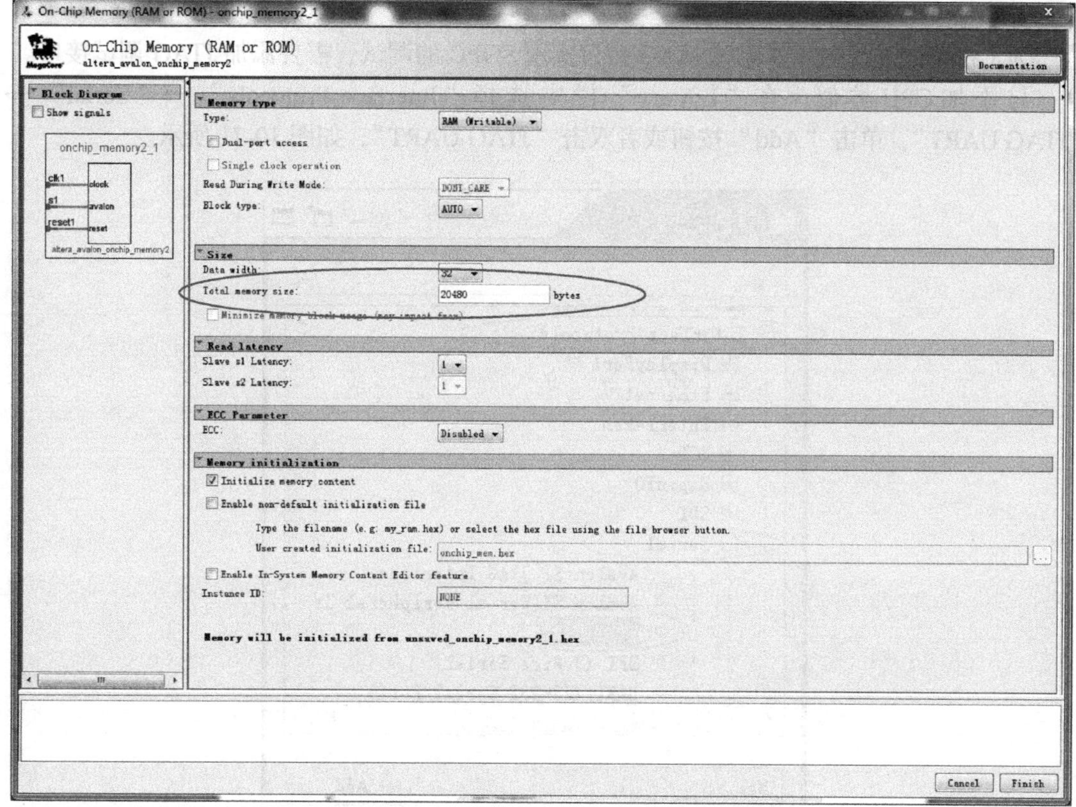

图 10-69　添加 RAM

如图 10-68 所示，向系统添加了一个 10KB 的 32bit 的 ROM。
如图 10-69 所示，向系统添加了一个 20KB 的 32bit 的 RAM。
ROM 和 RAM 添加完成之后，可以看到如图 10-70 所示的 Qsys 界面。

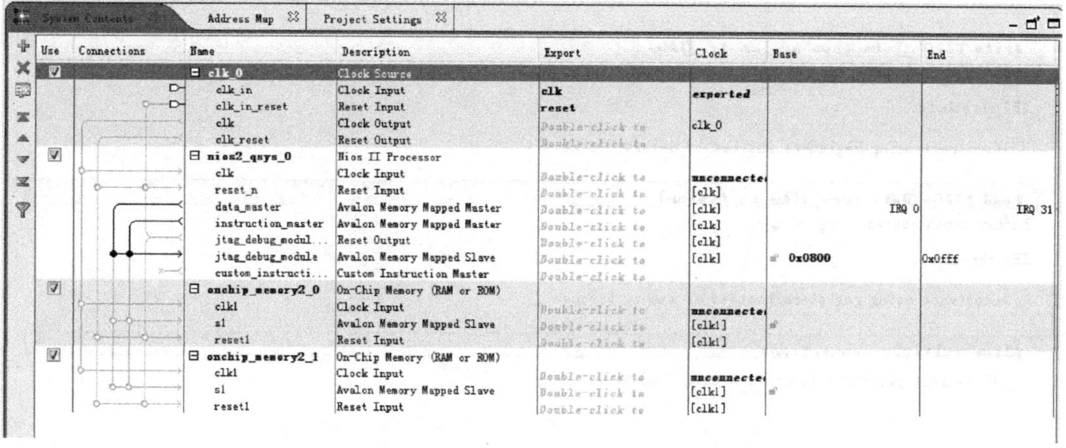

图 10-70　添加片内存储器后的 Qsys 界面

5. 添加 JTAG 调试接口

为了在调试过程中能够通过 JTAG 接口实现 SOPC 的调试，需要添加 JTAG 调试接口。

与添加 CPU 类似，在“Library”栏中选择“Interface Protocols”→“Serial”→“JTAG UART”，单击“Add”按钮或者双击“JTAG UART”，如图 10-71 所示。

Library
Interface Protocols
DisplayPort
Ethernet
Interlaken
PCI
RapidIO
SDI
Serial
Avalon-ST JTAG Interface
Avalon-ST Serial Peripheral In
JTAG UART
SPI (3 Wire Serial)
UART (RS-232 Serial Port)
New...
Edit...
Add...

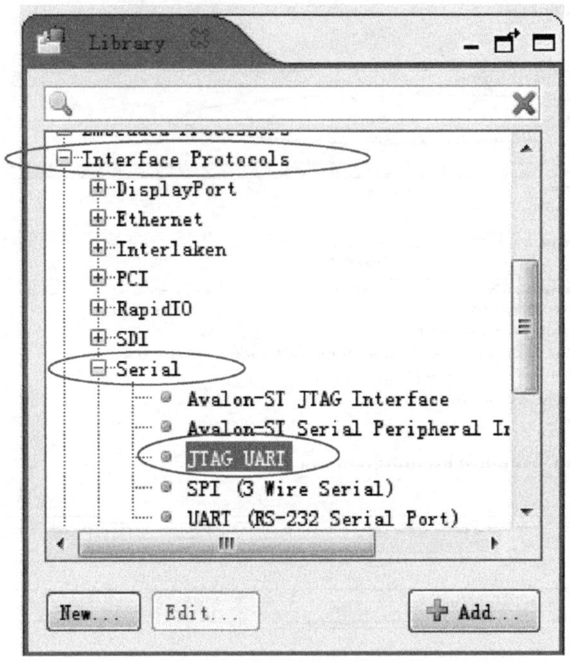

图 10-71　添加 JTAG 接口选项

如图 10-72 所示，采用默认参数即可，单击“Finish”按钮完成组件添加，如图 10-73 所示。

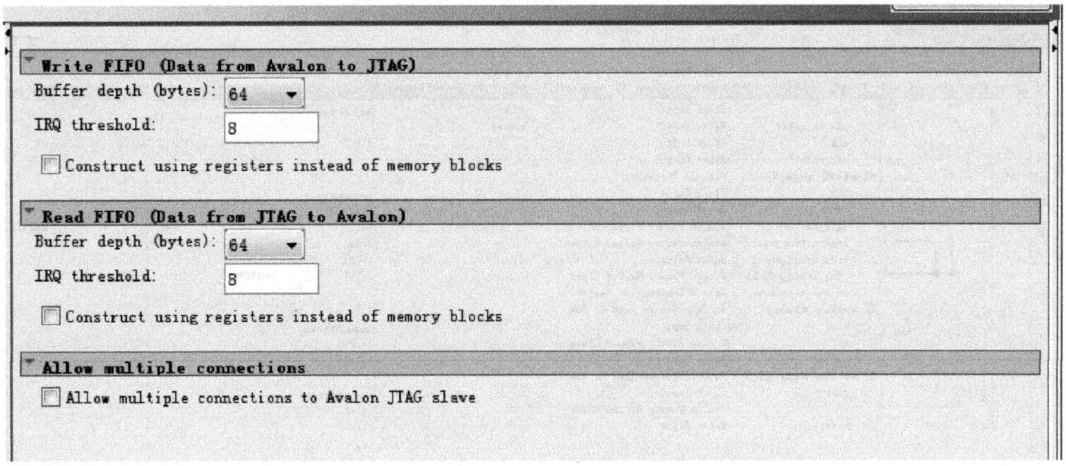

Write FIFO (Data from Avalon to JTAG)
Buffer depth (bytes): 64
IRQ threshold: 8
Construct using registers instead of memory blocks
Read FIFO (Data from JTAG to Avalon)
Buffer depth (bytes): 64
IRQ threshold: 8
Construct using registers instead of memory blocks
Allow multiple connections
Allow multiple connections to Avalon JTAG slave

图 10-72　添加 JTAG 接口

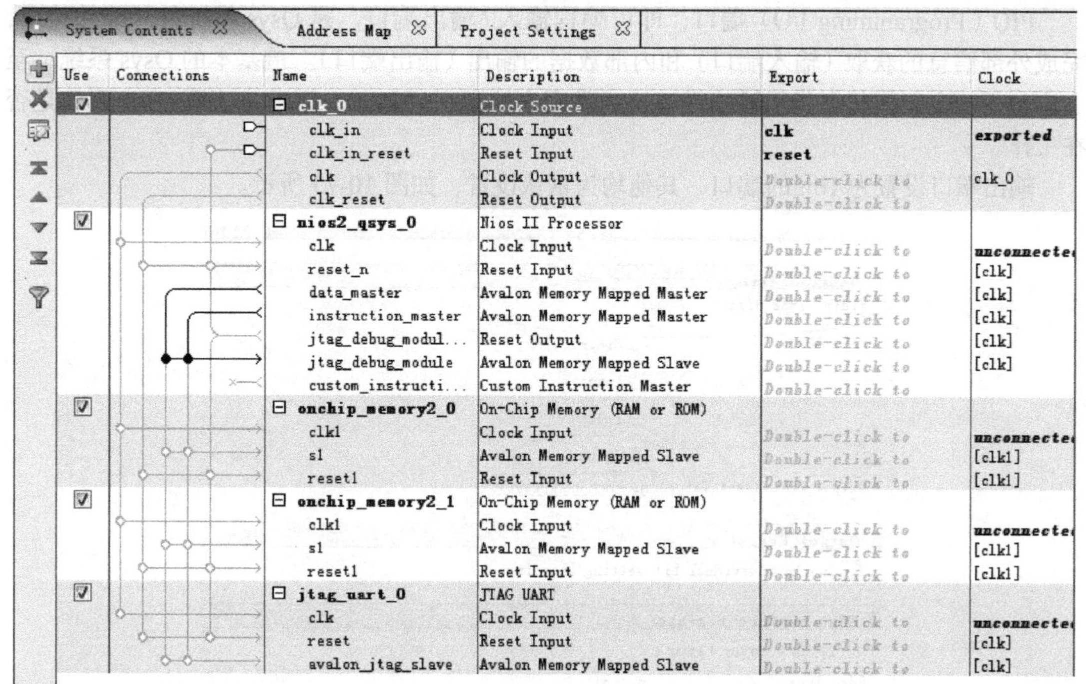

图 10-73　添加 JTAG 接口后的 Qsys 界面

6. 添加 PIO 端口

与添加 CPU 类似，在“Library”栏中选择“Peripherals”→“Microcontroller Peripherals”→“PIO(Parallel I/O)”，单击“Add”按钮或者双击“PIO(Parallel I/O)”，如图 10-74 所示。

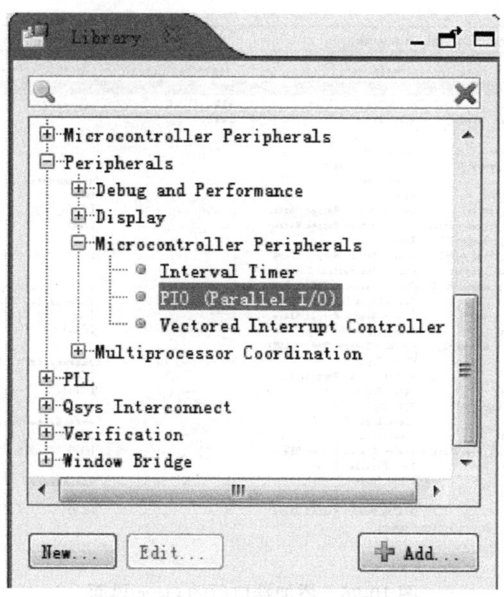

图 10-74　添加 PIO 端口选项

PIO（Programming I/O）端口，即可编程输入 / 输出端口，是 Qsys 系统与外部的接口，完成外部信息的获取（输入端口）和内部数据的输出（输出端口）。最基本的 Qsys 系统，至少应包括一个工作状态指示输出端口，通常用来控制一只 LED，以此来表明 Qsys 系统是否在工作。

输出端口设置为 1bit 的端口，其他均为默认设置，如图 10-75 所示。

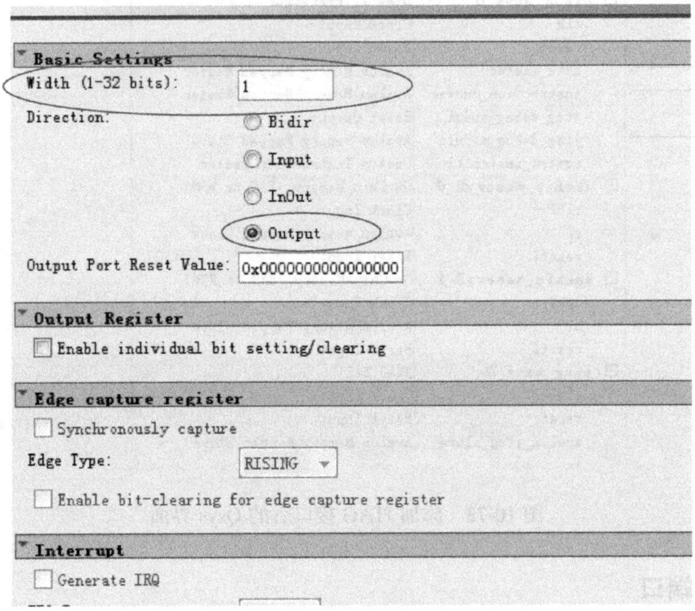

Basic Settings
Width (1-32 bits):
1
Direction:
Bidir
Input
InOut
Output
Output Port Reset Value:
0x0000000000000000
Output Register
Enable individual bit setting/clearing
Edge capture register
Synchronously capture
Edge Type:
RISING
Enable bit-clearing for edge capture register
Interrupt
Generate IRQ

图 10-75　添加输出端口

输出端口添加完成之后，可以看到如图 10-76 所示的 Qsys 界面。

Address Map
Project Settings
Use
Connections
Name
Description
Export
Clock
Base
End
clk_0
Clock Source
nios2_qsys_0
Nios II Processor
onchip_memory2_0
On-Chip Memory (RAM or ROM)
onchip_memory2_1
jtag_uart_0
JTAG UART
pio_0
PIO (Parallel I/O)

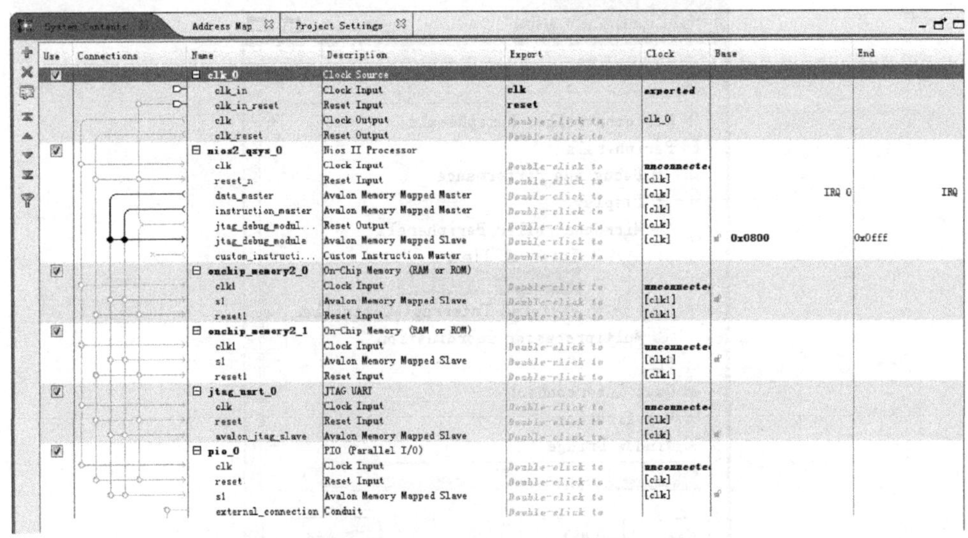

图 10-76　添加端口后的 Qsys 界面

10.2.2 设置 Qsys 组件

1. 组件重命名

如前所示，Qsys 系统各组件是由系统自动命名，虽然没有重复，但使用起来非常麻烦，因此在使用过程中，常对基本组件进行重命名。

重命名操作很简单，在每个组件名上右击，如图 10-77 所示。

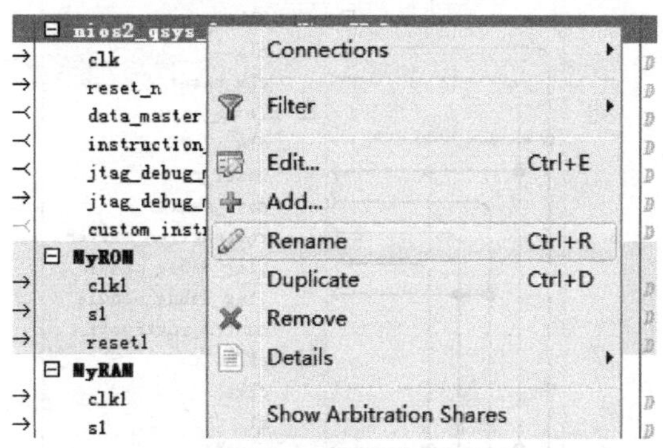

图 10-77 组件重命名选项

通过如图 10-77 所示的操作，基本组件重命名如图 10-78 所示。

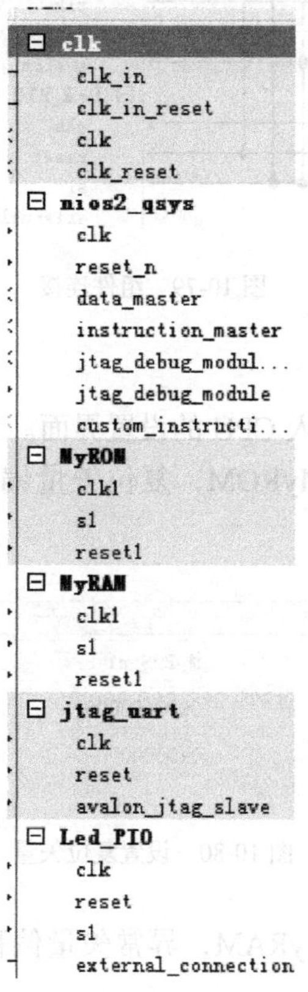

图 10-78 组件重命名

2. 组件连接

组件在添加到 Qsys 系统后，需要进行系统内连接，如图 10-79 所示。在 Qsys 系统中可以遵循以下规则进行手动连线：数据主端口连接存储器和外设元件，而指令主端口只连接存储器元件。

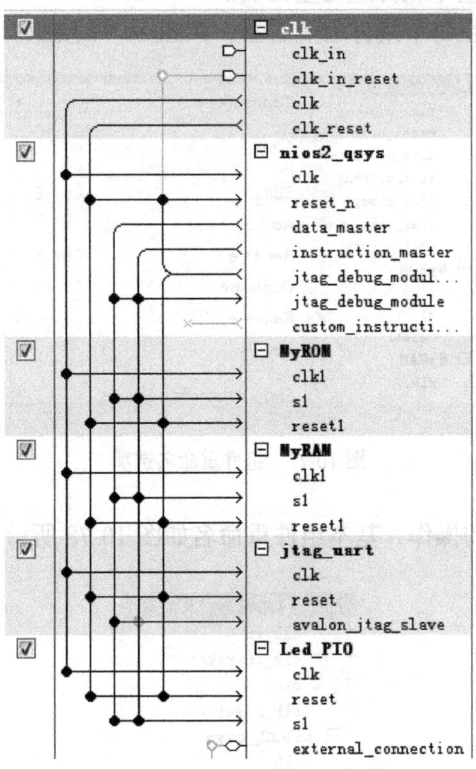

图 10-79 组件连接

3. 设置 CPU

双击“nios2_qsys_0”，再次进入 CPU 的设置界面。

设置复位矢量为指向存储器 MyROM，复位矢量偏移量为“0”，复位矢量为“0”，如图 10-80 所示。

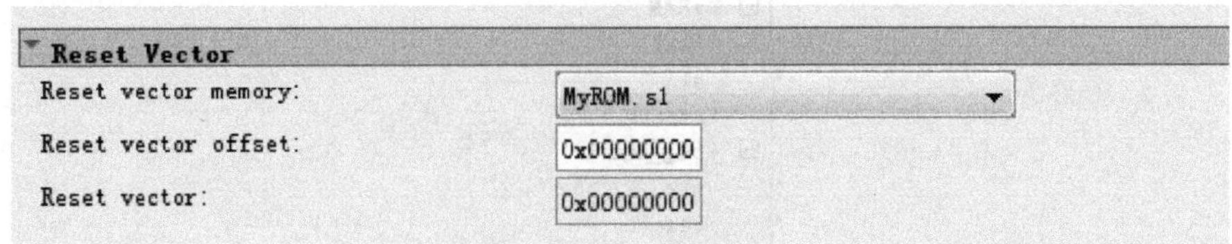

图 10-80 设置复位矢量

设置异常矢量为指向存储器 MyRAM，异常矢量偏移量为“0x00000020”，异常矢量为“0x00000020”，如图 10-81 所示。

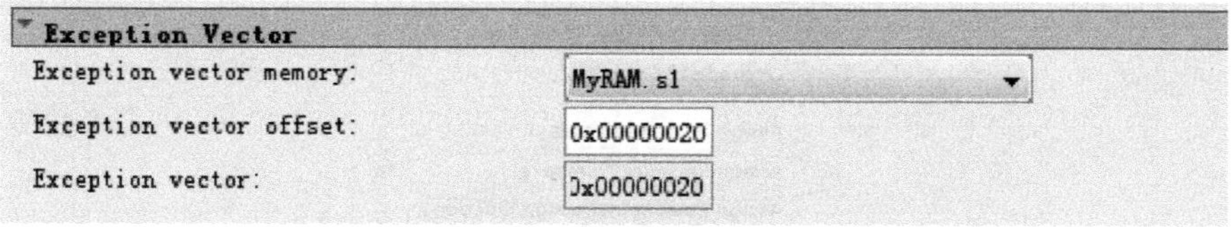

Exception Vector

Exception vector memory: MyRAM.s1

Exception vector offset: 0x00000020

Exception vector: 0x00000020

图 10-81　设置异常矢量

若无特殊情况，CPU 的其他设置都采用默认设置。单击 CPU 设置的“Finish”选项，返回 Qsys 界面。

4. 锁定地址

单击 MyROM 的 Base 选项地址，将 MyROM 设为基地址，如图 10-82 所示。

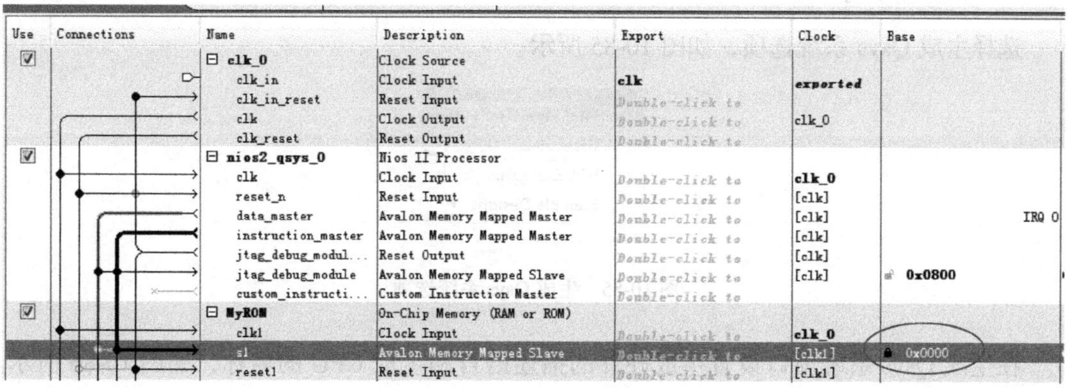

Use	Connections	Name	Description	Export	Clock	Base	
☑		⊟ clk_0	Clock Source				
		clk_in	Clock Input	clk	exported		
		clk_in_reset	Reset Input	Double-click to			
		clk	Clock Output	Double-click to	clk_0		
		clk_reset	Reset Output	Double-click to			
☑		⊟ nios2_qsys_0	Nios II Processor				
		clk	Clock Input	Double-click to	clk_0		
		reset_n	Reset Input	Double-click to	[clk]		
		data_master	Avalon Memory Mapped Master	Double-click to	[clk]		IRQ 0
		instruction_master	Avalon Memory Mapped Master	Double-click to	[clk]		
		jtag_debug_modul...	Reset Output	Double-click to	[clk]		
		jtag_debug_module	Avalon Memory Mapped Slave	Double-click to	[clk]	0x0800	
		custom_instructi...	Custom Instruction Master	Double-click to			
☑		⊟ MyROM	On-Chip Memory (RAM or ROM)				
		clk1	Clock Input	Double-click to	clk_0		
		s1	Avalon Memory Mapped Slave	Double-click to	[clk1]	0x0000	
		reset1	Reset Input	Double-click to	[clk1]		

图 10-82　锁定基地址

在基地址锁定的情况下，分配其他地址，如图 10-83 所示。

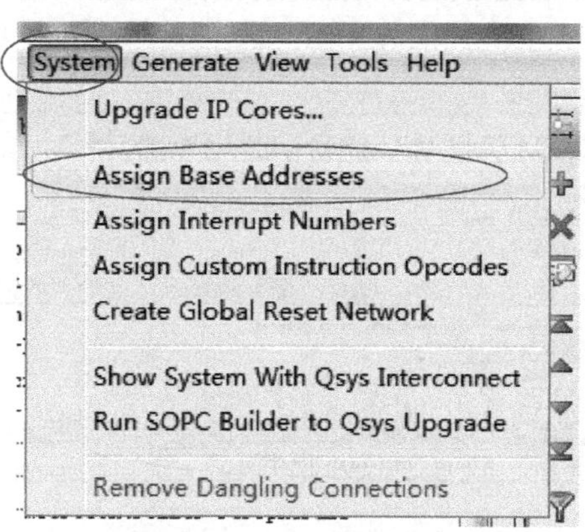

图 10-83　分配外设地址

5. 分配中断编号

中断号是用来管理中断的依据，为了使用方便，Qsys 系统可以生成中断编号，如图 10-84 所示。

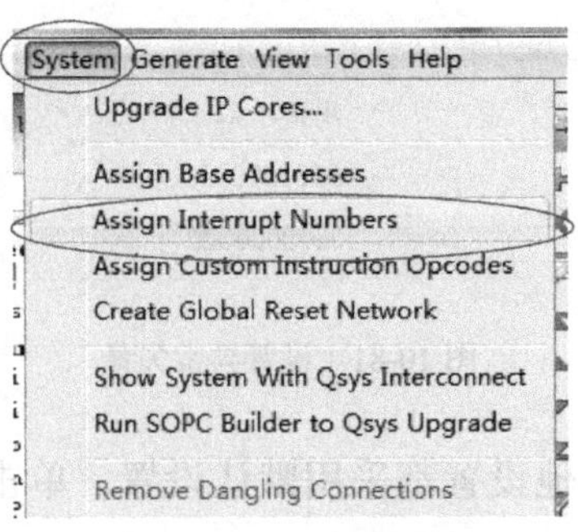

图 10-84　分配中断编号

10.2.3　生成 Qsys 系统

选择生成 Qsys 系统选项，如图 10-85 所示。

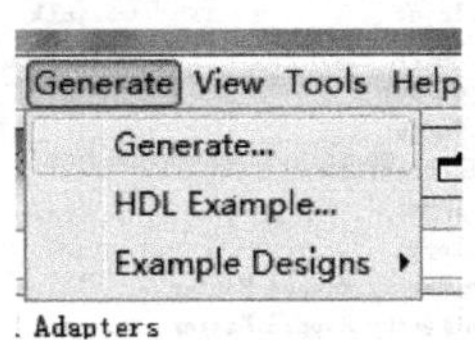

图 10-85　生成 Qsys 系统选项

在生成 Qsys 系统窗口设置生成硬件的描述语言和生成 CPU 的名称，如图 10-86 所示。单击“Generate”按钮，生成 Qsys 系统。

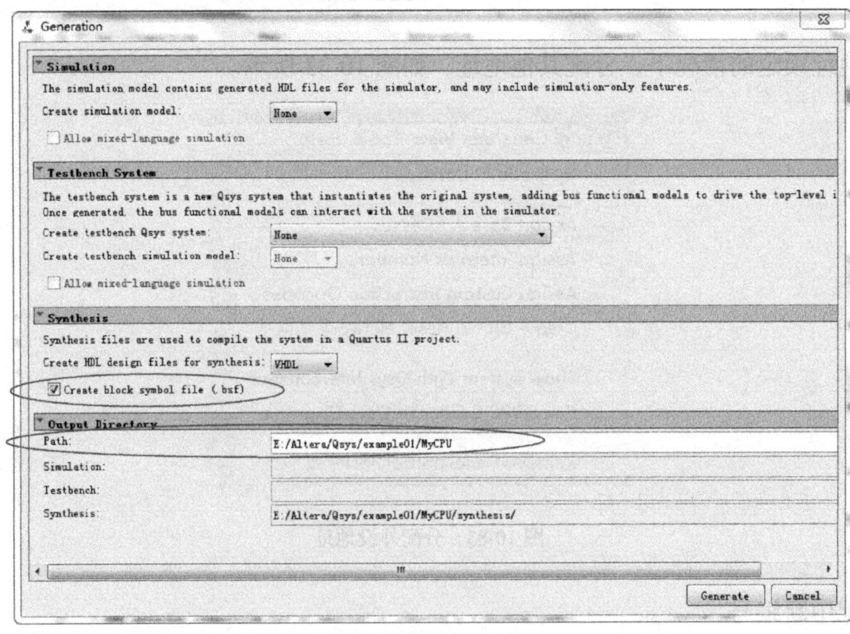

图 10-86　生成 Qsys 系统设置

生成 Qsys 系统完成，如图 10-87 所示。

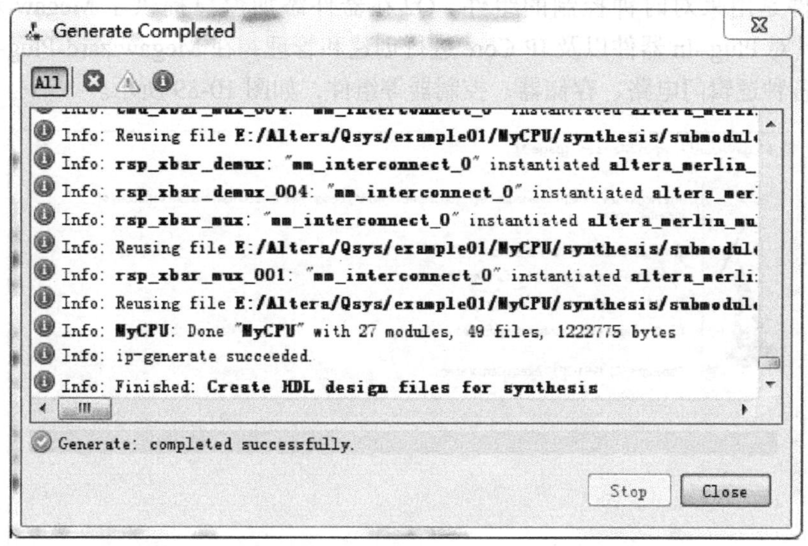

图 10-87　生成 Qsys 系统完成

10.2.4　构建基本 Qsys 应用系统

1. 添加 CPU

在 Q2 中双击面板调出原理图器件库，在“Project”文件夹中选择创建好的 Nios Ⅱ 系统并添加到工程中，如图 10-88 所示。

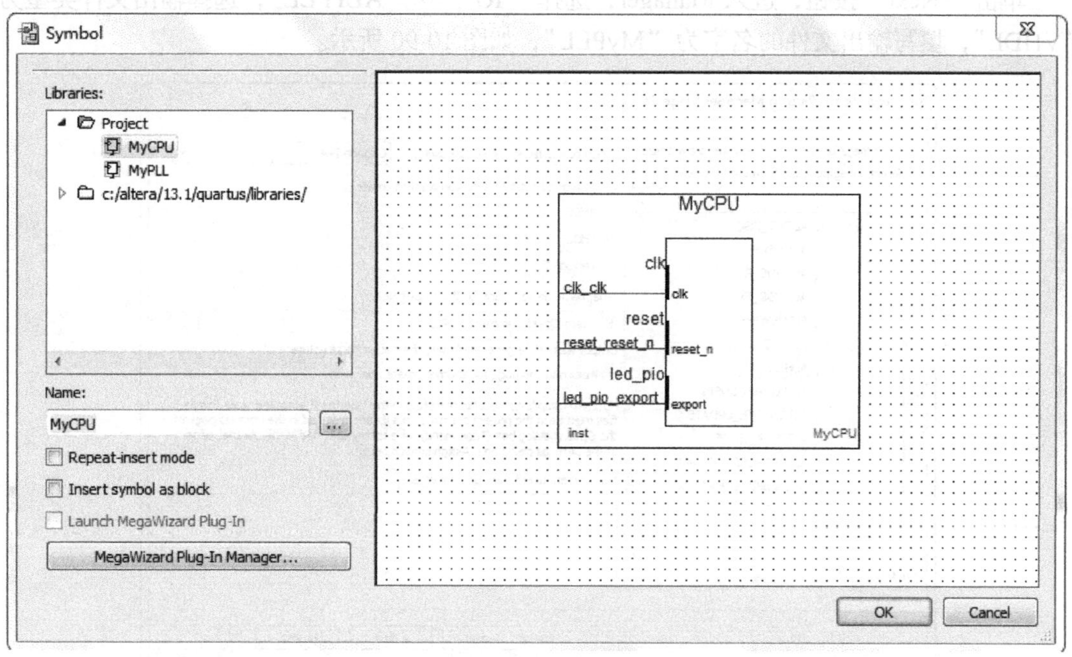

图 10-88　添加自制 CPU

2. 创建 PLL 器件

PLL 器件是用来对时钟控制的组件。Q2 在器件添加窗口提供了 Megawizard Plug–In Manager 工具对 Plug–In 器件以及 IP Core 进行创建和管理，在 Megawizard Plug–In Manager 中可以创建各种逻辑门电路、存储器、控制器等组件，如图 10-89 所示。

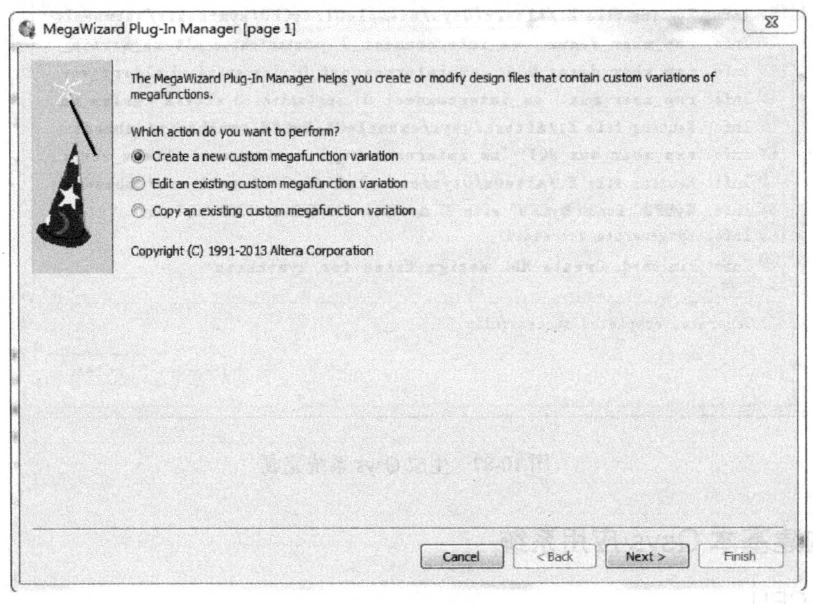

图 10-89　添加插件管理器界面

单击“Next”按钮，进入 Manager，选择“IO”→“ALTPLL”，选择输出文件类型为“VHDL”，填写输出文件的名字为“MyPLL”，如图 10-90 所示。

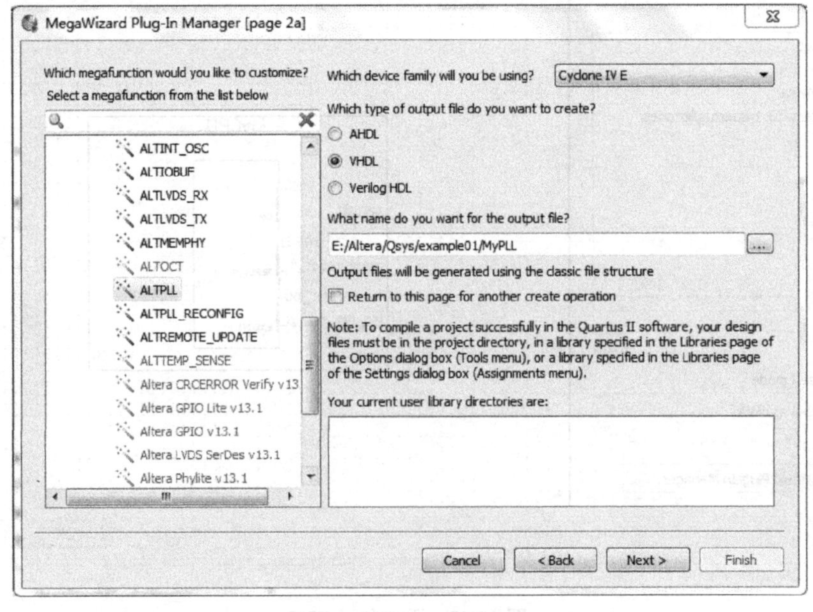

图 10-90　创建 PLL 组件

单击“Next”按钮，选择器件的速度为 8，输入的频率为 50MHz，其他设置不变，如图 10-91 所示。

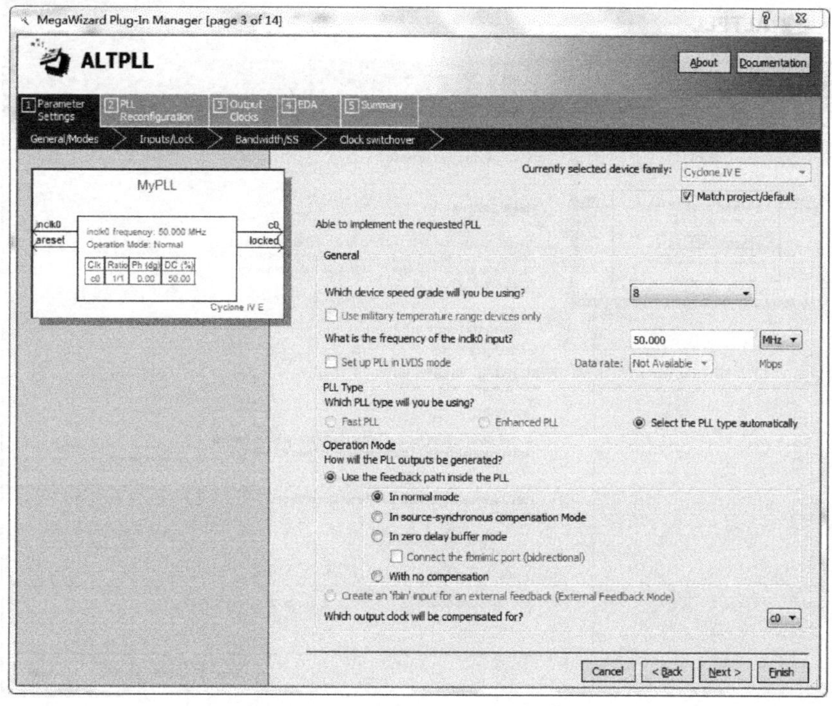

图 10-91 设置 PLL 组件输入参数

单击“Next”按钮，去掉复位、使能等选项，如图 10-92 所示。

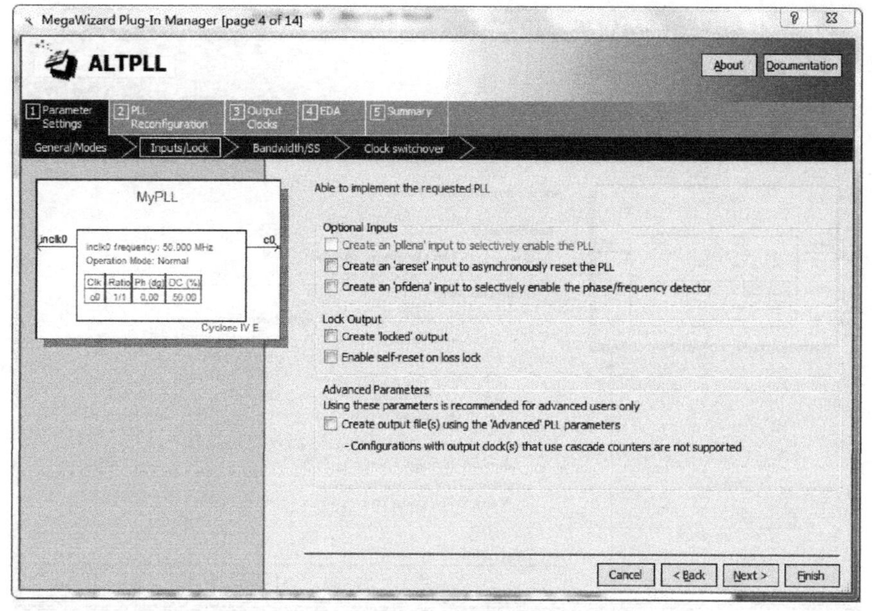

图 10-92 设置 PLL 控制端

单击“Next”按钮，带宽设置等选项这里选择默认，如图 10-93 所示。

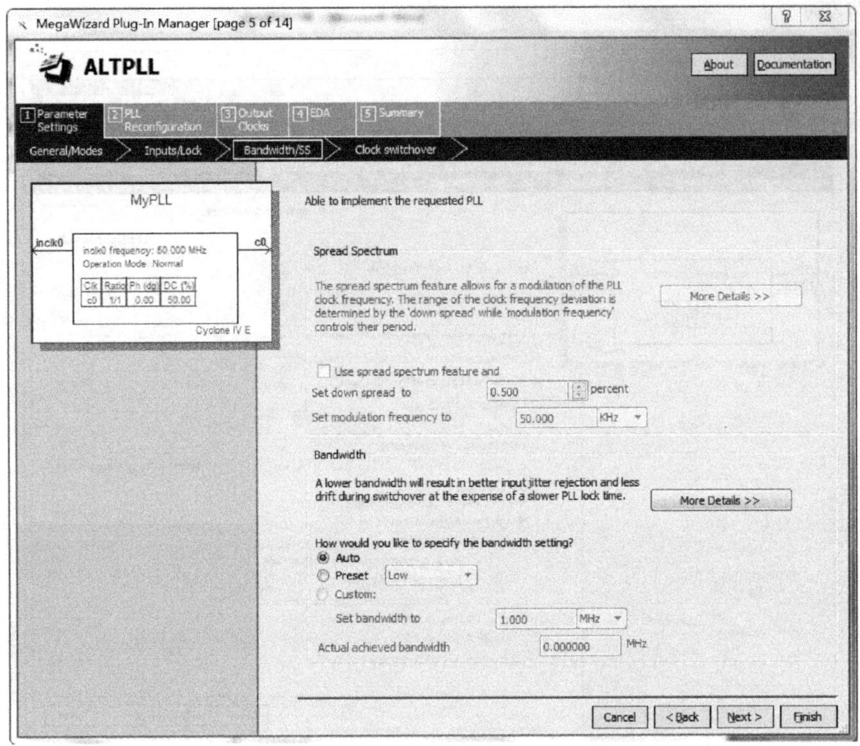

图 10-93　设置带宽

单击“Next”按钮，时钟转换设置选项也选择默认，如图 10-94 所示。

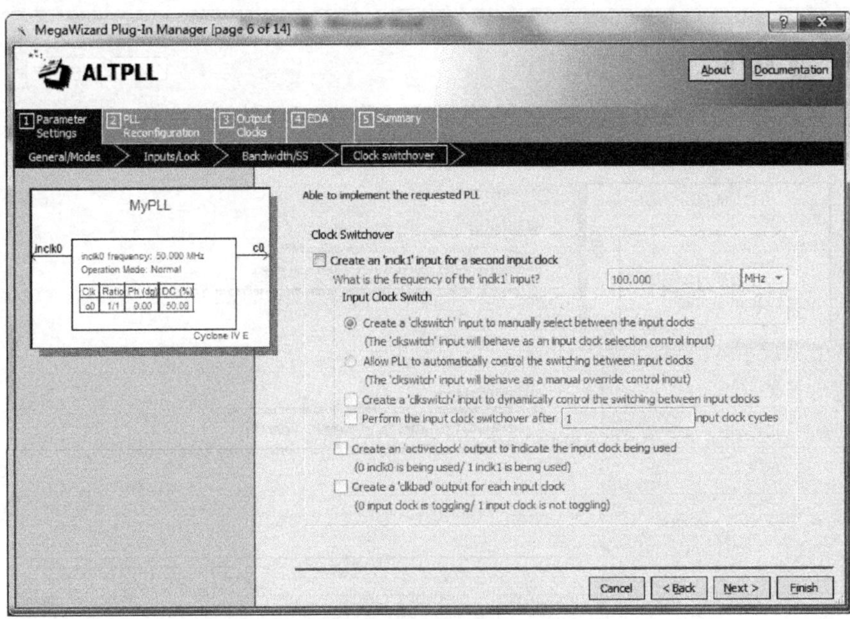

图 10-94　设置时钟转换

单击“Next”按钮，动态重配置选项也选择默认，如图 10-95 所示。

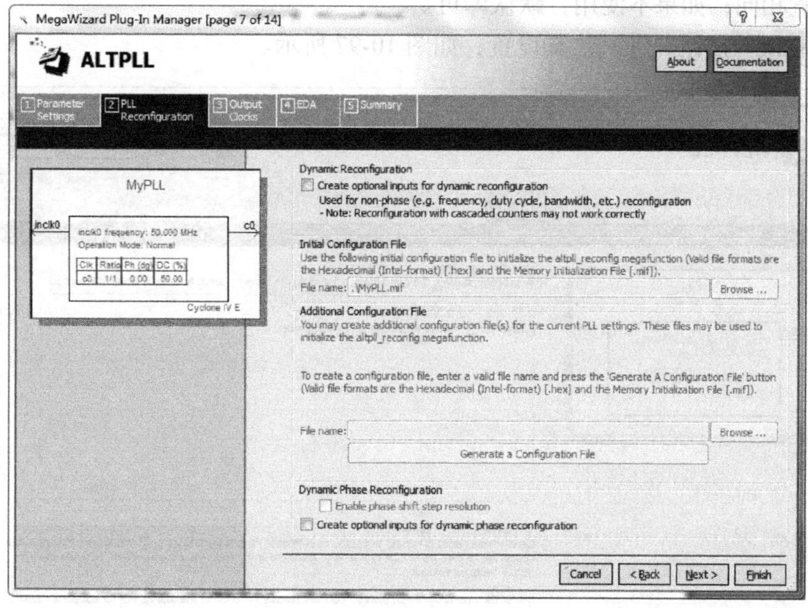

图 10-95　设置动态重配置

单击“Next”按钮，进入 Clock c0 的设定。改变“Enter output clock frequency”为 100MHz，如图 10-96 所示。

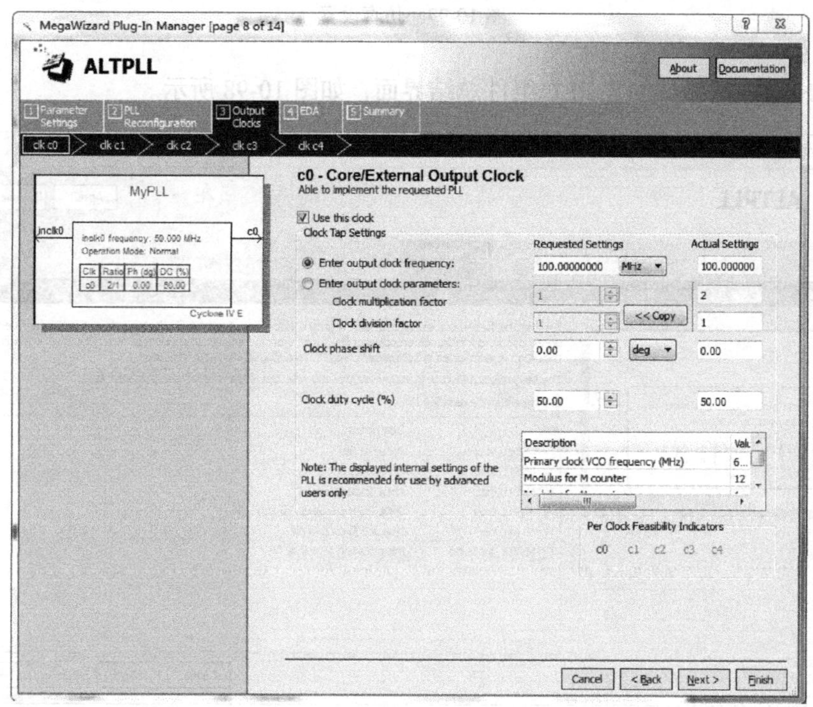

图 10-96　设置 Clock c0 输出参数

单击“Next”按钮，进入 Clock c1 ~ Clock c4 的设定。如果使用它们，就与 Clock c0 输出参数设置相同；如果不使用，默认即可。

单击“Next”按钮，进入仿真设置，如图 10-97 所示。

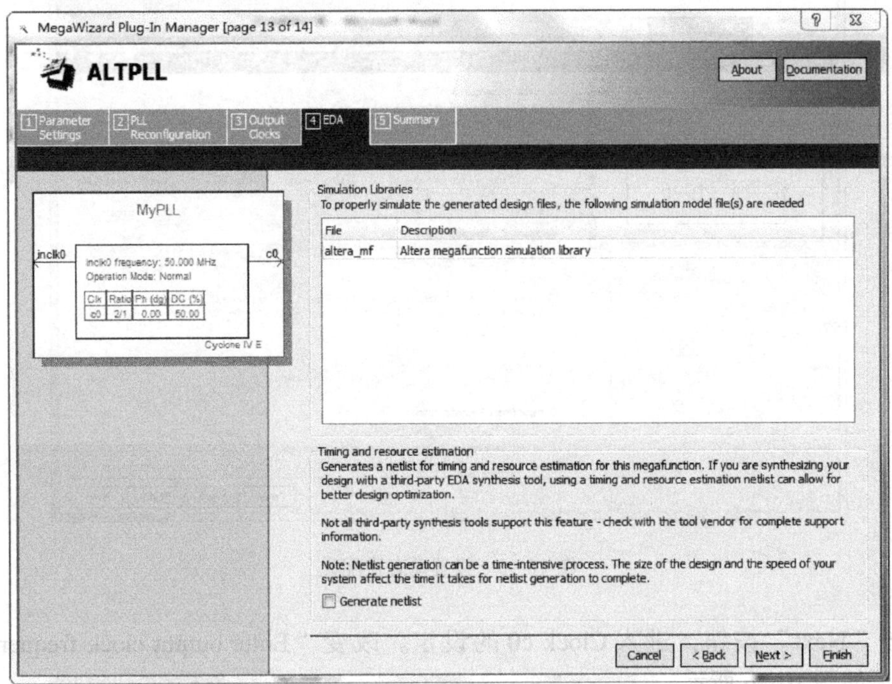

图 10-97　仿真设置

单击“Next”按钮，创建 PLL 组件总结界面，如图 10-98 所示。

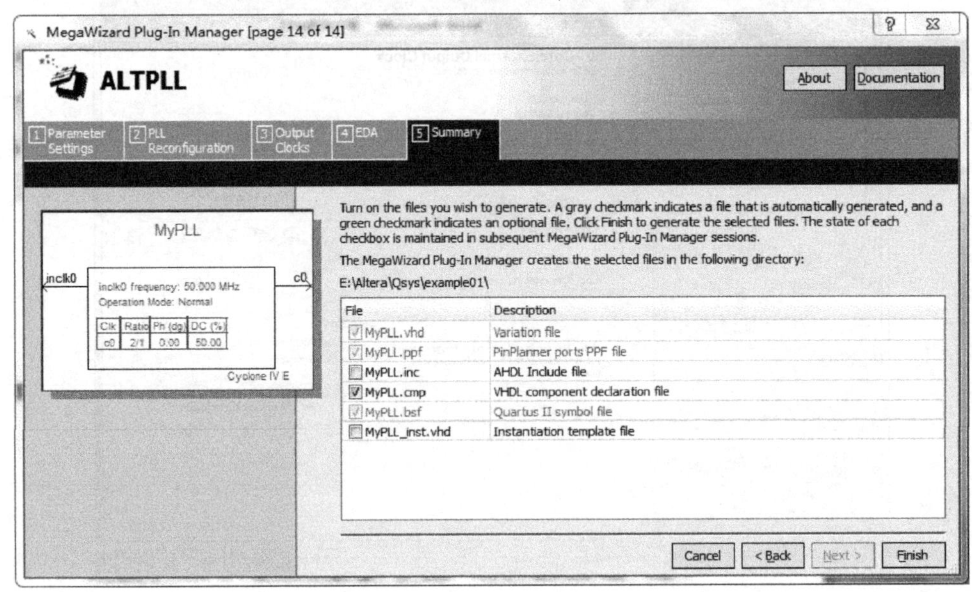

图 10-98　创建 PLL 组件总结界面

单击“Next”按钮，选择输出文件的格式。单击“Finish”按钮，完成 PLL 设计。

3. 完成 Qsys 系统原理图

双击面板，在 Project 库中调出刚刚创建的器件 MyPLL，并按设计需要连接电路，如图 10-99 所示。

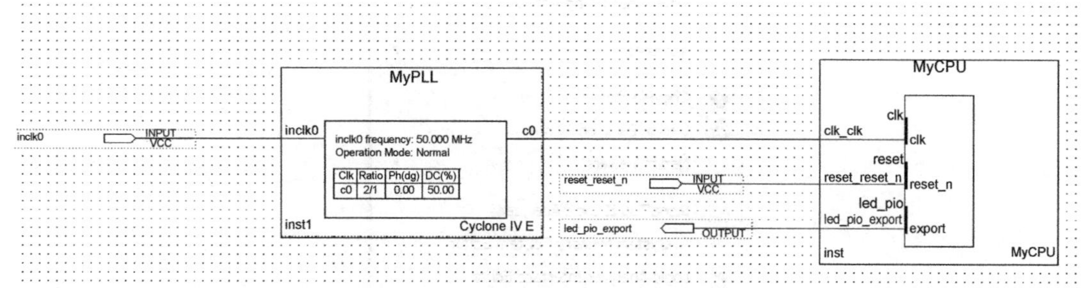

图 10-99　基本 Qsys 设计完成

4. 添加文件到当前工程

将 Qsys 系统、PLL 模块添加到 Q2 工程项目中，如图 10-100 所示。PLL 模块文件由 Q2 软件自动添加到当前工程中，Qsys 系统所需添加的“Nios2_Qsys.qip”文件在图 10-86 所示的“MyCPU/synthesis”文件夹中。

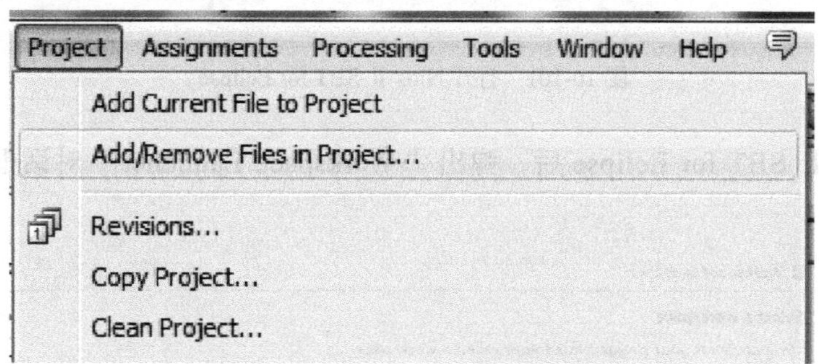

图 10-100　添加文件到当前工程

编译工程，并为所有的 I/O 添加引脚，再次编译。现在就可以将编译好的 sof 文件通过 JTAG 接口下载到 FPGA 中，或者将 pof 文件通过 AS 口下载到主动配置芯片中。

10.2.5　在 Nios Ⅱ SBT Eclipse 中建立用户程序

1. 设置工作空间

在 Q2 软件菜单栏中选择“Tools”→“Nios Ⅱ Software Build Tools for Eclipse”，来启动 Nios Ⅱ SBT for Eclipse，如图 10-101 所示。

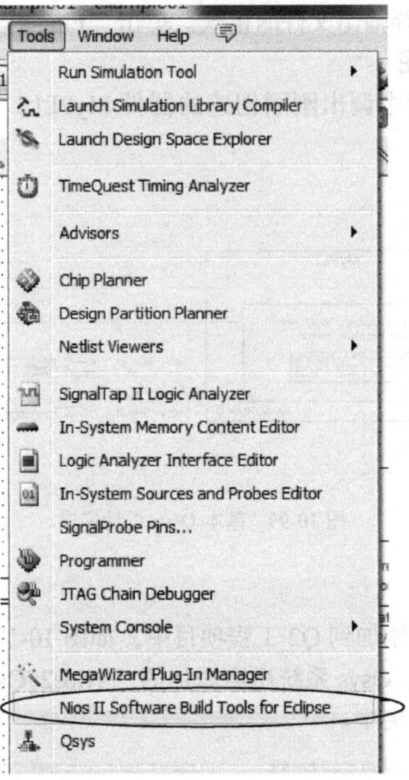

图 10-101　打开 Nios Ⅱ SBT for Eclipse

打开 Nios Ⅱ SBT for Eclipse 后，弹出“Workspace Launcher”对话框，如图 10-102 所示。

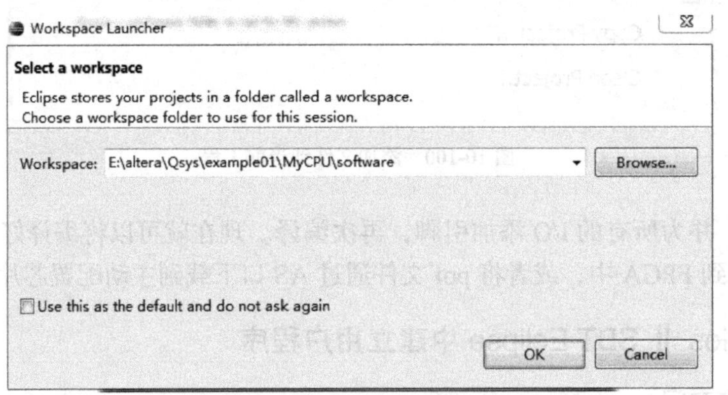

图 10-102　设置 Nios Ⅱ SBT for Eclipse 的工作空间

为了方便工程的管理，将 Nios Ⅱ SBT for Eclipse 文件放在 Q2 工程项目的“software”文件夹中。

2. 新建 Eclipse 工程

在 Eclipse 软件菜单栏中选择“File”→“New”→“Nios Ⅱ Application and BSP form

Template”，选择以 BSP 模板建立 Nios Ⅱ工程应用，如图 10-103 所示。

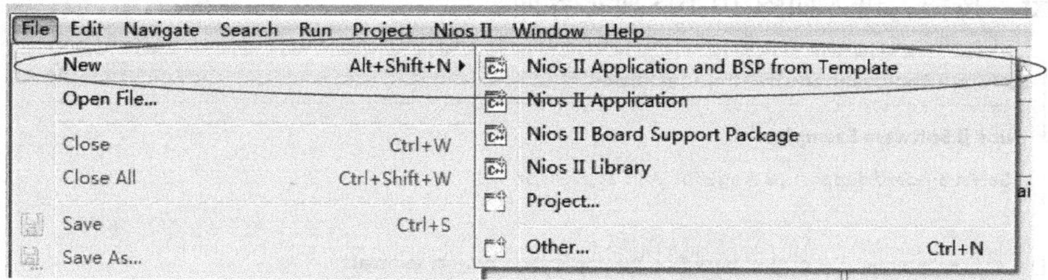

图 10-103　打开 Eclipse 新建工程窗口

在如图 10-104 所示对话框中，选择“ ... ”，选择当前工程文件夹下的“.sopcinfo”文件，本例为“Nios2_Qsys.sopcinfo”文件。Nios Ⅱ SBT for Eclipse 软件会自动识别 Qsys 系统中 CPU 的名称，Eclipse 的工程项目名称自定义。

Nios II Application and BSP from Template
Nios II Software Examples
Create a new application and board support package based on a software example template
Target hardware information
SOPC Information File name: E:\altera\Qsys\example01\Nios2_Qsys.sopcinfo
CPU name: nios2_qsys
Application project
Project name: FirstQsys
Use default location
Project location: E:\altera\Qsys\example01\software\FirstQsys
Project template
Templates: Blank Project, Board Diagnostics, Count Binary, Float2 Functionality, Float2 GCC, Float2 Performance, Hello Freestanding, Hello MicroC/OS-II, Hello World
Template description: Hello World prints 'Hello from Nios II' to STDOUT. This example runs with or without the MicroC/OS-II RTOS and requires an STDOUT device in your system's hardware. For details, click Finish to create the project and refer to the readme.txt file in the project directory. The BSP for this template is based on the Altera HAL
< Back　Next >　Finish　Cancel

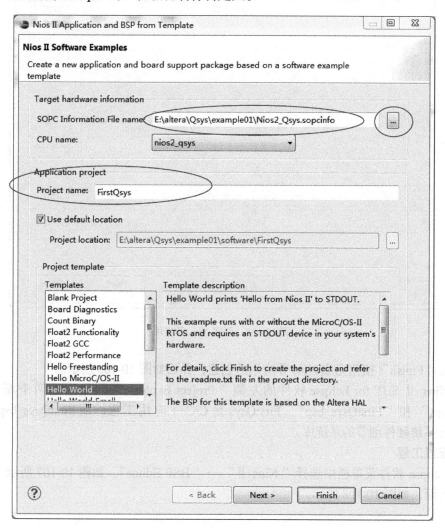

图 10-104　添加 Qsys 系统 CPU

在图 10-104 中的项目模板选项中选取一个希望使用的模板，如“Hello World”模板，单击“Next”按钮，进入如图 10-105 所示界面。

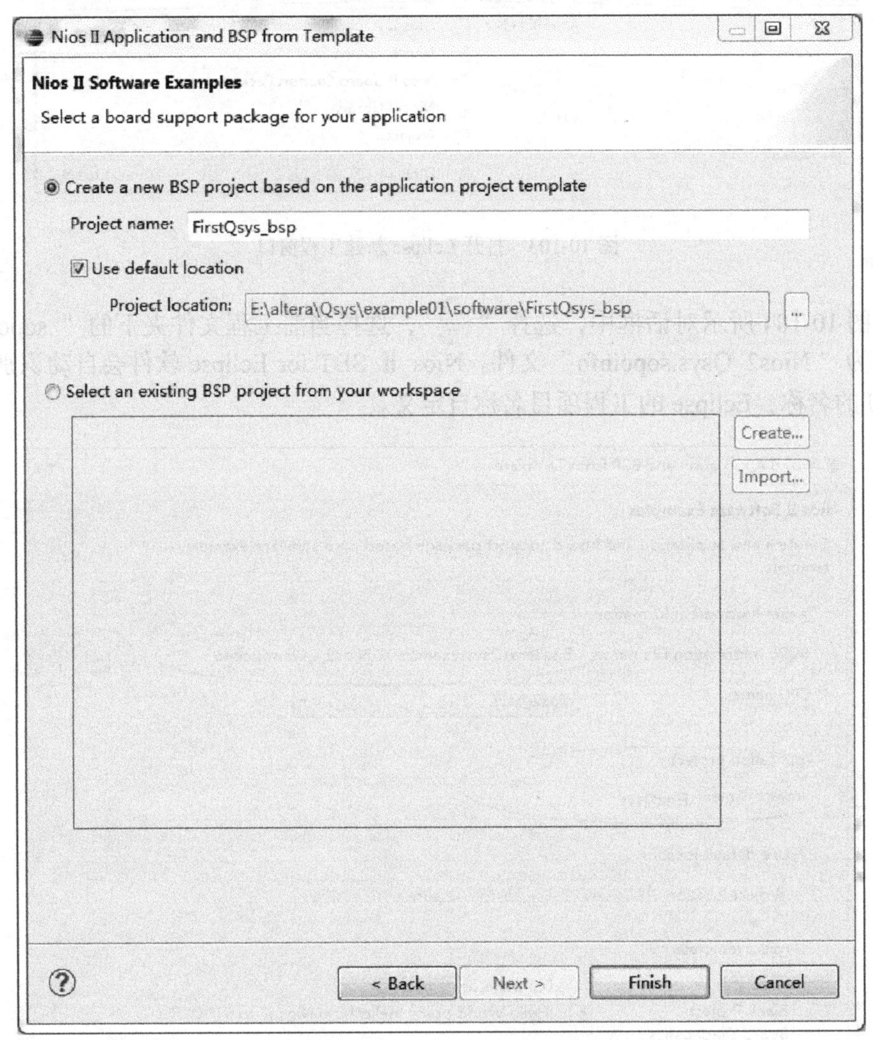

图 10-105　创建 Nios Ⅱ应用

单击“Finish”按钮完成 Nios Ⅱ应用的创建，界面如图 10-106 所示。

在 Nios Ⅱ SBT for Eclipse 软件的左侧“Project Explorer”栏中出现两个新的工程：“FirstQsys”和“FirstQsys_bsp”。FirstQsys 是 C/C++ 应用工程，而 FirstQsys_bsp 是描述 FirstQsys 系统硬件细节的系统库。

3. 配置工程

在 Eclipse 软件菜单栏中选择“Nios Ⅱ”→“BSP Editor”，如图 10-107 所示，进入工程配置界面，如图 10-108 所示。

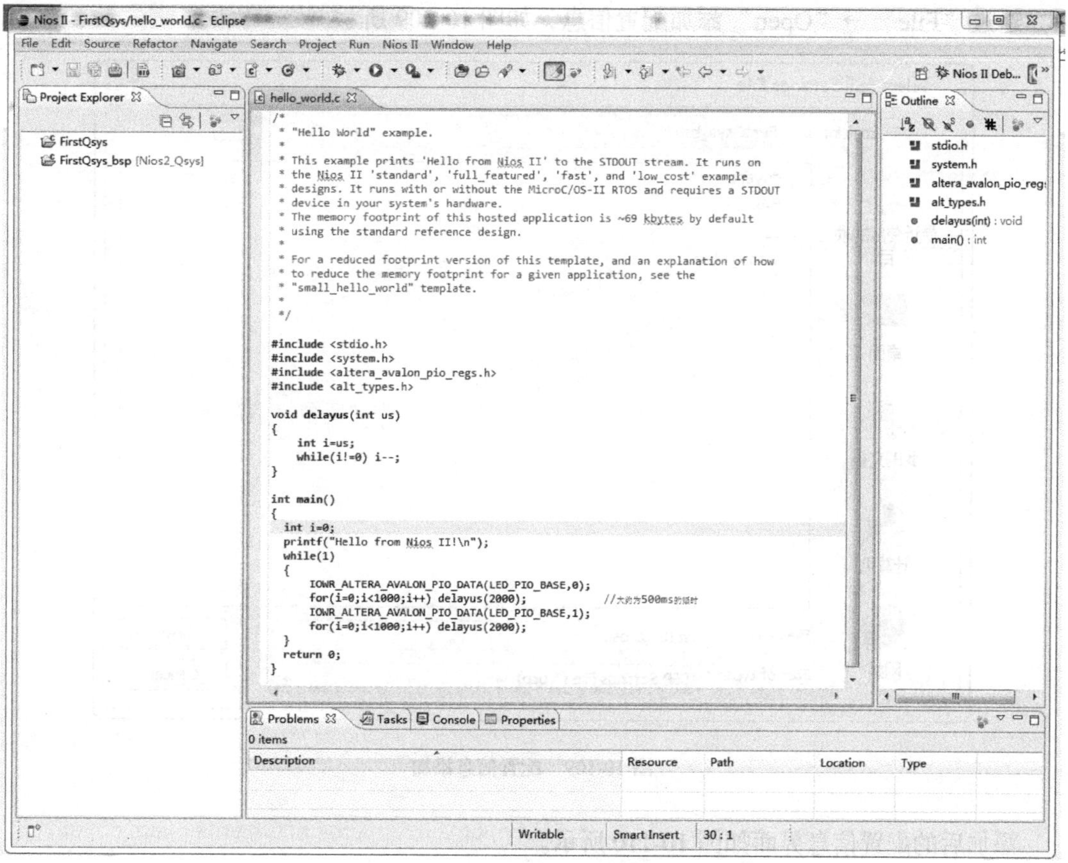

图 10-106 Eclipse 编辑界面

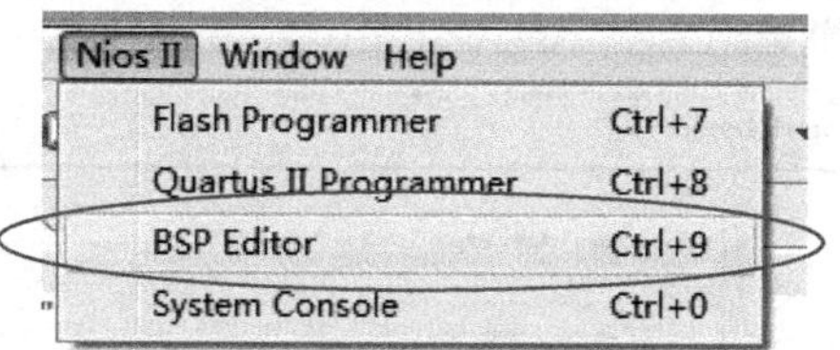

图 10-107 配置工程选项

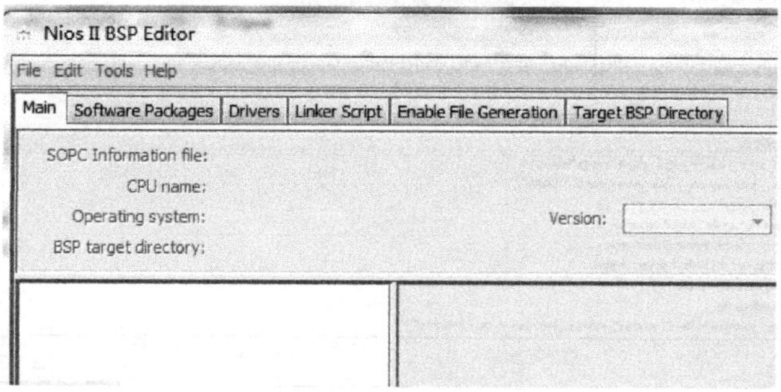

图 10-108 工程配置界面

通过“File”→“Open”添加配置信息，如图 10-109 所示。

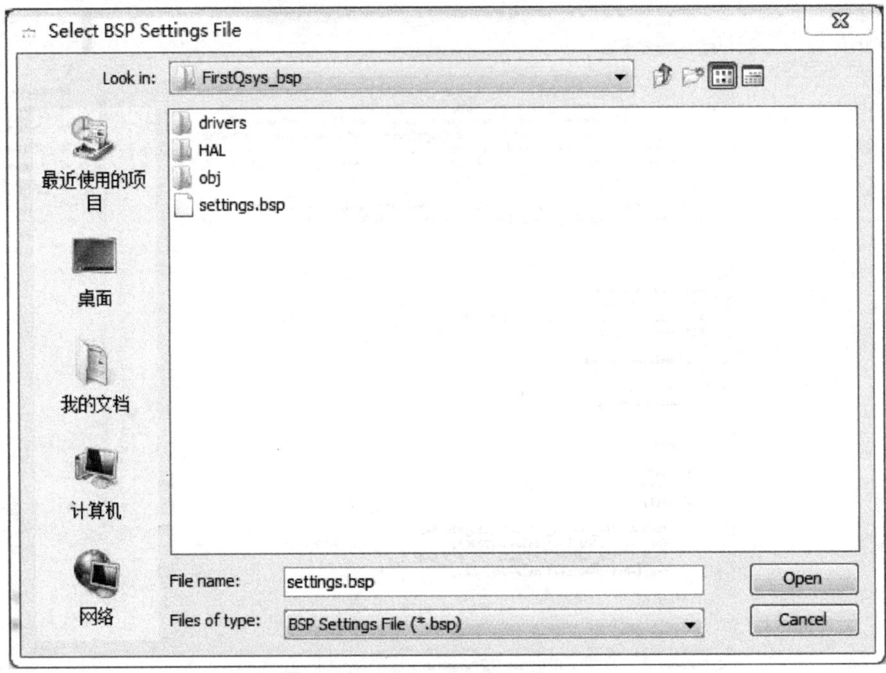

图 10-109　配置信息添加

添加后的配置信息界面如图 10-110 所示。

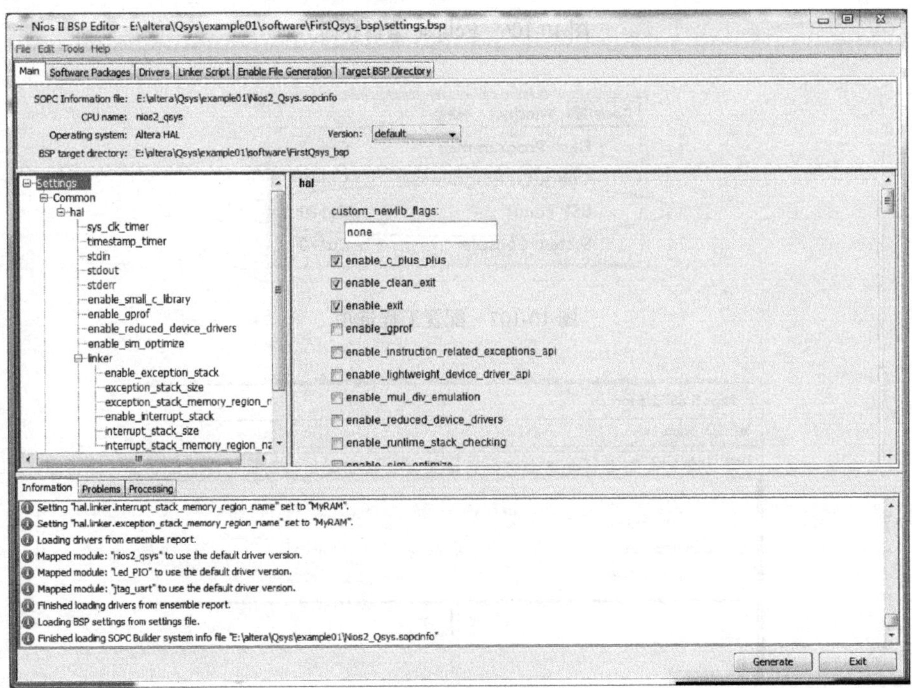

图 10-110　配置信息界面

enable_c_plus_plus：由于我们是用 C 语言来编写的软件程序，可以去掉这个选项的勾选。

enable_clean_exit：当该选项选中时，系统库在主函数 main() 返回时调用 exit() 函数，调用 exit() 时，首先清除 I/O 的缓冲区，然后调用 exit()。当该选项未选中时，系统库仅调用 exit()，能节省程序空间。对于嵌入式系统程序来说，一般都不从 main() 返回，所以该选项也可以不用选中。

enable_reduced_device_drivers：HAL 为处理器的外设提供了两种驱动库，一种是执行速度块，但它是代码量大的版本；另一种是小封装版本。默认情况下，HAL 是使用代码量大的版本，可以通过"enable_reduced_device_drivers"选项来选择小封装版本，从而减少代码量。

enable_small_c_library：完整的 ANSI C 标准库通常不适用于嵌入式系统，HAL 提供了一系列经过裁剪的新的 ANSI C 标准库，占用非常少的代码，我们可以通过"enable_small_c_library"选项来选择新的 ANSI C 标准库。

选择完毕后，单击"Generate"按钮，然后单击"Exit"按钮。

4. 输入代码

工程配置完成，就可以输入需要的代码，如图 10-111 所示。

```
#include <stdio.h>
#include <system.h>
#include <altera_avalon_pio_regs.h>
#include <alt_types.h>

void delayus(int us)
{
    int i=us;
    while(i!=0) i--;
}

int main()
{
  printf("Hello from Nios II!\n");
  while(1)
  {
      IOWR_ALTERA_AVALON_PIO_DATA(LED_PIO_BASE,0);
      delayus(2000);
      IOWR_ALTERA_AVALON_PIO_DATA(LED_PIO_BASE,1);
      delayus(2000);
  }
  return 0;
}
```

图 10-111　输入代码

5. 编译工程

在 Eclipse 软件菜单栏中选择"Project"→"Build Project"，如图 10-112 所示。

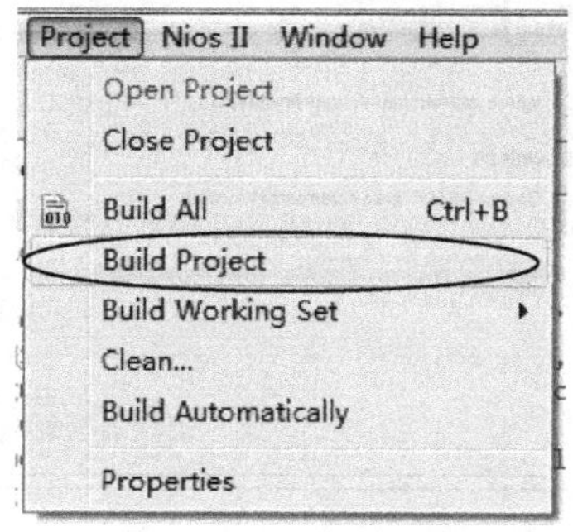

图 10-112　编译工程选项

10.2.6　运行 Qsys 系统软件

为确保后续操作的顺利进行，必须将实验系统通过 USB–Blaster 下载器连接至计算机并开启实验系统电源，同时通过 Q2 软件中的 Programmer 操作将硬件系统 FirstQsys.sof 文件下载至实验系统，然后下载当前项目的 FirstQsys.elf 文件。

在 Eclipse 软件项目栏中选择“Run”→“Run Configurations”选项，如图 10-113 所示。

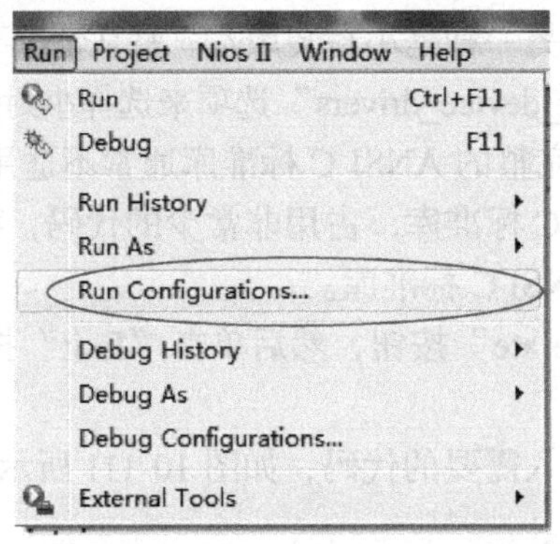

图 10-113　设置 Nios Ⅱ硬件运行模式选项

设置 Nios Ⅱ硬件运行模式对话框如图 10-114 所示。

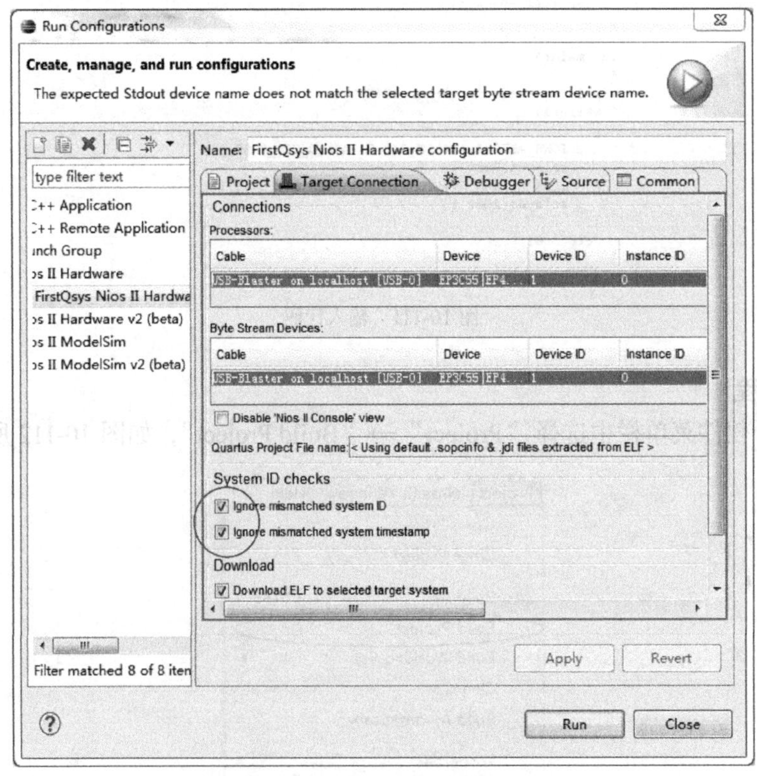

图 10-114　设置 Nios Ⅱ硬件运行模式对话框

按图 10-114 所示设置“System ID checks”选项，按图 10-115 所示单击“Refresh Connections”按钮刷新 Connections 信息，单击“Run”按钮在硬件上运行代码。

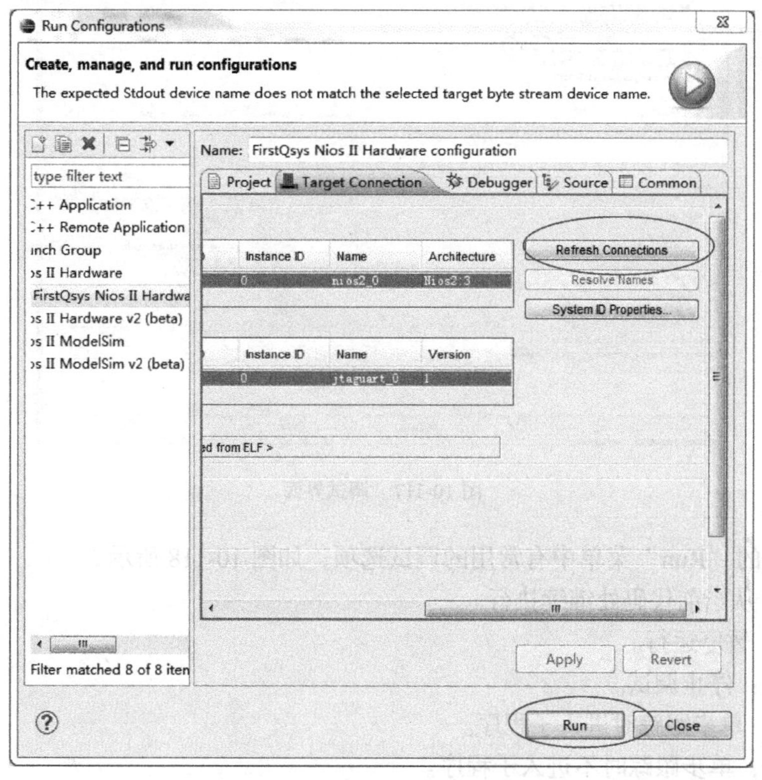

图 10-115　刷新接口并运行软件

至此，可以通过实验硬件系统观察软件代码的运行效果。需要注意的是，在执行“Run”操作之前，硬件设置应妥当，尤其注意复位键的状态，否则容易引起 elf 文件下载失败。

10.2.7　调试 Qsys 系统软件

有过软件编写经验的读者会发现，直接运行系统软件不能快速确认软件中存在的 bug，为此，Nios Ⅱ BST for Eclipse 提供了通用调试手段。如图 10-116 所示，打开调试界面。调试界面如图 10-117 所示。

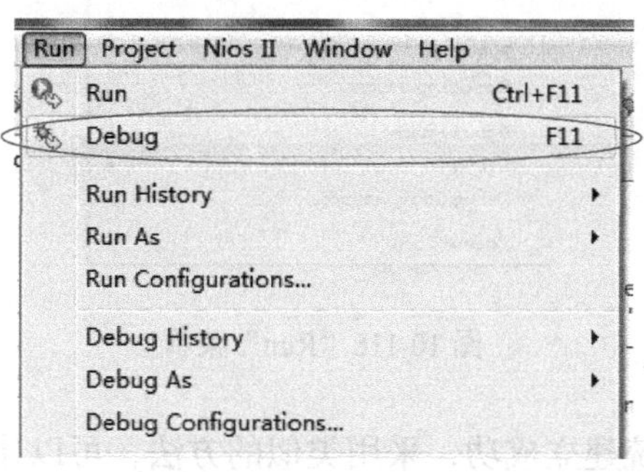

图 10-116　打开调试界面

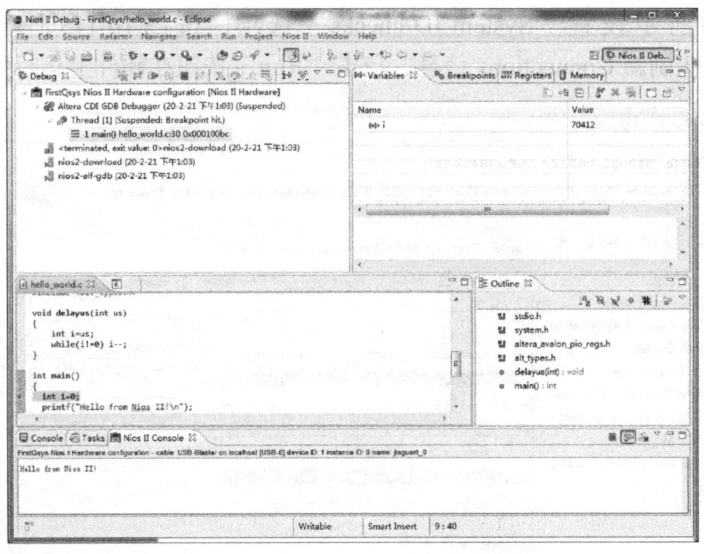

图 10-117　调试界面

调试界面的“Run”菜单中有常用的调试选项，如图 10-118 所示。

Resume：从当前代码处继续执行。

Suspend：暂停运行。

Terminate：停止调试。

Step Into：单步跟踪时进入子程序。

Step Over：单步跟踪时不进入子程序。

Step Return：运行并跳转出子程序。

Run to Line：运行到光标所在的当前行。

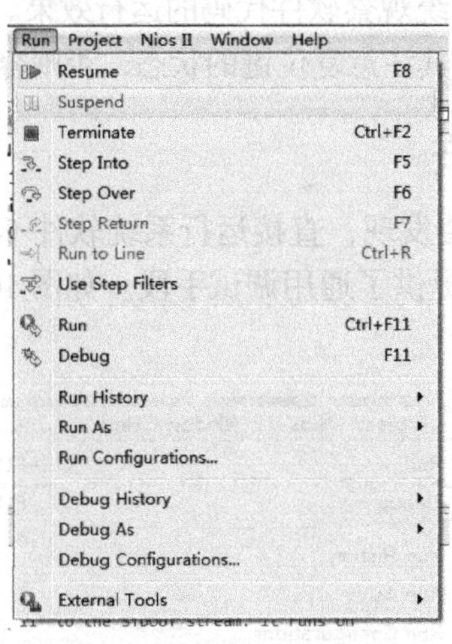

图 10-118“Run”菜单

至此，第一个 Qsys 系统建立成功，采用类似的方法，可以建立通用的 Qsys 系统，为各种各样的系统开发提供可裁剪式基础平台。

第 11 章　VHDL 编程基础

VHDL（Very-High-Speed Integrated Circuit Hardware Description Language）诞生于 1982 年，1987 年，被 IEEE 和美国国防部确认为标准硬件描述语言。VHDL 主要用于描述数字系统的结构、行为、功能和接口。VHDL 除了含有许多具有硬件特征的语句外，其语言形式、描述风格、句法现象十分类似于一般的计算机高级语言。

11.1　VHDL 入门

11.1.1　VHDL 特性

VHDL 能够成为标准化的硬件描述语言并获得广泛应用，其自身具有很多其他硬件描述语言所不具备的优点。

1. VHDL 功能强大，设计方式多样

VHDL 具有强大的语言结构，只需采用简单明确的 VHDL 程序就可以描述十分复杂的硬件电路。同时，它还具有多层次的电路设计描述功能。此外，VHDL 能够同时支持同步电路、异步电路和随机电路的设计实现，这是其他硬件描述语言所不能比拟的。VHDL 设计方法灵活多样，既支持自顶向下的设计方式，也支持自底向上的设计方法；既支持模块化设计方法，也支持层次化设计方法。

2. VHDL 具有强大的硬件描述能力

VHDL 具有多层次的电路设计描述功能，既可描述系统级电路，也可以描述门级电路；描述方式既可以采用行为描述、寄存器传输描述或者结构描述，也可以采用三者的混合描述方式。同时，VHDL 也支持惯性延迟和传输延迟，这样可以准确地建立硬件电路的模型。VHDL 的强大描述能力还体现在它具有丰富的数据类型。VHDL 既支持标准定义的数据类型，也支持用户定义的数据类型，这样便会给硬件描述带来较大的自由度。

3. VHDL 具有很强的移植能力

VHDL 具有很强的移植能力，对于同一个硬件电路的 VHDL 描述，它可以从一个模拟器移植到另一个模拟器上，从一个综合器移植到另一个综合器上，从一个工作平台移植到另一个工作平台上去执行。

4. VHDL 的设计描述与器件无关

采用 VHDL 描述硬件电路时，设计人员并不需要首先考虑选择进行设计的器件，这样做的好处是可以使设计人员集中精力进行电路设计的优化，而不需要考虑其他的问题。当硬件电路的设计描述完成以后，VHDL 允许采用多种不同的器件结构来实现。

5. VHDL 程序易于共享和复用

VHDL 采用基于库（library）的设计方法。在设计过程中，设计人员可以建立各种可再次利用的模块。一个大规模的硬件电路的设计不可能从门级电路开始一步步地进行设计，而是一些模块的累加，这些模块可以预先设计或者使用以前设计中的存档模块，将这些模块存放在库中，就可以在以后的设计中进行复用。

由于 VHDL 是一种描述、模拟、综合、优化和布线的标准硬件描述语言，因此它可以使设计成果在设计人员之间方便地进行交流和共享，从而减小硬件电路设计的工作量，缩短开发周期。

11.1.2 VHDL 标识符

VHDL 中的标识符分为基本标志符和扩展标识符两种。

基本标识符构成应符合以下规则：

1）标识符中允许的合法字符仅包含 26 个英文大、小写字母及下划线和数字。

2）标识符中不区分英文字母的大小写。

3）标识符必须以字母开头。

4）标识符不能以下划线结尾，且不能出现连续的两个或多个以上下划线。

5）标识符不能与关键词或保留字重复。

扩展标识符是在两个反斜杠中的一个字符序列，可以使用任何的字符，包括“#”“～”等。扩展标识符取消了基本标志符中的限制，但扩展标识符区分大小写。注意，如果扩展标识符内含有反斜杠，则必须用连续的两个反斜杠，如：\%23chip\、\---underscore\、\8848\、\aa\\bc\ 等都是有效的扩展标识符。

无论是基本标识符还是扩展标识符，都要尽可能避免使用具有很强语义的单词和单独的字母，以减少与软件系统发生冲突的机会。例如：“library”“Z”等，都是具有一定功能的单词或字母，它们就不能作为标识符。

需要说明的是，VHDL 源代码中的说明性文字开头一律是 2 个连续的连接线（“--”），可以出现在任意一条语句后面，也可以单独成为一行出现。

11.1.3 VHDL 数据对象

数据对象是数据类型的载体。VHDL 中，有 3 种常见形式的数据对象：常量（Constant）、变量（Variable）和信号（Signal）。

1. 常量

常量定义格式如下：

Constant 常量名 [，常量名…]：数据类型：= 表达式；

常量一旦被赋值，在整个 VHDL 程序中将不再改变。

2. 变量

变量定义格式如下：

Variable 变量名 [，变量名…]：数据类型 [：= 表达式]；

变量并不对应到所设计硬件 IC 的任何输入或输出引脚，只是用来作为程序执行过程中的暂存值，故此在变量之间传递的数据是瞬时、无实际附加延时的。变量一般出现在 process、if_loop、function 等语句之中，用于暂时运算，其数值仅在局部范围内有效。

3. 信号

信号定义格式如下：

Signal 信号名 [，信号…]：数据类型 [：= 表达式]；

信号包括所设计硬件 IC 的输入或输出引脚、IC 内部缓冲量，具有硬件电路与之相对应，在信号之间的数据传递具有实际的附加延时。信号在实体中定义时，作为硬件 IC 的输入、输出引脚使用；在结构体（ARCHITECTURE）与 begin 之间定义时，则作为全局量使用。

4. 信号与变量的区别

信号和变量赋值语句在概念上有着很大的差异。首先，信号和变量在接收所赋的值时，表现并不一样，差异在于两种赋值操作起作用的方式以及这种方式如何影响 VHDL 从变量或信号中读取的值。

信号和变量对比见表 11-1。

表 11-1 信号和变量对比总结

对比项目	信号	变量
赋值方式	<=	: =
功能	电路单元间的互联	电路单元内部的操作
有效范围	整个系统，所有进程有效	所定义的进程内有效
行为	每个进程结束后更新数值	立即更新数值

变量赋值使用“ : =”操作符（注意，冒号和等号要连在一起，中间不能有其他符号）。当变量接收到所赋的值时，从该时刻起赋值操作改变了变量值，其值保持到该变量获得另一个不同的值为止。变量是局部的，仅在进程或子程序中起作用，一旦离开其所在进程或子程序，变量获得的数据将不再有效。

信号赋值使用“ <=”操作符（注意，小于号和等号要连在一起，中间不能有其他符号）。当信号接收到所赋的值时，赋值操作并不是立即生效，因为信号值由驱动该信号的进程（或其他并行语句）所决定。信号是全局的，在 VHDL 程序的所有进程或子程序中均起作用，但是仅能存在一个有效赋值进程或子程序，不能出现一个信号多个进程或子程序赋值的情况。

11.1.4 VHDL 数据类型

由于 VHDL 是硬件设计语言，因此它是一种类型概念很强的语言。任一常量、信号、变量、函数和参数在声明时必须声明类型，并且只能携带或返回该类型的值，这样才可以避免设计出硬件上无法实现的功能。

VHDL 预定义了一些编程语言中都使用的数据类型，以及一些硬件语言都支持的与硬件相关的数据类型。IEEE VHDL 描述了两个特定程序包，STANDARD 程序包和 TEXTIO 程序包。每个包都包含一个类型和操作的标准集合。VHDL 预先定义的数据类型都在 STANDARD 中声明，这个程序包支持所有 VHDL 的硬件实现。下面介绍几种常用的数据类型。

1. boolean

boolean 是具有两个值（FALSE 和 TRUE）的枚举类型，且 FALSE<TRUE。VHDL 程序中使用到的逻辑函数，如相等（=）、大于（>）、小于（<）等，其返回值即为 boolean 型。

2. bit

bit 用两个字符“0”或“1”中的一个来代表二进制值。例如逻辑操作“与”（and），用到 bit 值且返回 bit 值。此类数据在赋值过程中，数据两端使用撇号（''）括起来。此类数据的二进制位数是 1，在硬件连线时，用 1 条导线即可完成。

3. bit_vector

bit_vector 代表 bit 值的一个具有方向性的数组，数组的方向由定义中出现的“ to”或“ downto”确定，数组的宽度即二进制位数，由定义 bit_vector 型时括号中的数字差表示出来。此类数据在赋值过程中，数据两端使用双撇号（" "）括起来。此类数据的二进制位数是：括号内的数字差 +1，硬件连线时，导线数目与二进制位数一致。

4. stb_logic

stb_logic 是包含有强不定状态、弱不定状态、高阻状态、强“0”、弱“0”、强“1”、弱“1”、未初始化、未赋值等九种逻辑信号状态的数据类型。此类数据在赋值过程中，数据两端使用撇号（''）括起来。此类数据及硬件连线情况，同 bit 型完全一致。

5. stb_logic_vector

stb_logic_vector 是 stb_logic 值的一个具有方向性的数组，数组方向、宽度、赋值情况、二进制位数以及硬件连线情况均与 bit_vector 完全一致。

6. integer

integer 表示所有正和负的整数。整数只是引用了软件设计语言中的概念，在具体硬件实现时，整数是用 32 位的位向量，即二进制数数组来实现的。为了节约硬件资源，在使用整数类型的数据时，常常限定数据的最大值，从而控制位向量的位数，达到节约硬件资源的目的。此类数据在赋值过程中，在赋值符号右侧直接写上整数数据即可，无需使用引号。此类数据的二进制位数取决于最大值的二进制表示情况。

7. 其他数据类型

除了上述的几种预定义类型外，character、natural、positive、string 也是预定义数据类型，用户还可以定义自己所需的类型。用户自定义类型是 VHDL 的一大特色，是普通编程语言所不具备的。用户自定义类型大大增加了 VHDL 的适用范围。

用户自定义类型的语法为：

```
type 数据类型名 {, 数据类型名 } 数据类型定义;
```

VHDL 常用的用户自定义类型如下：

枚举类型、整数类型、数组类型、记录类型、记录集合、预先定义的 VHDL 数据类型、子类型。

11.1.5 VHDL 类型声明

类型声明定义了类型的名称和特征。任何一种对象，都需要有相应的类型与之对应。类型声明可在结构体、程序包、实体、块、进程以及子程序中使用。在块、进程和子程序中声明的类型是局部的，只能用于进行声明的块、进程或子程序中；在结构体中声明的类型在该结构体内是可用的；在实体中声明的类型的适用范围又大了些，可用于多个结构体；而在程序包中声明的类型可以应用到任何引用这个程序包的程序中。

11.1.6 VHDL 中的表达式

1. 运算符

在 VHDL 中，表达式通过将一个运算符应用于一个或多个操作数来完成算术或逻辑运算。其中运算符指明了要完成的运算，操作数是运算用的数据。表 11-2 列出了 VHDL 预定义的运算符。

表 11-2 VHDL 预定义运算符及其含义

运算符类型	运算符	含义
乘除运算	abs	取绝对值
	**	取幂
	*	乘
	/	除
	mod	取模
	rem	取余
一元正负运算	+	正
	−	负
加减、合并运算	+	加
	−	减
	&	合并
关系运算	=	相等
	/=	不相等
	<	小于
	<=	小于或等于
	>	大于
	>=	大于或等于
逻辑运算	not	取反
	and	逻辑与
	or	逻辑或
	nand	逻辑与非
	nor	逻辑或非
	xor	逻辑异或

（1）逻辑运算符　一个逻辑运算符的操作数必须属于同一类型。逻辑运算符（and、or、nand、nor、xor 和 not）接受 bit 或 boolean 型数据为操作数，也接受 bit 或 boolean 型的一维数组为操作数。数组操作符必须具有同样的维数和大小。用于两个数组操作数的逻辑操作数，同样也可用于一对或多对两数组的操作。

若在一个表达式中使用了多于两个的操作数，则必须使用圆括号将这些操作数分组，以避免出现逻辑混乱。

（2）关系运算符　关系运算符共有 6 种，可以用来比较具有相同类型的两个操作数，然后返回一个 boolean 值。IEEE VHDL 标准为所有类型的操作数都定义了“=”“/=”操作符。如果两个操作数代表了同一值，则它们是相等的。对于数组等类型，IEEE VHDL 标准通过比较操作数中相应的元素来获得结果。

（3）加减、合并运算符　加减、合并运算符包含算数运算符（“+”“–”）和串联操作符（“&”）。算术运算符是为所有整数操作数预先定义的。串联操作符是为所有一维数组操作数预先定义的。串联操作符通过连接运算符两边的操作数来建立一个新数组，新数组的位数是原来两个操作数位数之和。串联操作符的每个操作数都可以是一个数组或数组的一个元素。

（4）一元正负运算符　一元正负运算符是仅有一个操作数的运算符。VHDL 为所有整数类型预先定义了一元正负运算符。

（5）乘除运算符　VHDL 为所有整数类型预先定义了乘除运算符（“*”“/”“mod”“rem”）。VHDL 对乘除运算符的右操作数所支持的数值附加了一些限制，限制如下：

“*”——整数乘：无限制。

“/”——整数除：右操作数必须为 2 的整正数次幂，如 2、4、8、16 等，在实际的电路中该运算符用比特移位来实现。

“mod”——取模：限制与整数除相同。

“rem”——求余：限制与整数除相同。

2. 操作数

操作数即运算符进行运算时所需的数据，操作数将其值传递给运算符来进行运算。操作数有很多形式，最简单的操作数可以是一个数字，或者一个标识符，如一个变量或者信号名称。操作数本身也可以是一个表达式，通过圆括号将表达式括起来从而建立一个表达式操作数。操作数具体形式可以有如下情况：

标识符、集合、属性、表达式、函数调用、索引名、文字、限定表达式、记录和域、片段名、类型转化。

注意，并不是所有的运算符都能使用所给出的各种操作数，能使用的操作数类型跟具体的运算符有关。

11.2　VHDL 程序基本结构

完整的 VHDL 程序通常包含库（library）、包集合（package）、实体（entity）、结构体（architecture）、配置（configuration）等 5 个部分。

1. 程序库及包集合声明

VHDL 程序库是编译后数据的集合，存放包集合定义、实体定义、结构体定义和配置定义，其中存放设计的数据通过其目录可查询、调用。

包集合就是将声明收集起来的一个集合文件，通常用于不同需求的同一功能设计，支持设计完成基本功能。标准的包集合是非常通用的，在许多设计中都可以使用。

使用包集合时，需要使用两部分语句：第一部分是程序库说明，它以关键字“library”为标志；第二部分是包集合引用，它以关键字“use”为标志。使用 use 语句引用包集合，来允许实体使用包集合中的声明。

包集合说明部分以及包集合单元的一般语法结构如下：

```
package 包集合名 is
  [ 说明语句 ]
end 包集合名;
package body 包集合名 is
  [ 说明语句 ]
end 包集合名;
```

程序库及包集合声明的语法结构如下：

```
library 库名称 ;
use 库名称 . 程序包名称 .all;
[use 库名称 . 程序包名称 .all;]
[library 库名称 ;
use 库名称 . 程序包名称 .all;]
```

其中“[]”部分为可选项。

library 语句经常是 VHDL 文件的第一条语句。在同一个 VHDL 程序当中，可以拥有不止一个程序库、程序包，这些程序库、程序包的声明都需要在程序包声明部分完成。

2. 实体声明

实体是一个初级设计单元，可以单独编译并被并入设计库。实体声明定义了一个设计模块的输入和输出端口，即模块的对外特性，对外特性用于连接其他设计模块。通常 VHDL 程序可以包括至少一个实体，也可以包括多个实体，处于最高层的实体模块称为顶层模块，而处于底层的各个实体，都将作为组件构成整体设计，例化到更高一层的实体中去。

实体声明语法结构如下：

```
entity 实体名称 is
[generic (
        常数名称：类型 [: = 值 ];
        { 常数名称：类型 [: = 值 ]}
        );
]
port (
        端口名称：端口方式 端口数据类型;
        { 端口名称：端口方式 端口数据类型 }
        );
end[entity 实体名称 ];
```

类属声明用来确定实体或组件中定义的局部常数，是实体与外部环境通信的静态信息提供通道，用来规定端口的大小、实体中子元件的数量、实体的定时特性等。在类属声明中，常数名称是类属常量的名称，类型是事先定义好的数据类型，值是可选的，一般为常数名称的默认值。

端口声明作为整个实体声明的核心部分，用来描述设计对外特性的主要部分。设计的对外特性，就是从更高一级设计的视角上观察，当前设计有多少组输入、多少组输出、每组输入或输出各有多少数据线、每组输入或输出各传递哪种类型的数据等。如果这个设计是顶层设计文件，那么此对外特性就是进行硬件连接的指导；如果这个设计是底层设计文件，那么此对外特性是模块之间相互连接的说明。

端口声明由端口名称、端口方式、端口数据类型说明等内容组成。端口名称是赋予每个外部引脚的名称，通常用一个或多个英文字母、数字组合而成，在命名时，需要符合VHDL标识符定义要求。端口数据类型是用来说明输入、输出端口上传递的数据形式，是VHDL常见数据类型。端口方式是用来描述数据、信号通过该端口的方向，包括以下5种方式：in（输入型），表示这一类端口为只读类型，设计由此类端口获得外界数据，而外部数据通过此类端口流入设计；out（输出型），表示这一类端口为只写类型，设计由此类端口向外界传递数据，而外部通过此类端口获取数据；inout（输入及输出型），既可读也可写，作为可读类型时设计获取端口的输入值，而不是内部赋给端口的值，作为可写类型时设计向外输出内部数据；buffer（缓冲型），与out相似但可读，读的值即内部赋的值，它只能有一个驱动的源；linkage（无方向型），表示这一类端口不指定具体传递方向，可以与任意方向的信号进行连接。端口方式数据传输方向示意如图11-1所示。

图11-1　端口数据传输方向

由于VHDL编译器的特殊需求，实体声明的实体名称必须作为VHDL代码的名称，否则编译系统将不能正确执行编译。

3. 结构体

实体说明仅仅描述了设计的对外特性，设计的具体实现或内部具体描述则由结构体来完成。实体说明与结构体之间的关系如同软件设计语言中函数声明与函数体之间的关系。每个实体都有一个或多个与其对应的结构体语句，它既可以是一个算法（一个进程中的一组顺序语句），也可以是一个结构网表（一组组件实例），目的是采用不同形式描述出设计实现的具体结构。

结构体最基本的语法结构如下：

```
architecture 结构体名称 of 实体名称 is
  {信号、常量声明区；}
begin
  {并行描述语句；}
end[结构体名称];
```

其中，实体名称必须与结构体所对应的实体说明的名称相一致；结构体名称只要符合标识符定义要求即可；所有的信号和变量在信号、变量声明区进行声明。

VHDL常用3种方法来描述结构体：行为描述，即采用进程语句顺序描述设计实体的行为；数据流描述，即采用进程语句顺序描述数据流在控制流作用下被加工、处理和存储的全过程；结构描述，即采用并行处理语句描述设计实体内的结构组织和元件互联关系。

4. 配置

配置语句描述了层与层之间的连接关系，以及实体与结构体之间的连接关系。在多结构体设计中，实体所对应的具体结构体需要根据配置语句来选择。

配置语句最基本的语法结构如下：

```
configuration 配置名 of 实体名 is
  for 选配结构体名称
  end for;
end 配置名;
```

配置语句一般在性对比试验中使用，以此调试多个结构体对应的设计功能，当设计功能确定后，为减少代码量、降低程序阅读难度，可以去除对应的配置语句及多余的结构体语句。

5. 常见 VHDL 程序基础结构

常见 VHDL 程序基础的语法结构如下：

```
library 库名称;
use 库名称 . 程序包名称 .all;
[use 库名称 . 程序包名称 .all;]
[library 库名称;
use 库名称 . 程序包名称 .all;]
entity 实体名称 is
[generic (
          常数名称：类型 [: = 值 ];
          { 常数名称：类型 [: = 值 ]}
          );
]
port (
          端口名称：端口方式 端口数据类型;
          { 端口名称：端口方式 端口数据类型 }
          );
end[entity 实体名称 ];
architecture 结构体名称 of 实体名称 is
  { 信号、常量声明区；}
begin
  { 并行描述语句；}
end[ 结构体名称 ];
```

11.3　VHDL 程序常用描述语句

VHDL 的描述语句分为两种：顺序描述语句和并行描述语句。

11.3.1　常用的并行描述语句

VHDL是并行处理语言，并行描述语句包含进程语句、块语句、并行过程调用语句、断言语句、并行信号赋值语句、信号代入语句、参数传递语句、组件例化语句、端口映射语句、生成语句等，下面对常用的并行信号赋值语句、进程语句、组件例化语句进行介绍。

1. 并行信号赋值语句

赋值语句用来为信号赋值，是 VHDL 最基本的语句，存在于 VHDL 程序的各个角落。并行信号赋值语句用于并行语法条件下的信号赋值，语法如下：

```
信号名 <= 对应类型数值;
```

需要注意的是，赋值语句中，赋值符号左右两侧的数据类型必须一致。

2. 进程语句

进程语句（process）是并行描述语句，是描述硬件并行工作行为的最常用、最基本的语句，但它本身却包含一系列顺序描述语句。尽管设计中的所有进程同时执行，但每个进程中的顺序描述语句却是按顺序执行的。

进程与设计中的其他部分进行通信时，是通过信号传递来完成的，该信号只能存在单一驱动源，不能多个进程或端口对其进行驱动。在每个 process 中，信号仍然按照顺序语句传递，但最终传递信号内容是在 end process 语句执行的瞬间完成的。进程语句的语法如下：

```
[标记：]process[（敏感信号表）]
        {变量声明区；}
begin
        {顺序描述语句；}
end process[标记]；
```

其中，标记（可选）是该进程的名称（主要是在多个进程设计中便于相互区分）；敏感信号表是进程要读取的所有敏感信号（包括端口）的列表。

所谓进程对信号敏感，就是指当这个信号发生变化时，能触发进程中语句的执行。一般综合后的电路需要对所有进程要读取的信号敏感，为了保证 VHDL 仿真器和综合后的电路具有相同的结果，进程敏感信号表就是一组包括所有能够引起进程产生作用的信号组合。

进程中所使用的变量都要在变量声明区进行声明，变量在遇到“end process；”时，失去效力。

需要注意的是，对于同一个信号而言，只能有一个进程对其进行赋值，其他进程仅能对其进行调用，不能再一次赋值。

3. 组件例化语句

组件是对一个实体为完成某一功能而插入另一个实体的称谓。组件可以在结构体、程序包等部分中进行声明。但需要注意，结构体或程序包定义语句中的任一组件声明都必须对应于一个实体，即每一组件都必须是一个已声明实体的例化。

组件声明语句语法如下：

```
coponent 标志
  [generic（类属声明）；]
  [port（端口声明）；]
end coponent;
```

其中，标志是该组件的名称；类属声明确定用来限定组件大小或者定时的局部常量；端口声明确定输入、输出端口的宽度和类型。组件声明格式上可看作与组件对应的实体的实体声明的一种变化形式。

组件例化语句语法如下：

实体名称：组件名称

```
[generic map（类属名称 => 表达式
              {，类属名称 => 表达式}
              )]
```

```
port map (
        [端口名称 => ] 表达式
        {, [端口名称 => ] 表达式 }
        );
```

组件例化的过程，实际上就是把具体组件安装到高层设计实体内部的过程，包括具体端口的映射与类属参数值的传递。在这一过程中，需要注意端口类型和宽度大小的一致性，类属参数类型的一致性。

VHDL 利用下列两个规则来选择具体确定哪一个实体及其对应的结构体与一个组件实例相关。

1）任一组件声明必须有一个实体，可以是一个 VHDL 实体，也可以是其他来源格式（如 EDIF）的设计实体，或者是一个库组件中具有相同名称的一个实体。该实体应用于每个与组件声明相关的组件实例。

2）一个 VHDL 实体只能有一个与之相关的结构体。如果存在多个结构体，则必须通过配置确定与实体相关的唯一一个结构体。

组件例化的过程主要包括以下两步：

（1）映射类属值　当使用类属参数例化组件时，可以将参数映射成具体的值。类属参数可以有默认值，这时例化是可以不映射类属，直接采用默认值。如果类属参数没有默认值，那么在例化时必须赋予它类属参数映射值。

（2）映射端口连接　端口映射将组件端口映射成实际的信号。在组件例化语句中可以使用名称关联或者位置关联来指明端口连接。

1）用名称关联鉴别组件的特定端口。端口名称 => 结构体确定了端口。

2）用位置关联将组件端口表达式以已经声明的端口顺序列出来。

11.3.2　常用的顺序描述语句

顺序描述语句是 VHDL 程序执行的根本动力，是电路设计功能执行的基础，语句只能出现在进程或子程序中，定义进程或子程序所执行的算法。顺序描述语句中所涉及的系统行为有时序流、控制、条件和迭代等；语句的功能操作有算术、逻辑运算、信号和变量的赋值、子程序调用等。顺序描述语句按出现的次序执行。

常用的顺序描述语句有赋值语句、if 语句、case 语句、loop 语句、next 语句、exit 语句、wait 语句、null 语句、return 语句、report 语句等，下面对常用的赋值语句、if 语句、case 语句、null 语句进行介绍。

1. 赋值语句

此处的赋值语句与并行信号赋值语句结构相同，用来为并行语句内的变量或信号进行赋值，语法如下：

```
信号名 <= 对应类型数值;
变量名 := 对应类型数值;
```

与并行信号赋值语句相同，赋值符号左右两侧的数据类型必须一致。

2. if 语句

if 语句执行一个序列的语句，其执行次序依赖于一个或多个条件的值。语法如下：

```
if 条件 then
  {一组顺序语句}
[elsif 条件 then
  {一组顺序语句}
else
  if 条件 then
    {一组顺序语句}
  else
    {一组顺序语句}
  end if;]
end if;
```

if 语句的每个分支判断条件必须是一个 boolean 表达式；每个分支条件后可以包含一个或多个顺序语句。if 语句按顺序计算每一个条件的 boolean 值，如果计算得到的值为真，则会执行该条件下的分支语句，并且在执行完成该部分语句后跳过 if 语句的其余部分；如果计算得到的值不为真，且存在 else 子句，那么将执行 else 子句后所包含的分支语句；如果计算得到的值既没有真，也不存在 else 子句，程序将直接跳出 if 语句，不执行 if 语句中任何分支语句。

if 语句进行条件判断计算获得的输出是 boolean 型数值，即"真"（TRUE）或"假"（FALSE），因此，在 if 语句的条件表达式中只能使用关系运算操作（=、/=、<、>、<=、>=）及逻辑运算操作的组合型表达式。

需要注意的是，在 if 语句中"else if"及"elsif"都是正确写法，语法区别仅体现为"else if"需要对应一个独立的"end if"，而"elsif"则不需要。

在时序逻辑设计时，经常用 if 语句判断某一信号的上升沿、下降沿以及高低电平情况，表 11-3 以信号 clock 为例，显示一般的判断语句写法。

表 11-3　信号的边沿 / 电平触发表示方法表

触发方式	时序波形	语法表示
上升沿		if (clock' event and clock='1') then …
下降沿		if (clock' event and clock='0') then …
电平触发 （以高电平触发为例）		if clock='1' then …

3. case 语句

case 语句依据单个表达式的计算结果执行之后的若干条序列语句中的一条。语法如下：

```
case 表达式 is
  when 分支条件 =>            {一组顺序语句}
  [when 分支条件 =>           {一组顺序语句}
  when others=>               {一组顺序语句}]
end case;
```

case 语句中表达式的计算结果必须是整型、枚举型或者枚举类型的数组。case 语句中 when 分支条件必须是一个静态表达式或是一个静态范围。分支选择的表达式类型决定每个选项的类型。所有的分支选择表达式的结果综合起来，必须包括分支选择表达式类型范围内的每个可能取值，如果存在没有满足的条件，必须将最后的一个分支条件语句设为 others，它与所有表达式类型范围内的剩余（未选择）值相匹配。

程序执行时，case 语句首先计算出表达式的结果，然后将此结果与每个选项进行对比，最后执行匹配选项值的 when 分支条件下的子句。

case 语句的分支条件具有两点限制：第一，两个分支条件不能重叠；第二，如果没有 others 分支条件存在，则选项集合必须覆盖表达式所有可能的值。

为了设计和表述的方便，当表达式的计算结果为整型数据时，若输入值在某一个连续范围内，其对应的输出值是相同的，此时使用 case 语句时，在 when 后面可以用“to”来表示一个取值的范围。

需要注意的是，when 后面跟的“=>”符号不是关系运算符，它在这里仅仅用来描述值和对应执行语句的对应关系，是一个连接符号，不代表任何真正的含义。

4. null 语句

null 语句不需要进行任何操作，且它经常用在 case 语句中，因为必须覆盖所有条件分支，因此对不需要操作的一些条件就需要使用 null 语句。语法如下：

```
null;
```

第 12 章 EDA 技术实践

12.1 基本门电路设计

12.1.1 二输入与非门电路

1. 二输入与非门电路的 VHDL 源程序（Mynand 2.VHD）

```
library          ieee;
use              ieee.std_logic_1164.all;
entity           Mynand2  is
port(
                 signal  a,b:  in   std_logic;
                 signal  y:   out   std_logic);
end;
architecture one of Mynand2         is
begin
      process(a,b)
      begin
                 y<=a nand b;
      end process;
end       one;
```

2. 仿真结果（见图 12-1）

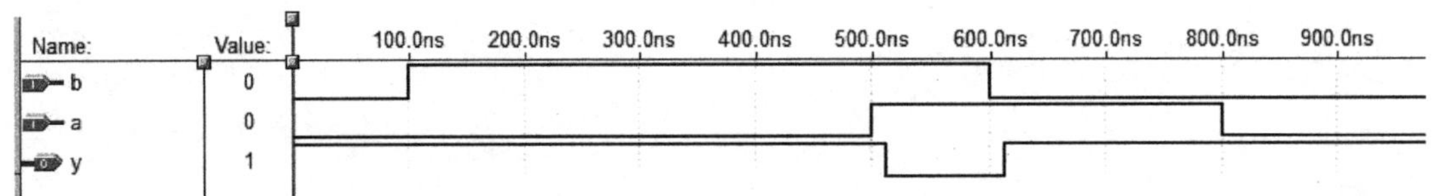

图 12-1 二输入与非门电路仿真结果

3. 引脚配置

模式选择：模式 5。

输入 a：配置在 FPGA 的 PIO0 ～ PIO7 中的任意一个引脚，如 PIO0（N1）。

输入 b：配置在 FPGA 的 PIO0 ～ PIO7 中的任意一个引脚，如 PIO1（R1）。

输出 y：配置在 FPGA 的 PIO8 ～ PIO15 中的任意一个引脚，如 PIO8（U2）。

4. 实验现象（见表 12-1）

表 12-1 二输入与非门电路实验现象表

输入		输出
a	b	y
低	低	亮

（续）

输入		输出
a	b	y
低	高	亮
高	低	亮
高	高	灭

12.1.2　二输入异或门电路

1. 二输入异或门电路的 VHDL 源程序（Myxor 2.VHD）

```
library         ieee;
use             ieee.std_logic_1164.all;
entity          Myxor2          is
port(
                signal          a,b         :  in     std_logic;
                signal          y           :  out    std_logic);
end;
architecture                    one   of    Myxor2    is
begin
    process(a,b)
        variable  c:std_logic_vector(0  to  1);
    begin
        c:=a&b;
        case c is
            When                "00"        =>y<='0';
            When                "01"        =>y<='1';
            When                "10"        =>y<='1';
            When                "11"        =>y<='0';
            when                others      =>y<='X';
        end case;
    end process;
end     one;
```

2. 仿真结果（见图 12-2）

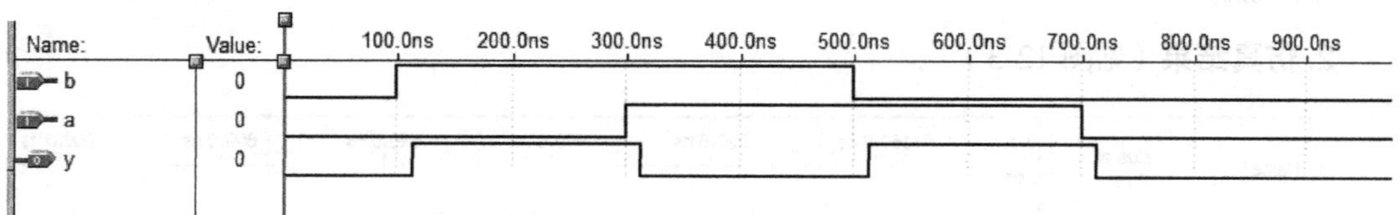

图 12-2　二输入异或门电路仿真结果

3. 引脚配置

模式选择：模式 5。

输入 a：配置在 FPGA 的 PIO0 ～ PIO7 中的任意一个引脚，如 PIO0（N1）。
输入 b：配置在 FPGA 的 PIO0 ～ PIO7 中的任意一个引脚，如 PIO1（R1）。
输出 y：配置在 FPGA 的 PIO8 ～ PIO15 中的任意一个引脚，如 PIO8（U2）。

4. 实验现象（见表 12-2）

表 12-2　二输入异或门电路实验现象表

输入		输出
a	b	y
低	低	灭
低	高	亮
高	低	亮
高	高	灭

12.1.3　三态门电路

1. 三态门电路的 VHDL 源程序（Mythi.VHD）

```
library          ieee;
use              ieee.std_logic_1164.all;
entity           MyThi          is
port(
                 signal         a,en           :  in     std_logic;
                 signal         y              :  out    std_logic);
end;
architecture  one    of  MyThi   is
begin
    process(a,en)
    begin
        if en= '1'then
            y< =a;
        else
            y< = 'Z';
        end if;
    end process;
end    one;
```

2. 仿真结果（见图 12-3）

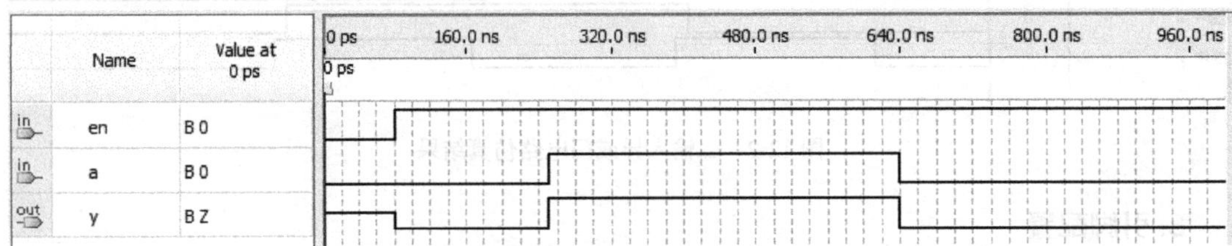

图 12-3　三态门电路仿真结果

3. 引脚配置

模式选择：模式 5。

输入 a：配置在 FPGA 的 PIO0 ～ PIO7 中的任意一个引脚，如 PIO0（N1）。

输入 en：配置在 FPGA 的 PIO0 ～ PIO7 中的任意一个引脚，如 PIO1（R1）。

输出 y：配置在 FPGA 的 PIO8 ～ PIO15 中的任意一个引脚，如 PIO8（U2）。

4. 实验现象（见表 12-3）

表 12-3　三态门电路实验现象表

输入		输出
en	a	y
低	低	弱亮
低	高	弱亮
高	低	灭
高	高	亮

12.2　组合逻辑电路设计

12.2.1　四舍五入判断电路

1. 设计要求

当输入二进制编码不小于“0101”（十进制数“5”）时，输出高电平。

2. 原理图

原理图方法设计，如图 12-4 所示。

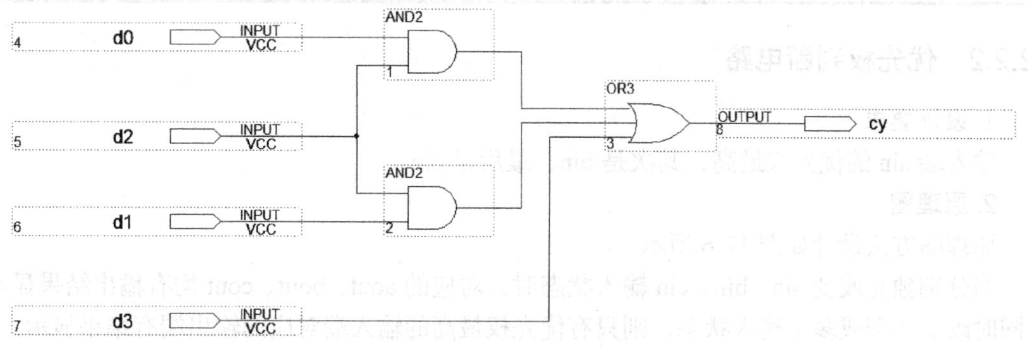

图 12-4　四舍五入判断电路

3. 仿真结果（见图 12-5）

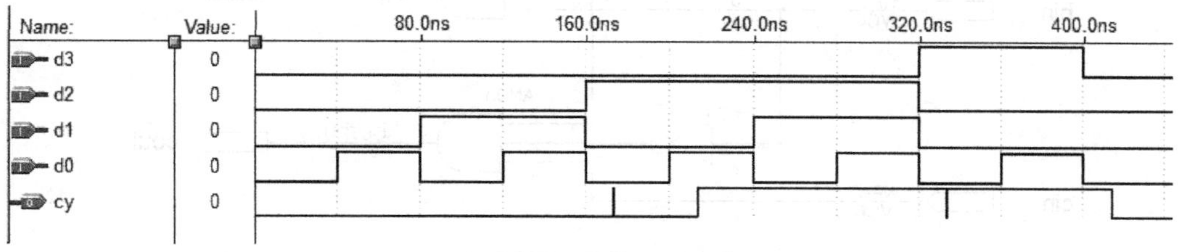

图 12-5　四舍五入判断电路仿真结果

4. 引脚配置

模式选择：模式 5。

输入 d3 ～ d0 在配置过程中需要符合二进制编码顺序，d3 为高位、d0 为低位。

输入 d0：配置在 FPGA 的 PIO0 ～ PIO7 中的任意一个引脚，如 PIO0（N1）。

输入 d1：配置在 FPGA 的 PIO0 ～ PIO7 中的任意一个引脚，如 PIO1（R1）。

输入 d2：配置在 FPGA 的 PIO0 ～ PIO7 中的任意一个引脚，如 PIO2（V1）。

输入 d3：配置在 FPGA 的 PIO0 ～ PIO7 中的任意一个引脚，如 PIO3（Y1）。

输出 cy：配置在 FPGA 的 PIO8 ～ PIO15 中的任意一个引脚，如 PIO8（U2）。

5. 实验现象（见表 12-4）

表 12-4　四舍五入判断电路实验现象表

d3	d2	d1	d0	十进制数	cy
低	低	低	低	0	灭
低	低	低	高	1	灭
低	低	高	低	2	灭
低	低	高	高	3	灭
低	高	低	低	4	灭
低	高	低	高	5	亮
低	高	高	低	6	亮
低	高	高	高	7	亮
高	低	低	低	8	亮
高	低	低	高	9	亮

12.2.2　优先权判断电路

1. 设计要求

输入端 ain 的优先权最高，其次是 bin，最后是 cin。

2. 原理图

原理图方法设计如图 12-6 所示。

当分别独立改变 ain、bin、cin 输入状态时，对应的 aout、bout、cout 均有输出结果显示；但同时改变 2 个或多个输入状态，则只有优先权最高的输入端对应的输出端有结果显示。

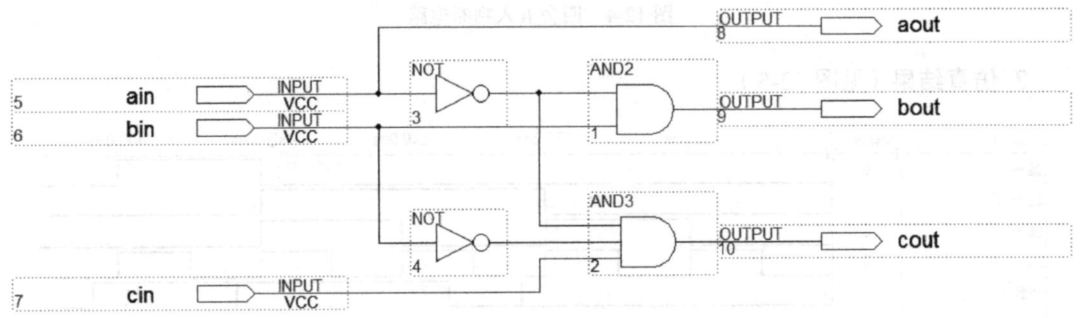

图 12-6　优先权判断电路

3. 仿真结果（见图 12-7）

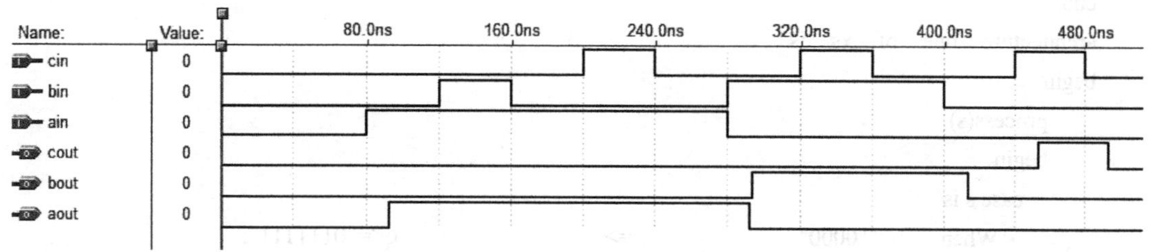

图 12-7　优先权判断电路仿真结果

4. 引脚配置

模式选择：模式 5。

输入 ain：配置在 FPGA 的 PIO0 ～ PIO7 中的任意一个引脚，如 PIO0（N1）。

输入 bin：配置在 FPGA 的 PIO0 ～ PIO7 中的任意一个引脚，如 PIO1（R1）。

输入 cin：配置在 FPGA 的 PIO0 ～ PIO7 中的任意一个引脚，如 PIO2（V1）。

输出 aout：配置在 FPGA 的 PIO8 ～ PIO15 中的任意一个引脚，如 PIO8（U2）。

输出 bout：配置在 FPGA 的 PIO8 ～ PIO15 中的任意一个引脚，如 PIO9（W2）。

输出 cout：配置在 FPGA 的 PIO8 ～ PIO15 中的任意一个引脚，如 PIO10（AA3）。

5. 实验现象（见表 12-5）

表 12-5　优先权判断电路实验现象表

输入			输出		
cin	bin	ain	cout	bout	aout
任意	任意	高	灭	灭	亮
任意	高	低	灭	亮	灭
高	低	低	亮	灭	灭
低	低	低	灭	灭	灭

12.2.3　7 段数码管显示译码器

1. 设计要求

显示译码器是译码器的一种特殊应用，它针对不同需要有不同的输入和输出，题目需要设计的是将得到的二进制数据转换成 7 段数码管字段信息的译码器，驱动 7 段数码管进行显示。

2. 显示译码电路的 VHDL 源程序（xs.VHD）

```
library     ieee;
use         ieee.std_logic_1164.all;
entity      xs is
port(       signal  s       :in     std_logic_vector(3 downto 0);
            signal  q       :out    std_logic_vector(6 downto 0)
```

```
    );
end;
architecture  one  of  xs  is
begin
    process(s)
    begin
      case s is
        When      "0000"        =>        q<="0111111";
        When      "0001"        =>        q<="0000110";
        when      "0010"        =>        q<="1011011";
        When      "0011"        =>        q<="1001111";
        When      "0100"        =>        q<="1100110";
        When      "0101"        =>        q<="1101101";
        When      "0110"        =>        q<="1111101";
        When      "0111"        =>        q<="0000111";
        When      "1000"        =>        q<="1111111";
        When      "1001"        =>        q<="1101111";
        When      "1010"        =>        q<="1110111";
        When      "1011"        =>        q<="1111100";
        When      "1100"        =>        q<="1011000";
        When      "1101"        =>        q<="1011110";
        When      "1110"        =>        q<="1111001";
        When      "1111"        =>        q<="1110001";
        When      others        =>        q<="0000000";
      end case;
    end process;
end  one;
```

3. 仿真结果（见图 12-8）

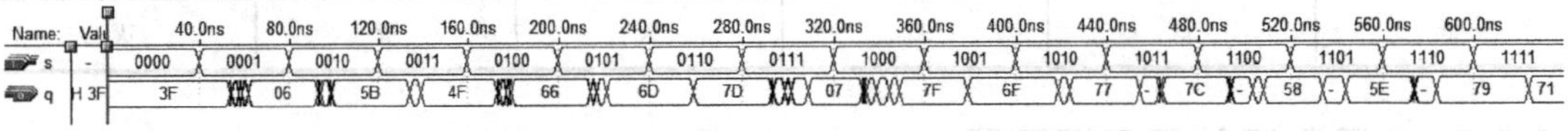

图 12-8　7 段数码管显示译码器仿真结果

4. 引脚配置

模式选择：模式 6。

输入 s3 ～ s0：按顺序配置在 FPGA 的 PIO3 ～ PIO0（U2、W2、AA3、AB5）引脚。

输出 q6 ～ q0：按顺序配置在 FPGA 的 PIO46 ～ PIO40（U21、AB19、AA19、AB18、U20、AA16、AB16）引脚。

5. 实验现象（见表 12-6）

表 12-6　7 段数码管显示译码器实验现象表

输入				输出
s3	s2	s1	s0	数码管显示
低	低	低	低	0
低	低	低	高	1
低	低	高	低	2
低	低	高	高	3
低	高	低	低	4
低	高	低	高	5
低	高	高	低	6
低	高	高	高	7
高	低	低	低	8
高	低	低	高	9
高	低	高	低	A
高	低	高	高	b
高	高	低	低	c
高	高	低	高	d
高	高	高	低	E
高	高	高	高	F

12.3　时序逻辑电路设计

12.3.1　异步清零三十进制加法计数器（上升沿计数）

1. 设计要求

设计实现异步清零三十进制加法计数器。

2. 异步三十进制加法计数器 VHDL 源程序（jsq30.VHD）

```
library         ieee;
use             ieee.std_logic_1164.all;
use             ieee.std_logic_unsigned.all;
entity          jsq30           is
port(
        cp,clr      :in   std_logic;
        q           :out  std_logic_vector(4 downto 0)
    );
end entity;
architecture  one    of  jsq30   is
    signal    sum    :std_logic_vector(4 downto 0);
begin
    process(cp,clr)
```

```
    begin
        if clr= '0' then
          sum< = "00000";
        elsif   cp' event   and   cp='1' then
          if   sum= "11101" then
               sum< = "00000";
          else
               sum< =sum+'1';
          end if;
        end if;
    end process;
    q< =sum;
end one;
```

3. 仿真结果（见图 12-9）

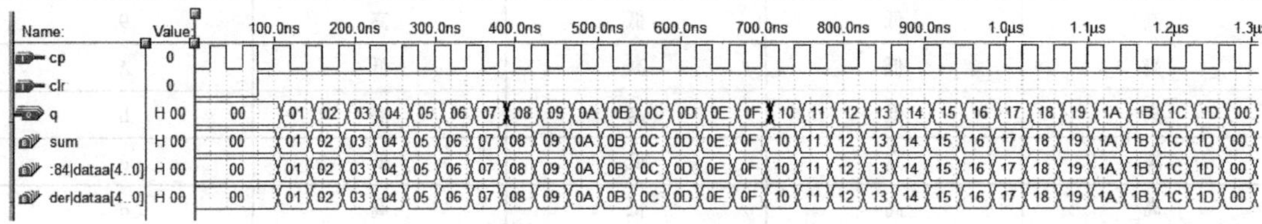

图 12-9　异步清零三十进制加法计数器仿真结果

4. 引脚配置

模式选择：模式 5。

输入 cp：配置在 FPGA 的 CLKB0（W22）引脚，由标准时钟源引一频率不大于 20Hz 的时钟信号；

输入 clr：配置在 FPGA 的 PIO0 ～ PIO7 中的任意一个引脚，如 PIO0（N1）。

输出 q：按顺序配置在 FPGA 的 PIO12 ～ PIO8（W6、AB5、AA3、W2、U2）引脚。

5. 实验现象

cp 为计数脉冲，对其进行计数；当 clr 为低电平时，发光二极管均熄灭（二进制数“00000”）；当 clr 为高电平时，发光二极管以二进制数方式显示计数值。

12.3.2　三十进制自循环计数器（下降沿计数）

1. 设计要求

设计实现三十进制自循环计数器。

2. 异步三十进制自循环计数器 VHDL 源程序（jsq30_loop.VHD）

```
library             ieee;
use                 ieee.std_logic_1164.all;
use                 ieee.std_logic_unsigned.all;
entity              jsq30_loop              is
port(
```

```
    cp,clr          :in    std_logic;
    q               :out   integer range  0  to  31
   );
end entity;
architecture        one  of  jsq30_loop    is
   signal           sum :integer           range            0  to      31;
   signal           flag  :std_logic;
begin
   process(cp,clr)
   begin
     if clr='0' then
       sum<=0;flag<='0';
     elsif  cp'event                        and              cp='0'  then
       if           flag='0'                then
                    if sum=29 then
                       flag<='1';
                    else
                       sum<=sum+1;
                    end   if;
       else
                    if sum=0 then
                       flag<='0';
                    else
                       sum<=sum-1;
                    end if;
       end if;
     end if;
   end process;
   q<=sum;
end one;
```

3. 仿真结果（见图 12-10）

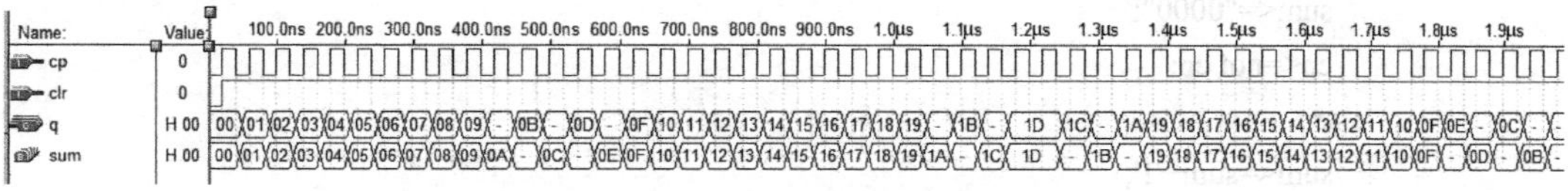

图 12-10　三十进制自循环计数器仿真结果

4. 引脚配置

模式选择：模式 5。

输入 cp：配置在 FPGA 的 CLKB0（W22）引脚，由标准时钟源引入一个频率不大于 20Hz 的时钟信号。

输入 clr：配置在 FPGA 的 PIO0 ～ PIO7 中的任意一个引脚，如 PIO0（N1）。

输出 q：按顺序配置在 FPGA 的 PIO12 ～ PIO8（W6、AB5、AA3、W2、U2）引脚。

5. 实验现象

cp 为计数脉冲，对其进行计数；当 clr 为低电平时，发光二极管均熄灭；当 clr 为高电平时，发光二极管以二进制形式计数。计数值从 0 开始加法计数至 29 后，再由 29 减法计数至 0，如此循环。

12.3.3 具有预置功能的分频器

1. 设计要求

设计实现具有预置功能的分频器。

2. 具有预置功能的分频器 VHDL 源程序（divf.VHD）

```
library            ieee;
use                ieee.std_logic_1164.all;
use                ieee.std_logic_unsigned.all;
entity             divf  is
port(
     cpin,clr      :in    std_logic;
     keyin         :in    std_logic_vector(3    downto    0);
     cpout         :out   std_logic
    );
end   entity;
architecture       one   of   divf  is
    signal         sum   :std_logic_vector(3 downto   0);
    signal         cp    :std_logic;
begin
    process(cpin,clr)
    begin
        if clr= '0' then
          sum<="0000";cp<='0';
      elsif cpin'event  and  cpin='1'  then
        if sum=keyin  then
          sum<="0000";
          cp<=not cp;
        else
          sum<=sum+'1';
        end if;
      end if;
    end process;
    cpout<=cp;
end one;
```

3. 仿真结果（见图 12-11）

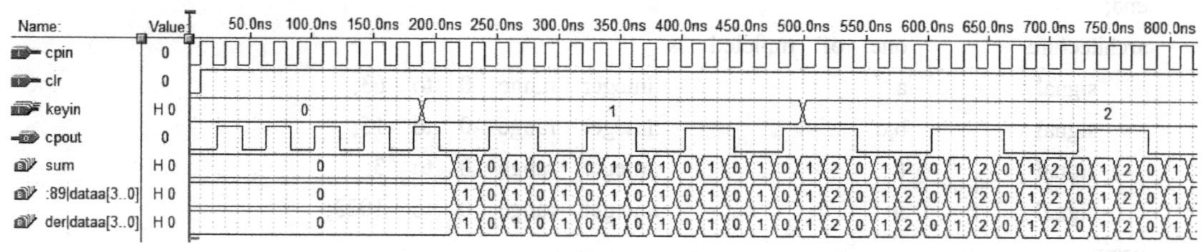

图 12-11　具有预置功能的分频器仿真结果

4. 引脚配置

模式选择：模式 6。

输入 cpin：配置在 FPGA 的 CLKB0（W22）引脚，由标准时钟源引入一个频率不大于 20Hz 的时钟信号。

输入 clr：配置在 FPGA 的 PIO8 ～ PIO13 中的任意一个引脚，如 PIO8（U2）。

输入 keyin3 ～ keyin0：按顺序配置在 FPGA 的 PIO3 ～ PIO0（Y1、V1、R1、N1）引脚。

输出 cpout：配置在 FPGA 的 PIO16 ～ PIO23 中的任意一个引脚，如 PIO16（U1）引脚。

5. 实验现象

当 clr 为低电平时，发光二极管熄灭；当 clr 为高电平时，发光二极管根据 keyin 的设定以不同的速度闪烁。

12.4　综合设计

12.4.1　十字路口交通灯控制器

1. 设计目标

1）符合十字路口交通灯的基本工作过程。

2）分为北线和西线两路指示。

3）北线各个指示灯工作过程：绿灯亮 15s、黄灯闪动 2s、红灯亮 13s、黄灯再闪动 2s，依次循环工作。

4）西线各个指示灯工作过程：红灯亮 15s、黄灯闪动 2s、绿灯亮 13s、黄灯再闪动 2s，依次循环工作。

5）用数码管以倒计时方式显示时间。

2. 设计实现

```
library     ieee;
use         ieee.std_logic_1164.all;
use         ieee.std_logic_unsigned.all;
entity      traficled is
port(
            en,cp          :in    std_logic;
            led            :out   std_logic_vector(5  downto  0);
            qa,qb,qc,qd    :out   integer  range  0  to  15
```

```
    );
end;
architecture        one  of  traficled  is
    signal          a                  :integer  range  0  to  63;
    signal          b,c                :integer  range  0  to  15;
    signal          f                  :integer  range  0  to  3;
    signal          n                  :integer  range  0  to  1023;
begin
aa:  process(en,cp)
     begin
        if  en='0'  then
            a<=0;
            n<=0;
        elsif  cp'event  and  cp='0'  then
        if      n=1023              then
            n<=0;
        else
            if  n=611  or  n=1022  then
                if  a=63  then
                    a<=0;
                else
                    a<=a+1;
                end if;
            end if;
            n<=n+1;
        end if;
      end if;
    end process aa;
bb: process(en,cp)
    begin
      if  en='0'  then
          f<=0;
      elsif cp'e vent and cp='0' then
          if  f=3  then
              f<=0;
          else
              f<=f+1;
          end  if;
      end  if;
    end process bb;
cc:  process(a)
     begin
       case a is
          when  0  to  1           =>              b<=5;c<=1;
```

```
            when  2  to  3          =>          b<=4;c<=1;
            when  4  to  5          =>          b<=3;c<=1;
            when  6  to  7          =>          b<=2;c<=1;
            when  8  to  9          =>          b<=1;c<=1;
            when  10  to  11        =>          b<=0;c<=1;
            when  12  to  13        =>          b<=9;c<=0;
            when  14  to  15        =>          b<=8;c<=0;
            when  16  to  17        =>          b<=7;c<=0;
            when  18  to  19        =>          b<=6;c<=0;
            when  20  to  21        =>          b<=5;c<=0;
            when  22  to  23        =>          b<=4;c<=0;
            when  24  to  25        =>          b<=3;c<=0;
            when  26  to  27        =>          b<=2;c<=0;
            when  28  to  29        =>          b<=1;c<=0;
            when  30  to  31        =>          b<=2;c<=0;
            when  32  to  33        =>          b<=1;c<=0;
            when  34  to  35        =>          b<=3;c<=1;
            when  36  to  37        =>          b<=2;c<=1;
            when  38  to  39        =>          b<=1;c<=1;
            when  40  to  41        =>          b<=0;c<=1;
            when  42  to  43        =>          b<=9;c<=0;
            when  44  to  45        =>          b<=8;c<=0;
            when  46  to  47        =>          b<=7;c<=0;
            when  48  to  49        =>          b<=6;c<=0;
            when  50  to  51        =>          b<=5;c<=0;
            when  52  to  53        =>          b<=4;c<=0;
            when  54  to  55        =>          b<=3;c<=0;
            when  56  to  57        =>          b<=2;c<=0;
            when  58  to  59        =>          b<=1;c<=0;
            when  60  to  61        =>          b<=2;c<=0;
            when  62  to  63        =>          b<=1;c<=0;
            when  others            =>          b<=15;c<=15;
        end case;
    end process cc;
dd: process(a)
      begin
        case a is
            when  0  to             29          => led<="100001";
            when  30                            => led<="010010";
            when  31                            => led<="000000";
            when  32                            => led<="010010";
            when  33                            => led<="000000";
            when  34  to            59          => led<="001100";
            when  60                            => led<="010010";
```

```
            when   61                          => led<="000000";
            when   62                          => led<="010010";
            when   63                          => led<="000000";
            when   others                      => led<="000000";
        end case;
      end process dd;
ee: process(f)
     begin
      case f   is
            when   0         =>                qa<=b;
            when   1         =>                qb<=c;
            when   2         =>                qc<=b;
            when   3         =>                qd<=c;
            when   others    =>                qa<=15;qb<=15;qc<=15;gd<=15;
        end case;
      end process ee;
end one;
```

3. 引脚配置

模式选择：模式 1。

接口连接：主板 J9 接口连交通灯模块左下接口。

输入 cp：配置在 FPGA 的 CLKB0（W22）引脚，连接时钟源的 1024Hz 输出端。

输入 en：配置在 FPGA 的 PIO49（M2）引脚。

输出 led5：配置在 FPGA 的 DAT0（Y10）引脚。

输出 led4：配置在 FPGA 的 DA13（AB14）引脚。

输出 led3：配置在 FPGA 的 DA12（AA13）引脚。

输出 led2：配置在 FPGA 的 DA10（AA15）引脚。

输出 led1：配置在 FPGA 的 DA8（Y17）引脚。

输出 led0：配置在 FPGA 的 DA9（W17）引脚。

输出 qa：按顺序配置在 FPGA 的 PIO19 ～ PIO16（V2、W1、R2、U1）引脚。

输出 qb：按顺序配置在 FPGA 的 PIO23 ～ PIO20（AA4、AA5、Y2、AA1）引脚。

输出 qc：按顺序配置在 FPGA 的 PIO27 ～ PIO24（W7、Y8、V6、Y6）引脚。

输出 qd：按顺序配置在 FPGA 的 PIO31 ～ PIO28（AA9、AB9、AA7、AB7）引脚。

4. 实验现象

当 en 为高电平时，交通灯模块北侧（N）、西侧（W）的 LED 和数码管 8、7、2、1 按设计要求变化。

12.4.2　综合键盘控制器

1. 设计目标

1）实现 4 × 4 键盘的按键状态获取。

2）在 4 × 4 键盘有按键按下时，能够产生按键按下提示信号。

3）在 4 × 4 键盘有按键按下时，能够输出被按下按键相应的键值（十六进制表示）。

4）能被外部信号启动和复位。

2. 设计实现

```
library         ieee;
use             ieee.std_logic_1164.all;
use             ieee.std_logic_unsigned.all;
entity          Key4X4 is
port(
    cp          :in     std_logic;
    en          :in     std_logic;
    keyin       :in     std_logic_vector(3 downto 0);
    keyout      :out    std_logic_vector(3 downto 0);
    q           :out    std_logic_vector(3 downto 0);
    interrupt   :out    std_logic
  );
end;
architecture  one  of  Key4X4  is
   signal C                   :std_logic_vector(1 downto 0);
   signal key_value_bit       :std_logic_vector(7 downto 0);
   signal keyout_temp         :std_logic_vector(3 downto 0);
   signal interrupt_temp      :std_logic;
begin
   keyout <= keyout_temp;
   key_value_bit <= keyout_temp & keyin;
   interrupt<= keyin(0) and keyin(1) and keyin(2) and keyin(3);
   process (cp,en,keyin)
   begin
      if  en='0'  then
          q<="1111";
      elsif (cp'event and cp = '1') then
       C <= C + "01";
       case C is
            when    "00" =>  keyout_temp <= "0111";
            when    "01" =>  keyout_temp <= "1011";
            when    "10" =>  keyout_temp <= "1101";
            when    "11" =>  keyout_temp <= "1110";
         end case;
         case key_value_bit is
            when    "01111110" =>   q <= "0000";
            when    "01111101" =>   q <= "0001";
            when    "01111011" =>   q <= "0010";
            when    "01110111" =>   q <= "0011";
            when    "10111110" =>   q <= "0100";
            when    "10111101" =>   q <= "0101";
```

```
                when      "10111011" =>   q <= "0110";
                when      "10110111" =>   q <= "0111";
                when      "11011110" =>   q <= "1000";
                when      "11011101" =>   q <= "1001";
                when      "11011011" =>   q <= "1010";
                when      "11010111" =>   q <= "1011";
                when      "11101110" =>   q <= "1100";
                when      "11101101" =>   q <= "1101";
                when      "11101011" =>   q <= "1110";
                when      "11100111" =>   q <= "1111";
                when      others          => null;
            end case;
        end if;
    end process;
end;
```

3. 引脚配置

模式选择：模式 1。

接口连接：主板 J6 接口连接综合键盘模块 J1 接口。

输入 cp：配置在 FPGA 的 CLKB0（W22）引脚，连接时钟源的 128Hz 输出端。

输入 en：配置在 FPGA 的 PIO49（M2）引脚。

输入 keyin3：配置在 FPGA 的 DB5（AB20）引脚。

输入 keyin2：配置在 FPGA 的 DB3（AA20）引脚。

输入 keyin1：配置在 FPGA 的 DB1（Y21）引脚。

输入 keyin0：配置在 FPGA 的 DB0（Y22）引脚。

输出 keyout3：配置在 FPGA 的 DB6（AA17）引脚。

输出 keyout2：配置在 FPGA 的 DB7（AB17）引脚。

输出 keyout1：配置在 FPGA 的 DB8（V16）引脚。

输出 keyout0：配置在 FPGA 的 DB9（U16）引脚。

输出 interrupt：配置在 FPGA 的 PIO39（Y17）引脚。

输出 q：按顺序配置在 FPGA 的 PIO31 ～ PIO28（V2、W1、R2、U1）引脚。

4. 实验现象

当输入 en 为高电平时，4×4 键盘有按键按下，interrupt 输出高低电平闪烁，q 输出该按键的键值；当输入 en 为低电平时，4×4 键盘任意按键按下，interrupt 输出高电平，q 输出 F 按键的键值，不进行键值更新。

12.4.3 ADC（采样控制器）

1. 设计目标

1）实现模拟电压的获取。

2）显示获取的模拟电压对应的数字量（十六进制形式）。

3）能被外部信号启动和复位。

2. 设计实现

```
library              ieee;
use                  ieee.std_logic_1164.all;
entity               ADCget  is
port(
                     datain          :in          std_logic_vector(7    downto   0);
                     cp,eoc,rst      :in          std_logic;
                     clkout          :out         std_logic;
                     ale,start,oe    :out         std_logic;
                     addr            :out         std_logic_vector(2    downto   0);
                     q               :out         std_logic_vector(7    downto   0)
      );
end;
architecture   one   of   ADCget   is
    type states           is(st0, st1, st2, st3,st4);
    signal current_state,next_state: states:=st0 ;
    signal REGL           :std_logic_vector(7 downto   0);
    signal LOCK           :std_logic;
    signal cptemp         :std_logic;
    signal cnt            :integer   range   0   to   7;
begin
    addr<="000";
    clkout<=cptemp;
    q<= REGL;
aa:process(current_state,EOC)
    begin
        case current_state is
            when st0=> ALE<='0';start<='0';oe<='0';LOCK<='0';next_state <= st1;
            when st1=> ALE<='1';start<='1';oe<='0';LOCK<='0';next_state <= st2;
            when st2=> ALE<='0';start<='0';oe<='0';LOCK<='0';
                          if (EOC='1') then
                                next_state <= st3;
                          else
                                next_state <= st2;
                          end if ;
            when st3=> ALE<='0';start<='1';oe<='1';LOCK<='0';next_state <= st4;
            when st4=> ALE<='0';start<='0';oe<='1';LOCK<='1';next_state <= st0;
            when others => ALE<='0';start<='0';oe<='0';LOCK<='0';next_state <= st0;
        end case;
    end process aa;
bb:process(cp,rst)
    begin
        If rst='1'  then
```

```
              current_state <= st0;
          elsif cp'event and cp='1'  then
              current_state <= next_state;
          end if;
      end process bb;
cc:process (LOCK)
      begin
          if   LOCK'event and LOCK='1'   then
              REGL <= datain;
          end if;
      end process cc;
dd:process(cp,cnt,rst)
      begin
          if   rst='1'   then
              cnt<=0;
              cptemp<='0';
          elsif cp'event   and   cp='1'   then
              if   cnt=4          then
                  cnt<=0;
                  cptemp<=not cptemp;
              else
                  cnt<=cnt+1;
              end if;
          end if;
      end process dd;
end;
```

3. 引脚配置

模式选择：模式 5。

接口连接：主板 J7 接口连 ADC 模块 J2 接口；主板 J6 接口连 ADC 模块 J3 接口。

输入 cp：配置在 FPGA 的 CLKB0（W22）引脚，连接时钟源的 5MHz 输出端。

输入 rst：配置在 FPGA 的 PIO0（N1）引脚。

输入 eoc：配置在 FPGA 的 DBT1（AA8）引脚。

输入 datain（0）：配置在 FPGA 的 DB0（Y22）引脚。

输入 datain（1）：配置在 FPGA 的 DB1（Y21）引脚。

输入 datain（2）：配置在 FPGA 的 DB3（AA20）引脚。

输入 datain（3）：配置在 FPGA 的 DB5（AB20）引脚。

输入 datain（4）：配置在 FPGA 的 DB6（AA17）引脚。

输入 datain（5）：配置在 FPGA 的 DB7（AB17）引脚。

输入 datain（6）：配置在 FPGA 的 DB8（V16）引脚。

输入 datain（7）：配置在 FPGA 的 DB9（U16）引脚。

输出 clkout：配置在 FGPA 的 DB15（AB8）引脚。

输出 ale：配置在 FPGA 的 DB13（AB13）引脚。

输出 addr（0）：配置在 FPGA 的 DB10（AA14）引脚。

输出 addr（1）：配置在 FPGA 的 DB11（AB15）引脚。

输出 addr（2）：配置在 FPGA 的 DB12（Y_{13}）引脚。

输出 oe：配置在 FPGA 的 DB14（AB10）引脚。

输出 start：配置在 FPGA 的 DBT0（AA10）引脚。

输出 q：按顺序配置在 FPGA 的 PIO23 ～ PIO16（AA4、AA5、Y2、AA1、V2、W1、R2、U1）引脚。

4. 实验现象

当输入 rst 为高电平时，采集电位器输出的电压，旋动电位器旋钮，q 输出电位器当前输出电压的 A/D 转换值；当输入 rst 为低电平时，停止采样，q 输出不进行更新。

12.4.4　DAC（正弦波发生器）

1. 设计目标

1）实现正弦波电压的产生。

2）频率分为 100Hz、250Hz、500Hz、1kHz、2.5kHz、5.0kHz、10kHz 等 7 个挡，可以通过按键调整输出信号频率，并在数码管上显示对应的频率挡位。

3）能被外部信号启动和停止。

2. 设计实现

（1）总体设计　DAC 正弦波发生器总体设计原理图如图 12-12 所示。

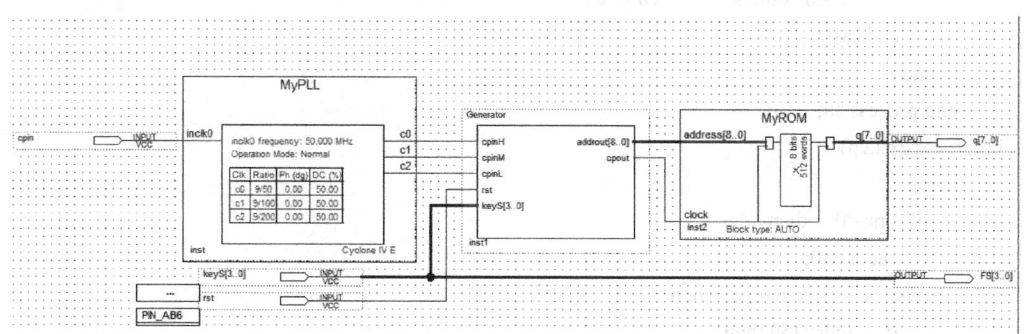

图 12-12　DAC 正弦波发生器总体设计原理图

（2）Generator 模块 VHDL 代码

```
library         ieee;
use             ieee.std_logic_1164.all;
use             ieee.std_logic_unsigned.all;
entity          Generator   is
port(
                cpinH           :in         std_logic;
                cpinM           :in         std_logic;
                cpinL           :in         std_logic;
                rst             :in         std_logic;
                keyS            :in         std_logic_vector(3 downto 0);
```

```
                    addrout         :out        integer  range  0  to  511;
                    cpout           :out        std_logic);
end;
architecture        one of   Generator    is
    signal          addr                       :integer  range  0  to  511;
    signal          cp,cpHF,cpMF,cpLF,cpSF     :std_logic;
    signal          HF,MF,LF,SF                :integer  range  0  to  15;
begin
aa:process(rst,keyS,cpinH,cpinM,cpinL)
    begin
        if  rst='0'    then
            cp<='0';
        else
            case keys is
                when  "0001"  =>  cp<=cpinH;
                when  "0010"  =>  cp<=cpinM;
                when  "0011"  =>  cp<=cpinL;
                when  "0100"  =>  cp<=cpHF;
                when  "0101"  =>  cp<=cpMF;
                when  "0110"  =>  cp<=cpLF;
                when  "0111"  =>  cp<=cpSF;
                when  others  =>  cp<='0';
            end case;
        end if;
    end process aa;
bb:process(rst,cp)
    begin
        if  rst='0'   then
            addr<=0;
        elsif rising_edge(cp)   then
            if   addr=359 then
                addr<=0;
            else
                addr<=addr+1;
            end if;
        end if;
    end process bb;
cc:process(rst,cpinH)
    begin
        if  rst='0'   then
            HF<=0;
            cpHF<='0';
        Elsif   rising_edge(cpinH)         then
            if  HF=4   then
```

```
                HF<=0;
                cpHF<=not cpHF;
            else
                HF<=HF+1;
            end if;
        end if;
    end process cc;
dd:process(rst,cpinM)
    begin
        if  rst='0'  then
            MF<=0;
            cpMF<='0';
        elsif  rising_edge(cpinM)  then
            if  MF=4  then
                MF<=0;
                cpMF<=not cpMF;
            else
                MF<=MF+1;
            end if;
        end if;
    end process dd;
ee:process(rst,cpinL)
    begin
        if  rst='0'  then
            LF<=0;
            cpLF<='0';
        elsif  rising_edge(cpinL)  then
            if  LF=4  then
                LF<=0;
                cpLF<=not cpLF;
            else
                LF<=LF+1;
            end if;
        end  if;
    end process ee;
ff:process(rst,cpHF)
    begin
        if  rst='0'  then
            SF<=0;
            cpSF<='0';
        elsif rising_edge(cpHF)  then
            if  SF=4  then
                SF<=0;
                cpSF<=not cpSF;
```

```
            else
                SF<=SF+1;
            end if;
        end if;
    end process ff;
    addrout<=addr;
    cpout<=cp;
end;
```

（3）51 单片机汇编程序（ASM 文件）波形数据文件

```
ORG     0h
DB   127,129,131,133,135,138,140,142,144,146,149,151,153,155,157,159,162,164,166,168
DB   170,172,174,176,178,180,182,184,186,188,190,192,194,196,198,199,201,203,205,206
DB   208,210,211,213,215,216,218,219,221,222,224,225,227,228,229,231,232,233,234,235
DB   236,238,239,240,241,242,243,243,244,245,246,247,247,248,249,249,250,250,251,251
DB   252,252,252,253,253,253,253,253,253,253,253,253,253,253,253,253,253,253,252,252
DB   252,251,251,250,250,249,249,248,247,247,246,245,244,243,243,242,241,240,239,238
DB   236,235,234,233,232,231,229,228,227,225,224,222,221,219,218,216,215,213,211,210
DB   208,206,205,203,201,199,198,196,194,192,190,188,186,184,182,180,178,176,174,172
DB   170,168,166,164,162,159,157,155,153,151,149,146,144,142,140,138,135,133,131,129
DB   127,124,122,120,118,115,113,111,109,107,104,102,100,98,96,94,91,89,87,85
DB   83,81,79,77,75,73,71,69,67,65,63,61,59,57,55,54,52,50,48,47
DB   45,43,42,40,38,37,35,34,32,31,29,28,26,25,24,22,21,20,19,18
DB   17,15,14,13,12,11,10,10,9,8,7,6,6,5,4,4,3,3,2,2
DB   1,1,1,0,0,0,0,0,0,0,0,0,0,0,0,0,0,1,1
DB   1,2,2,3,3,4,4,5,6,6,7,8,9,10,10,11,12,13,14,15
DB   17,18,19,20,21,22,24,25,26,28,29,31,32,34,35,37,38,40,42,43
DB   45,47,48,50,52,54,55,57,59,61,63,65,67,69,71,73,75,77,79,81
DB   83,85,87,89,91,94,96,98,100,102,104,107,109,111,113,115,118,120,122,124
END
```

该文件需要使用 ASM 文件编辑、编译软件，如 Keil 3/4 软件，生成相应的 HEX 文件，并添加至波形数据 ROM 中。

3. 引脚配置

模式选择：模式 0。

接口连接：主板 J6 接口连 DAC 模块 J5 接口。

输入 cpin：配置在 FPGA 的锁相环输入（B11）引脚，该输入频率为 50MHz。

输入 rst：配置在 FPGA 的 PIO7（AB6）引脚。

输入 keyS（0）：配置在 FPGA 的 PIO8（U2）引脚。

输入 keyS（1）：配置在 FPGA 的 PIO9（W2）引脚。

输入 keyS（2）：配置在 FPGA 的 PIO10（AA3）引脚。

输入 keyS（3）：配置在 FPGA 的 PIO11（AB5）引脚。

输出 FS（0）：配置在 FPGA 的 PIO16（U1）引脚。

输出 FS（1）：配置在 FPGA 的 PIO17（R2）引脚。
输出 FS（2）：配置在 FPGA 的 PIO18（W1）引脚。
输出 FS（3）：配置在 FPGA 的 PIO19（V2）引脚。
输出 q（0）：配置在 FPGA 的 DB0（Y22）引脚。
输出 q（1）：配置在 FPGA 的 DB3（AA20）引脚。
输出 q（2）：配置在 FPGA 的 DB6（AA17）引脚。
输出 q（3）：配置在 FPGA 的 DB8（V16）引脚。
输出 q（4）：配置在 FPGA 的 DB9（U16）引脚。
输出 q（5）：配置在 FPGA 的 DB7（AB17）引脚。
输出 q（6）：配置在 FPGA 的 DB5（AB20）引脚。
输出 q（7）：配置在 FPGA 的 DB1（Y21）引脚。

4. 实验现象

当输入 rst 为高电平时，DAC 模块根据按键 1 的设定输出不同频率的正弦信号，同时在数码管 1 上显示当前输出频率对应挡位；当输入 rst 为低电平时，DAC 模块停止工作，输出直流信号。

12.4.5　直流电动机控制器

1. 设计目标

1）实现直流电动机的调速控制。
2）显示获取的直流电动机转速及调速等级。
3）能被外部信号启动和复位。

2. 设计实现

（1）总体设计　直流电动机控制器总体设计原理图如图 12-13 所示。

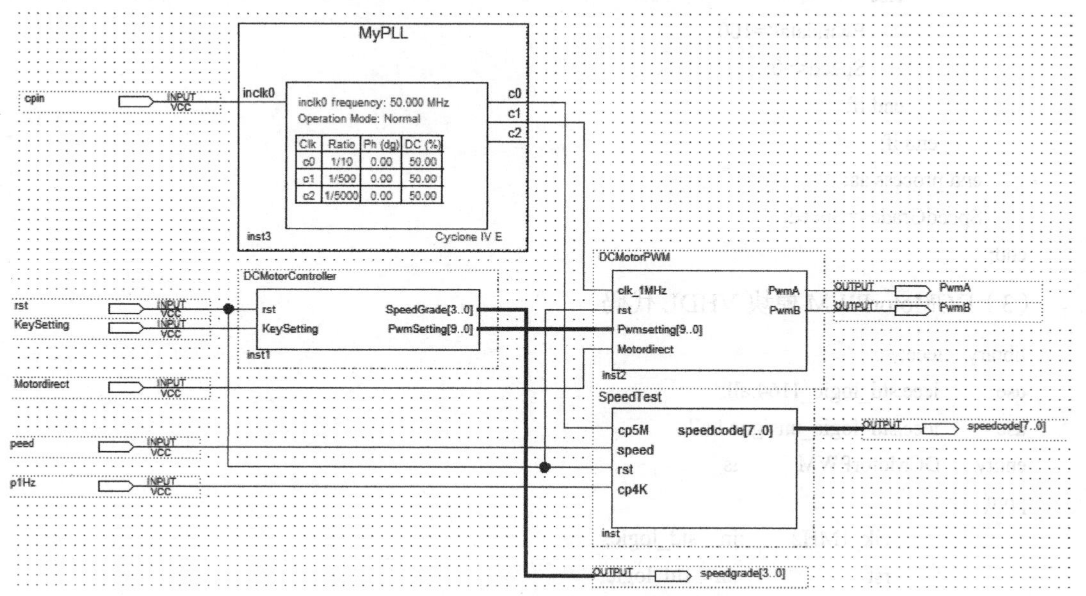

图 12-13　直流电动机控制器总体设计原理图

（2）DCMotorController 模块 VHDL 代码

```
library   ieee;
use       ieee.std_logic_1164.all;
use       ieee.std_logic_unsigned.all;
entity    DCMotorController is
port(
          rst           :in          std_logic;
          KeySetting    :in          std_logic;
          SpeedGrade    :out         integer   range   0   to   15;
          PwmSetting    :out         integer   range   0   to   1023);
end;
architecture   one     of      DCMotorController    is
    signal    Pwmdata        :integer   range   0   to   1023;
    signal    Speed          :integer   range   0   to   15;
begin
    PwmSetting<=Pwmdata;
aa:process(rst,KeySetting)
    begin
        if   rst='0'   then
             Pwmdata<=100;
             Speed<=0;
        elsif   rising_edge(KeySetting)   then
            if   Pwmdata<=800    then
                 Pwmdata<=Pwmdata+50;
                 Speed<=Speed+1;
            else
                 Pwmdata<=100;
                 Speed<=0;
            end if;
        end if;
    end process aa;
    SpeedGrade<=Speed;
end;
```

（3）DCMotorPWM 模块 VHDL 代码

```
library   ieee;
use       ieee.std_logic_1164.all;
use       ieee.std_logic_unsigned.all;
entity    DCMotorPWM        is
port(
            clk_1MHz       :in   std_logic;
            rst            :in   std_logic;
            Pwmsetting     :in   integer   range 0   to   1023;
            Motordirect    :in   std_logic;
```

```
            PwmA,PwmB   :out   std_logic);
end;
architecture   one   of   DCMotorPWM    is
    signal    PwmData:integer   range 0   to    1023;
    signal    Pwmout  :std_logic;
begin
aa:process(rst,Motordirect,Pwmout)
    begin
        if   rst='0'   then
            PwmA<='0';
            PwmB<='0';
        else
            if   Motordirect='0'   then
                PwmA<=Pwmout;
                PwmB <='0';
            else
                PwmA<='0';
                PwmB<=Pwmout;
            end if;
        end if;
    end process aa;
bb:process(rst,clk_1MHz)
    begin
        if   rst='0'   then
            Pwmout<='0';
            PwmData<=0;
        elsif   rising_edge(clk_1MHz)   then
            if   PwmData<Pwmsetting   then
                Pwmout<='1';
            else
                Pwmout<='0';
            end if;
            if   PwmData<1000    then
                PwmData<=PwmData+1;
            else
                PwmData<=0;
            end if;
        end if;
    end process bb;
end;
```

（4）SpeedTest 模块设计　SpeedTest 模块原理图如图 12-14 所示。

1）SpeedIn 模块 VHDL 代码。

```
library    ieee;
```

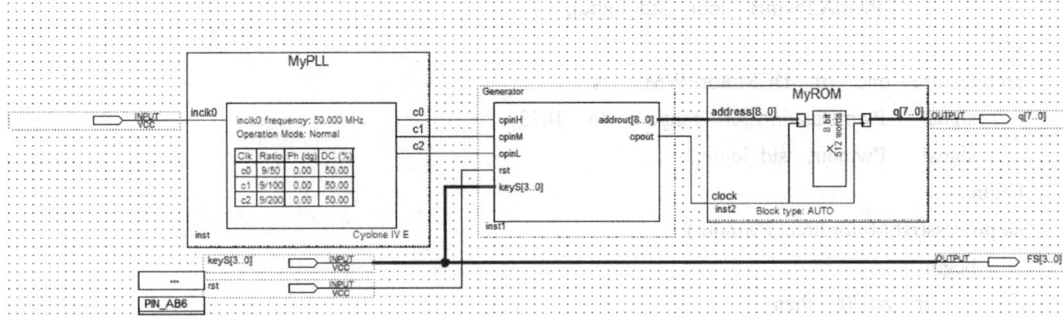

图 12-14　SpeedTest 模块原理图

```
use         ieee.std_logic_1164.all;
use         ieee.std_logic_unsigned.all;
entity      SpeedIn    is
port(
            clk_5M        :in     std_logic;
            speed         :in     std_logic
            rst           :in     std_logic;
            cpout         :out    std_logic);
end;
architecture   one   of   SpeedIn   is
    signal      speedH,speedL   :integer   range   0   to   512;
    signal      speedcp         :std_logic;
    constant    max             :integer:=12;
begin
    cpout<=speedcp;
bb:process(rst,speed,clk_5M)
    begin
        if   rst='0'   then
            speedH<=0;
        elsif   rising_edge(clk_5M)   then
            if   speed='1'   then
                speedH<=speedH+1;
            else
                speedH<=0;
            end if;
        end if;
    end process bb;
cc:process(rst,speed,clk_5M)
    begin
        if   rst='0'   then
            speedL<=0;
        elsif   rising_edge(clk_5M)   then
```

```
            if   speed='0'   then
                speedL<=speedL+1;
            else
                speedL<=0;
            end if;
        end if;
    end process cc;
dd:process(rst,speedH,speedL,clk_5M)
    begin
        if   rst='0'   then
            speedcp<='0';
        elsif   rising_edge(clk_5M)   then
            if    speedH>max    then
                speedcp<='1';
            elsif speedL>max    then
                speedcp<='0';
            end if;
        end if;
    end process dd;
end;
```

2）TF_CTRL 模块设计。TF_CTRL 模块设计原理图如图 12-15 所示。

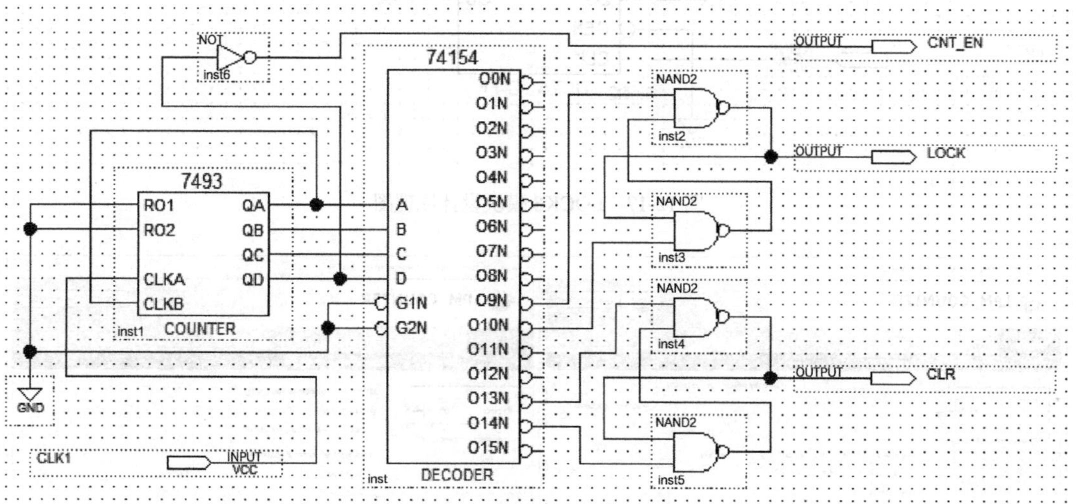

图 12-15　TF_CTRL 模块设计原理图

3）CNT10D 模块设计原理图。CNT10D 模块设计原理图如图 12-16 所示。

4）LOCK8 模块设计原理图。LOCK8 模块设计原理图如图 12-17 所示。

5）CNT 模块。CNT 模块由 LPM 库手动生成，如图 12-18 所示。

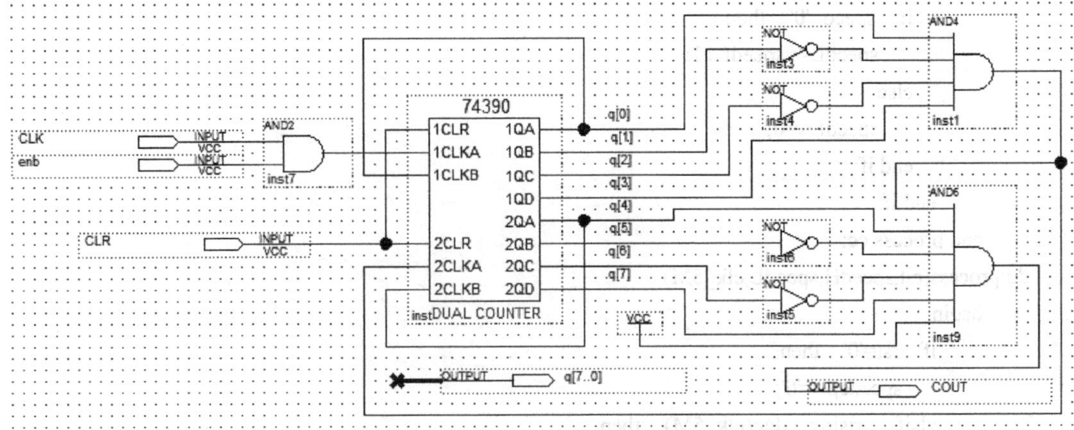

图 12-16　CNT10D 模块设计原理图

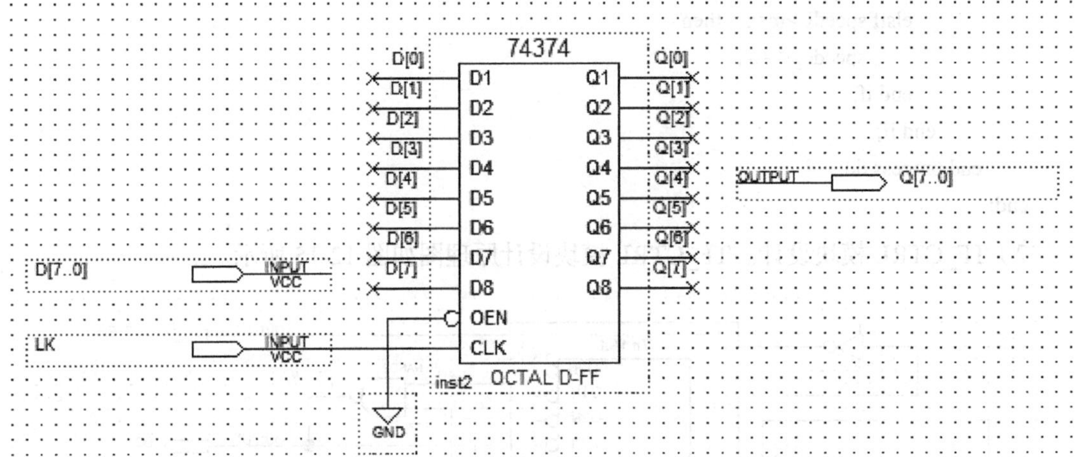

图 12-17　LOCK8 模块设计原理图

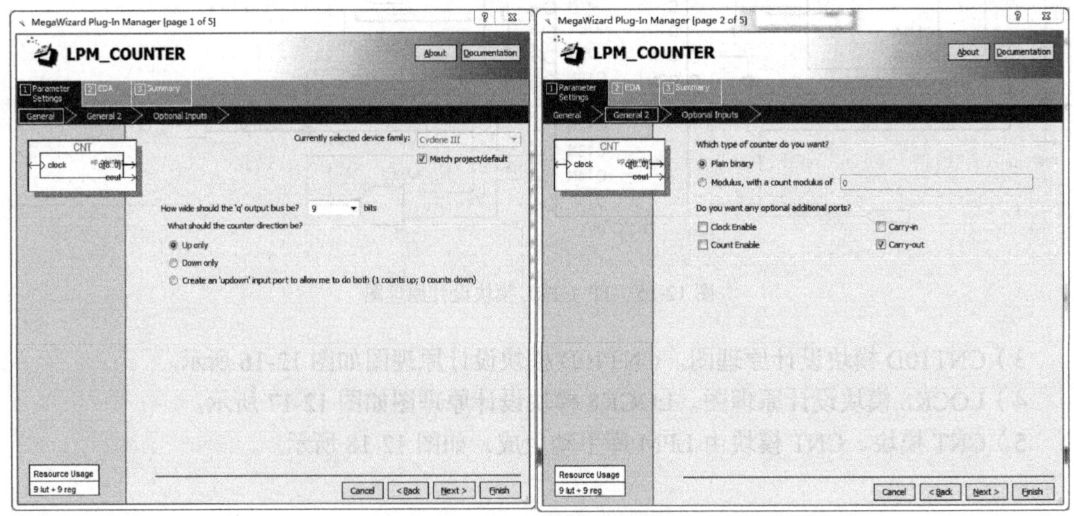

图 12-18　CNT 模块生成图

3. 引脚配置

模式选择：模式 5。

接口连接：主板 J6 接口连电机模块 J1 接口。

输入 cpin：配置在 FPGA 的锁相环输入（B11）引脚，该输入频率为 50MHz。

输入 cp1Hz：配置在 FPGA 的 CLKB1（W21）引脚，连接时钟源的 4096Hz。

输入 rst：配置在 FPGA 的 PIO2（V1）引脚。

输入 KeySetting：配置在 FPGA 的 PIO0（N1）引脚。

输入 Motordirect：配置在 FPGA 的 PIO1（R1）引脚。

输入 speed：配置在 FPGA 的 DB9（U16）引脚。

输出 PwmA：配置在 FPGA 的 DB6（AA17）引脚。

输出 PwmB：配置在 FPGA 的 DB7（AB17）引脚。

输出 speedcode（0）：配置在 FPGA 的 PIO16（U1）引脚。

输出 speedcode（1）：配置在 FPGA 的 PIO17（R2）引脚。

输出 speedcode（2）：配置在 FPGA 的 PIO18（W1）引脚。

输出 speedcode（3）：配置在 FPGA 的 PIO19（V2）引脚。

输出 speedcode（4）：配置在 FPGA 的 PIO20（AA1）引脚。

输出 speedcode（5）：配置在 FPGA 的 PIO21（Y2）引脚。

输出 speedcode（6）：配置在 FPGA 的 PIO22（AA5）引脚。

输出 speedcode（7）：配置在 FPGA 的 PIO23（AA4）引脚。

输出 speedgrade（0）：配置在 FPGA 的 PIO44（AA19）引脚。

输出 speedgrade（1）：配置在 FPGA 的 PIO45（AB19）引脚。

输出 speedgrade（2）：配置在 FPGA 的 PIO46（U21）引脚。

输出 speedgrade（3）：配置在 FPGA 的 PIO47（U22）引脚。

4. 实验现象

当输入 rst 为高电平时，直流电动机根据按键 1 的设定以不同速度转动，根据按键 2 的设定实现换向，同时在数码管 1、2 上显示当前转速，在数码管 8 上显示当前调速等级；当输入 rst 为低电平时，直流电动机停止转动。

12.5 Qsys 设计

12.5.1 Qsys 流水灯控制

1. 设计目标

1）自制 Qsys 流水灯控制系统。

2）实现流水灯的控制。

3）能被外部信号启动和复位。

2. 设计实现

（1）Qsys 系统 CPU 设计 Qsys 系统 CPU 设计如图 12-19 所示。

（2）Qsys 系统工程设计 Qsys 系统工程设计如图 12-20 所示。

（3）Qsys 系统软件设计

图 12-19 Qsys 系统 CPU 设计图

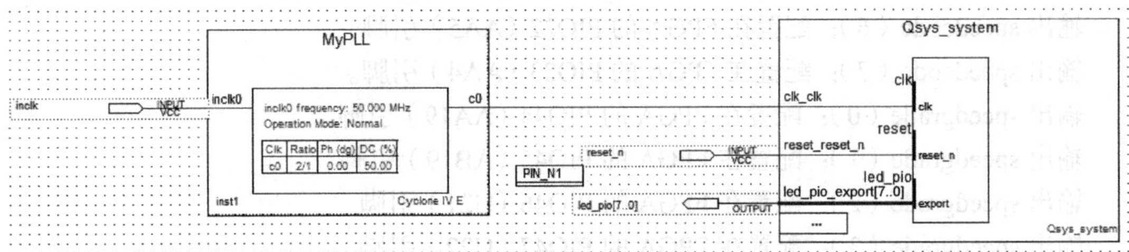

图 12-20 Qsys 系统工程设计图

```
#include <stdio.h>
#include <system.h>
#include <altera_avalon_pio_regs.h>
#include <alt_types.h>
void delayus(int us)
{
    int i=us;
    while(i!=0)  i--;
}
int main()
{
    int  i=0,j=0;
    unsigned char led=0x01;
    printf("LED Flute Project!\n");
    while(1)
    {
```

```
            for(j=0;j<8;j++)
            {
                IOWR_ALTERA_AVALON_PIO_DATA(LED_PIO_BASE,led);
                led=led<<1;
                for(i=0;i<500;i++)   delayus(2000);
            }
            led=1;
        }
    return 0;
    }
```

3. 引脚配置

模式选择：模式 5。

输入 inclk：配置在 FPGA 的锁相环输入（B11）引脚，该输入频率为 50MHz。

输入 reset_n：配置在 FPGA 的 PIO0（N1）引脚。

输出 LED_PIO（0）：配置在 FPGA 的 PIO8（U2）引脚。

输出 LED_PIO（1）：配置在 FPGA 的 PIO9（W2）引脚。

输出 LED_PIO（2）：配置在 FPGA 的 PIO10（AA3）引脚。

输出 LED_PIO（3）：配置在 FPGA 的 PIO11（AB5）引脚。

输出 LED_PIO（4）：配置在 FPGA 的 PIO12（W6）引脚。

输出 LED_PIO（5）：配置在 FPGA 的 PIO13（W8）引脚。

输出 LED_PIO（6）：配置在 FPGA 的 PIO14（P1）引脚。

输出 LED_PIO（7）：配置在 FPGA 的 PIO15（N2）引脚。

4. 实验现象

当输入 rst 为高电平时，LED 以一定间隔逐一点亮；当输入 rst 为低电平时，LED 全部熄灭。

12.5.2 Qsys 按键中断控制

1. 设计目标

1）自制 Qsys 按键中断控制系统。

2）实现按键控制下的流水灯控制。

3）能被外部信号启动和复位。

2. 设计实现

（1）Qsys 系统 CPU 设计　Qsys 系统 CPU 设计如图 12-21 所示。

（2）Qsys 系统工程设计　Qsys 系统工程设计如图 12-22 所示。

（3）Qsys 系统软件设计

```
#include <stdio.h>
#include <system.h>
#include <altera_avalon_pio_regs.h>
#include <alt_types.h>
#include <sys/alt_irq.h>
```

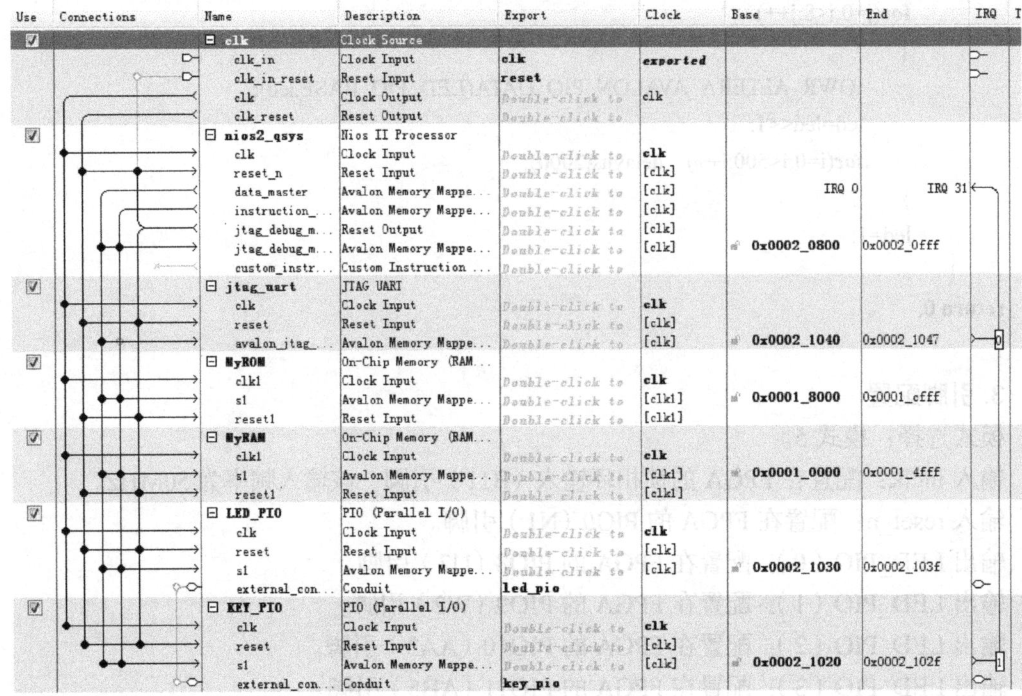

图 12-21　Qsys 系统 CPU 设计

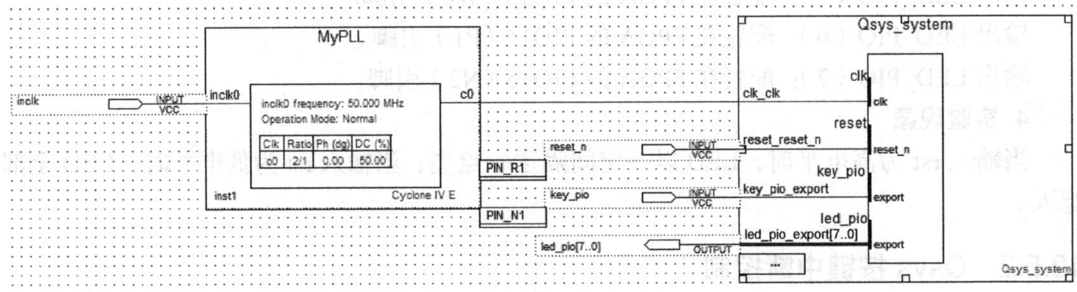

图 12-22　Qsys 系统工程设计

```
char LED_direct=0;
void IRQ_Key_Interrupts(void* context,alt_u32 id);
void IRQ_Init()
{
    IOWR_ALTERA_AVALON_PIO_IRQ_MASK(KEY_PIO_BASE, 0xff);        //使能中断
    IOWR_ALTERA_AVALON_PIO_EDGE_CAP(KEY_PIO_BASE, 0xff);        //清中断边沿捕获寄存器
                                                                //寄存器
                                                                //注册 ISR
    alt_ic_isr_register(
            KEY_PIO_IRQ_INTERRUPT_CONTROLLER_ID,        //中断控制器标号，从 system.h
                                                        //复制
            KEY_PIO_IRQ,                                //硬件中断号，从 system.h 复制
            IRQ_Key_Interrupts,                         //中断服务子函数
```

```
            0x0,                                    // 指向与设备驱动实例相关的数据
                                                    // 结构体
            0x0);                                   //flags，保留未用
}
void IRQ_Key_Interrupts(void* context,alt_u32 id)
{
    if(LED_direct==0)   LED_direct=1;
    else   LED_direct=0;
    IOWR_ALTERA_AVALON_PIO_EDGE_CAP（KEY_PIO_BASE,0x01）;
}
void delayus(int us)
{
    int   i=us;
    while(i!=0)   i--;
}
int main()
{
    unsigned char led;
    int i,j;
    IRQ_Init();
    printf("Key Interrupt Project!\n");
    while(1)
    {
        if(LED_direct==0)
        {
            led=1;
            for(j=0;j<8;j++)
            {
                IOWR_ALTERA_AVALON_PIO_DATA(LED_PIO_BASE,led);
                for(i=0;i<500;i++)   delayus(2000);
                led=led<<1;
            }
        }
        if(LED_direct==1)
        {
            led=0x80;
            for(j=0;j<8;j++)
            {
                IOWR_ALTERA_AVALON_PIO_DATA(LED_PIO_BASE,led);
                for(i=0;i<500;i++)   delayus(2000);
                led=led>>1;
            }
        }
    }
```

```
    return 0;
}
```

3. 引脚配置

模式选择：模式 5。

输入 inclk：配置在 FPGA 的锁相环输入（B11）引脚，该输入频率为 50MHz。

输入 reset_n：配置在 FPGA 的 PIO1（R1）引脚。

输入 key_pio：配置在 FPGA 的 PIO0（N1）引脚。

输出 LED_PIO（0）：配置在 FPGA 的 PIO8（U2）引脚。

输出 LED_PIO（1）：配置在 FPGA 的 PIO9（W2）引脚。

输出 LED_PIO（2）：配置在 FPGA 的 PIO10（AA3）引脚。

输出 LED_PIO（3）：配置在 FPGA 的 PIO11（AB5）引脚。

输出 LED_PIO（4）：配置在 FPGA 的 PIO12（W6）引脚。

输出 LED_PIO（5）：配置在 FPGA 的 PIO13（W8）引脚。

输出 LED_PIO（6）：配置在 FPGA 的 PIO14（P1）引脚。

输出 LED_PIO（7）：配置在 FPGA 的 PIO15（N2）引脚。

4. 实验现象

当输入 rst 为高电平时，LED 以一定时间间隔逐一点亮，按动按键 1，LED 换向点亮；当输入 rst 为低电平时，LED 全部熄灭。

12.5.3　Qsys 定时器中断控制

1. 设计目标

1）自制 Qsys 定时器中断控制系统。

2）实现按键控制下的 LED 闪烁速度控制。

3）能被外部信号启动和复位。

2. 设计实现

（1）Qsys 系统 CPU 设计　Qsys 系统 CPU 设计如图 12-23 所示。

（2）Qsys 系统工程设计　Qsys 系统工程设计如图 12-24 所示。

（3）Qsys 系统软件设计

```
#include "system.h"                         //系统头文件
#include "altera_avalon_timer_regs.h"       //定时器头文件
#include "altera_avalon_pio_regs.h"         //PIO 头文件
#include "sys/alt_irq.h"                    //中断头文件
#include "unistd.h"                         //延迟函数头文件
#include <stdio.h>                          //标准的输入输出头文件
alt_u16 speed=0;
alt_u32 i=0;
alt_u32 timer_isr_context;                                          //定义全局变量以储存 isr_context 指针
void Timer_Initial(alt_u32 High,alt_u32 Low);                       //定时器中断初始化
void Timer_ISR_Interrupt(void* isr_context , alt_u32 id);           //定时器中断服务子程序
void Timer_Initial(alt_u32 High,alt_u32 Low)
```

Use	Connections	Name	Description	Export	Clock	Base	End	IRQ
☑		⊟ **clk**	Clock Source					
		clk_in	Clock Input	**clk**	***exported***			
		clk_in_reset	Reset Input	**reset**				
		clk	Clock Output	Double-click to	clk			
		clk_reset	Reset Output	Double-click to				
☑		⊟ **nios2_qsys**	Nios II Processor					
		clk	Clock Input	Double-click to	**clk**			
		reset_n	Reset Input	Double-click to	[clk]			
		data_master	Avalon Memory Mapped Master	Double-click to	[clk]	IRQ 0	IRQ 31	
		instruction_master	Avalon Memory Mapped Master	Double-click to	[clk]			
		jtag_debug_modul...	Reset Output	Double-click to	[clk]			
		jtag_debug_module	Avalon Memory Mapped Slave	Double-click to	[clk]	**2_0800**	0x2_0fff	
		custom_instructi...	Custom Instruction Master	Double-click to				
☑		⊟ **MyROM**	On-Chip Memory (RAM or ROM)					
		clk1	Clock Input	Double-click to	**clk**			
		s1	Avalon Memory Mapped Slave	Double-click to	[clk1]	**1_8000**	0x1_cfff	
		reset1	Reset Input	Double-click to	[clk1]			
☑		⊟ **MyRAM**	On-Chip Memory (RAM or ROM)					
		clk1	Clock Input	Double-click to	**clk**			
		s1	Avalon Memory Mapped Slave	Double-click to	[clk1]	**1_0000**	0x1_4fff	
		reset1	Reset Input	Double-click to	[clk1]			
☑		⊟ **jtag_uart**	JTAG UART					
		clk	Clock Input	Double-click to	**clk**			
		reset	Reset Input	Double-click to	[clk]			
		avalon_jtag_slave	Avalon Memory Mapped Slave	Double-click to	[clk]	**2_1040**	0x2_1047	1
☑		⊟ **timer**	Interval Timer					
		clk	Clock Input	Double-click to	**clk**			
		reset	Reset Input	Double-click to	[clk]			
		s1	Avalon Memory Mapped Slave	Double-click to	[clk]	**2_1000**	0x2_101f	0
☑		⊟ **led_pio**	PIO (Parallel I/O)					
		clk	Clock Input	Double-click to	**clk**			
		reset	Reset Input	Double-click to	[clk]			
		s1	Avalon Memory Mapped Slave	Double-click to	[clk]	**2_1030**	0x2_103f	
		external_connection	Conduit	**led_pio**				
☑		⊟ **speed_pio**	PIO (Parallel I/O)					
		clk	Clock Input	Double-click to	**clk**			
		reset	Reset Input	Double-click to	[clk]			
		s1	Avalon Memory Mapped Slave	Double-click to	[clk]	**2_1020**	0x2_102f	
		external_connection	Conduit	**speed_pio**				

图 12-23　Qsys 系统 CPU 设计

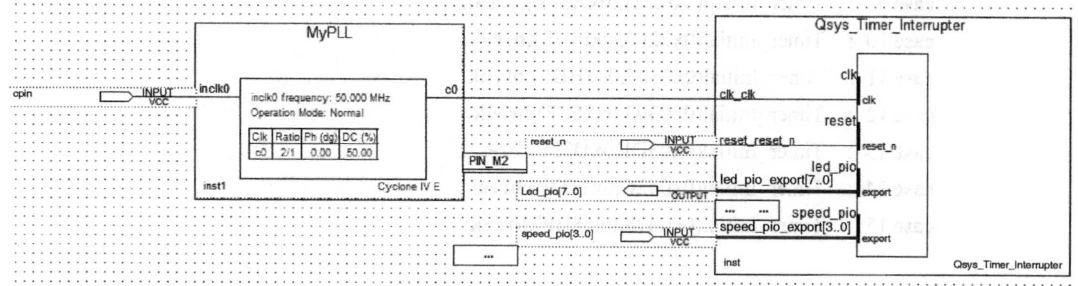

图 12-24　Qsys 系统工程设计

```
{
    void* isr_context_ptr = (void*) &timer_isr_context;
    IOWR_ALTERA_AVALON_TIMER_PERIODH(TIMER_BASE, High);
    IOWR_ALTERA_AVALON_TIMER_PERIODL(TIMER_BASE, Low);
    IOWR_ALTERA_AVALON_TIMER_CONTROL(TIMER_BASE,
            ALTERA_AVALON_TIMER_CONTROL_START_MSK |          //START = 1
            ALTERA_AVALON_TIMER_CONTROL_CONT_MSK  |          //CONT = 1
            ALTERA_AVALON_TIMER_CONTROL_ITO_MSK);            //ITO = 1
    // 注册定时器中断
    alt_ic_isr_register(
```

```
            TIMER_IRQ_INTERRUPT_CONTROLLER_ID,        // 中断控制器标号，从 system.h 复制
            TIMER_IRQ,                                // 硬件中断号，从 system.h 复制
            Timer_ISR_Interrupt,                      // 中断服务子函数
            isr_context_ptr,                          // 指向与设备驱动实例相关的数据
                                                      // 结构体
            0x0);                                     //flags，保留未用
}
void Timer_ISR_Interrupt(void* timer_isr_context, alt_u32 id)
{
    // 用户中断代码
    i = 1;
    speed=(IORD_ALTERA_AVALON_PIO_DATA(SPEED_PIO_BASE) & 0x000f);
    switch(speed)
    {
        case 0  :  Timer_Initial(0x004C,0x4B3F);break;
        case 1  :  Timer_Initial(0x0098,0x967F);break;
        case 2  :  Timer_Initial(0x00E4,0xE1BF);break;
        case 3  :  Timer_Initial(0x0098,0x967F);break;
        case 4  :  Timer_Initial(0x0131,0x2CFF);break;
        case 5  :  Timer_Initial(0x017D,0x783F);break;
        case 6  :  Timer_Initial(0x01C9,0xC37F);break;
        case 7  :  Timer_Initial(0x0216,0x0EBF);break;
        case 8  :  Timer_Initial(0x0262,0x59FF);break;
        case 9  :  Timer_Initial(0x02AE,0xA53F);break;
        case 10 :  Timer_Initial(0x02FA,0xF07F);break;
        case 11 :  Timer_Initial(0x0347,0x3BBF);break;
        case 12 :  Timer_Initial(0x0393,0x86FF);break;
        case 13 :  Timer_Initial(0x03DF,0xD23F);break;
        case 14 :  Timer_Initial(0x042C,0x1D7F);break;
        case 15 :  Timer_Initial(0x0478,0x68BF);break;
    }
    // 应答中断，将 STATUS 寄存器清零
    IOWR_ALTERA_AVALON_TIMER_STATUS(TIMER_BASE, ～ ALTERA_AVALON_TIMER_
STATUS_TO_MSK);
}
int main(void)
{
    alt_u32 led_state = 0xff;              // 初始化 led_state
    Timer_Initial(0x004C,0x4B3F);          // 初始化定时器中断
    printf("Welcome To Timer Ip Demo Program... \n");
    while(1)
    {
        if(i == 1)
        {
```

```
            IOWR_ALTERA_AVALON_PIO_DATA(LED_PIO_BASE, led_state);// 使 LED 翻转
            led_state = ~ led_state;
            i = 0;
        }
    }
}
```

3. 引脚配置

模式选择：模式 1。

输入 inclk：配置在 FPGA 的锁相环输入（B11）引脚，该输入频率为 50MHz。

输入 reset_n：配置在 FPGA 的 PIO49（R1）引脚。

输入 speed_pio（0）：配置在 FPGA 的 PIO0（N1）引脚。

输入 speed_pio（1）：配置在 FPGA 的 PIO1（R1）引脚。

输入 speed_pio（2）：配置在 FPGA 的 PIO2（V1）引脚。

输入 speed_pio（3）：配置在 FPGA 的 PIO3（Y1）引脚。

输出 LED_PIO（0）：配置在 FPGA 的 PIO32（V11）引脚。

输出 LED_PIO（1）：配置在 FPGA 的 PIO33（Y10）引脚。

输出 LED_PIO（2）：配置在 FPGA 的 PIO34（AB14）引脚。

输出 LED_PIO（3）：配置在 FPGA 的 PIO35（AA13）引脚。

输出 LED_PIO（4）：配置在 FPGA 的 PIO36（T16）引脚。

输出 LED_PIO（5）：配置在 FPGA 的 PIO37（AA15）引脚。

输出 LED_PIO（6）：配置在 FPGA 的 PIO38（W17）引脚。

输出 LED_PIO（7）：配置在 FPGA 的 PIO39（Y17）引脚。

4. 实验现象

当输入 rst 为高电平时，LED 以一定时间间隔闪烁，按动按键 1，LED 闪烁速度改变；当输入 rst 为低电平时，LED 停止闪烁。

12.5.4　Qsys 正弦波发生器

1. 设计目标

1）自制 Qsys 正弦波发生器控制系统。

2）使用双口 RAM 暂存波形数据。

3）用按键实现正弦波幅度调节。

4）用按键实现正弦波频率调节。

5）能被外部信号启动和复位。

2. 设计实现

（1）Qsys 系统 CPU 设计　Qsys 系统 CPU 设计如图 12-25 所示。

（2）Qsys 系统工程设计　Qsys 系统工程设计如图 12-26 所示。

（3）Rd_Addr 模块 VHDL 代码

```
library   ieee;
use       ieee.std_logic_1164.all;
use       ieee.std_logic_unsigned.all;
```

Use	Connections	Name	Description	Export	Clock	Base	End	IRQ
☑		⊟ clk	Clock Source					
		clk_in	Clock Input	clk	exported			
		clk_in_reset	Reset Input	reset				
		clk	Clock Output	Double-click to	clk			
		clk_reset	Reset Output	Double-click to				
☑		⊟ nios2_qsys	Nios II Processor					
		clk	Clock Input	Double-click to	clk			
		reset_n	Reset Input	Double-click to	[clk]			
		data_master	Avalon Memory Mapped Master	Double-click to	[clk]	IRQ 0	IRQ 31	
		instruction_master	Avalon Memory Mapped Master	Double-click to	[clk]			
		jtag_debug_modul...	Reset Output	Double-click to	[clk]			
		jtag_debug_module	Avalon Memory Mapped Slave	Double-click to	[clk]	0x3_0800	0x3_0fff	
		custom_instructi...	Custom Instruction Master	Double-click to				
☑		⊟ MyROM	On-Chip Memory (RAM or ROM)					
		clk1	Clock Input	Double-click to	clk			
		s1	Avalon Memory Mapped Slave	Double-click to	[clk1]	0x2_8000	0x2_cfff	
		reset1	Reset Input	Double-click to	[clk1]			
☑		⊟ MyRAM	On-Chip Memory (RAM or ROM)					
		clk1	Clock Input	Double-click to	clk			
		s1	Avalon Memory Mapped Slave	Double-click to	[clk1]	0x1_0000	0x1_9fff	
		reset1	Reset Input	Double-click to	[clk1]			
☑		⊟ jtag_uart	JTAG UART					
		clk	Clock Input	Double-click to	clk			
		reset	Reset Input	Double-click to	[clk]			
		avalon_jtag_slave	Avalon Memory Mapped Slave	Double-click to	[clk]	0x3_1070	0x3_1077	0
☑		⊟ Ram_cp	PIO (Parallel I/O)					
		clk	Clock Input	Double-click to	clk			
		reset	Reset Input	Double-click to	[clk]			
		s1	Avalon Memory Mapped Slave	Double-click to	[clk]	0x3_1060	0x3_106f	
		external_connection	Conduit	ram_cp				
☑		⊟ Ram_wr	PIO (Parallel I/O)					
		clk	Clock Input	Double-click to	clk			
		reset	Reset Input	Double-click to	[clk]			
		s1	Avalon Memory Mapped Slave	Double-click to	[clk]	0x3_1050	0x3_105f	
		external_connection	Conduit	ram_wr				
☑		⊟ Ram_addr	PIO (Parallel I/O)					
		clk	Clock Input	Double-click to	clk			
		reset	Reset Input	Double-click to	[clk]			
		s1	Avalon Memory Mapped Slave	Double-click to	[clk]	0x3_1000	0x3_100f	
		external_connection	Conduit	ram_addr				
☑		⊟ Ram_data	PIO (Parallel I/O)					
		clk	Clock Input	Double-click to	clk			
		reset	Reset Input	Double-click to	[clk]			
		s1	Avalon Memory Mapped Slave	Double-click to	[clk]	0x3_1040	0x3_104f	
		external_connection	Conduit	ram_data				
☑		⊟ Ram_rd	PIO (Parallel I/O)					
		clk	Clock Input	Double-click to	clk			
		reset	Reset Input	Double-click to	[clk]			
		s1	Avalon Memory Mapped Slave	Double-click to	[clk]	0x3_1030	0x3_103f	
		external_connection	Conduit	ram_rd				
☑		⊟ key_F	PIO (Parallel I/O)					
		clk	Clock Input	Double-click to	clk			
		reset	Reset Input	Double-click to	[clk]			
		s1	Avalon Memory Mapped Slave	Double-click to	[clk]	0x3_1020	0x3_102f	
		external_connection	Conduit	key_f				
☑		⊟ key_A	PIO (Parallel I/O)					
		clk	Clock Input	Double-click to	clk			
		reset	Reset Input	Double-click to	[clk]			
		s1	Avalon Memory Mapped Slave	Double-click to	[clk]	0x3_1010	0x3_101f	
		external_connection	Conduit	key_a				

图 12-25　Qsys 系统 CPU 设计

```
entity    Rd_Addr is
port(
        cpin      :in     std_logic;
        rst       :in     std_logic;
        Rden      :in     std_logic;
        Addr_F    :in     std_logic_vector(3  downto  0);
        cpout     :out    std_logic;
        Addrout   :out    integer  range  0  to  511;
end;
architecture   one   of   Rd_Addr is
    signal    addr        :integer  range  0  to  511;
    signal    FCNT,FS     :integer  range  0  to  511;
```

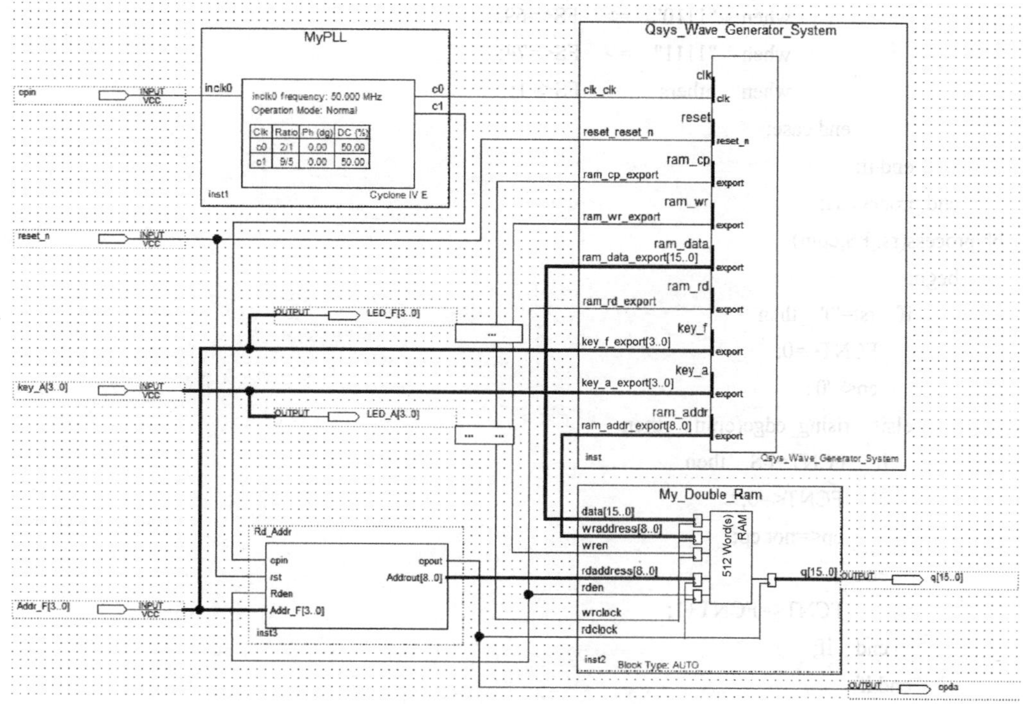

图 12-26　Qsys 系统工程设计

```
    signal    cp          :std_logic;
    constant  max         :integer:=359;
begin
aa:process(rst,cpin,Addr_F)
    begin
        if  rst='0'  then
            FS<=1;
        elsif  rising_edge(cpin)  then
                case  Addr_F  is
                        when  "0000"  =>  FS<=1;
                        when  "0001"  =>  FS<=4;
                        when  "0010"  =>  FS<=9;
                        when  "0011"  =>  FS<=14;
                        when  "0100"  =>  FS<=19;
                        when  "0101"  =>  FS<=24;
                        when  "0110"  =>  FS<=29;
                        when  "0111"  =>  FS<=34;
                        when  "1000"  =>  FS<=39;
                        when  "1001"  =>  FS<=44;
                        when  "1010"  =>  FS<=49;
                        when  "1011"  =>  FS<=54;
                        when  "1100"  =>  FS<=59;
                        when  "1101"  =>  FS<=64;
```

```
                        when   "1110"   =>   FS<=69;
                        when   "1111"   =>   FS<=74;
                        when   others   =>   FS<=1;
                    end case;
                end if;
            end process aa;
bb:process(rst,FS,cpin)
        begin
            if   rst='0'   then
                FCNT<=0;
                cp<='0';
            elsif   rising_edge(cpin)   then
                if   FCNT=FS   then
                    FCNT<=0;
                    cp<=not cp;
                else
                    FCNT<=FCNT+1;
                end   if;
            end if;
        end process bb;
cc:process(Rden,cp)
        begin
            if   Rden='0'   then
                Addr<=0;
            elsif   rising_edge(cp)   then
                if   addr=max   then
                    addr<=0;
                else
                    addr<=addr+1;
                end if;
            end if;
        end process cc;
        cpout<=cp;
        Addrout<=addr;
end;
```

（4）Qsys 系统软件设计

```
#include <stdio.h>
#include <system.h>
#include <altera_avalon_pio_regs.h>
#include <alt_types.h>
#include <math.h>
#define max 359
#define Pi 3.1415926
```

```
unsigned int Amp,Bmp;
void delayus(int us)
{
    int i=us;
    while(i!=0)   i--;
}
void Amplitude_setting()
{
    Amp=(IORD_ALTERA_AVALON_PIO_DATA(KEY_A_BASE) & 0x000f);
    switch(Amp)
    {
        case    0  :  Amp=2047;break;
        case    1  :  Amp=1535;break;
        case    2  :  Amp=1023;break;
        case    3  :  Amp=767;break;
        case    4  :  Amp=511;break;
        case    5  :  Amp=383;break;
        case    6  :  Amp=255;break;
        case    7  :  Amp=191;break;
        default    :  Amp=2047;break;
    }
}
void Wave_Data_Generate()
{
    unsigned int temp;
    int i;
    Bmp=Amp;
    IOWR_ALTERA_AVALON_PIO_DATA(RAM_WR_BASE,1);
    for(i=0;i<(max+1);i++)
    {
        temp=(2048+Bmp*sin((2*Pi*i)/max));
        IOWR_ALTERA_AVALON_PIO_DATA(RAM_ADDR_BASE,i);
        IOWR_ALTERA_AVALON_PIO_DATA(RAM_DATA_BASE,temp);
        IOWR_ALTERA_AVALON_PIO_DATA(RAM_CP_BASE,1);
        delayus(20);
        IOWR_ALTERA_AVALON_PIO_DATA(RAM_CP_BASE,0);
        delayus(20);
    }
    IOWR_ALTERA_AVALON_PIO_DATA(RAM_WR_BASE,0);
}
int main()
{
    printf("WaveForm Generate !\n");
    IOWR_ALTERA_AVALON_PIO_DATA(RAM_CP_BASE,0);
```

```
    IOWR_ALTERA_AVALON_PIO_DATA(RAM_WR_BASE,0);
    IOWR_ALTERA_AVALON_PIO_DATA(RAM_ADDR_BASE,0);
    IOWR_ALTERA_AVALON_PIO_DATA(RAM_RD_BASE,0);
    while(1)
    {
        Amplitude_setting();
        if(Bmp!=Amp)   Wave_Data_Generate();
        else   IOWR_ALTERA_AVALON_PIO_DATA(RAM_RD_BASE,1);
    }
    return 0;
}
```

3. 引脚配置

模式选择：模式 4。

接口连接：核心板 J5（40 针）接口连高速（ADC/DAC）模块 40 针接口。

输入 cpin：配置在 FPGA 的锁相环输入（B11）引脚，该输入频率为 50MHz。

输入 reset_n：配置在 FPGA 的 PIO8（U2）引脚。

输入 Key_A（0）：配置在 FPGA 的 PIO0（N1）引脚。

输入 Key_A（1）：配置在 FPGA 的 PIO1（R1）引脚。

输入 Key_A（2）：配置在 FPGA 的 PIO2（V1）引脚。

输入 Key_A（3）：配置在 FPGA 的 PIO3（Y1）引脚。

输入 Key_F（0）：配置在 FPGA 的 PIO4（AB3）引脚。

输入 Key_F（1）：配置在 FPGA 的 PIO5（AA6）引脚。

输入 Key_F（2）：配置在 FPGA 的 PIO6（Y7）引脚。

输入 Key_F（3）：配置在 FPGA 的 PIO7（AB6）引脚。

输出 cpda：配置在 FPGA 的 PIO26（Y8）引脚。

输出 q（0）：配置在 FPGA 的 PIO15（N2）引脚。

输出 q（1）：配置在 FPGA 的 PIO14（P1）引脚。

输出 q（2）：配置在 FPGA 的 PIO17（R2）引脚。

输出 q（3）：配置在 FPGA 的 PIO16（U1）引脚。

输出 q（4）：配置在 FPGA 的 PIO19（V2）引脚。

输出 q（5）：配置在 FPGA 的 PIO18（W1）引脚。

输出 q（6）：配置在 FPGA 的 PIO21（Y2）引脚。

输出 q（7）：配置在 FPGA 的 PIO20（AA1）引脚。

输出 q（8）：配置在 FPGA 的 PIO23（AA4）引脚。

输出 q（9）：配置在 FPGA 的 PIO22（AA5）引脚。

输出 q（10）：配置在 FPGA 的 PIO25（V6）引脚。

输出 q（11）：配置在 FPGA 的 PIO24（Y6）引脚。

4. 实验现象

当输入 rst 为高电平时，模块输出正弦波，按动按键 1 调整输出波形幅值，按动按键 2 调整输出波形频率；当输入 rst 为低电平时，停止输出波形。

第 13 章　ARM 嵌入式系统概述

13.1　嵌入式系统简介

嵌入式系统（Embedded system）是一种完全嵌入受控器件内部，为特定应用而设计的专用计算机系统，根据 IEEE（电气和电子工程师协会）的定义，嵌入式系统是控制、监视或者辅助器材、机器和设备运行的装置。与通用计算机系统不同，嵌入式系统通常执行的是带有特定要求的预先定义的任务。国内一个普遍被认同的嵌入式系统的定义是：以应用为中心，以计算机技术为基础，软件硬件可裁剪，适应应用系统对功能、可靠性、成本、体积、功耗严格要求的专用计算机系统。

嵌入式系统的核心是由一个或几个预先编程好，用来执行少数几项任务的微处理器或者单片机组成。与通用计算机能够运行用户选择的软件不同，嵌入式系统上的软件通常是暂时不变的，所以经常称为“固件”。

嵌入式系统是面向用户、面向产品、面向应用的，它必须与具体应用相结合才会具有生命力，才更具有优势。因此可以这样理解上述三个面向的含义，即嵌入式系统是与应用紧密结合的，它具有很强的专用性，必须结合实际系统需求进行合理的裁减利用。

1. 嵌入式系统的历史及发展状况

20 世纪 70 年代单片微处理器问世，它是嵌入式系统的开端，并且迅速地渗入到消费电子、医用电子、智能控制、通信电子、仪器仪表、交通运输等各种领域。

从 20 世纪 80 年代早期开始，嵌入式系统的程序员开始用商业级的操作系统编写嵌入式应用软件，这可以获取更短的开发周期，更低的开发资金和更高的开发效率，嵌入式系统真正出现了。1981 年，Ready System 公司发展了世界上第一个商业式嵌入式实时内核 VTRX32，随后出现了如 Integrated System Incorporation(ISI) 的 PS/OS、IMG 公司的 VxWorks、QNX 公司的 QNX 等嵌入式操作系统。这些嵌入式操作系统都具有嵌入式的典型特点：它们均采用占先式的调度，响应的时间很短，任务执行的时间可以确定；系统内核很小，具有可裁剪、可扩充和可移植性，可以移植到各种处理器上；较强的实时和可靠性，适合嵌入式应用。这些嵌入式实时多任务操作系统的出现，使得应用开发人员得以从小范围的开发中解放出来，同时也促使嵌入式有了更为广阔的应用空间。

20 世纪 90 年代以后，实时操作系统（Real-time Operation System，RTOS）作为一种软件平台逐步成为目前国际嵌入式系统的主流。这时候更多的公司看到了嵌入式系统的广阔发展前景，开始大力发展自己的嵌入式操作系统（EOS)，出现了 Palm OS、Windows CE，嵌入式 Linux、Lynx、Nucleux，以及国内的 Hopen、Delta OS 等嵌入式操作系统。

随着信息化、智能化、网络化的发展，嵌入式系统技术已成为通信和消费类产品的共同发展方向。在通信领域，数字技术正在全面取代模拟技术。在广播电视领域，美国已开始由模拟电视向数字电视转变，欧洲的 DVB（数字电视广播）技术已在全球大多数国家推广。而软件、集成电路和新型元器件在产业发展中的作用日益重要。所有上述产品，都离不开嵌入式系统技术。像前途无可计量的维纳斯计划生产的机顶盒，核心技术就是采用 32 位以上芯片级的嵌入式技术。在个人领域，嵌入式产品主要是个人商用，作为个人移动数据处理和通信软件。由于嵌入式设备具有自然的人机交互界面，以 GUI（图形用户界面）为中心的多媒体界面给人很大的亲和力。手写文字输入、语音拨号上网、收发电子邮件以及彩色图形、图像已取得初步成效。

对于企业专用解决方案，如物流管理、条码扫描、移动信息采集等，这种小型手持嵌入式系统将发挥巨大的作用。在自动控制领域，嵌入式系统同样可以发挥巨大的作用，不仅可以用于 ATM 机，自动售货机，工业控制等专用设备，还可以和移动通信设备、GPS（全球定位系统）、娱乐相结合。据调查，目前国际上已有 200 多种嵌入式操作系统，而各种各样的开发工具、应用于嵌入式开发的仪器设备更是不可胜数。由此可见，嵌入式系统技术发展的空间真是无比广大。

2. 嵌入式系统的特点

与通用计算机系统相比，嵌入式系统具有以下特点：

1）系统内核小。由于嵌入式系统一般应用于小型电子装置，系统资源相对有限，所以内核较传统的操作系统要小得多。

2）专用性强。嵌入式系统的个性化很强，其中的软件系统和硬件的结合非常紧密，一般要针对硬件进行系统的移植，即使在同一品牌、同一系列的产品中也需要根据系统硬件的变化和增减不断进行修改。

3）系统精简。嵌入式系统一般没有系统软件和应用软件的明显区分，不要求其功能设计及实现上过于复杂，不仅利于控制系统成本，同时也利于实现系统安全。

4）高实时性的系统软件（OS）是嵌入式软件的基本要求。软件要求固态存储，以提高速度，软件代码要求高质量和高可靠性。

5）嵌入式软件开发要想走向标准化，就必须使用多任务的操作系统。嵌入式系统的应用程序可以没有操作系统，直接在芯片上运行，但是为了合理地调度多任务，利用系统资源、系统函数以及和专家库函数接口，用户必须自行选配 RTOS 开发平台，这样才能保证程序执行的实时性、可靠性，并减少开发时间，保障软件质量。

6）嵌入式系统开发需要开发工具和环境。由于其本身不具备自举开发能力，即使设计完成，用户通常也不能对其中的程序功能进行修改，必须有一套开发工具和环境才能进行开发，这些工具和环境一般是基于通用计算机上的软硬件设备以及各种逻辑分析仪、混合信号示波器等。嵌入式系统开发时往往有主机和目标机的概念，主机用于程序的开发，目标机作为最后的执行机，开发时需要交替结合进行。

3. 嵌入式系统的组成

嵌入式系统一般由嵌入式微处理器、外部硬件设备、嵌入式操作系统、特定的应用程序组成，用于实现对其他设备的控制、监视或管理等功能。

从硬件的角度来说，嵌入式系统包含嵌入式微处理器、存储器（SDRAM、ROM、Flash 等）、通用设备接口和 I/O 接口（A/D、D/A、I/O 等）。在一片嵌入式微处理器基础上添加电源电路、时钟电路和存储器电路，就构成了一个嵌入式核心控制模块，其中操作系统和应用程序都可以固化在 ROM 中。目前主要的嵌入式微处理器类型有 MIPS、PowerPC、X86 和 SC-400、ARM/StrongArm 系列等，其中 ARM/StrongArm 系列是专为手持设备开发的嵌入式微处理器。

从软件的角度来说，嵌入式系统包括操作系统（嵌入式操作系统）和应用程序（应用软件）。嵌入式操作系统（EOS）具有一定的通用性，常用的如 uC/OS-II、VxWindows、Windows CE、Linux、pSOS、VRTX、PalmOS、QNX、EPOC 等，不同 EOS 有不同的适用范围。嵌入式应用软件种类繁多，不同的嵌入式系统具有完全不同的嵌入式应用软件。

目前低层系统和硬件平台经过若干年的研究，已经相对比较成熟，实现各种功能的芯片应有尽有，软件方面也有相当部分的成熟软件系统。我们可以在网上找到各种各样的免费资源，从各大厂商的开发文档，到各种驱动、程序源代码，甚至很多厂商还提供微处理器的样片。这对于我们从事这方面的研发，无疑是个资源宝库，而且巨大的市场需求给我们提供了学习研发的资金和技术力量。

4. ARM 实验系统硬件资源概述

经典 UP-NETARM2410/PXA270 教学科研系统属于一种综合的教学实验系统，该系统是专为高校精心打造，完全按照工业级标准（EMC/EMI）要求采用 4 层 PCB 设计而成的，基于 ARM9 内核，集教学、实验、应用编程、开发研究于一体的综合性平台，全面深入地支持 uC/OS - Ⅱ、Linux 和 Windows CE 操作系统以及 QT、MiniGUI 软件。用户可根据自己的需求选用不同类型的 CPU 适配板，而不需要改变任何配置。依靠丰富的外部扩展资源，该系统可以完成 ARM 的基础实验、算法实验和数据通信实验、以太网实验。经典 UP-NETARM2410/PXA270 教学科研系统结构框图如图 13-1 所示。

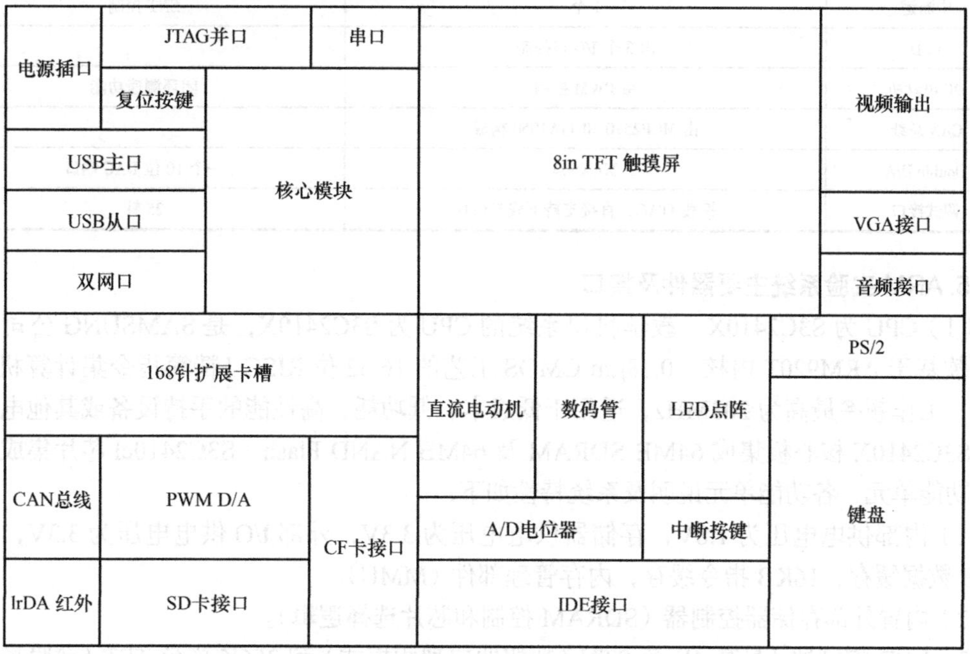

图 13-1　经典 UP-NETARM2410/PXA270 教学科研系统

经典 UP-NETARM2410/PXA270 教学科研系统的硬件配置见表 13-1。

表 13-1　经典 UP-NETARM2410/PXA270 教学科研系统的硬件配置

配置名称	型号或规格	说明
CPU	ARM920T 结构芯片三星 S3C2410X	工作频率为 203MHz
Flash	SAMSUNG K9F1208	64MB NAND
SDRAM	HY57V561620AT-H	32MB × 2=64MB
EtherNet 网卡	DM9000AE	（10/100）M/s 自适应
LCD	LQ080V3DG01	8 in 16 位 TFT
触摸屏	SX-080-W4R-TB	FM7843 驱动
USB 接口	4 个 HOST /1 个 DEVICE	由 AT43301 构成 USB HUB
UART/IrDA	2 个 RS232，1 个 RS485，1 个 IrDA	
AD	由 S3C2410 芯片引出	3 个电位器控制输入
AUDIO	IIS 总线，UDA1341 芯片	44.1kHz 音频
扩展卡插槽	168 针 EXPORT	总线直接扩展
GPS_GPRS 扩展板	SIMCOM SIM300 GPRS 模块，Trimble GPS	支持双道语音通信
IDE/CF 卡插座	笔记本硬盘，CF 卡	
PS2	PC 键盘和鼠标	由 ATMEGA8 单片机控制
IC 卡座	AT24CXX 系列	由 ATMEGA8 单片机控制
LED	8 × 8 矩阵 LED 及 2 个 LED 数码管	由总线控制
VGA	VGA 输出	
中断键	1 个	ENT 控制
LED	由 3 个 I/O 口控制	
DC 电动机	由 PWM 控制	闭环测速功能
CAN 总线	由 MCP2510 和 TJA1050 构成	
Double D/A	MAX504	一个 10 位 DAC 端口
调试接口	板载 JTAG，直接支持下载与仿真	25 针

5. ARM 实验系统主要器件及接口

（1）CPU 为 S3C2410X　教学科研系统的 CPU 为 S3C2410X，是 SAMSUNG 公司开发的一款基于 ARM920T 内核、0.18μm CMOS 工艺的 16/32 位 RISC（精简指令集计算机）处理器，工作频率最高为 203MHz，适用于低成本、低功耗、高性能的手持设备或其他电子产品。S3C2410X 核心板集成 64MB SDRAM 及 64MB NAND Flash。S3C2410cl 芯片集成了大量的功能单元，各功能单元说明及系统特性如下：

1）内部供电电压为 1.8V，存储器供电电压为 3.3V，外部 I/O 供电电压为 3.3V，具有 16KB 数据缓存，16KB 指令缓存，内存管理部件（MMU）。

2）内置外部存储器控制器（SDRAM 控制和芯片选择逻辑）。

3）LCD 控制器（最高 4K 色 STN（超扭曲向列相模式）和 256K 彩色 TFT（薄膜场效应晶体管）)，一个 LCD 专用 DMA（直接存储器访问）。

4）4 路带外部请求线的 DMA。

5）3 个通用异步串行端口（IrDA1.0、16-Byte Tx FIFO 和 16-Byte Rx FIFO），2 通道 SPI

(串行外设接口)。

6）一个多主 IIC 总线，一个 IIS 总线控制器。

7）SD 卡主接口版本 1.0 和多媒体卡协议版本 2.11 兼容。

8）2 个 USB 主机，一个 USB 设备（VER1.1）。

9）4 个 PWM（脉冲宽度调制）定时器和一个内部定时器。

10）看门狗定时器。

11）117 个通用 I/O 口。

12）24 个外部中断源。

13）电源控制模式：标准、慢速、休眠、掉电。

14）8 通道 10 位 ADC 和触摸屏接口。

15）带日历功能的实时时钟。

16）芯片内置 PLL（锁相环）。

17）设计用于手持设备和通用的嵌入式系统。

18）16/32 位 RISC 体系结构，使用 ARM920T CPU 核的强大指令集。

19）ARM 带 MMU 的先进的体系结构支持 Windows CE、EPOC32、Linux。

20）指令缓存（cache）、数据缓存、写缓冲和物理地址 TAG RAM，减小了对主存储器带宽和性能的影响。

21）ARM920T CPU 核支持 ARM 调试的体系结构。

22）内部先进的位控制器总线（AMBA2.0，AHB/APB）。

CPU 芯片结构图如图 13-2 所示。

（2）存储芯片：K9F1208　K9F1208 是由 SAMSUNG 公司开发的一款 Flash 芯片，Flash 芯片是应用非常广泛的存储芯片，与之容易混淆的是 RAM 芯片，RAM 芯片也就是动态内存，它们之间主要的区别在于 RAM 芯片失电后数据会丢失，Flash 芯片失电后数据不会丢失。

为了便于理解计算机信息的存储方式，简单介绍一下计算机信息是如何存储的。计算机数据采用的是二进制形式，也就是 0 与 1。在二进制中，0 与 1 可以组成任何数，而计算机的器件都有两种状态，可以用 0 与 1 来表示。比如晶体管的断电与通电，磁性物质的被磁化与未被磁化，物质平面的凹与凸，都可以用 0 与 1 来表示。于是，通过控制电源的开关状态就能控制存储信息的内容。

（3）串行接口　串行接口（Serial Interface）简称串口，也称串行通信接口（通常指 COM 接口），是采用串行通信方式的扩展接口。串口是指数据一位一位地顺序传送，其特点是通信线路简单，只要一对传输线就可以实现双向通信（可以直接利用电话线作为传输线），从而大大降低了成本，特别适用于远距离通信，但传送速度较慢。一条信息的各位数据被逐位按顺序传送的通信方式称为串行通信。串行通信的特点是：数据位的传送，按位顺序进行，最少只需一根传输线即可完成，成本低但传送速度慢。串行通信的距离可以从几米到几千米，根据信息的传送方向，串行通信可以进一步分为单工、半双工和全双工三种。

（4）A/D 转换器　A/D 转换器是模拟信号源和 CPU 之间联系的接口，它的任务是将连续变化的模拟信号转换为数字信号，以便计算机和数字系统进行处理、存储、控制和显示。在工业控制和数据采集及许多其他领域中，A/D 转换是不可缺少的。A/D 转换器的类型有：逐位比较型、积分型、计数型、并行比较型、电压 - 频率型，应根据使用场合的具体要求，按照转换速度、精度、价格、功能以及接口条件等因素来决定选择何种类型。

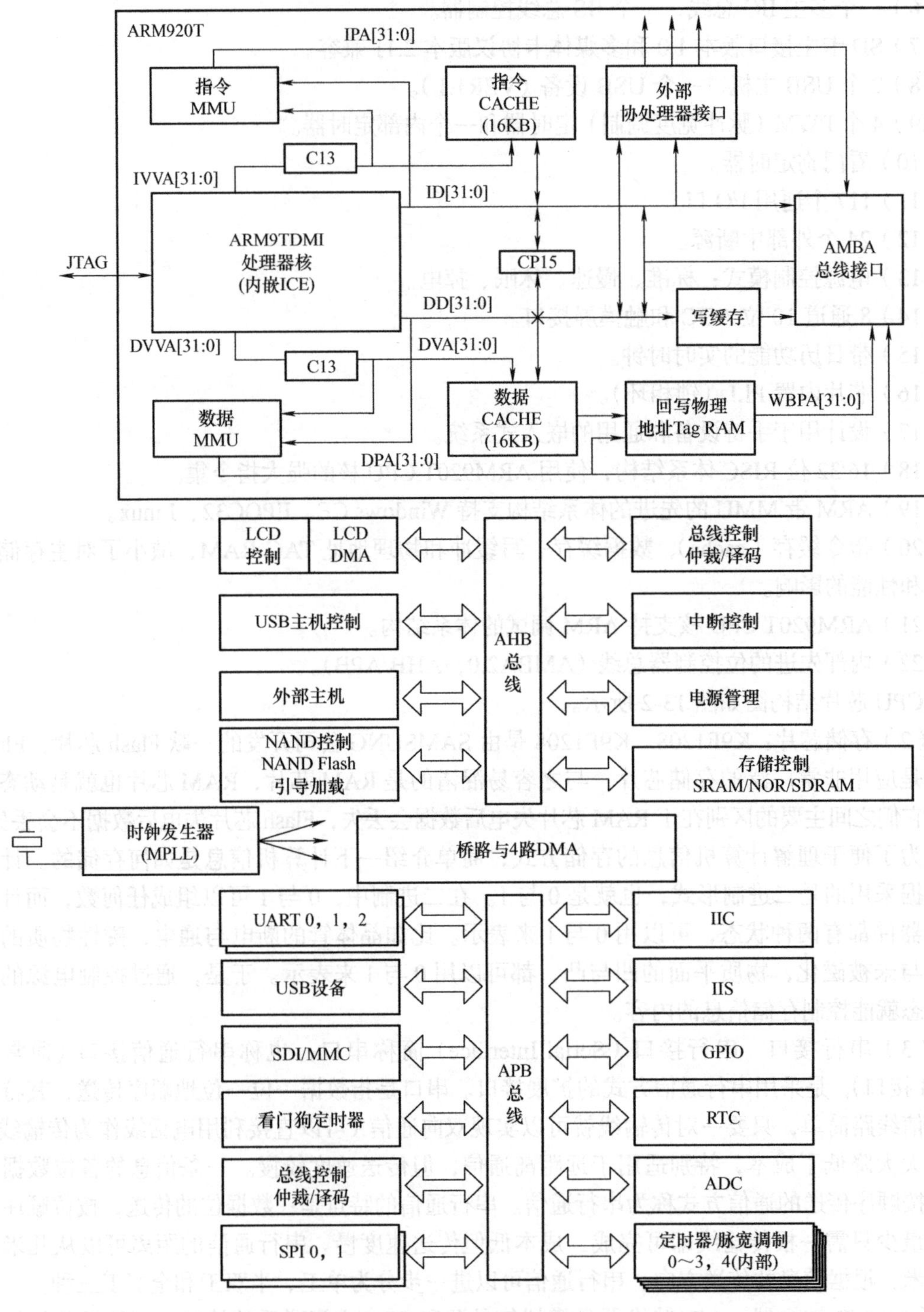

图 13-2　S3C2410X 体系结构框图

（5）CAN 总线　CAN 全称为 Controller Area Network，即控制器局域网，是国际上应用最广泛的现场总线之一。最初 CAN 总线被设计作为汽车环境中的微控制器通信控制网络，在车载各电子控制单元（ECU）之间交换信息，形成汽车电子控制网络。比如，发动机管理系统、变速箱控制器、仪表装备、电子主干系统中均嵌入 CAN 控制装置。一个由 CAN 总线构成的单一网络中，理论上可以挂接无数个节点。但是，实际应用中节点数目受网络硬件的电气特性所限制。例如，当使用 Philips P82C250 作为 CAN 收发器时，同一网络中允许挂接 110 个节点。CAN 可提供高达 1Mbit/s 的数据传输速率，这使实时控制变得非常容易。另外，硬件的错误检定特性也增强了 CAN 的抗电磁干扰能力。CAN 总线的主要优点包括：

1）低成本。

2）极高的总线利用率。

3）很远的数据传输距离（长达 10km）。

4）高速的数据传输速率（高达 1Mbit/s）。

5）可根据报文的 ID 决定接收或屏蔽该报文。

6）可靠的错误处理和检错机制。

7）发送的信息遭到破坏后可自动重发。

8）节点在错误严重的情况下具有自动退出总线的功能。

13.2 ARM 嵌入式开发软件介绍

嵌入式系统开发环境有 3 套搭建方案，分别是：①基于 PC Windows 操作系统的 CYGWIN；②在 Windows 下安装虚拟机后，再在虚拟机中安装 Linux 操作系统；③直接安装 Linux 操作系统。在实训过程中使用的是第二套解决方案，即 Windows 下安装虚拟机后，再在虚拟机中安装 Linux 操作系统；使用的虚拟机是由 VMware 公司开发的 VMware Workstation 虚拟机。在虚拟机上安装的 Linux 系统是 Red Hat 公司开发的 Linux 系统 Red Hat Enterprise Linux。

1. VMware Workstation

VMware Workstation 是一款功能强大的桌面虚拟计算机软件，用户可在单一的桌面上同时运行不同的操作系统，并提供了进行开发、测试、部署新的应用程序的最佳解决方案。VMware Workstation 可在一部实体机器上模拟完整的网络环境以及可便于携带的虚拟机器，其更好的灵活性与先进的技术胜过了市面上其他的虚拟计算机软件。对于企业的 IT 开发人员和系统管理员而言，VMware 在虚拟网路、实时快照、拖曳共享文件夹和支持 PXE（预启动执行环境）等方面的特点使它成为必不可少的工具。VMware 虚拟机视图如图 13-3 所示。

2. Linux 操作系统

Linux 是一套免费使用和自由传播的类 UNIX 操作系统，是一个基于 POSIX 和 UNIX 的多用户、多任务、支持多线程和多 CPU 的操作系统。它能运行主要的 UNIX 工具软件、应用程序和网络协议。它支持 32 位和 64 位硬件。Linux 操作系统继承了 UNIX 以网络为核心的设计思想，是一个性能稳定的多用户网络操作系统。Linux 操作系统诞生于 1991 年 10 月 5 日，存在着许多不同的版本，而它们都使用了 Linux 内核。Linux 操作系统可安装在各种计算机硬件设备中，比如手机、平板计算机、路由器、视频游戏控制台、台式计算机、大型机和超级计算机。实训中使用的是 Linux 操作系统是 Red Hat 公司开发的 Red Hat Linux，Red Hat 公司是全球最大的开源技术厂家，其产品 Red Hat Enterprise Linux 也是全世界应用最广泛的 Linux 操作系统。

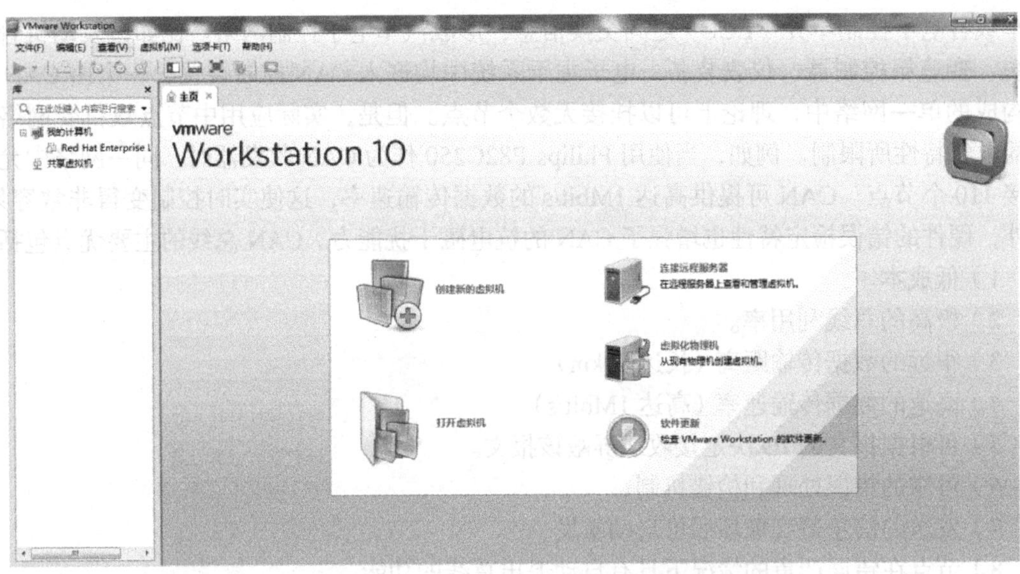

图 13-3　VMware Workstation 虚拟机视图

为启动 Linux 操作系统，在 Windows 操作系统下单击“开始”→“所有程序”→“VMware Workstation”，启动 VMware 虚拟机，在虚拟机左侧边框栏选择要启动的 Linux 虚拟系统，虚拟机界面会出现如图 13-4 所示的变化，在这个界面可以了解 Linux 操作系统的一些设备信息，并可以通过控制开关控制虚拟系统的开关状态，修改虚拟的设备参数。

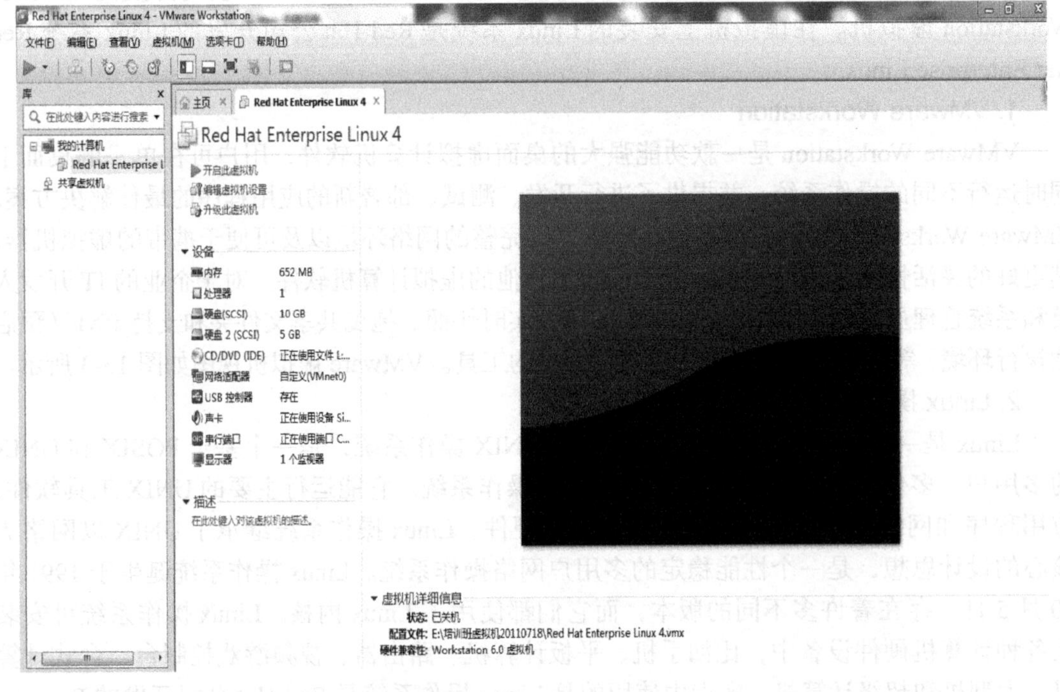

图 13-4　VMware 启动界面

单击界面中的“开启此虚拟机”，虚拟系统则会启动，启动程序会访问相关硬件设备，此过程需等待 1 ～ 2min（具体情况由计算机相关配置决定）。Linux 操作系统启动后界面如图 13-5 所示。

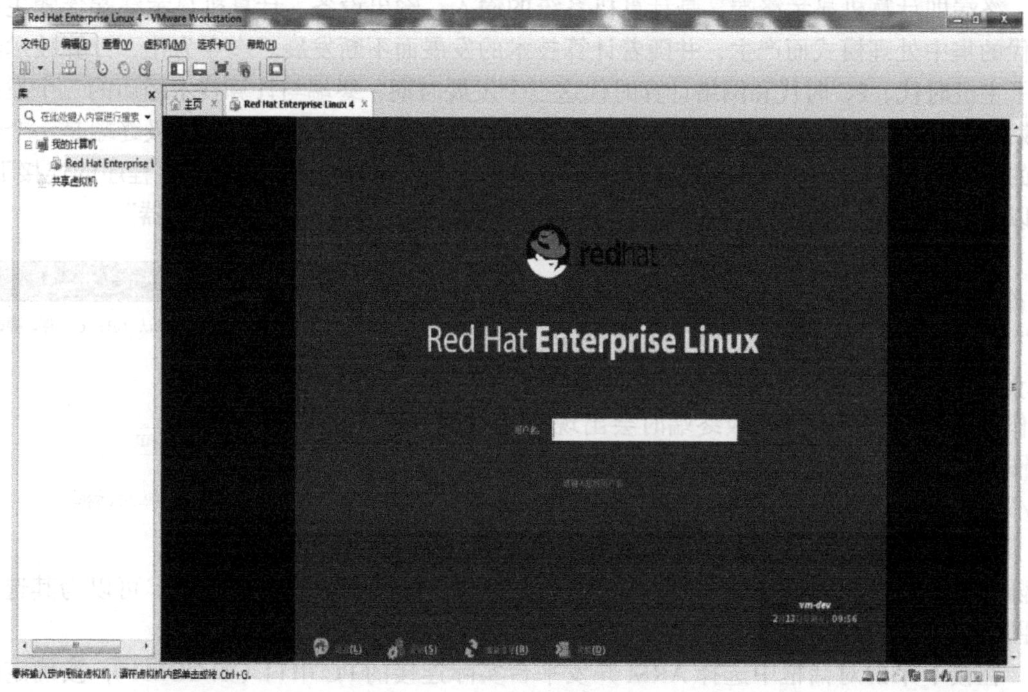

图 13-5　VMware 登录界面

在此界面输入用户名 root，密码 123456，按 <Enter> 键即可进入 Linux 操作系统。在 Linux 操作系统桌面中，双击终端图标打开终端对话框，如图 13-6 所示，在终端对话框里即可输入指令操作 Linux 系统。

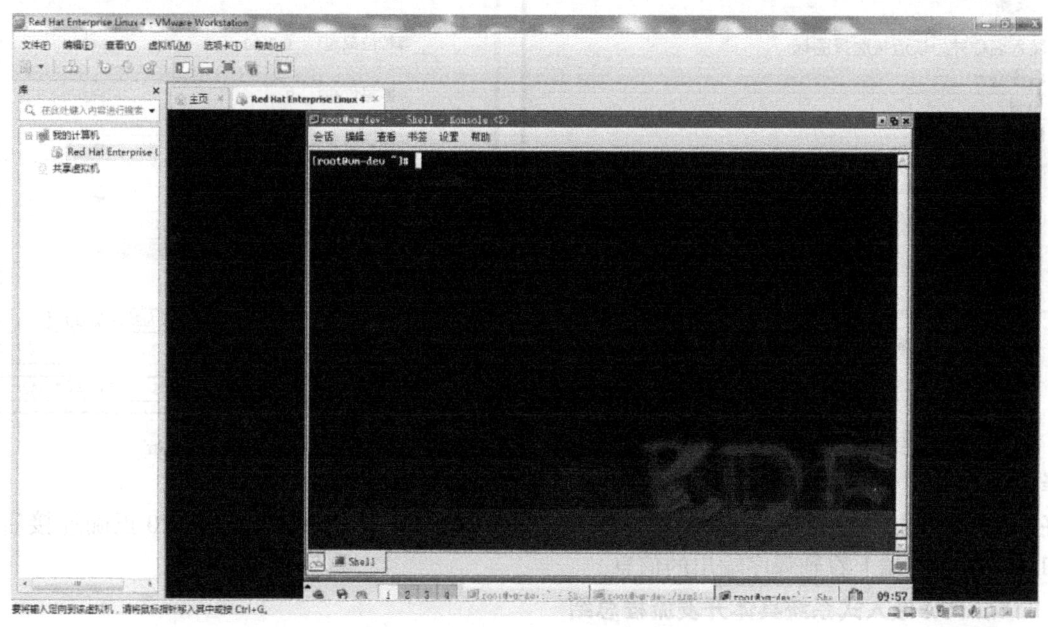

图 13-6　VMware 终端对话框

3. 超级终端

终端即计算机显示终端，是计算机系统的输入、输出设备。计算机显示终端伴随主机时代的集中处理模式而产生，并随着计算技术的发展而不断发展。迄今为止，计算技术经历了主机时代、PC 时代和网络计算时代这三个发展时期，终端与计算技术经历的三个发展时期相适应，也经历了字符哑终端、图形终端和网络终端这三个形态。超级终端是一个通用的串行交互软件，很多嵌入式应用的系统有与之交换的相应程序，在这些程序的连接下，可以通过超级终端与嵌入式系统交互，使超级终端成为嵌入式系统的“显示器”。

为建立超级终端，可以在 Windows 操作系统下单击“开始”→“所有程序”→“附件”→“通信”→“超级终端（HyperTerminal）”。注意，在 Windows XP 操作系统下，初次建立超级终端时会出现如图 13-7 所示的对话框，请在“□”中打“√”，并单击“否”。

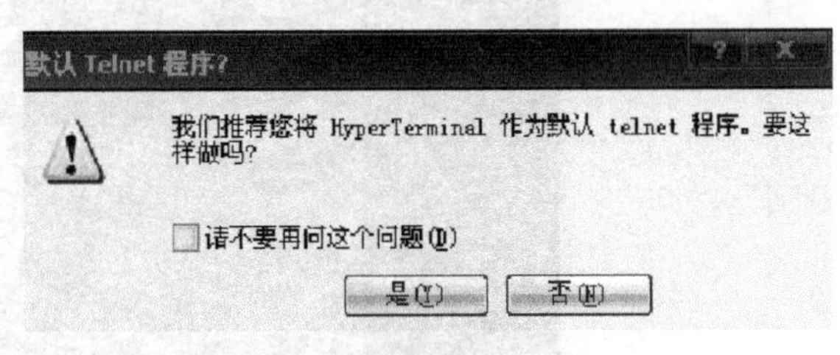

图 13-7　超级终端建立时选择对话框

如果要求输入区号、电话号码等信息，请随意输入，出现如图 13-8 所示的对话框时，为所建超级终端取名为 arm，可以为其选一个图标，单击“确定”按钮。

在接下来的对话框中选择 ARM 开发平台实际连接的 PC 串口（如 COM1），按确定后出现如图 13-9 所示的属性对话框，设置通信的格式和协议。这里串口传输率为 115200bit/s，数据位为 8，无奇偶校验，停止位为 1，无数据流控制。单击“确定”按钮完成设置。

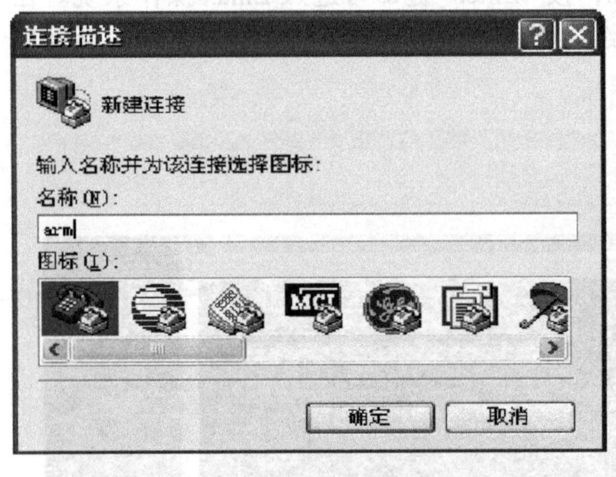

图 13-8　通信终端对话框

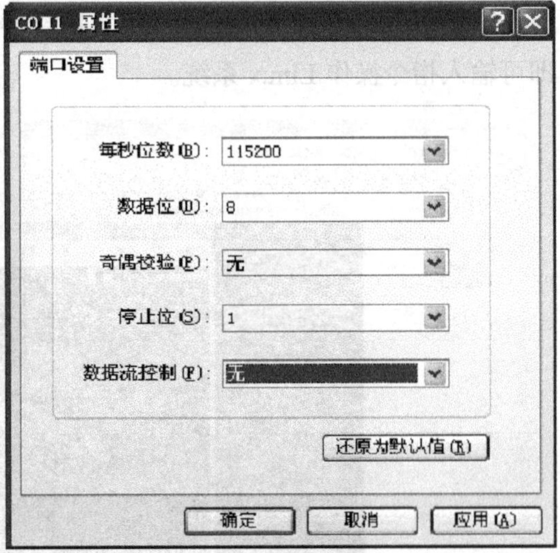

图 13-9　属性对话框

完成新建超级终端的设置以后，可以选择超级终端文件菜单中的“另存为”，把设置好的超级终端保存在桌面上，以备后用。用串口线将 PC 串口和平台 UART0 正确连接后，即可在超级终端上看到程序输出的信息。

4. ARM 嵌入式系统具体开发流程总结

（1）启动 VMware Workstation 虚拟机

（2）启动 Linux 操作系统

（3）打开 Linux 操作系统终端界面

（4）进入实验文件夹并建立工作目录

```
[root@zxt / ]# cd arm2410cl/exp/basi
[root@zxt basic]# mkdir hello
[root@zxt basic]# cd hello
```

（5）编写程序源代码　在 Linux 操作系统下的文本编辑器有许多，常用的是 vim 和 X window 界面下的 gedit 等，在开发过程中推荐使用 vim，用户需要学习 vim 的操作方法，可以参考相关书籍中关于 vim 的操作指南。Kdevelope、anjuta 软件的界面与 vc6.0 类似，对于熟悉 Windows 环境下开发的用户来说，它们更容易上手。

实际的 hello.c 源代码较简单，如下：

```
# include <stdio.h>
    main()
{
    printf("hello world \n" );
    }
```

可以使用下面的命令来编写 hello.c 的源代码，进入 hello 目录使用 vi 命令来编辑代码。

```
[root@zxt hello]# vi hello.c
```

按 <i> 或者 <a> 键进入编辑模式，将上面的代码录入，完成后按 <Esc> 键进入命令状态，再用命令“：wq”保存并退出，这样便在当前目录下建立了一个名为 hello.c 的文件。

（6）编写 Makefile　要使上面的 hello.c 程序能够运行，必须编写一个 Makefile 文件。Makefile 文件定义了一系列的规则，它指明了哪些文件需要编译，哪些文件需要先编译，哪些文件需要重新编译等复杂的命令。使用它带来的好处就是自动编译，只需要输入一个 make 命令，整个工程就可以实现自动编译。本次实验只有一个文件，还不能体现出使用 Makefile 的优越性，但当工程较大、文件较多时，不使用 Makefile 几乎是不可能的。下面我们介绍本次实验用到的 Makefile 文件。

```
CC= armv4l-unknown-Linux-gcc
EXEC = hello
OBJS = hello.o
CFLAGS +=
LDFLAGS+= –static
all: $(EXEC)
$(EXEC): $(OBJS)
$(CC) $(LDFLAGS) -o $@ $(OBJS)
clean:
-rm -f $(EXEC) *.elf *.gdb *.o
```

下面我们来简单介绍 Makefile 文件的几个主要部分。

1）CC：编译器。

2）EXEC：编译后生成的执行文件名称。

3）OBJS：目标文件列表。

4）CFLAGS：编译参数。

5）LDFLAGS：连接参数。

6）all：编译主入口。

7）clean：清除编译结果。

与编写 hello.c 的过程类似，用 vi 来创建一个 Makefile 文件并将代码录入其中，命令为

```
[root@zxt hello]# vi Makefile
```

（7）编译应用程序　上面的步骤完成后，就可以在 hello 目录下运行 make 来编译程序。如果进行了修改，重新编译命令为

```
[root@zxt hello]# make clean
[root@zxt hello]# make
```

（8）建立超级终端

（9）启动实验箱

（10）挂载 Linux 开发平台与超级终端　在宿主计算机上启动 NFS 服务，并设置好共享的目录，然后在开发板上运行：mount -t nfs-o 192.168.0.10:/arm2410cl　/host（实际 IP 地址要根据实际情况修改）挂接宿主计算机的根目录，成功之后在开发板上进入 /host 目录便相应进入宿主计算机的 /arm2410 目录，再进入开发程序目录运行刚刚编译好的 hello 程序，查看运行结果。开发板挂接宿主计算机目录只需要挂接一次即可，只要开发板没有重启，就可以一直保持连接。这样可以反复修改、编译、调试，不需要下载到开发板的过程。

（11）在超级终端中进入相应的工作文件夹并执行执行文件

```
[/]cd host/exp/basic/hello
[/host/exp/basic/hello] ls
hello.c  hello.o  Makefile  hello
[/host/exp/basic/hello] ./hello
```

（12）查看实验现象

5. Linux 常用命令

（1）基本命令

ls：以默认方式显示当前目录文件列表。

ls-a：显示所有文件，包括隐藏文件。

ls-l：显示文件属性，包括大小、日期、符号连接，是否可读写及是否可执行。

cd< 目录 >：切换到当前目录下的子目录。

cd/：切换到根目录。

cd..：切换到上一级目录。

rm<file>：删除某一个文件。

rm-rf dir：删除当前目录下名为 dir 的整个目录（包括下面的文件或子目录）。

cp<source><target>：将文件 source 复制为 target。

cp /root/source：将 /root 下的文件 source 复制到当前目录。

mv<source><target>：将文件 source 更名为 target。

cat<file>：显示文件的内容，和 DOS 的 type 相同。

find /path -name<file>：在 /path 目录下查看是否有文件 file。

vi<file>：编辑文件 file。

man ls：读取关于 ls 命令的帮助。

startx：启动 Linux 图形界面。

shutdown-h now：关闭计算机。

reboot：重新启动计算机。

（2）扩展命令

tar：压缩、解压文件。

1）解压文件命令：

解压 tar 文件：tar xf xxx.tar

解压 gz 文件：tar xzvf xxx.tar.gz

解压 bz2 文件：tar xjvf xxx.tar.bz2

2）压缩文件命令：

压缩 tar 文件：tar cf xxx.tar /path

压缩 gz 文件：tar czvf xxx.tar.gz /path

压缩 bz2 文件：tar cjvf xxx.tar.bz2 /path

mount -t ext2 /dev/hda1 /mnt	把 /dev/hda1 装载到 /mnt
mount -t iso9660 /dev/cdrom /mnt/cdrom	将光驱加载到 /mnt/cdrom
mount -t nfs 192.168.1.1:/sharedir /mnt	将 nfs 服务的共享目录 sharedir 加载到 /mnt/nfs
umount /dev/hda1	将 /dev/hda1 设备卸载，设备必须处于空闲状态
ifconfig eth0 192.168.1.1	将 IP 地址设置为 192.168.1.1
ping 163.com	测试与 163.com 的连接
ping 202.96.128.68	测试与 IP：202.96.128.68 的连接

说明：可以通过以上命令对实验箱进行简单操作，若想运行实验箱中的 DEMO 程序，请参照《2410-CL DEMO 程序演示操作说明》。

13.3　vi 编辑器简介

vi 是 Linux/UNIX 操作系统中极为普遍、可视化的全屏幕文本编辑器，几乎可以说任何一台含 Linux/UNIX 的机器都会提供这个软件。vi 有三种状态，即编辑方式、插入方式和命令方式。在命令方式下，所有命令都要以“：”开始，所键入的字符系统均作命令来处理，如“：q”表示退出，“:w”表示存盘。当进入 vi 时，会首先进入命令方式（同时也是编辑方式）。按 <i> 键就进入插入方式，用户输入的可视字符都添加到文件中，并显示在屏幕上。按 <Esc> 键就可以回到命令方式（同时也是编辑方式）。编辑方式与命令方式类似，也要输入命令，但它的命令不以“：”开始，而是直接接受键盘输入的单字符或组合字符命令，例如直接按 <u> 键就表示取消上一次对文件的修改，相当于 Windows 下的 Undo 操作。编辑方式下有一些命令是要以“/”开始的，例如查找字符串为 /string，可以在文件中查找 string

字符串。在编辑方式下按下 <: >键就进入命令方式。

1. 基本命令

（1）光标命令

k、j、h、l——上、下、左、右光标移动命令。虽然可以在 Linux 中使用键盘右侧的 4 个光标键，但是记住这 4 个命令还是非常有用的。这 4 个字母对应的 4 个键正是右手在键盘上放置的基本位置。

nG——跳转命令。n 为行数，该命令立即使光标跳到指定行。

Ctrl+G——光标所在位置的行数和列数报告。

w、b——使光标向前或向后跳过一个单词。

（2）编辑命令

i、a、r——在光标的前、后以及所在处插入字符命令 (i=insert、a=append、r=replace)。

cw、dw——改变（置换)、删除光标所在处的单词的命令 (c=change、d=delete)。

x、d$、dd——删除一个字符，删除光标所在处到行尾的所有字符以及删除整行的命令。

（3）查找命令

/string、?string——从光标所在处向后或向前查找相应的字符串的命令。查找下一个键入 <n>

（4）复制命令

yy、p——复制一行到剪贴板或取出剪贴板中内容的命令。在命令提示“：”下键入 <y3>，表示从当前光标处开始复制 3 行，数字可以自己根据需要修改，之后将光标移动到需要粘贴的地方，键入 <p> 即可粘贴刚刚复制的内容。

2. vi 编辑命令

常用操作：无论是开启新文件或修改旧文件，都可以使用 vi，所需指令为：

```
$ vi filemane
```

如果文件是新的，就会在荧幕底部看到一个信息，告诉用户正在创建新文件。如果文件已存在，vi 则会显示文件的首 24 行，用户可再用光标上下移动。

i——在光标处插入正文。

I——在一行开始处插入正文。

a——在光标后追加正文。

A——在行尾追加正文。

o——在光标下面新开一行。

O——在光标上面新开一行。

在插入方式下，不能输入指令，必须先按 <Esc> 键，返回命令方式。如果不知处于哪种方式，也可以按 <Esc> 键，不管此时处于哪种方式，都会返回命令方式。在修改文件时，如何存档及退出指定文件都非常重要。在 vi 内，执行存档或退出的指令时，要先按 < : > 键，改变为命令方式，在荧幕左下方会出现“ : ”，显示 vi 已经改为指令态，可以进行存档或退出等工作。

:q!——放弃任何改动而退出 vi，即强行退出。

:w——存档。

:w!——对于只读文件强行存档。

:wq——存档并退出 vi。

:x——与 wq 的工作相同。

:zz——与 wq 的工作相同。

删除或修改正文都是利用编辑方式，因此下面所提及的指令只需在编辑方式下，直接键入即可。

x——删除光标处字符。

nx——删除光标处后 n 个字符。

nX——删除光标处前 n 个字符。

ndw——删除光标处下 n 个单词。

dd——删除整行。

d$ 或 D——删除由光标至该行最末。

u——恢复前一次所做的删除。

当使用 vi 修改正文、加减字符时，就会采用另一组在编辑方式下操作的指令。

r char——由 char 代替光标处的字符。

Rtext<Esc>——由 text 代替光标处的字符。

cwtext<Esc>——由 text 取代光标处的单词。

Ctext<Esc>——由 text 取代光标处至该行结尾处。

cc——使整行空白，但保留光标位置，可在此行继续输入内容。

与删除指令一样，在指令前输入的数，表示执行该指令的次数。要检索文件，必须在编辑方式下进行。

/str<Return>——向前搜寻 str 直至文件结尾处。

?str<Return>——往后搜寻 str 直至文件开始处。

n——同一方向上重复检索。

N——相反方向上重复检索。

vi——缠绕整个文件，不断检索，直至找到与模式相匹配的下一个出现。

全程替换命令：

:%s/string1/string2/g——在整个文件中将 string1 替换成 string2。

如果要替换文件中的路径，使用命令“:%s#/usr/bin#/bin#g”可以把文件中所有路径 /usr/bin 换成 /bin，也可以使用命令“:%s/\/usr\/bin/\/bin/g”实现，其中“\”是转义字符，表明其后的“/”字符是具有实际意义的字符，而不是分隔符。

同时编辑两个文件，复制一个文件中的文本并粘贴到另一个文件中，其命令如下：

```
vi file1 file2
```

yy——在文件 1 的光标处复制所在行。

:n——切换到文件 2（n=next）或者按 <ctrl+ww> 键，可在两个文件间切换。

p——在文件 2 的光标所在处粘贴所复制的行。

:n——切换回文件 1。

将文件中的某一部分修改并保存到临时文件，例如仅仅把第 20 ～ 59 行之间的内容存盘成文件 /tmp/1，我们可以键入如下命令：

```
vi file
:20,59w /tmp/1
```

如果要在 vi 执行期间转到 shell 执行，可使用“ ! ”执行系统指令，例如在 vi 执行期间列出当前目录内容，可以键入<:!ls>。

另一方面，用户可以在主目录中创建 .exrc 环境文件，用 set 指令设置文件，每次调用 vi 时，就会读入 .exrc 中的指令与设置。下面是 .exrc 环境文件的实例：

```
set wrapmarging=8
set showmode
set autoindent
```

第 14 章　嵌入式 Linux 开发技术基础设计

14.1　多线程应用程序设计

1. 实验内容

读懂 pthread.c 的源代码，熟悉几个重要的 pthread 库函数的使用，掌握共享锁和信号量的使用方法。进入 /arm2410cl/exp/basic/02_pthread 目录，运行 make 产生 pthread 程序，使用 NFS 方式连接开发主机，进行运行实验。

2. 源代码

```
#include <stdio.h>
#include <stdlib.h>
#include <time.h>
#include "pthread.h"
#define BUFFER_SIZE 16
/* 设置一个整数的圆形缓冲区 */
struct prodcons {
    int buffer[BUFFER_SIZE];                    /* 缓冲区数组 */
    pthread_mutex_t lock;                       /* 互斥锁 */
    int readpos, writepos;                      /* 读写的位置 */
    pthread_cond_t notempty;                    /* 缓冲区非空信号 */
    pthread_cond_t notfull;                     /* 缓冲区非满信号 */
};
/*--------------------------------------------------------*/
/* 初始化缓冲区 */
void init(struct prodcons * b)
{
    pthread_mutex_init(&b->lock, NULL);
    pthread_cond_init(&b->notempty, NULL);
    pthread_cond_init(&b->notfull, NULL);
    b->readpos = 0;
    b->writepos = 0;
}
/*--------------------------------------------------------*/
/* 向缓冲区中写入一个整数 */
void put(struct prodcons * b, int data)
{
    pthread_mutex_lock(&b->lock);
        /* 等待缓冲区非满 */
        while ((b->writepos + 1) % BUFFER_SIZE == b->readpos) {
```

```
        printf("wait for not full\n");
        pthread_cond_wait(&b->notfull, &b->lock);
        }
    /* 写数据并且指针前移 */
        b->buffer[b->writepos] = data;
        b->writepos++;
        if (b->writepos >= BUFFER_SIZE) b->writepos = 0;
    /* 设置缓冲区非空信号 */
        pthread_cond_signal(&b->notempty);

    pthread_mutex_unlock(&b->lock);
}
/*--------------------------------------------------------*/
/* 从缓冲区中读出一个整数 */
int get(struct prodcons * b)
{
        int data;
    pthread_mutex_lock(&b->lock);
    /* 等待缓冲区非空 */
    while (b->writepos == b->readpos) {
    printf("wait for not empty\n");
    pthread_cond_wait(&b->notempty, &b->lock);
    }
    /* 读数据并且指针前移 */
    data = b->buffer[b->readpos];
    b->readpos++;
    if (b->readpos >= BUFFER_SIZE) b->readpos = 0;
    /* 设置缓冲区非满信号 */
    pthread_cond_signal(&b->notfull);
    pthread_mutex_unlock(&b->lock);
    return data;
}
/*--------------------------------------------------------*/
#define OVER (-1)
struct prodcons buffer;
/*--------------------------------------------------------*/
void * producer(void * data)
{
        int n;
        for (n = 0; n < 1000; n++) {
        printf(" put-->%d\n", n);
        put(&buffer, n);
        }
    put(&buffer, OVER);
```

```
    printf("producer stopped!\n");
    return NULL;
}
/*--------------------------------------------------------*/
void * consumer(void * data)
{
    int d;
    while (1) {
        d = get(&buffer);
        if (d == OVER ) break;
        printf("    %d-->get\n", d);
        }
    printf("consumer stopped!\n");
    return NULL;
}
/*--------------------------------------------------------*/
int main(void)
{
        pthread_t th_a, th_b;
        void * retval;
        init(&buffer);
        pthread_create(&th_a, NULL, producer, 0);
        pthread_create(&th_b, NULL, consumer, 0);
    /* 等待生产者和消费者结束 */
        pthread_join(th_a, &retval);
        pthread_join(th_b, &retval);
        return 0;
}
```

3. 实验步骤

（1）阅读源代码及编译应用程序　进入开发主机中的 /arm2410cl/exp/basic/02_pthread 目录，使用 vi 编辑器或其他编辑器阅读理解源代码。运行 make 产生 pthread 可执行文件，如图 14-1 所示。

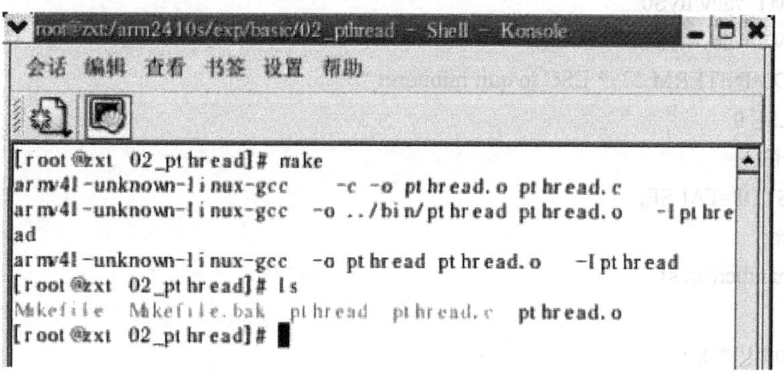

```
[root@zxt 02_pthread]# make
armv4l-unknown-linux-gcc     -c -o pthread.o pthread.c
armv4l-unknown-linux-gcc   -o ../bin/pthread pthread.o    -lpthre
ad
armv4l-unknown-linux-gcc   -o pthread pthread.o    -lpthread
[root@zxt 02_pthread]# ls
Makefile   Makefile.bak   pthread   pthread.c   pthread.o
[root@zxt 02_pthread]# 
```

图 14-1　pthread 运行图

（2）下载和调试　切换到超级终端窗口，使用挂载指令将开发主机的 /arm2410cl 共享到 /host 目录。

```
[/mnt/yaffs]cd /
[/]mount -t nfs -o nolock 192.168.0.12:/arm2410cl/host/
[/]ls
[/]cd /host/exp/basic/02_pthread/
[/host/exp/basic/02_pthread]ls
[/host/exp/basic/02_pthread]./pthread
```

4. 实验现象

```
wait for not empty
put-->997
put-->998
put-->999
producer stopped!
                    998-->get
                    999-->get
consumer stopped!
```

14.2　串行端口程序设计

1. 实验内容

读懂程序源代码，了解终端 I/O 函数的使用方法，学习将多线程编程应用到串口的接收和发送程序设计中。

2. 源代码

```
#include <termios.h>
#include <stdio.h>
#include <unistd.h>
#include <fcntl.h>
#include <sys/signal.h>
#include <pthread.h>
#define BAUDRATE B115200
#define COM1 "/dev/ttyS0"
#define COM2 "/dev/ttyS1"
#define ENDMINITERM 27 /* ESC to quit miniterm */
#define FALSE 0
#define TRUE 1
volatile int STOP=FALSE;
volatile int fd;
void child_handler(int s)
{
   printf("stop!!!\n");
   STOP=TRUE;
```

```
}
/*----------------------------------------------------------*/
void* keyboard(void * data)
{
  int c;
for (;;){
     c=getchar();
     if( c== ENDMINITERM){
     STOP=TRUE;
     break ;
     }
}
  return NULL;
}
/*----------------------------------------------------------*/
/* modem input handler */
void* receive(void * data)
{
int c;
  printf("read modem\n");
  while (STOP==FALSE)
  {
  read(fd,&c,1); /* com port */
  write(1,&c,1); /* stdout */
  }
  printf("exit from reading modem\n");
  return NULL;
}
/*----------------------------------------------------------*/
void* send(void * data)
{
  int c='0';
  printf("send data\n");
  while (STOP==FALSE) /* modem input handler */
  {
  c++;
  c %= 255;
  write(fd,&c,1); /* stdout */
  usleep(100000);
  }
  return NULL; }
/*----------------------------------------------------------*/
int main(int argc,char** argv)
{
```

```
struct termios oldtio,newtio,oldstdtio,newstdtio;
struct sigaction sa;
int ok;
  pthread_t th_a, th_b, th_c;
  void * retval;
if( argc > 1)
  fd = open(COM2, O_RDWR );
  else
    fd = open(COM1, O_RDWR ); //| O_NOCTTY |O_NONBLOCK);
if (fd <0) {
  error(COM1);
  exit(-1);
  }
  tcgetattr(0,&oldstdtio);
  tcgetattr(fd,&oldtio); /* save current modem settings */
  tcgetattr(fd,&newstdtio); /* get working stdtio */
newtio.c_cflag = BAUDRATE | CRTSCTS | CS8 | CLOCAL | CREAD; /*ctrol flag*/
newtio.c_iflag = IGNPAR; /*input flag*/
newtio.c_oflag = 0;  /*output flag*/
  newtio.c_lflag = 0;
  newtio.c_cc[VMIN]=1;
newtio.c_cc[VTIME]=0;
/* now clean the modem line*/
/* activate the settings for modem */
  tcflush(fd, TCIFLUSH);
tcsetattr(fd,TCSANOW,&newtio); /*set attrib*/
sa.sa_handler = child_handler;
sa.sa_flags = 0;
sigaction(SIGCHLD,&sa,NULL); /* handle dying child */
pthread_create(&th_a, NULL, keyboard, 0);
pthread_create(&th_b, NULL, receive, 0);
pthread_create(&th_c, NULL, send, 0);
pthread_join(th_a, &retval);
pthread_join(th_b, &retval);
pthread_join(th_c, &retval);
tcsetattr(fd,TCSANOW,&oldtio); /* restore old modem setings */
tcsetattr(0,TCSANOW,&oldstdtio); /* restore old tty setings */
close(fd);
exit(0);
}
```

3. 实验步骤

（1）阅读理解源代码　进入开发主机中的 /arm2410cl/exp/basic/03_tty 目录，使用 vi 编辑器或其他编辑器阅读理解源代码。

（2）编译应用程序　运行 make 产生 term 可执行文件。

```
[root@zxt /]# cd /arm2410cl/exp/basic/03_tty/
[root@zxt 03_tty]# ls
[root@zxt 03_tty]# make
armv4l-unknown-linux-gcc -c -o term.o term.c
armv4l-unknown-linux-gcc -o ../bin/term term.o -lpthread
armv4l-unknown-linux-gcc -o term term.o -lpthread
[root@zxt 03_tty]# ls
Makefile   Makefile.bak   term   term.c   term.o   tty.c
```

（3）下载调试　切换到超级终端窗口，使用挂载指令将开发主机的 /arm2410cl 共享到 /host 目录。进入 /host/exp/basic/03_tty 目录，运行 term，观察运行结果的正确性。

```
[/mnt/yaffs]cd /
[/] mount -t nfs -o nolock 192.168.0.56:/arm2410cl/host
[/] cd /host/exp/basic/03_tty/
[/host/exp/basic/03_tty]ls
[/host/exp/basic/03_tty]./term
```

4. 实验现象

```
read modem
        send data
                        123456789:;<=>?@ABCDEFGHIJKLMNOPQRSTUVWX
```

注意：如果在执行 ./term 时出现下面的错误，可以通过我们前文提到的方法建立一个连接来解决。

/dev/ttyS0: No such file or directory

解决方法：

```
[/] cd /dev
[/dev]ln-s /dev/tts/0 ttyS0（注意首字母是 l，不是数字 1）
```

由于内核已经将串口 1 作为终端控制台，所以可以看到 term 发出的数据，却无法看到开发主机发来的数据，可以使用另外一台主机连接串口 2 进行收发测试，这时要修改一下执行命令，在 term 后要加任意参数（下面以 ./term www 为例）。

Ctrl+c 或者 Esc 可使程序强行退出。

注意：如果在执行 ./term www 时出现下面的错误，可以通过我们前文提到的方法建立两个连接来解决。

/dev/ttyS0: No such file or directory

解决方法：

```
[/] cd /dev
[/dev]ln –s /dev/tts/0 ttyS0（注意首字母是 l，不是数字 1）
[/dev]ln –s /dev/tts/1 ttyS1
```

14.3 A/D 接口实验

1. 实验内容

了解 A/D 接口原理，了解实现 A/D 系统对于系统软件和硬件的要求。阅读 ARM 芯片文档，掌握 ARM 的 A/D 相关寄存器的功能，熟悉 ARM 系统硬件的 A/D 相关接口。利用外部模拟信号编程实现 ARM 循环采集全部前 3 路通道，并且在超级终端上显示。

2. 源代码

```
#include <stdio.h>
#include <unistd.h>
#include <sys/types.h>
#include <sys/ipc.h>
#include <sys/ioctl.h>
#include <pthread.h>
#include <fcntl.h>
#include "s3c2410-adc.h"
#define ADC_DEV "/dev/adc/0raw"
static int adc_fd = -1;
static int init_ADdevice(void)
{
  if((adc_fd=open(ADC_DEV, O_RDWR))<0){
  printf("Error opening %s adc device\n", ADC_DEV);
  return -1;
  }


}
static int GetADresult(int channel)
{
  int PRESCALE=0XFF;
  int data=ADC_WRITE(channel, PRESCALE);
  write(adc_fd, &data, sizeof(data));
  read(adc_fd, &data, sizeof(data));
  return data;
}
static int stop=0;
static void* comMonitor(void* data)
{
  getchar();
  stop=1;
  return NULL;
}
int main(void)
{
  int i;
```

```
    float d;
    pthread_t th_com;
    void * retval;
    //set s3c44b0 AD register and start AD
    if(init_ADdevice()<0)
    return -1;
    /* Create the threads */
    pthread_create(&th_com, NULL, comMonitor, 0);
    printf("\nPress Enter key exit!\n");
    while( stop==0 ){
    for(i=0; i<=2; i++){// 采样 0 ～ 2 路 A/D 值
    d=((float)GetADresult(i)*3.3)/1024.0;
    printf("a%d=%8.4f\t",i,d);
    }
    usleep(1);
    printf("\r");
    }
    /* Wait until producer and consumer finish. */
    pthread_join(th_com, &retval);
    printf("\n");
    return 0;
}
```

3. 实验步骤

（1）阅读理解源代码　进入 /arm2410cl/exp/basic/04_ad 目录，使用 vi 编辑器或其他编辑器阅读理解源代码。

（2）编译应用程序　运行 make 产生 ad 可执行文件。

```
[root@zxt /]# cd /arm2410cl/exp/basic/04_ad/
[root@zxt 04_ad]# ls
[root@zxt 04_ad]# make
armv4l-unknown-linux-gcc -c -o main.o main.c
armv4l-unknown-linux-gcc -o ../bin/ad main.o -lpthread
armv4l-unknown-linux-gcc -o ad main.o -lpthread
[root@zxt 04_ad]# ls
ad   hardware.h   main.o   Makefile.bak   s3c2410-adc.h
Bin   main.c   Makefile   readme.txt   src
```

（3）下载调试　换到超级终端窗口，使用挂载指令将开发主机的 /arm2410cl 共享到 /host 目录。

```
[/mnt/yaffs]cd /
[/] mount -t nfs -o nolock 192.168.0.56:/arm2410cl /host
[/] cd /host/exp/basic/04_ad/driver/
[/host/exp/basic/04_ad/driver/]insmod  s3c2410-adc.o
Using s3c2410-adc.o
```

```
Warning: loading can will taint the kernel: no license
See htsp://www.tux.org3lkml/#export-tacnted for inform2ation ab4out s
10-mcp2510 initialized
```

运行应用程序 ad 查看结果：

```
[/host/exp/basic/04_ad/driver/]cd ..
[/host/exp/basic/04_ad]./ad
```

4. 实验现象

```
Press Enter key exit!
a0= 0.0032 a1= 3.2968 a2= 3.2968
```

我们可以通过调节开发板上 3 个黄色的电位器来查看 a0、a1、a2 的变化。

14.4 CAN 总线通信实验

1. 实验内容

了解 CAN 总线通信原理，编程实现两台 CAN 总线控制器之间的通信。ARM 接收到 CAN 总线的数据后会在于终端显示，同时使用 CAN 控制器发送的数据也会在终端反显。MCP2510 设置成自回环的模式，CAN 总线数据自发自收。

2. 源代码

```
#ifndef __UP_CAN_H__
#define __UP_CAN_H__
#define UPCAN_IOCTRL_SETBAND                0x1 //set can bus band rate
#define UPCAN_IOCTRL_SETID                  0x2 //set can frame id data
#define UPCAN_IOCTRL_SETLPBK                0x3 //set can device in loop back mode or normal
mode
#define UPCAN_IOCTRL_SETFILTER              0x4 //set a filter for can device
#define UPCAN_IOCTRL_PRINTRIGISTER          0x5 // print register information of spi andportE
#define UPCAN_EXCAN (1<<31) //extern can flag
typedef enum{
    BandRate_125kbps=1,
    BandRate_250kbps=2,
    BandRate_500kbps=3,
    BandRate_1Mbps=4
}CanBandRate;
typedef struct {
    unsigned int id; //CAN 总线 ID
    unsigned char data[8]; //CAN 总线数据
    unsigned char dlc; // 数据长度
    int IsExt; // 是否扩展总线
    int rxRTR; // 是否扩展远程帧
}CanData, *PCanData;
typedef struct{
    unsigned int Mask;
```

```
    unsigned int Filter;
    int IsExt; // 是否扩展 ID
}CanFilter,*PCanFilter;
main.c:
#include <stdio.h>
#include <unistd.h>
#include <fcntl.h>
#include <time.h>
//#include <sys/types.h>
//#include <sys/ipc.h>
#include <sys/ioctl.h>
#include <pthread.h>
//#include "hardware.h"
#include "up-can.h"
#define CAN_DEV "/dev/can/0"
static int can_fd = -1;
#define DEBUG
#ifdef DEBUG
#define DPRINTF(x...) printf("Debug:"##x)
#else
#define DPRINTF(x...)
#endif
static void* canRev(void* t)
{
    CanData data;
    int i;
    DPRINTF("can recieve thread begin.\n");
    for(;;){
        read(can_fd, &data, sizeof(CanData));
        for(i=0;i<data.dlc;i++)
            putchar(data.data[i]);
        fflush(stdout);
    }
    return NULL;
}
#define MAX_CANDATALEN 8
static void CanSendString(char *pstr)
{
    CanData data;
    int len=strlen(pstr);
    memset(&data,0,sizeof(CanData));
    data.id=0x123;
    data.dlc=8;
```

```
    for(;len>MAX_CANDATALEN;len-=MAX_CANDATALEN){
    memcpy(data.data, pstr, 8);
    //write(can_fd, pstr, MAX_CANDATALEN);
    write(can_fd, &data, sizeof(data));
    pstr+=8;
  }
  data.dlc=len;
  memcpy(data.data, pstr, len);
  //write(can_fd, pstr, len);
  write(can_fd, &data, sizeof(CanData));
  }
  int main(int argc, char** argv)
  {
    int i;
    pthread_t th_can;
    static char str[256];
    static const char quitcmd[]="\\q!";
    void * retval;
    int id=0x123;
    char usrname[100]={0,};
    if((can_fd=open(CAN_DEV, O_RDWR))<0){
      printf("Error opening %s can device\n", CAN_DEV);
      return 1;
    }
    ioctl(can_fd, UPCAN_IOCTRL_PRINTRIGISTER, 1);
    ioctl(can_fd, UPCAN_IOCTRL_SETID, id);
  #ifdef DEBUG
    ioctl(can_fd, UPCAN_IOCTRL_SETLPBK, 1);
  #endif
    /* Create the threads */
    pthread_create(&th_can, NULL, canRev, 0);
    printf("\nPress \"%s\" to quit!\n", quitcmd);
    printf("\nPress Enter to send!\n");
    if(argc==2){ //Send user name
      sprintf(usrname, "%s: ", argv[1]);
    }
    for(;;){
      int len;
      scanf("%s", str);
      if(strcmp(quitcmd, str)==0){
        break;
      }
      if(argc==2) //Send user name
        CanSendString(usrname);
```

```
        len=strlen(str);
        str[len]='\n';
        str[len+1]=0;
        CanSendString(str);
    }
    /* Wait until producer and consumer finish. */
    //pthread_join(th_com, &retval);
    printf("\n");
    close(can_fd);
    return 0;
}
```

3. 实验步骤

本实验中，CAN 总线以模块的形式编译在内核源码中。进行 CAN 总线实验的步骤是：

（1）编译 CAN 总线模块

[root@zxt /]# cd /arm2410cl/kernel/linux-2.4.18-2410cl/

[root@zxt linux-2.4.18-2410cl]# make menuconfig

进入 Main Menu / Character devices 菜单，选择 CAN BUS 为模块加载，如图 14-2 所示。

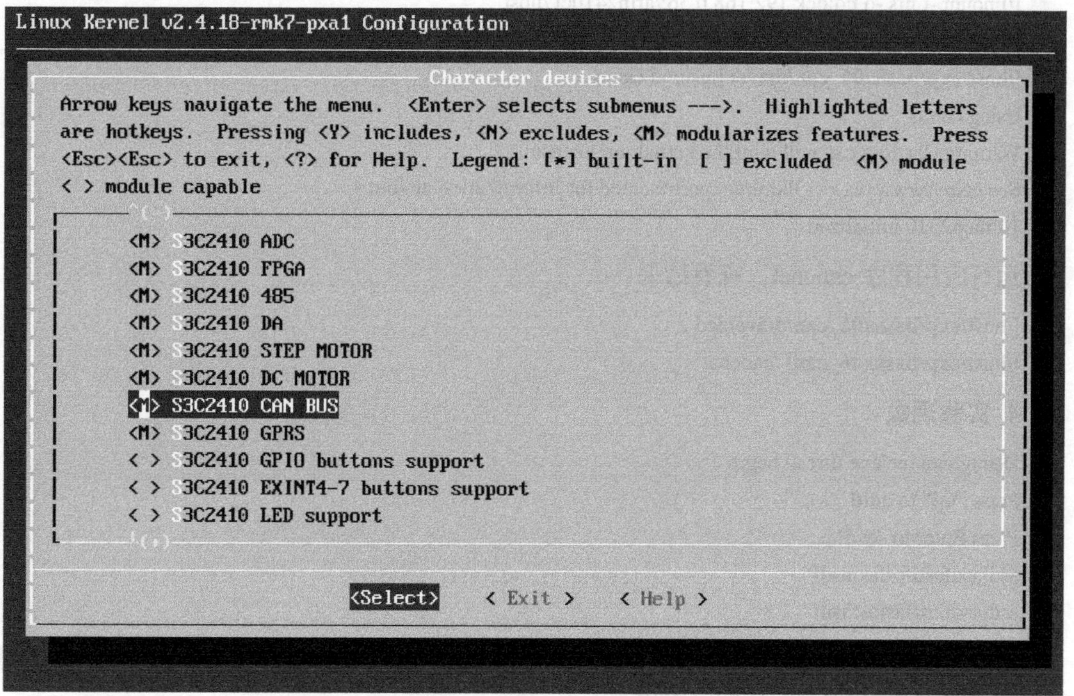

图 14-2　CAN BUS 加载图

编译内核模块：

```
make dep
make
make modules
```

编译结果为：

```
/arm2410cl/kernel/linux-2.4.18-2410cl/drivers/char/s3c2410-can-mcp2510.o
```

注意：在 /arm2410cl/exp/basic/06_can/driver/ 下已经放置了编译后的驱动模块，为了使理解和使用起来比较简便，把上面的 s3c2410-can-mcp2510.o 改名为 can.o 并放置在该目录下，可以直接使用该驱动模块。

（2）编译应用程序

```
[root@zxt /]# cd /arm2410cl/exp/basic/06_can/
[root@zxt 06_can]# ls
[root@zxt 06_can]# make
armv4l-unknown-linux-gcc -c -o main.o main.c
armv4l-unknown-linux-gcc -o canchat main.o -lpthread
[root@zxt 06_can]# ls
Canchat  driver  hardware.h  main.c  main.o  Makefile  up-can.h
```

（3）下载调试　切换到超级终端窗口，使用挂载指令将开发主机的 /arm2410cl 共享到 /host 目录，然后插入 CAN 驱动模块。

```
[/mnt/yaffs]cd /
[/]mount -t nfs -o nolock 192.168.0.56:/arm2410cl /host
[/]cd /host/exp/basic/06_can/driver/
[/host/exp/basic/06_can/driver]insmod can.o
Using can.o
Warning: loading can will taint the kernel: no license
See htsp://www.tux.org3lkml/#export-tacnted for inform2ation ab4out s
10-mcp2510 initialized
```

运行应用程序 canchat，查看结果：

```
[/host/exp/basic/06_can/driver]cd ..
[/host/exp/basic/06_can]./canchat
```

4. 实验现象

```
Debug:can recieve thread begin.
Press "\q!" to quit!
Press Enter to send!
asdfasdfasdfasfasfasdf
asdfasdfasdfasfasfasdf
```

由于设置的 CAN 总线模块为自回环方式，所以在终端上输入任意一串字符，都会通过 CAN 总线在终端上收到同样的字符串。

14.5　直流电动机实验

1. 实验内容

学习直流电动机的工作原理，了解实现电动机转动对于系统的软件和硬件要求，学习 ARM PWM 的生成方法。使用 Redhat Linux 9.0 操作系统环境及 ARM 编译器，编译直流电动机的驱动模块和应用程序。运行程序，实现直流电动机的调速转动。

2. 核心源代码分析

Linux 下的直流电动机程序包括模块驱动程序和应用程序两部分。Module 驱动程序实现了以下方法：

```
static struct file_operations s3c2410_dcm_fops = {
owner: THIS_MODULE,
open: s3c2410_dcm_open,
ioctl: s3c2410_dcm_ioctl,
release: s3c2410_dcm_release,
};
```

开启设备时，配置 I/O 口为定时器工作方式：

({ GPBCON &= ～ 0xf; GPBCON |= 0xa; })

配置定时器的各控制寄存器：

```
({ TCFG0 &= ~ (0x00ff0000); \
TCFG0 |= (DCM_TCFG0); \
TCFG1 &= ~ (0xf); \
TCNTB0 = DCM_TCNTB0; /* less than 10ms */ \
TCMPB0 = DCM_TCNTB0/2;  \
TCON &= ~ (0xf); \
TCON |= (0x2); \
TCON &= ~ (0xf); \
TCON |= (0x19); })
```

在 s3c2410_dcm_ioctl 中提供调速功能接口：

```
case DCM_IOCTRL_SETPWM:
return dcm_setpwm((int)arg);
```

应用程序 dcm_main.c 中调用：

```
ioctl(dcm_fd, DCM_IOCTRL_SETPWM, (setpwm * factor));
```

实现直流电动机速度的调整。

3. 实验步骤

（1）编译直流电动机模块

```
[root@zxt /]# cd /arm2410cl/kernel/linux-2.4.18-2410cl/
[root@zxt linux-2.4.18-2410cl]# make menuconfig
```

进入 Main Menu/Character devices 菜单，选择 DC MOTOR 为模块加载。

编译内核模块：

make dep

make

make modules

直流电动机模块的编译结果为：

/arm2410cl/kernel/linux-2.4.18-2410cl/drivers/char/s3c2410-dc-motor.o

拷贝直流电动机模块到程序目录

cp /arm2410cl/kernel/linux-2.4.18-2410cl/drivers/char/s3c2410-dc-motor.o /arm2410cl/exp/basic/09_dcmotor/

（2）编译应用程序

```
[root@zxt /]# cd /arm2410cl/exp/basic/09_dcmotor/
[root@zxt 09_dcmotor]# ls
[root@zxt 09_dcmotor]# make
armv4l-unknown-linux-gcc -c -o main.o main.c
armv4l-unknown-linux-gcc -o canchat main.o -lpthread
[root@zxt 09_dcmotor]# ls
生成 dcm_main
```

（3）运行程序　切换到超级终端窗口，使用挂载指令将开发主机的 /arm2410cl 共享到 /host 目录。

```
[/mnt/yaffs]cd /
[/]mount -t nfs -o nolock 192.168.0.56:/arm2410cl /host
[/]cd /host/exp/basic/09_dcmotor/drivers/
[/host/exp/basic/09_dcmotor/drivers]insmod dc-motor.o
Using dc-motor.o
Warning: loading can will taint the kernel: no license
See htsp://www.tux.org3lkml/#export-tacnted for inform2ation ab4out s
10-mcp2510 initialized
[/host/exp/basic/09_dcmotor/drivers]cd ..
[/host/exp/basic/09_dcmotor]./dcm_main
```

4. 实验现象

直流电动机变速转动，屏幕显示转速。

```
......
setpwm = -268
setpwm = -269
......
setpwm = 291
setpwm = 292
```

14.6　GPS 通信实验

1. 实验内容

学习 GPS 通信原理，阅读 GPS 模块的产品说明，了解模块的电气指标、串口连接方式、NMEA 语句格式。通过软件来设置 GPS 模块的速率、输出语句和初始化经纬度等内容。编程实现对 GPS 通信信息的采集方法，将接收到的数据进行语义解析，并在 LCD 上显示当前的地理位置信息。学习 Linux GPS 数据的解析过程。

2. 实验原理

（1）GPS 概述　GPS（Global Positioning System，全球定位系统）是美国从 20 世纪 70 年代开始研制，历时 20 多年，耗资约 200 亿美元，具有在海、陆、空进行全方位实时三维导航与定位能力的新型卫星导航与定位系统。GPS 定位的基本原理是根据高速运动的卫星瞬间位置作为已知的起算数据，采用空间距离后方交会的方法，确定待测点的位置。如图 14-3 所示，假设 t 时刻在地面待测点上安置 GPS 接收机，可以测定 GPS 信号到达接收机的时间 Δt，再加上接收机所接收到的卫星星历等其他数据可以确定以下 4 个方程式。

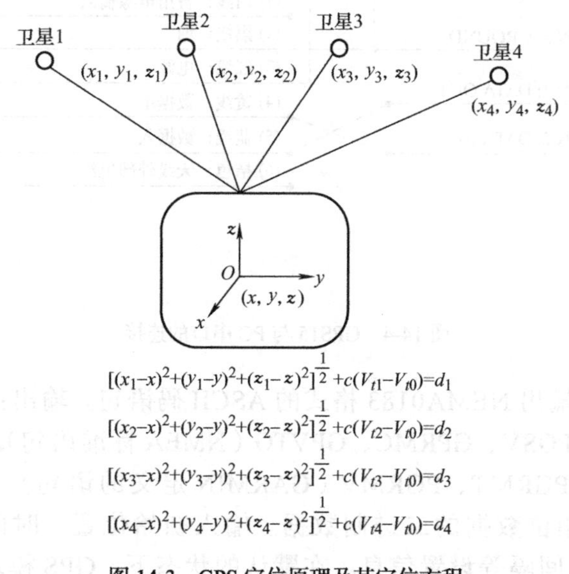

图 14-3　GPS 定位原理及其定位方程

上述 4 个方程式中待测点坐标（x，y，z）和 V_{t0} 为未知参数，其中 $d_i=c\Delta t_i$（i=1，2，3，4），d_i（i=1，2，3，4）分别为卫星 1、卫星 2、卫星 3、卫星 4 到接收机的距离，Δt_i（i=1，2，3，4）分别为卫星 1、卫星 2、卫星 3、卫星 4 的信号到达接收机所经历的时间，c 为 GPS 信号的传播速度（即光速）。

4 个方程式中各个参数意义如下：（x，y，z）为待测点坐标的空间直角坐标。（x_i，y_i，z_i）（i=1，2，3，4）分别为卫星 1、卫星 2、卫星 3、卫星 4 在 t 时刻的空间直角坐标，可由卫星导航电文求得。V_{ti}（i=1,2,3,4）分别为卫星 1、卫星 2、卫星 3、卫星 4 的卫星钟的钟差，由卫星星历提供。V_{t0} 为接收机的钟差。

由以上 4 个方程即可解出待测点的坐标（x，y，z）和接收机的钟差 V_{t0}。目前 GPS 系统提供的定位精度是优于 10m，而为得到更高的定位精度，通常采用差分 GPS 技术：将一台 GPS 接收机安置在基准站上进行观测，根据基准站已知精密坐标，计算出基准站到卫星的距离改正数，并由基准站实时将这一数据发送出去，用户接收机在进行 GPS 观测的同时，也接收到基准站发出的改正数，并对其定位结果进行改正，从而提高定位精度。

（2）GPS 接口　在 UP-CUP S2410 经典平台上所选配的 GPS 模块是 GPS15L/H。接口特

性如下：RS232 输出，可输入 RS232 或者具有 RS232 极性的 TTL 电平。可选的速率为（单位为 bit/s）：300、600、1200、2400、4800、9600、19200。GPS15 与 PC 串口的连接如图 14-4 所示。

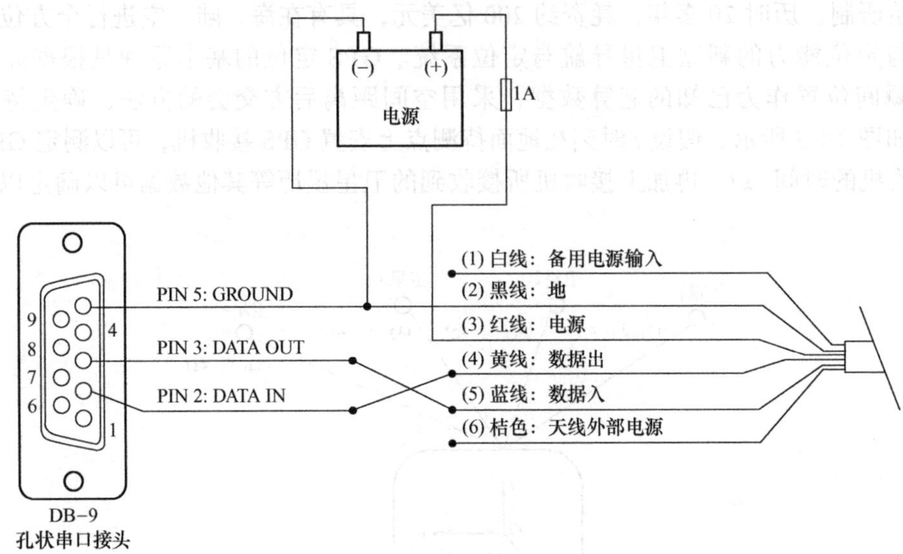

图 14-4　GPS15 与 PC 串口的连接

串口输出协议：输出 NEMA0183 格式的 ASCII 码语句。输出：GPALM、GPGGA、GPGLL、GPGSA、GPGSV、GPRMC、GPVTG（NMEA 标准语句），PGRMB、PGRME、PGRMF、PGRMM、PGRMT、PGRMV（GARMIN 定义的语句）。还可将串口设置为输出包括 GPS 载波相位数据的二进制数据。输入初始位置、时间、秒脉冲状态、差分模式、NMEA 输出间隔等设置信息。在默认的状态下，GPS 模块输出数据的速率为 4800bit/s，输出信息包括：GPRMC、GPGGA、GPGSA、GPGSV、PGRME 等，每秒定时输出。

3. 核心源代码分析

GPS 原始采集的数据如图 14-5 所示。在接收进程 receive 中收到“\n”，表示收到一条完整的信息。在 show_gps_info 进程中进行数据的解析和显示：

```
void* show_gps_info(void * data)
{
  while(1){
  if(GET_GPS_OK){
  GET_GPS_OK=FALSE;
  printf("%s",GPS_BUF);
  gps_parse(GPS_BUF,&gps_info);
  show_gps(&gps_info);
  }
  usleep(100);
  if(STOP)break;
  }
}
```

```
$PGRMB,0.0,200,,,,K,,N,W*28
$PGRMM,WGS 84*06
$GPRMC,004857,V,3851.3330,N,09447.9410,W,,,010112,003.3,E*70
$GPGGA,004857,3851.3330,N,09447.9410,W,0,00,,,M,,M,,*4F
$GPGSA,A,1,,,,,,,,,,,,,,,*1E
$GPGSV,3,1,12,01,00,000,00,02,00,000,00,03,00,000,00,04,00,000,00*7C
$PGRME,,M,,M,,M*00
$PGRMB,0.0,200,,,,K,,N,W*28
$PGRMM,WGS 84*06
$GPRMC,004858,V,3851.3330,N,09447.9410,W,,,010112,003.3,E*7F
$GPGGA,004858,3851.3330,N,09447.9410,W,0,00,,,M,,M,,*40
$GPGSA,A,1,,,,,,,,,,,,,,,*1E
$GPGSV,3,2,12,05,00,000,00,06,00,000,00,07,00,000,00,08,00,000,00*77
$PGRME,,M,,M,,M*00
$PGRMB,0.0,200,,,,K,,N,W*28
$PGRMM,WGS 84*06
$GPRMC,004859,V,3851.3330,N,09447.9410,W,,,010112,003.3,E*7E
$GPGGA,004859,3851.3330,N,09447.9410,W,0,00,,,M,,M,,*41
$GPGSA,A,1,,,,,,,,,,,,,,,*1E
$GPGSV,3,3,12,09,00,000,00,10,00,000,00,11,00,000,00,12,00,000,00*71
$PGRME,,M,,M,,M*00
$PGRMB,0.0,200,,,,K,,N,W*28
$PGRMM,WGS 84*06
```

图 14-5　GPS 模块原始输出信息

gps_parse 实现 GPRMC 格式数据的解析：

```
void gps_parse(char *line,GPS_INFO *GPS)
{
    int i,tmp,start,end;
    char c;
    char* buf=line;
    c=buf[5];
    if(c=='C'){                                                      // 判断 "GPRMC" 语句
    GPS->D.hour =(buf[ 7]-'0')*10+(buf[ 8]-'0');                     // 读取小时
    GPS->D.minute =(buf[ 9]-'0')*10+(buf[10]-'0');                   // 读取分钟
    GPS->D.second =(buf[11]-'0')*10+(buf[12]-'0');                   // 读取秒
    tmp = GetComma(9,buf);
    GPS->D.day =(buf[tmp+0]-'0')*10+(buf[tmp+1]-'0');                // 读取日
    GPS->D.month =(buf[tmp+2]-'0')*10+(buf[tmp+3]-'0');              // 读取月
    GPS->D.year =(buf[tmp+4]-'0')*10+(buf[tmp+5]-'0')+2000;          // 读取年
    //------------------------------------
    GPS->status =buf[GetComma(2,buf)];                               // 读取小时
    GPS->latitude =get_double_number(&buf[GetComma(3,buf)]);         // 读取纬度
    GPS->NS =buf[GetComma(4,buf)];                                   // 南纬 or 北纬
    GPS->longitude=get_double_number(&buf[GetComma(5,buf)]);         // 读取经度
    GPS->EW =buf[GetComma(6,buf)];                                   // 东经或者西经
    #ifdef USE_BEIJING_TIMEZONE
    UTC2BTC(&GPS->D);
    #endif
    }
    if(c=='A'){ //"$GPGGA"
    GPS->high = get_double_number(&buf[GetComma(9,buf)]);            // 读取小时
```

```
    }
}
```

4. 实验步骤

（1）断开平台电源

（2）接入设备　将 GPS 天线连接到 GPS/GPRS（通用分组无线业务）模块上，天线接收端置放在能良好接收室外信号的地方，比如窗台，将模块插入 2410-CL 扩展插槽。

（3）编译程序

```
[root@localhost /]# cd /arm2410cl/exp/wirleess/01_gps/
[root@localhost 01_gps]#make
armv4l-unknown-linux-gcc -c -o main.o main.c
armv4l-unknown-linux-gcc -c -o gps.o gps.c
armv4l-unknown-linux-gcc -o ../bin/gps main.o gps.o -lpthread
```

（4）运行程序　打开电源，启动超级终端，执行以下指令：

```
[/mnt/yaffs]mount –t nfs –o nolock 192.168.0.56:/arm2410cl /host // 挂载主机目录，IP 地址可变
[/mnt/yaffs]cd /host/exp/wireless/01_gps/
[/host/exp/basic/wireless/01_gps]./gps
```

此时可直接在超级终端中看到实验结果。

5. 实验现象

实验现象如图 14-5 所示。

14.7　GPRS 通信实验

1. 实验内容

对串口编程来控制 GPRS 扩展板，实现发送固定内容的短信，接打语音电话等通信模块的基本功能。利用开发平台的键盘和液晶屏实现人机交互。

2. 实验原理

（1）SIM100-E GPRS 模块硬件　ARM 嵌入式开发平台的 GPRS 扩展板采用的 GPRS 模块型号为 SIM100-E，是 SIMCOM 公司推出的 GSM/GPRS 双频模块，主要为语音传输、短消息和数据业务提供无线接口。SIM100-E 模块集成了完整的射频电路和 GSM（全球移动通信系统）的基带处理器，适合于开发一些 GSM/GPRS 的无线应用产品，如移动电话、PCMCIA 无线 MODEM 卡、无线 POS 机、无线抄表系统以及无线数据传输业务，应用范围十分广泛。SIM100-E 模块的详细技术指标请参阅扩展板说明文档。

SIM100-E 模块为用户提供了功能完备的系统接口。60 针系统连接器是 SIM100-E 模块与应用系统的连接接口，主要提供外部电源、RS232 串口、SIM 卡接口和音频接口。SIM100-E 模块使用锂电池、镍氢电池或者其他外部直流电源供电，电源电压范围为：3.3 ～ 4.6V，电源应该具有至少 2A 的峰值电流输出能力。注意 SIM100-E 模块的下列引脚：VANA 为模拟输出电压，可提供 2.5V 的电压和 50mA 的电流输出，用于给音频电路提供电源；VEXT 为数字输出电压，可提供 2.8V 的电压和 50mA 的电流输出；VRTC 为时钟供电输入，当模块断电后为内部 RTC（实时时钟）提供电源，可接一个 2.0V 的纽扣充电电池。本扩展板需要单独的 5V/2A 的直流电源供电，经过芯片 MIC29302 稳压后得到 4.2V 电压供

GPRS 模块使用。

SIM100-E 提供标准的 RS232 串口，可以通过串口使用 AT 命令完成对模块的操作。串口支持以下通信速率（单位为 bit/s）：300，1200，2400，4800，9600，19200，38400，57600，115200（起始默认）当模块上电启动并报出 RDY 后，用户才可以和模块进行通信。用户可以首先使用模块默认速率 115200bit/s 与模块通信，并可通过 AT+IPR=<rate> 命令自由切换至其他通信速率。在应用设计中，当 MCU 需要通过串口与模块进行通信时，可以只用 3 个引脚：TXD、RXD 和 GND，其他引脚悬空，建议 RTS 和 DTR 置低。本扩展板上采用 MAX3232 芯片完成 GPRS 模块的 TTL 电平到 RS232 电平的转换，以便能和 ARM 开发平台的 RS232 串口连接。

SIM100-E 模块提供了完整的音频接口，应用设计只需增加少量外部辅助元器件，主要是为 MIC 提供工作电压和射频旁路。音频分为主通道和辅助通道两部分。可以通过 AT+CHFA 命令切换主副音频通道。音频设计应该尽量远离模块的射频部分，以降低射频对音频的干扰。

本扩展板硬件支持两个语音通道，主通道可以插普通电话机的话柄，辅助通道可以插带 MIC 的受话器。当选择为主通道时，有电话呼入时板载蜂鸣器将发出铃声以提示来电；但选择辅助通道时，来电提示音乐只能在受话器中听到。蜂鸣器是由 GPRS 模块的 BUZZER 引脚加驱动电路控制的。GPRS 模块的射频部分支持 GSM900/DCS1800 双频，为了尽量减少射频信号在射频连接线上的损耗，必须谨慎选择射频连线，应采用 GSM900/DCS1800 双频段天线，天线应满足阻抗 50Ω 和收发驻波比小于 2 的要求。为了避免过大的射频功率导致 GPRS 模块的损坏，在模块加电前请确保天线已正确连接。

模块支持外部 SIM 卡，可以直接与 3.0V SIM 卡或者 1.8V SIM 卡连接。模块自动监测和适应 SIM 卡类型。对用户来说，GPRS 模块实现的就是一个移动电话的基本功能，该模块正常的工作是需要电信网络支持的，需要配备一个可用的 SIM 卡，在网络服务计费方面和普通手机类似。

（2）通信模块的 AT 命令集　GPRS 模块和应用系统是通过串口连接的，控制系统可以发给 GPRS 模块 AT 命令的字符串来控制其行为。GPRS 模块具有一套标准的 AT 命令集，包括一般命令、呼叫控制命令、网络服务相关命令、电话本命令、短消息命令和 GPRS 命令等。详细信息请参考扩展板的应用文档。用户可以直接将扩展板和计算机串口相连，打开超级终端并正确设置端口和如下参数：速率设为 115200bit/s，数据位为 8，关闭奇偶校验，数据流控制采用硬件方式，停止位为 1。然后可以在超级终端里输入 AT 并按 <Enter> 键，即可看到 GPRS 模块回显一个 AT，也可以尝试下列 AT 命令子集。

1）一般命令。AT 命令字符串功能描述：

AT+CGMI：返回生产厂商标识。

AT+CGMM：返回产品型号标识。

AT+CGMR：返回软件版本标识。

ATI：发行的产品信息。

ATE <value>：决定是否回显输入的命令。value=0 表示关闭回显，value=1 表示打开回显。

AT+CGSN：返回产品序列号标识。

AT+CLVL？：读取受话器音量级别。

AT+CLVL=<level>：设置受话器音量级别，level 在 0 ～ 100 之间，数值越小则音量越轻。

AT+CHFA=<state>：切换音频通道。state=0 为主音频通道，state=1 为辅助音频通道。

AT+CMIC=<ch>，<gain>：改变 MIC 增益，ch=0 为主 MIC，ch=1 为辅助 MIC；gain 在 0 ～ 15 之间。

2）呼叫控制命令。

ATDxxxxxxxx：拨打电话号码 xxxxxxxx，注意最后要加分号，中间无空格。

ATA：接听电话。

ATH：拒接电话或挂断电话。

AT+VTS=<dtmfstr>：在语音通话中发送 DTMF 音，dtmfstr 举例："4，5，6" 为 456 三字符。

3）网络服务相关命令。

AT+CNUM=?：读取本机号码。

AT+COPN：读取网络运营商名称。

AT+CSQ：信号强度指示，返回接收信号强度指示值和信道误码率。

4）短消息命令。

AT+CMGF=<mode>：选择短消息格式。mode=0 为 PDU 模式，mode=1 为文本模式。建议文本模式。

AT+CSCA?：读取短消息中心地址。

AT+CMGL=<stat>：列出当前短消息存储器中的短信。stat 参数空白为收到的未读短信。

AT+CMGR=<index>：读取短消息。index 为所要读取短信的记录号。

AT+CMGS=xxxxxxxx'CR' Text 'Ctrl+Z'：发送短消息。xxxxxxxx 为对方手机号码，按 <Enter> 键后接着输入短信内容，然后按 <Ctrl+Z> 发送短信。<Ctrl+Z> 的 ASCII 码是 26。

AT+CMGD=<index>：删除短消息。index 为所要删除短信的记录号。

3. 核心源代码分析

在本实验中创建了两个线程：发送指令线程 keyshell 和 GPRS 反馈读取线程 gprs_read。

1）Keyshell 线程启动后会在串口或者 LCD（输出设备可选择）提示如下的信息：

```
<gprs control shell>
[1] give a call
[2] respond a call
[3] hold a call
[4] send a msg
[**] help menu
```

2）循环采集键盘的信息，若为符合选项的内容就执行相应的功能函数，以按下 <1> 键为例。

```
get_line(cmd);                          // 采集按键
if(strncmp("1",cmd,1)==0){              // 如果为"1"
```

```
printf("\nyou select to gvie a call, please input number:")
fflush(stdout);                               // 立即输出串口缓冲区中的内容
get_line(cmd);                                // 继续读取按键输入的电话号码
gprs_call(cmd, strlen(cmd));                  // 调用具体的实现函数
printf("\ncalling......");                    // 显示相应的提示信息
}
```

3）gprs_call 实现。

```
void gprs_call(char *number, int num)
{
tty_ write;                          // 串口写函数
tty_write("atd", strlen("atd"));     // 发送拨打命令 ATD，详见 AT 命令
tty_write(number, num);              // 发送电话号码
tty_write(";\r", strlen(";\r"));     // 发送结束字符
usleep(200000);                      // 进行适当的延时
}
```

4. 实验步骤

（1）断开平台电源

（2）接入设备　将 GPRS 天线连接到模块上，将任意可用 GSM 手机的 SIM 卡插入模块背面 SIMCARD 插槽内，将模块插入 2410-S 扩展插槽。

（3）编译程序

```
[root@localhost /]# cd /arm2410cl/exp/wireless/02_gprs/         // 进入实验所在目录
[root@localhost 02_gprs]#make                                    // 编译试验内容生成可执行文件
armv4l-unknown-linux-gcc -c -o main.o main.c
armv4l-unknown-linux-gcc -c -o tty.o tty.c
armv4l-unknown-linux-gcc -c -o gprs.o gprs.c
armv4l-unknown-linux-gcc -c -o keyshell.o keyshell.c
armv4l-unknown-linux-gcc -o ../bin/gprs main.o tty.o gprs.o keyshell.o ../keyboard/key
board.o ../keyboard/get_key.o -lpthread
```

（4）运行程序　启动超级终端，执行以下指令：

```
[/mnt/yaffs]mount –t nfs –o nolock 192.168.0.56:/arm2410cl /host // 挂载主机目录，IP 地址可变
[/mnt/yaffs]cd /host/exp/wireless/02_gprs/
[/mnt/yaffs/gps_gprs]./gprs_test.sh
Using ./i2c-tomega8.o
no PS/2 device found on PS/2 Port 0!
no PS/2 device found on PS/2 Port 1!
Using ./serial_8250.o
```

5. 实验现象

```
<gprs control shell>
[1]give a call        // 拨号
[2]respond a call     // 接电话
```

```
[3]hold a call          // 挂断
[4]send a msg           // 发送短信（已定）
[**]help menu
Keyshell>
```

若要验证通话效果可通过连接受话器和送话器来实现。注意，此时数字由 2410-CL 上的小键盘输入。

第 15 章　电子创新实践常用控制器

15.1　STC15 系列单片机

STC15 系列单片机是传统 89C51 单片机的升级版，功能更加丰富，虽然使用起来稍微复杂一些，需要配置的寄存器增加，但其本质还是 8051 内核，仍然具有传统的功能，而且比以前更加强大，学好 51 单片机为升级到 STM32 打下坚实的基础。

1. STC15 系列单片机主要性能

1）具有 2KB 大容量数据存储器。

2）具有 1 个时钟 / 机器周期的高运行速度。

3）具有宽工作电压范围。

4）具有高可靠内部复位电路，无需外接复位电路。

5）具有高精度内部时钟电路，无需外接时钟电路。

6）具有掉电唤醒能力。

7）具有 8 路 10 位 300KSPS 采样率的高速 ADC。

8）具有 3 路 PWM/DA 转换器。

9）具有 2 路可重配置异步串口。

10）具有 6 路定时器。

11）具有 ISP/IAP 接口，无需专用编程 / 仿真器。

12）具有 60KB 的 Flash 型程序存储器。

2. STC15 系列单片机引脚功能

双列直插 40 针 STC15F2K60S2 系列单片机引脚功能及在线编程线路如图 15-1 所示。

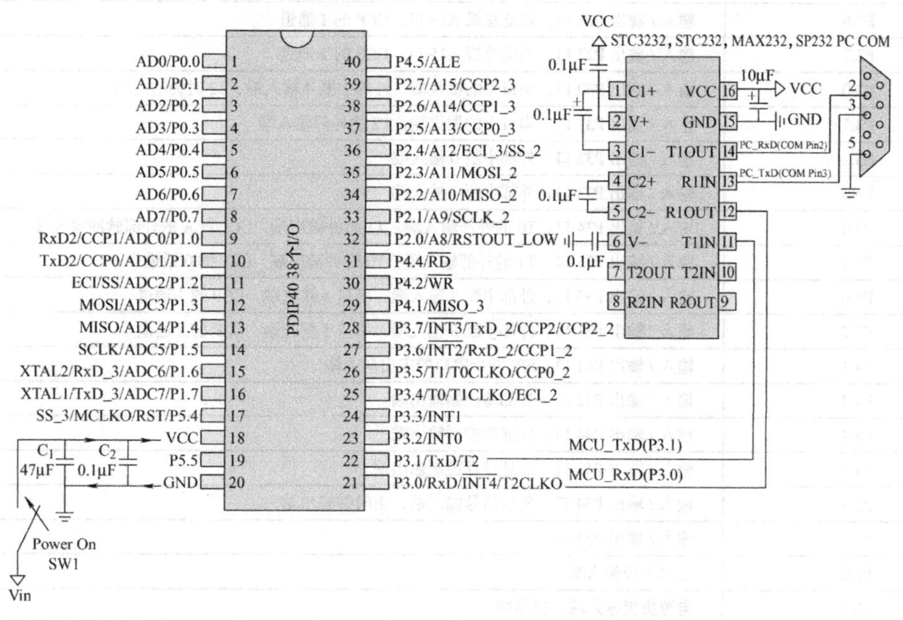

图 15-1　STC15F2K60S2 系列单片机引脚功能及在线编程线路图

STC15F2K60S2 系列单片机其核心是 51 单片机，其引脚基本功能与通用 51 单片机一致。STC15F2K60S2 系列单片机引脚功能见表 15-1，掌握各引脚的功能，能够极大地提高硬件使用能力。

表 15-1　STC15F2K60S2 系列单片机引脚功能表

名称	功能
P0.0	输入 / 输出 P00 口，地址总线 A0 口，数据总线 D0 口
P0.1	输入 / 输出 P01 口，地址总线 A1 口，数据总线 D1 口
P0.2	输入 / 输出 P02 口，地址总线 A2 口，数据总线 D2 口
P0.3	输入 / 输出 P03 口，地址总线 A3 口，数据总线 D3 口
P0.4	输入 / 输出 P04 口，地址总线 A4 口，数据总线 D4 口
P0.5	输入 / 输出 P05 口，地址总线 A5 口，数据总线 D5 口
P0.6	输入 / 输出 P06 口，地址总线 A6 口，数据总线 D6 口
P0.7	输入 / 输出 P07 口，地址总线 A7 口，数据总线 D7 口
P1.0	输入 / 输出 P10 口，ADC 的 0 通道输入端，CCP 的 1 通道，串口 2 的接收端
P1.1	输入 / 输出 P11 口，ADC 的 1 通道输入端，CCP 的 0 通道，串口 2 的发送端
P1.2	输入 / 输出 P12 口，ADC 的 2 通道，CCP/PCA 的外部脉冲输入端，SPI 同步串口的从机选择端
P1.3	输入 / 输出 P13 口，ADC 的 3 通道输入端，SPI 同步串口的主出从入端
P1.4	输入 / 输出 P14 口，ADC 的 4 通道输入端，SPI 同步串口的主入从出端
P1.5	输入 / 输出 P15 口，ADC 的 5 通道输入端，SPI 同步串口的时钟信号端
P1.6	输入 / 输出 P16 口，ADC 的 6 通道输入端，串口 1 的接收端，外部晶振接口 2
P1.7	输入 / 输出 P17 口，ADC 的 7 通道输入端，串口 1 的发送端，外部晶振接口 1
P2.0	输入 / 输出 P20 口，地址总线 A8 口
P2.1	输入 / 输出 P21 口，地址总线 A9 口，SPI 同步串口的时钟信号端
P2.2	输入 / 输出 P22 口，地址总线 A10 口，SPI 同步串口的主入从出端
P2.3	输入 / 输出 P23 口，地址总线 A11 口，SPI 同步串口的主出从入端
P2.4	输入 / 输出 P24 口，地址总线 A12 口，CCP/PCA 外部时钟输入端，SPI 同步串口的从机选择端
P2.5	输入 / 输出 P25 口，地址总线 A13 口，CCP 的 0 通道
P2.6	输入 / 输出 P26 口，地址总线 A14 口，CCP 的 1 通道
P2.7	输入 / 输出 P27 口，地址总线 A15 口，CCP 的 2 通道
P3.0	输入 / 输出 P30 口，串口 1 的接收端，外部中断 4 输入端，T2 时钟输出端
P3.1	输入 / 输出 P31 口，串口 1 的发送端，T2 的外部输入端
P3.2	输入 / 输出 P32 口，外部中断 0 输入端
P3.3	输入 / 输出 P33 口，外部中断 1 输入端
P3.4	输入 / 输出 P34 口，T0 的外部输入端，T1 时钟输出端，CCP/PCA 的外部脉冲输入端
P3.5	输入 / 输出 P35 口，T1 的外部输入端，T0 时钟输出端，CCP 的 0 通道
P3.6	输入 / 输出 P36 口，外部中断 2 输入端，串口 1 接收端，CCP 的 1 通道
P3.7	输入 / 输出 P37 口，外部中断 3 输入端，串口 1 发送端，CCP 的 2 通道
P4.1	输入 / 输出 P41 口，SPI 同步串口的主出从入端
P4.2	输入 / 输出 P42 口，外部写控制输出端
P4.4	输入 / 输出 P44 口，外部读控制输出端
P4.5	输入 / 输出 P45 口，地址锁存控制输出端
P5.4	输入 / 输出 P54 口，复位信号输入端，主时钟输出端
P5.5	输入 / 输出 P55 口
VCC	电源正极输入端
GND	电源负极输入端、接地端

15.2　STM32F1 系列单片机

STM32 系列 32 位 Flash 微控制器基于 Arm® Cortex®-M 处理器，旨在为 MCU 用户提供新的开发自由度。它包括一系列产品，集高性能、实时功能、数字信号处理、低功耗与低电压操作、连接性等特性于一身，同时还保持了集成度高和易于开发的特点。

如图 15-2 所示，STM32 系列单片机具有多种型号。对于初学者，常用的是 STM32F1 系列单片机。

图 15-2　STM32 系列单片机型号

1. STM32F1 系列单片机性能

1）具有 6 ～ 64KB 大容量 SRAM 存储器。

2）具有最高达 72MHz 的工作频率，1.25DMIPS/MHz 指令执行速度。

3）具有单周期乘法和硬件除法。

4）具有 32 ～ 512KB 的 Flash 型程序存储器。

5）具有内嵌高精度 8MHz 的 RC 时钟电路。

6）具有 3 种低功耗模式：休眠、待机、停止。

7）具有 3 组 12 位 μs 级双采样 ADC。

8）具有 2 通道 12 位 DAC。

9）具有 11 个定时器。

10）具有 5 路异步串口。

11）具有 2 个 IIC 接口。

12）具有 3 个 SPI 接口。

13）具有 CAN 总线接口。

14）具有 USB2.0 接口。

15）具有 SD 卡读写控制接口。

16）具有 12 通道 DMA 控制器。

17）具有 SWD 和 JTAG 调试 / 下载接口。

2. STM32F103 系列单片机引脚功能

STM32F103 系列单片机原理电路如图 15-3 所示。

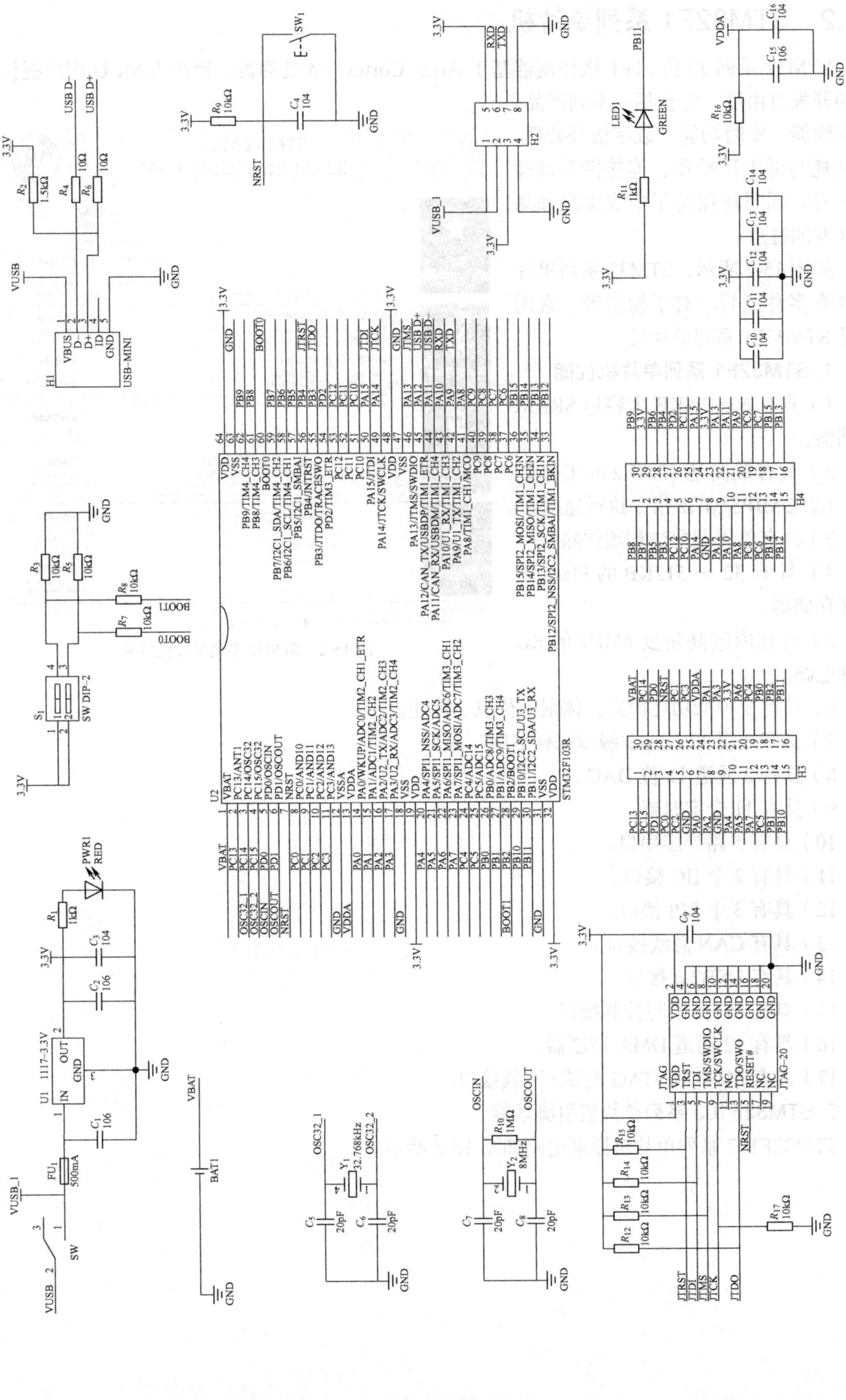

图 15-3 STM32F103 系列单片机原理电路

STM32F103 系列单片机引脚功能见表 15-2。

表 15-2　STM32F103 系列单片机引脚功能表

序号	名称	功能
1	VBAT	备用电源输入端
2	PC13	GPIO 接口 PC13，温度采样输入端
3	PC14	GPIO 接口 PC14，低速晶振输入端
4	PC15	GPIO 接口 PC15，低速晶振输出端
5	PD0	GPIO 接口 PD0，系统晶振输入端
6	PD1	GPIO 接口 PD1，系统晶振输出端
7	NRST	系统复位信号输入端
8	PC0	GPIO 接口 PC0，A/D 采样第 10 通道输入端
9	PC1	GPIO 接口 PC1，A/D 采样第 11 通道输入端
10	PC2	GPIO 接口 PC2，A/D 采样 12 通道输入端
11	PC3	GPIO 接口 PC3，A/D 采样 13 通道输入端
12	VSSA	模拟电源负极输入端
13	VDDA	模拟电源正极输入端
14	PA0	GPIO 接口 PA0，上升沿唤醒信号输入端，A/D 采样 0 通道输入端，定时器 2 的 1 通道 ETR 端
15	PA1	GPIO 接口 PA1，A/D 采样 1 通道输入端，定时器 2 的 2 通道输入端
16	PA2	GPIO 接口 PA2，串口 2 的发送端，A/D 采样 2 通道输入端，定时器 2 的 3 通道输入端
17	PA3	GPIO 接口 PA3，串口 2 的接收端，A/D 采样 3 通道输入端，定时器 2 的 4 通道输入端
18	VSS	数字电源负极输入端
19	VDD	数字电源正极输入端
20	PA4	GPIO 接口 PA4，SPI1 的 NSS 端，A/D 采样 4 通道输入端
21	PA5	GPIO 接口 PA5，SPI1 的 SCK 端，A/D 采样 5 通道输入端
22	PA6	GPIO 接口 PA6，SPI1 的 MISO 端，A/D 采样 6 通道输入端，定时器 3 的 1 通道输入端
23	PA7	GPIO 接口 PA7，SPI1 的 MOSI 端，A/D 采样 7 通道输入端，定时器 3 的 2 通道输入端
24	PC4	GPIO 接口 PC4，AD 采样 14 通道输入端
25	PC5	GPIO 接口 PC5，AD 采样 15 通道输入端
26	PB0	GPIO 接口 PB0，A/D 采样 8 通道输入端，定时器 3 的 3 通道输入端
27	PB1	GPIO 接口 PB1，A/D 采样 9 通道输入端，定时器 3 的 4 通道输入端
28	PB2	GPIO 接口 PB2，启动配置 1 输入端
29	PB10	GPIO 接口 PB10，IIC2 的 SCL 端，串口 3 的发送端
30	PB11	GPIO 接口 PB11，IIC2 的 SDA 端，串口 3 的接收端
31	VSS	数字电源负极输入端
32	VDD	数字电源正极输入端
33	PB12	GPIO 接口 PB12，SPI2 的 NSS 端，IIC2 的 SMBAI 端，定时器 1 的 BKIN 端

（续）

序号	名称	功能
34	PB13	GPIO 接口 PB13，SPI2 的 SCK 端，定时器 1 的 1 通道反向输入端
35	PB14	GPIO 接口 PB14，SPI2 的 MISO 端，定时器 1 的 2 通道反向输入端
36	PB15	GPIO 接口 PB15，SPI2 的 MOSI 端，定时器 1 的 3 通道反向输入端
37	PC6	GPIO 接口 PC6
38	PC7	GPIO 接口 PC7
39	PC8	GPIO 接口 PC8
40	PC9	GPIO 接口 PC9
41	PA8	GPIO 接口 PA8，定时器 1 的 1 通道正向输入端，时钟输出端
42	PA9	GPIO 接口 PA9，串口 1 的发送端，定时器 1 的 2 通道正向输入端
43	PA10	GPIO 接口 PA10，串口 1 的接收端，定时器 1 的 3 通道正向输入端
44	PA11	GPIO 接口 PA11，CAN 总线的接收端，USB 接口的 U- 端，定时器 1 的 4 通道正向输入端
45	PA12	GPIO 接口 PA12，CAN 总线的发送端，USB 接口的 U+ 端，定时器 1 的 ETR 端
46	PA13	GPIO 接口 PA13，JTAG 接口的 JTMS 端，SWD 接口的 SWDIO 端
47	VSS	数字电源负极输入端
48	VDD	数字电源正极输入端
49	PA14	GPIO 接口 PA14，JTAG 接口的 JTCK 端，SWD 接口的 SWCLK 端
50	PA15	GPIO 接口 PA15，JTAG 接口的 JTDI 端
51	PC10	GPIO 接口 PC10
52	PC11	GPIO 接口 PC11
53	PC12	GPIO 接口 PC12
54	PD2	GPIO 接口 PD2，定时器 3 的 ETR 端
55	PB3	GPIO 接口 PB3，JTAG 接口的 JTDO 端
56	PB4	GPIO 接口 PB4，JTAG 的 JNTRST 端
57	PB5	GPIO 接口 PB5，IIC1 的 SMBAI 端
58	PB6	GPIO 接口 PB6，IIC1 的 SCL 端，定时器 4 的 1 通道输入端
59	PB7	GPIO 接口 PB7，IIC1 的 SDA 端，定时器 4 的 2 通道输入端
60	BOOT0	启动配置 0 输入端
61	PB8	GPIO 接口 PB8，定时器 4 的 3 通道输入端
62	PB9	GPIO 接口 PB9，定时器 4 的 4 通道输入端
63	VSS	数字电源负极输入端
64	VDD	数字电源正极输入端

15.3 Arduino 开发系统

Arduino 是一款便捷、灵活、入门容易的开源电子开发系统，采用 AVR 或 ARM 单片机作为核心控制器，通过各种传感器采集外部信息，通过各种执行机构完成对外部的影响。常见的 Arduino UNO R3 开发系统以 AVR 单片机 Atmega328 为核心控制芯片，实物如图 15-4 所示。

图 15-4　Arduino UNO R3 开发系统实物图

1. Arduino UNO R3 开发系统主要性能

1）具有 16MHz 工作时钟。

2）具有 14 个数字 I/O 接口。

3）具有 6 通道 10 位 ADC。

4）具有 6 路 PWM 输出端。

5）具有 1 个串口。

6）具有 2KB 的 SRAM 存储器。

7）具有 32KB 的 Flash 型程序存储器。

8）具有 2 周期乘法器。

9）具有 3 路定时器。

2. Arduino UNO R3 开发系统引脚功能

Arduino UNO R3 开发系统引脚如图 15-5 所示。

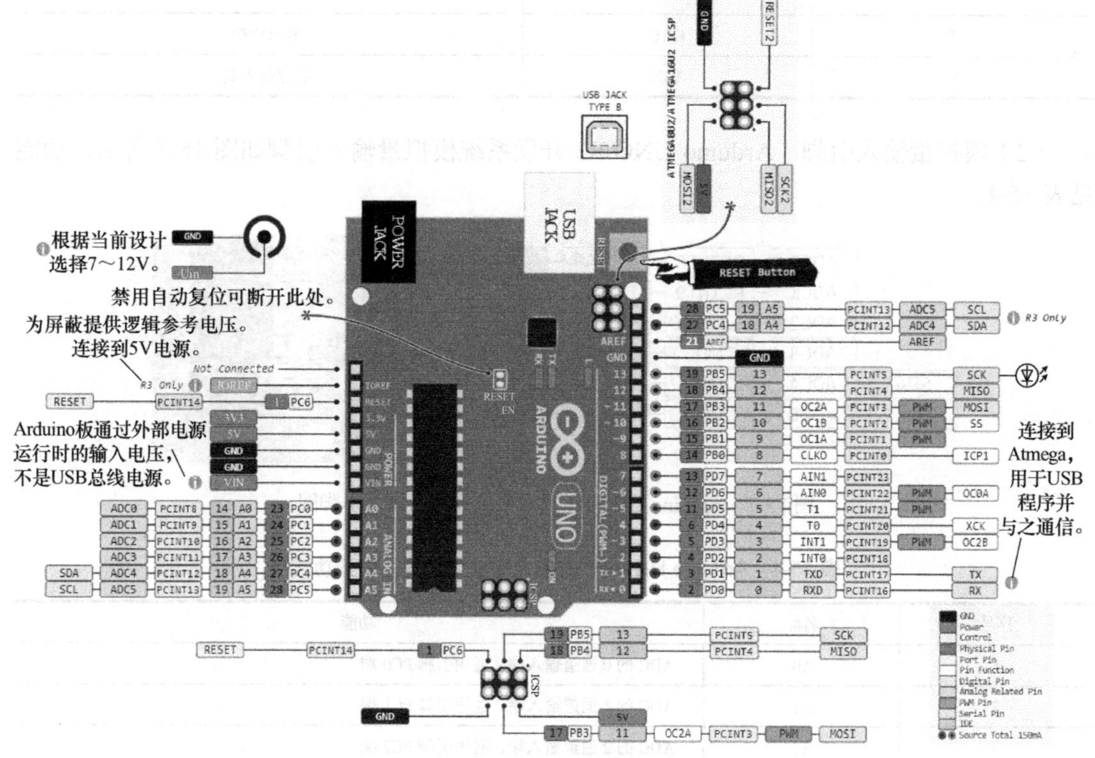

图 15-5　Arduino UNO R3 开发系统引脚图

（1）电源及复位功能引脚　Arduino UNO R3 开发系统电源及复位功能引脚如图 15-6 所示，功能见表 15-3。

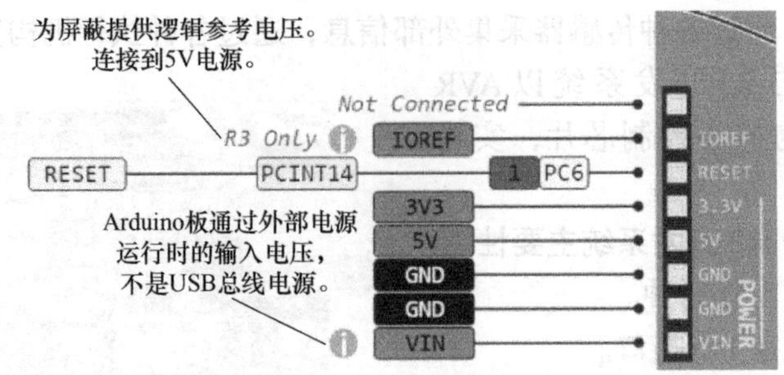

图 15-6　Arduino UNO R3 开发系统电源及复位功能引脚图

表 15-3　Arduino UNO R3 开发系统电源及复位功能引脚的功能表

序号	名称	功能
1	NC	未连接
2	IOREF	输入 / 输出电平电压参考端
3	RESET	复位端
4	3.3V	3.3V 电源输出端
5	5V	5V 电源输出端
6	GND	电源负端
7	GND	电源负端
8	VIN	电源输入端

（2）模拟量输入引脚　Arduino UNO R3 开发系统模拟量输入引脚如图 15-7 所示，功能见表 15-4。

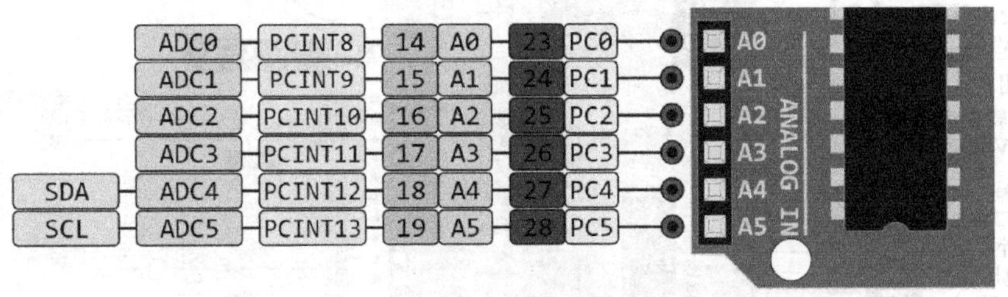

图 15-7　Arduino UNO R3 开发系统模拟量输入引脚图

表 15-4　Arduino UNO R3 开发系统模拟量输入引脚功能表

序号	名称	功能
1	A0	ADC 的 0 通道输入端，通用引脚 PC0 端
2	A1	ADC 的 1 通道输入端，通用引脚 PC1 端
3	A2	ADC 的 2 通道输入端，通用引脚 PC2 端
4	A3	ADC 的 3 通道输入端，通用引脚 PC3 端
5	A4	ADC 的 4 通道输入端，通用引脚 PC4 端，IIC 通信 SDA 端
6	A5	ADC 的 5 通道输入端，通用引脚 PC5 端，IIC 通信 SCL 端

（3）数字量引脚　Arduino UNO R3 开发系统数字量引脚如图 15-8 所示，功能见表 15-5。

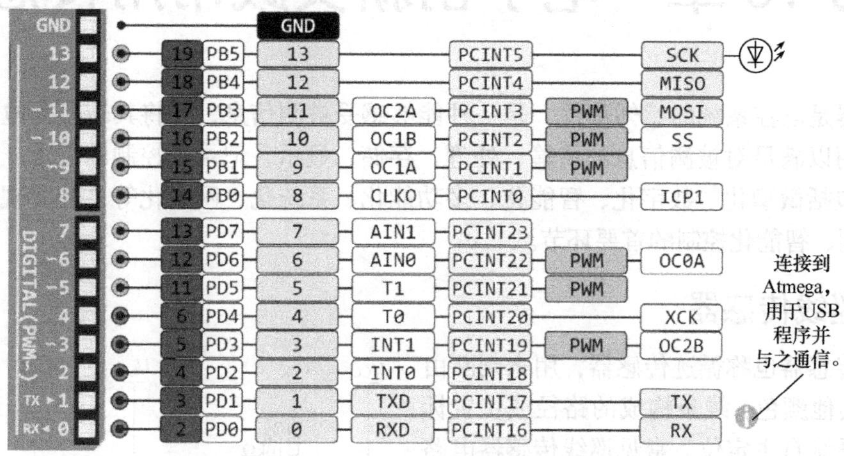

图 15-8　Arduino UNO R3 开发系统数字量输入引脚图

表 15-5　Arduino UNO R3 开发系统数字量输入引脚功能表

序号	名称	功能
1	RX	串口接收端，通用引脚 PD0 端
2	TX	串口发送端，通用引脚 PD1 端
3	2	通用引脚 PD2 端，外部中断 0 输入端
4	～3	通用引脚 PD3 端，外部中断 1 输入端，PWM 输出端
5	4	通用引脚 PD4 端，定时器 T0 端
6	～5	通用引脚 PD5 端，定时器 T1 端，PWM 输出端
7	～6	通用引脚 PD6 端，PWM 输出端
8	7	通用引脚 PD7 端
9	8	通用引脚 PB0 端
10	～9	通用引脚 PB1 端，PWM 输出端
11	～10	通用引脚 PB2 端，PWM 输出端，SPI 的 SS 端
12	～11	通用引脚 PB3 端，PWM 输出端，SPI 的 MOSI 端
13	12	通用引脚 PB4 端，SPI 的 MISO 端
14	13	通用引脚 PB5 端，SPI 的 SCK 端

第 16 章　电子创新实践常用传感器

传感器是电控系统的感知部件，是一种能够感受被测信息，并将其转换为电信号的检测装置，用以满足对被测信息的传输、处理、存储、显示、记录和控制的需求。现代传感器的特征包括微型化、数字化、智能化、多功能化、系统化、网络化等，是实现自动检测和自动控制、智能化控制的首要环节。

16.1　巡线传感器

巡线传感器也称循迹传感器，用来判断由黑色（或其他颜色）线条构成的路径或位置标注，引导系统自主定位。常见巡线传感器电路原理如图 16-1 所示。

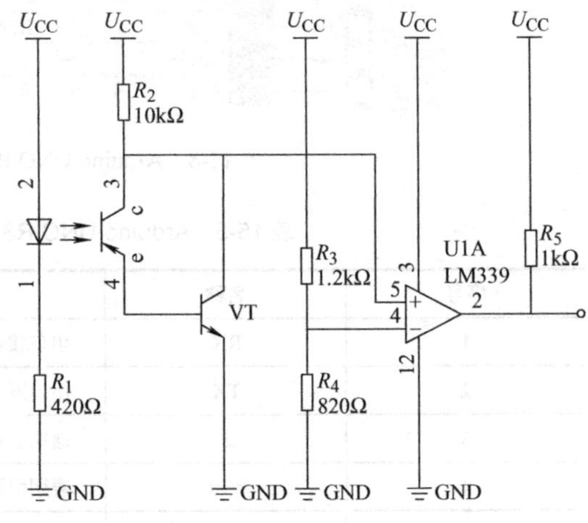

图 16-1　巡线传感器电路原理图

巡线传感器一般由发射端和接收端两个部分构成。根据发射和接收光信息的类型，巡线传感器分为红外、可见光两大类。

巡线传感器由发射端发出红外线或可见光，当遇到不同反射率的遮挡后，该光线反射到接收端，触发接收端电路工作，从而在接收端输出高低电平变化，传递控制系统所需要的定位判别信息。

1. 红外巡线传感器

TCRT5000 系列红外反射式巡线传感器外观如图 16-2 所示。

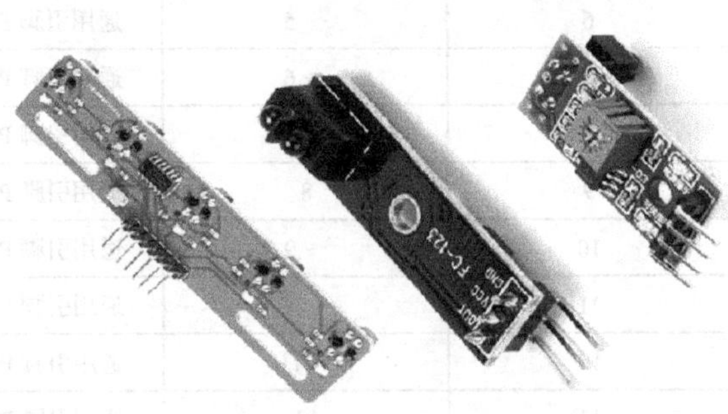
图 16-2　TCRT5000 系列红外反射式巡线传感器外观图

红外巡线传感器按传感器敏感元件数量分为单路、双路和多路。

常见的 TCRT5000 系列红外反射式巡线传感器有效的检测距离为 1 ～ 25mm，使用时需贴近待检测路径表面，并且应尽量避免环境光的干扰。

红外巡线传感器工作电压范围宽、工作电流小、集成度高，多在多路情况下使用，但是其抗光干扰能力差，不适宜环境光变化较大的情况。

2. 激光巡线传感器

在线路应用过程中，常常出现强光干扰的情况，为了能够在这种情况下准确判别线路，技术人员研制出激光巡线传感器。常见激光巡线传感器外观如图 16-3 所示。

激光巡线传感器与红外巡线传感器最大的区别在于所发出的光线为可见光，在被检测路径上会形成光斑。

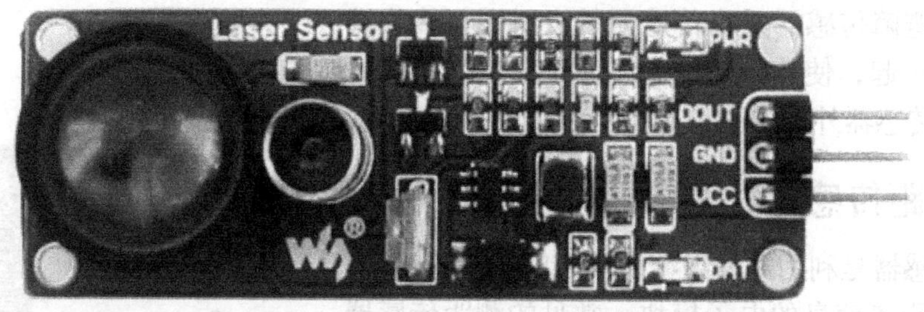

图 16-3 常见激光巡线传感器外观图

激光巡线传感器一般由调制光发射电路和接收端解调电路组成。调制发射电路将发出的光信息进行高频调制，并以较大功率发射；接收端接收反射回来的调制光信息，进行解调后，输出高低电平变化，传递控制系统所需要的定位判别信息。

激光巡线传感器典型检测距离为 20 ～ 800mm，最大检测距离可达 1500mm。

激光巡线传感器工作电流大，多在单路情况下使用，但是其工作电压范围宽、抗光干扰能力强，适宜环境光变化较大的情况。

16.2 避障传感器

避障传感器的工作原理与巡线传感器基本相同，都是利用光线的反射来进行判别。不同的是，避障传感器需要对大多数材质的障碍物做出反应，而巡线传感器多是对有强烈对比的色彩做出反应。避障传感器按发射源信号可分为超声波避障传感器、红外避障传感器、激光（可见光）避障传感器等。

1. 独立式避障传感器

独立式避障传感器是指传感器的敏感元件独立放置，发射端与接收端有一定的距离，甚至可以分别做成两个独立的部分。常见的独立式避障传感器外观如图 16-4 所示。

图 16-4 常见独立式避障传感器外观图

独立式避障传感器的发射端和接收端间隔放置，尽量避免发射端对接收端的直接光干扰，可靠获取障碍物信息。

独立式避障传感器通常采用光调制方式工作，抗干扰能力强，其最大检测距离一般在 30 ～ 800mm，在使用不同电路器件时，响应时间一般在 20 ～ 50ms 之间。

2. 一体式避障传感器

在安装独立式避障传感器过程中，发射端与接收端很难做到准确对应，严重影响对障碍物的准确检测。为解决这种困扰，研发人员研制出了一体式避障传感器。

一体式避障传感器是指传感器的发射端与接收端紧密安装在一起，使其体积减小、便于安装。常见的一体式避障传感器外观如图 16-5 所示。

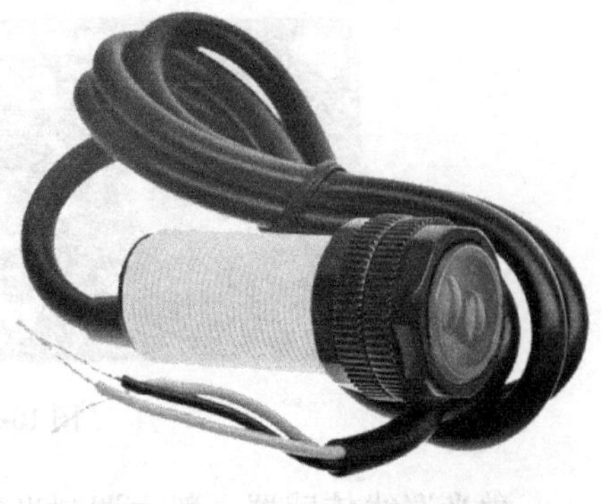

图 16-5 常见一体式避障传感器外观图

16.3 测距传感器

测距传感器是利用对发射介质反馈时间进行测量，从而转换为距离信息的电子模块。常见的测距传感器包括：超声波测距传感器、红外测距传感器、激光测距传感器。

1. 超声波测距传感器

超声波测距传感器利用发射端发出超声波信号在遇到障碍物时反射回来进行测量，测量时，发射端发出信号并启动计时，在接收端收到信号结束计时，通过以时间为变量的函数计算，即可获取传感器端部与障碍物之间的直线距离。常见的超声波测距传感器外观如图 16-6 所示。

图 16-6 常见超声波测距传感器外观图

常见的超声波传感器测量时序如图 16-7 所示。

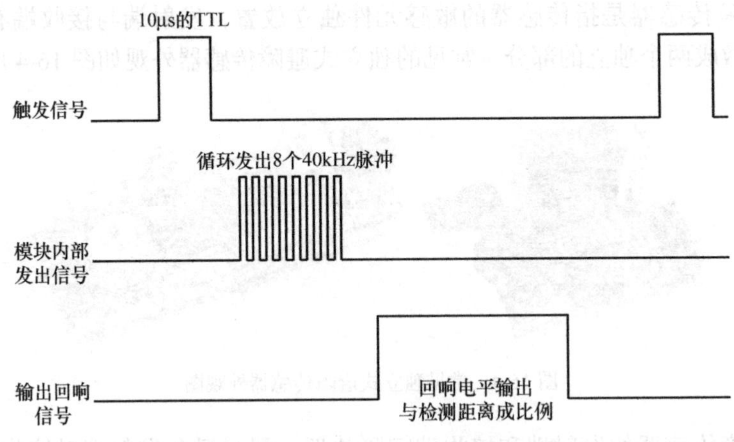

图 16-7 常见超声波测距传感器测量时序图

2. 红外测距传感器

红外测距传感器工作原理与超声波测距传感器基本一致，区别在于发射介质是红外线而非超声波。传感器首先发射一束红外光，照射到物体表面时，红外线反射回来并被 CCD 红外接收端接收，通过对接收端输出电压信号的检测，即可换算出传感器与被测物体之间的距离。常见的红外测距传感器外观如图 16-8 所示。

红外测距传感器具有测量范围广、测量速度快、抗光干扰能力强、多路同步性强、安装快捷方便等特点。

红外测距传感器分为模拟型输出和数字型输出两种。①模拟型输出模块，输出端需接在电压转换和采集电路中，由控制器通过ADC获取电压值，并通过软件滤波函数、非线性转换函数完成由电压值到距离值的转换。②数字型输出模块，以IIC通信或SPI通信方式直接输出测量的距离值，由于模块自身转换和通信的稳定性影响，该值存在一定的波动，使用时同样需要软件滤波来稳定测量数据，获得理想的距离值。

图 16-8　常见红外测距传感器外观图

3. 激光测距传感器

激光测距传感器采用光学三角法测距，传感器发出的激光聚焦到物体表面并被反射，反射光由接收端接收，投射到CMOS器件上，器件内嵌处理器通过三角函数计算CMOS阵列上的光电位置，从而得到距离物体的距离。

由于光速高达 3×10^8m/s，在测量精度为1mm的情况下，激光测距传感器必须极其精确地测定传输时间，最小测量时间至少要达到3ps左右，这在技术上是非常难以实现的。为了克服这一困境，技术人员采用了一种统计学方法，即平均法，由此解决了1mm测量精度的问题，并确保了响应速度。

常见的激光测距传感器外观如图 16-9 所示。

图 16-9　常见激光测距传感器外观图

激光测距传感器通常采用具有电气兼容的IIC通信方式输出，具有20～1500mm的测量范围、不高于20ms的测量时间、较强的抗光干扰等性能。

16.4　光电编码器

光电编码器是一种通过光电转换，将输出机构的机械几何位移量转换成脉冲或数字量的传感器。

光电编码器由光栅码盘和测速对管两个部分组成。光栅码盘是一个具有透光孔的圆盘，在转动过程中能按照运动速率遮挡或释放光线，一般固定在运动机构上，在运动过程中产生遮挡或释放光线的效果。测速对管是一个类似于巡线或避障传感器的结构，其发射端与接收端被准确固定在有限距离内，以确保无遮挡时发射端通过窄缝射出的光线能准确落在对向的接收端上，从而区分出光线遮挡和释放的效果，进而体现出运动的速率。

常见的光电编码器外观如图 16-10 所示。

光电编码器常用来测量电动机转速、运动装置的直线位移、运动装置的角位移等，一般分为增量式、绝对式和混合式三种。

增量式光电编码器是一种随着测量轴的转动输出脉冲信号的编码器。若控制器仅对该脉冲信号进行计数，即可通过换算得出运动机构的运行位移；若控制器对该脉冲信号进行定时计数，即可得到运动机构的运动速率。

图 16-10　常见光电编码器外观图

绝对式光电编码器是一种直接输出数字量的编码器。控制器通过识别绝对式光电编码器的输出编码值即可判断运动机构当前的位移情况。与增量式光电编码器不同，绝对式编码器常用在低速、测量轴旋转不超过 360° 的情况。

16.5　倾角传感器

倾角传感器是一种用来指示系统在水平方向上倾斜状况的传感器。常见的倾角传感器有开关型、模拟型、数字型。

1. 水银开关

水银开关，又称倾侧开关，是利用水银具有良好的导电性和流动性而设计制作的，并能在位置保持和变化时体现不同电路状态。常见的水银开关外观如图 16-11 所示。

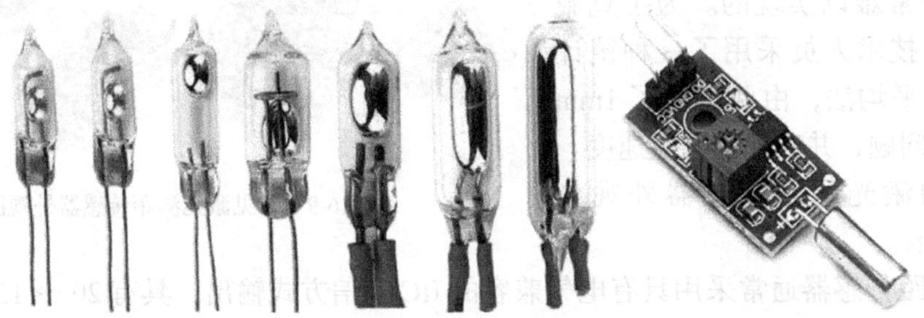
图 16-11　常见水银开关外观图

水银开关典型应用电路如图 16-12 所示。

2. 模拟量倾角传感器

模拟量倾角传感器是将倾斜角度转换为电压量输出的一种传感器，能够比较连续地输出系统的倾角情况。常见的模拟量倾角传感器外观如图 16-13 所示。

模拟量倾角传感器将角

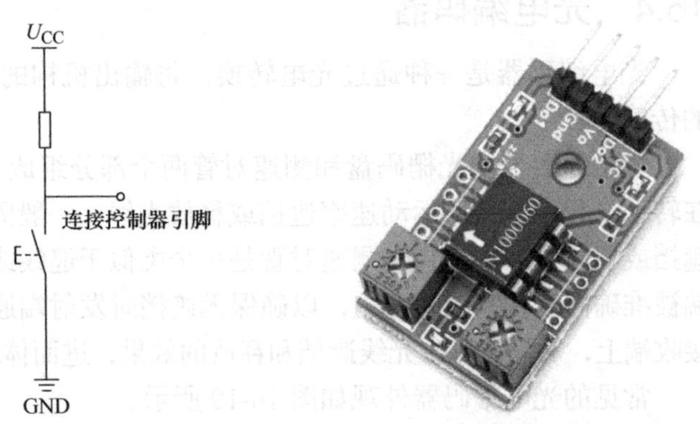

图 16-12　水银开关典型应用电路图　图 16-13　模拟量倾角传感器外观图

度信息线性地转换成电压量，通过辅助引脚标志倾斜的方向。控制器可通过 ADC 读取电压量，并计算出倾角值。

安装模拟量倾角传感器时需注意，芯片箭头所指方向为传感器测量偏转角的方向，传感器水平放置时，一般输出 90° 倾角值，为确保输出电压量稳定，至少应采用最简硬件滤波电路对输出电压进行滤波。

16.6　碰撞及接近传感器

1. 碰撞传感器

碰撞传感器是一种触碰开关，当开关受到外力作用按下时，外接电路被连接或断开，从而向控制器发出碰撞信息。常见的碰撞传感器外观如图 16-14 所示。

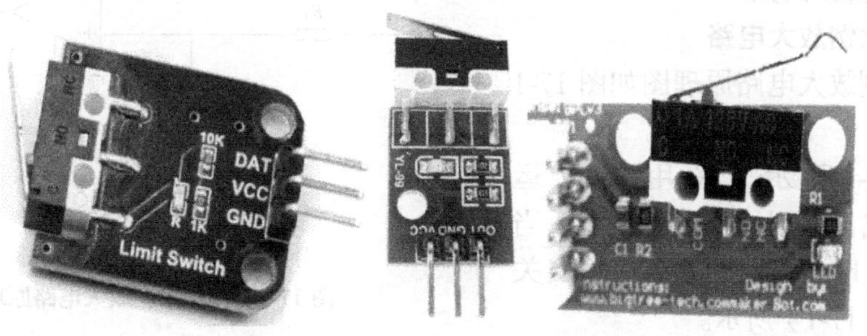

图 16-14　常见碰撞传感器外观图

碰撞传感器常用来进行机械限位。当运动部件移动到指定位置时，碰撞传感器动作，输出碰撞信息；当运动部件离开指定位置时，碰撞传感器失效，输出无碰撞信息。

碰撞传感器往往可以由测距、避障等传感器替代，机械式触发具有极高的可靠性和低廉的成本，适合在强干扰、动作可靠性高的环境中使用。

2. 接近传感器

接近传感器可分为光电式和电磁式两大类。光电式接近传感器可以用测距或避障传感器来替代；电磁式接近传感器是用来检测金属接近情况的传感器。常见的电磁式接近传感器外观如图 16-15 所示。

电磁式接近传感器利用金属接近电磁场引起电参数变化的原理工作，常用在近距离、无接触、无强电磁干扰的环境下对金属探测物进行检测。

图 16-15　常见的电磁式接近传感器外观图

第 17 章　电子创新实践常用信号整理电路

17.1　双电源放大电路

放大电路是最为基础的信号获取、转换电路，常用双电源运放搭建。常见的双电源放大电路包括同相比例放大电路和反向比例放大电路。

1. 同相比例放大电路

同相比例放大电路原理图如图 17-1 所示。

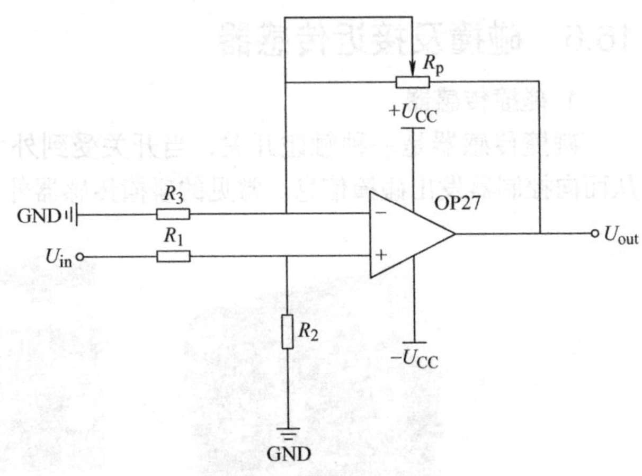

图 17-1　同相比例放大电路原理图

如图 17-1 所示，采用集成运放 OP27 构成同相比例放大电路，当 R_1=R_3，R_2=R_p 时，电路的输入、输出关系近似如式（17-1）所示。

$$U_{out}=\frac{R_p}{R_1}U_{in} \tag{17-1}$$

2. 反相比例放大电路

反相比例放大电路原理图如图 17-2 所示。

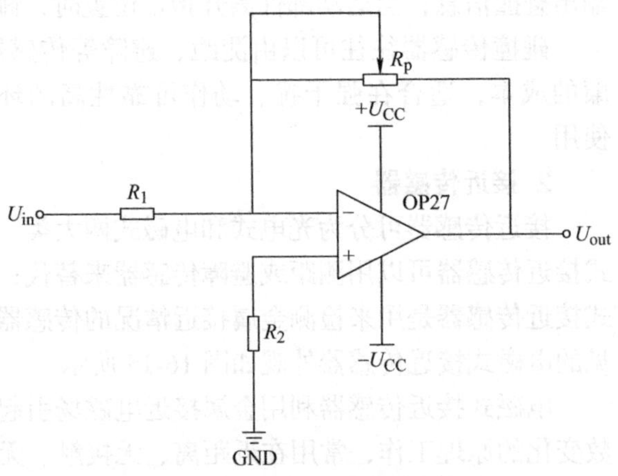

图 17-2　反相比例放大电路原理图

如图 17-2 所示，采用集成运放 OP27 构成反相比例放大电路，当 R_1=R_2 时，电路的输入、输出关系如式（17-2）所示。

$$U_{out}=-\frac{R_p}{R_1}U_{in} \tag{17-2}$$

同相比例放大电路和反相比例放大电路在 R_p=R_1 时，称为电压跟随器，是一个不具有任何电压放大性能的电路，其最重要的作用就是实现阻抗匹配，为后续的采集电路提供高效的输入信号；通过调整 R_p 的值，在输出端不仅可以获得放大后的输入信号，还可以获得缩小后的输入信号。

17.2　信号变换及采样电路

信号变换及采样电路由很多种，常用的有电平调整电路、周期信号至方波转换电路、信号采样保持电路等。

1. 电平调整电路

电平调整电路原理图如图 17-3 所示。

如图 17-3 所示，采用集成运放 OP27 构成反相比例放大电路，当 $R_1=R_3$，$R_2=R_p$ 时，电路的输入、输出关系如式（17-3）所示。

$$U_{out}=\frac{R_p}{R_1}(U_{in}-U_{ref}) \tag{17-3}$$

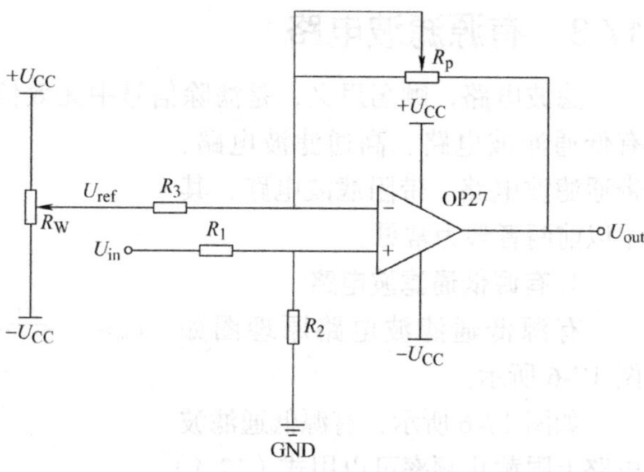

图 17-3　电平调整电路原理图

电平调整电路是为了使输入信号波形整体平移到某一特定电压而设计产生的，目的是为后续电路提供足够电平量的信号，以确保后续电路安全、可靠工作。比如，常用的 ADC 工作电压都在 0V 以上，如果输入信号电压低于 0V，很有可能会损坏 ADC，为解决这一问题，可以采用电平调整电路使输入到 ADC 的信号整体上移到 0V 以上，以确保 ADC 的有效工作。

从式（17-3）可以看出，该电平调整电路同时具有电压缩放功能，但为确保电平平移后的信号在后续电路的有效范围内，不建议采用过大的电压放大倍数。

2. 周期信号至方波转换电路

周期信号至方波转换电路原理图如图 17-4 所示。

周期信号至方波转换电路由模拟电压比较器 LM393 构成，将被测信号转换为方波，用以测试周期信号的频率。该电路可以通过调整 U_{ref} 的值调节输出方波的占空比，以配合不同控制器对方波的需求。

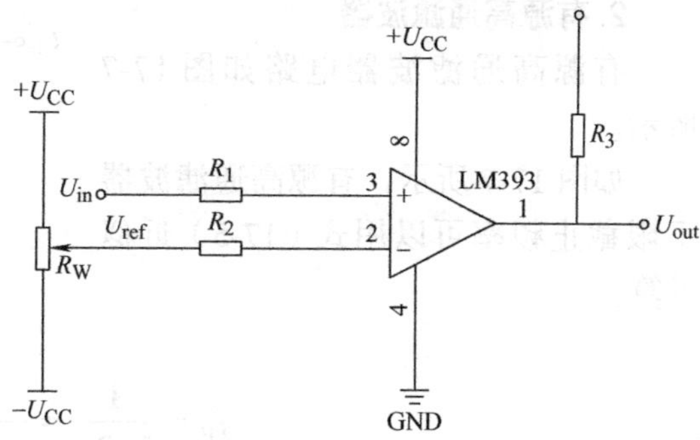

图 17-4　周期信号至方波转换电路原理图

3. 信号采样保持电路

信号采样保持电路如图 17-5 所示。

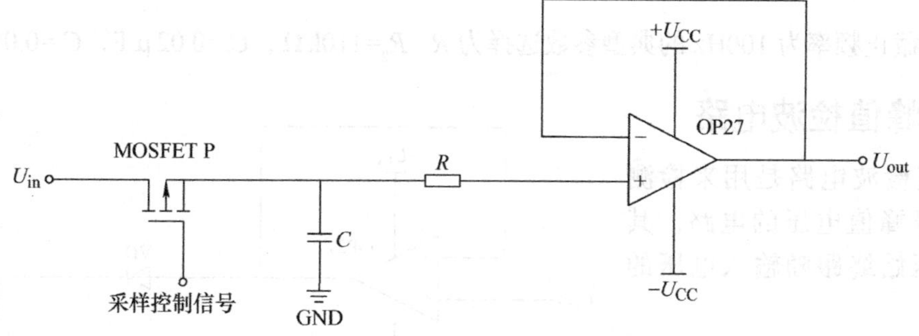

图 17-5　信号采样保持电路原理图

信号采样保持电路常用来为 ADC 提供输入信号，以确保控制器能够准确完成一次 A/D 转换操作。

17.3　有源滤波电路

滤波电路，顾名思义，是滤除信号中无效信息、保留有效信息的电路。常用滤波电路有低通滤波电路、高通滤波电路、带通滤波电路、带阻滤波电路，其中以前两者最为常见。

1. 有源低通滤波电路

有源低通滤波电路原理图如图 17-6 所示。

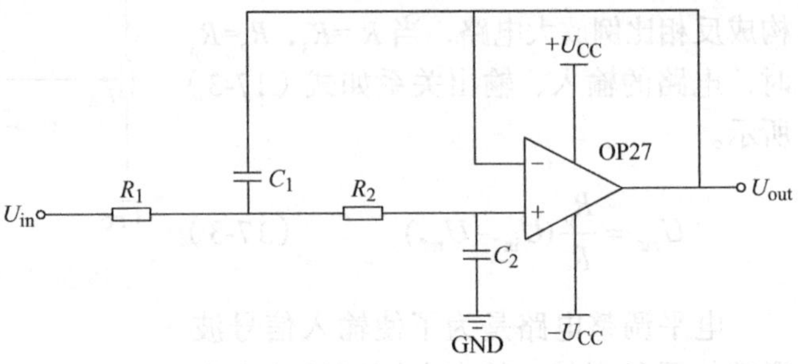

图 17-6　有源低通滤波电路原理图

如图 17-6 所示，有源低通滤波电路上限截止频率可以用式（17-4）近似计算。

$$f_H = \frac{1}{2\pi RC} = \frac{1}{2\pi(R_1 + R_2)(C_1 + C_2)} \tag{17-4}$$

上限截止频率为 10kHz 的典型参数选择为 $R_1=R_2=24\text{k}\Omega$，$C_2=470\text{pF}$，$C_1=940\text{pF}$。

2. 有源高通滤波器

有源高通滤波器电路如图 17-7 所示。

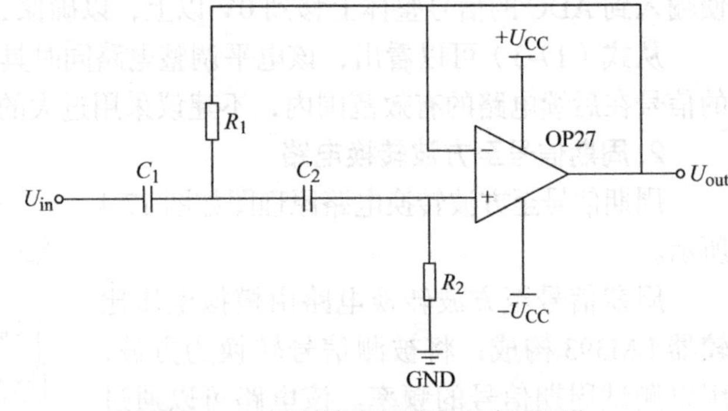

图 17-7　有源高通滤波器电路原理图

如图 17-7 所示，有源高通滤波器下限截止频率可以用式（17-5）近似计算。

$$f_H = \frac{1}{2\pi RC} = \frac{1}{2\pi\left(\dfrac{R_1 R_2}{R_1 + R_2}\right)(C_1 + C_2)} \tag{17-5}$$

下限截止频率为 100Hz 的典型参数选择为 $R_1=R_2=110\text{k}\Omega$，$C_2=0.02\mu\text{F}$，$C_1=0.01\mu\text{F}$。

17.4　峰值检波电路

峰值检波电路是用来检测交流信号峰值电压的电路，其输出电压始终跟随输入电压的最大峰值。

峰值检波电路原理图如图 17-8 所示。

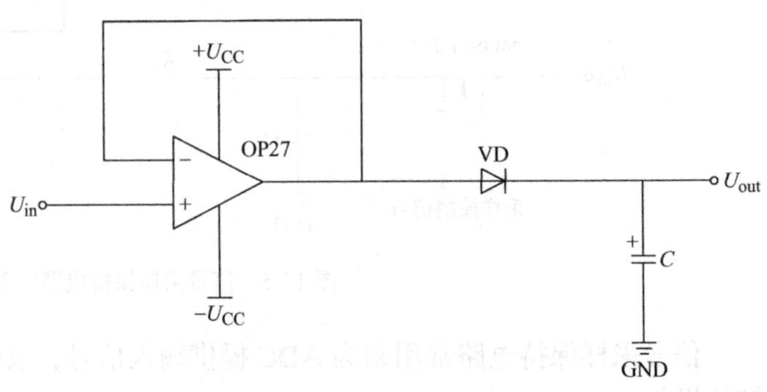

图 17-8　峰值检波电路原理图

图 17-8 所示的峰值检波电路，信号输入后，经运放 OP27

的高输入阻抗、低输出阻抗的跟随处理后，传送至检波二极管 VD，检波二极管完成检波，输出至滤波电容 C，滤波电容 C 将检波后的电压存储，形成检波输出电压。该电路随着输入信号峰值的增加而不断提高输出电压，一旦输入信号电压下降，由于滤波电容无处放电，将持续保持最大峰值输出，无法及时体现输入电压的变化。实用峰值检波电路如图 17-9 所示。

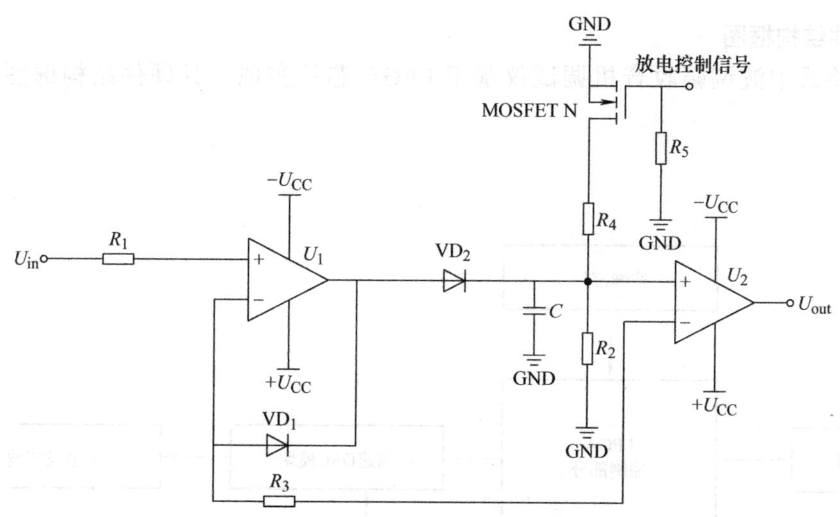

图 17-9　实用峰值检波电路原理图

图 17-9 所示的实用峰值检波电路在峰值检波原理基础上增加两个主要功能：全波检波和放电电路。电路采用 VD_1 和 VD_2 构成全波检波电路，进一步保证输出信号的稳定和准确；采用 N 沟道 MOSFET 构成放电电路，在每个检测周期结束时，将电容 C 的电压释放，确保下一周期电路输出为输入的更新值。

需要注意的是，由于放电电路是将电容电压直接对地释放，选择放电电阻时应考虑功率和放电速度。当需要很高放电速度时，R_4 上瞬时电流将很大，应选用阻值较小、功率较大的电阻。

第 18 章　电子创新实践综合实例

18.1　超外差式中波调幅收音机调试仪

1. 硬件结构框图

超外差式中波调幅收音机调试仪基于 FPGA 芯片实现，其硬件结构框图如图 18-1 所示。

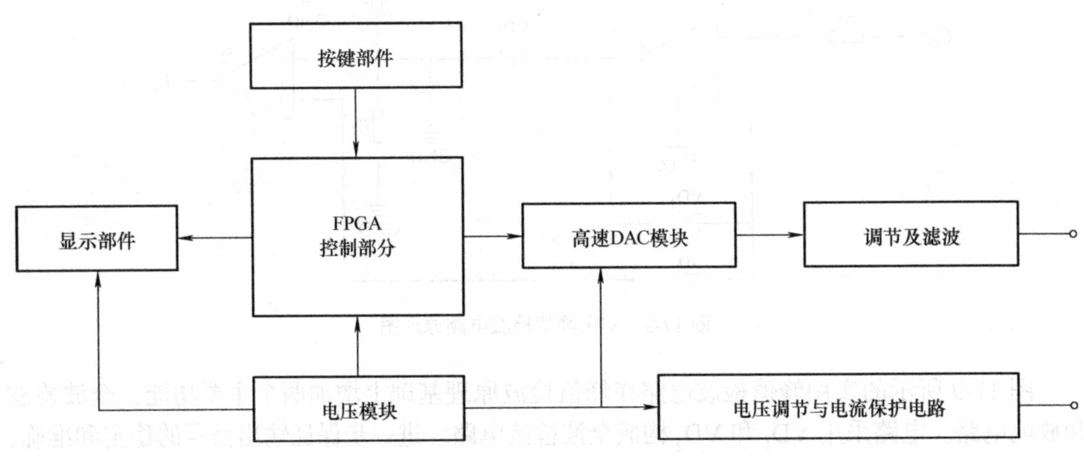

图 18-1　超外差式中波调幅收音机调试仪硬件结构框图

如图 18-1 所示，调试仪包括 FPGA 控制部分、显示部件、按键部件、高速 DAC 模块、调节及滤波、电压模块、电压调节与电流保护电路等。FPGA 控制部分完成调试仪波形数据的产生；显示部件完成调试仪相关信息的显示；按键部件完成调试仪频率调节的输入；高速 DAC 模块完成波形数据由数字量到模拟量的转换；调节及滤波完成输出信号的调整；电压模块完成调试仪的交流电源输入到直流电源的转换，并供给调试仪其他部分使用；电压调节与电流保护电路完成调试电源的产生与保护。

2. 软件设计

超外差式中波调幅收音机调试仪软件设计如图 18-2 所示。

如图 18-2 所示，超外差式中波调幅收音机调试仪的实质是一个任意波发生器，其软件部分包括 Qsys 系统、PLL、波形 RAM、波形发生控制模块。PLL 产生系统所需的 100MHz、40MHz、23.54MHz、18.6MHz、4MHz 等频率信号；波形 RAM 为双口数据存储器，用于波形数据的暂存；波形发生器控制模块用于控制波形数据的输出；Qsys 系统用于产生波形数据并控制波形输出。

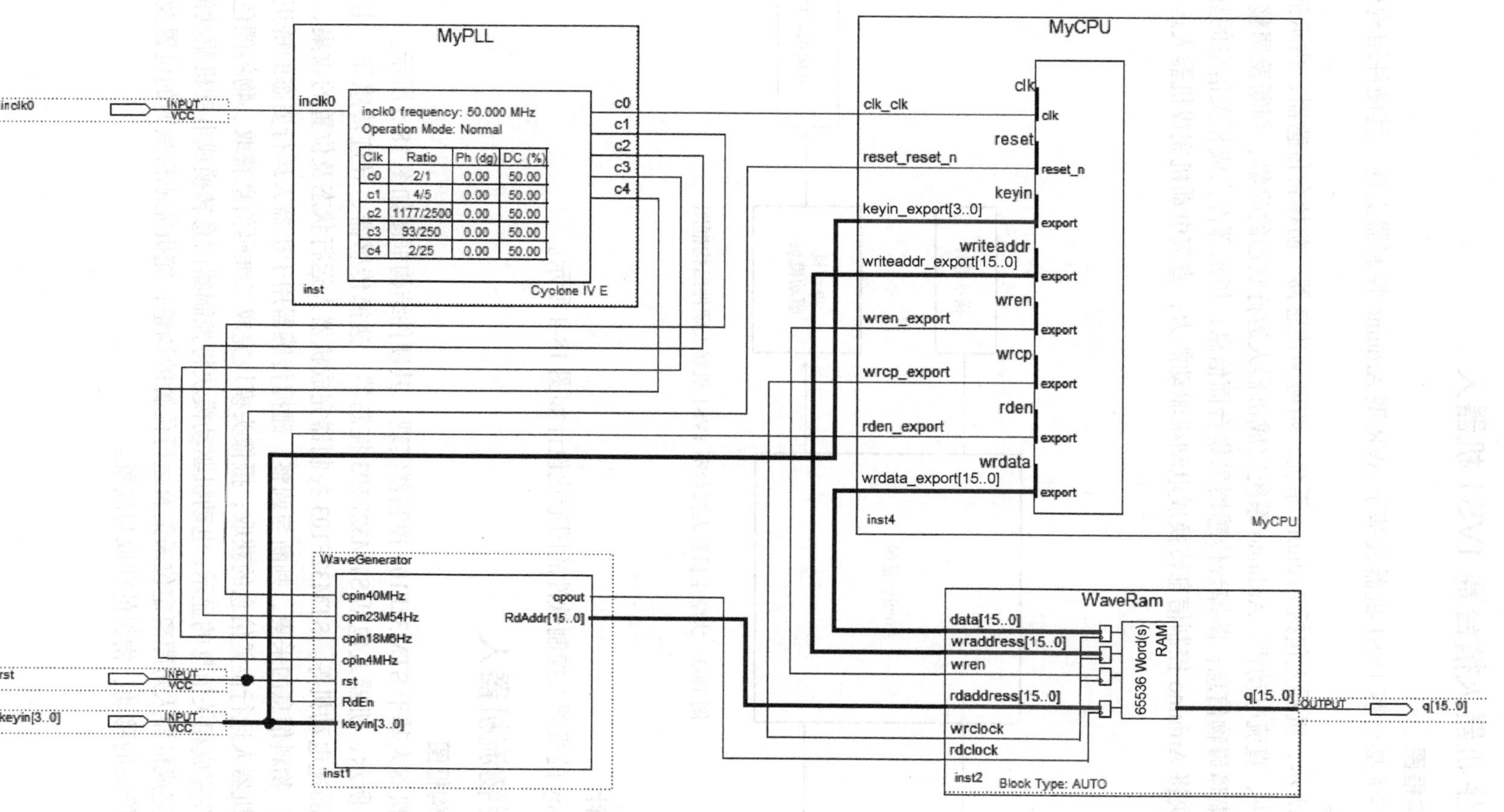

Clk	Ratio	Ph (dg)	DC (%)
c0	2/1	0.00	50.00
c1	4/5	0.00	50.00
c2	1177/2500	0.00	50.00
c3	93/250	0.00	50.00
c4	2/25	0.00	50.00

图 18-2　超外差式中波调幅收音机调试仪软件设计图

18.2　大学生机器人擂台赛 1VS1 机器人

1. 硬件结构框图

大学生机器人擂台赛 1VS1 机器人基于 AVR 型 Arduino 控制器实现，其硬件结构框图如图 18-3 所示。

如图 18-3 所示，机器人包括 Arduino 系统、防碰撞传感器、防掉台传感器、指示部件、电动机驱动模块、直流电动机。Arduino 系统完成机器人运行状态的收集、判断及调整；防碰撞传感器采集障碍物信息；防掉台传感器采集台面信息；指示部件完成相关信息的显示；电动机驱动模块将 Arduino 控制信息转换成电动机驱动能力；直流电动机完成机器人运行位置的调整。

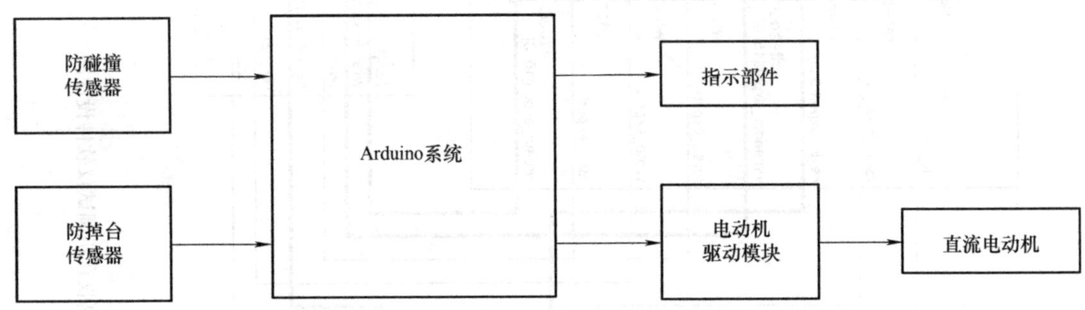

图 18-3　大学生机器人擂台赛 1VS1 机器人硬件结构框图

2. 软件设计

基于 linkboy 的机器人控制软件的图形化设计如图 18-4 所示。

18.3　智能物流机器人

1. 硬件结构框图

智能物流机器人基于 STM32F103 控制器实现，其硬件结构框图如图 18-5 所示。

如图 18-5 所示，机器人包括 STM32F103 控制器、碰撞传感器、寻迹传感器、电动机驱动模块、带测速电动机等。STM32F103 控制器完成机器人运行状态及位置的收集、二维码信息的采集、物料信息的采集、判断与调整；碰撞传感器用于机器人运行姿态的矫正；寻迹传感器用于机器人运行位置信息的获取；摄像头模块完成二维码信息获取、物料颜色信息获取；指示部件完成相关信息的显示；电动机驱动模块将控制器信息转换成电动机驱动能力；带测速电动机完成机器人短距离定位采集及运行位置的调整；舵机完成机械臂的位置及状态调整，实现摄像头的移动、物料的获取与放置。

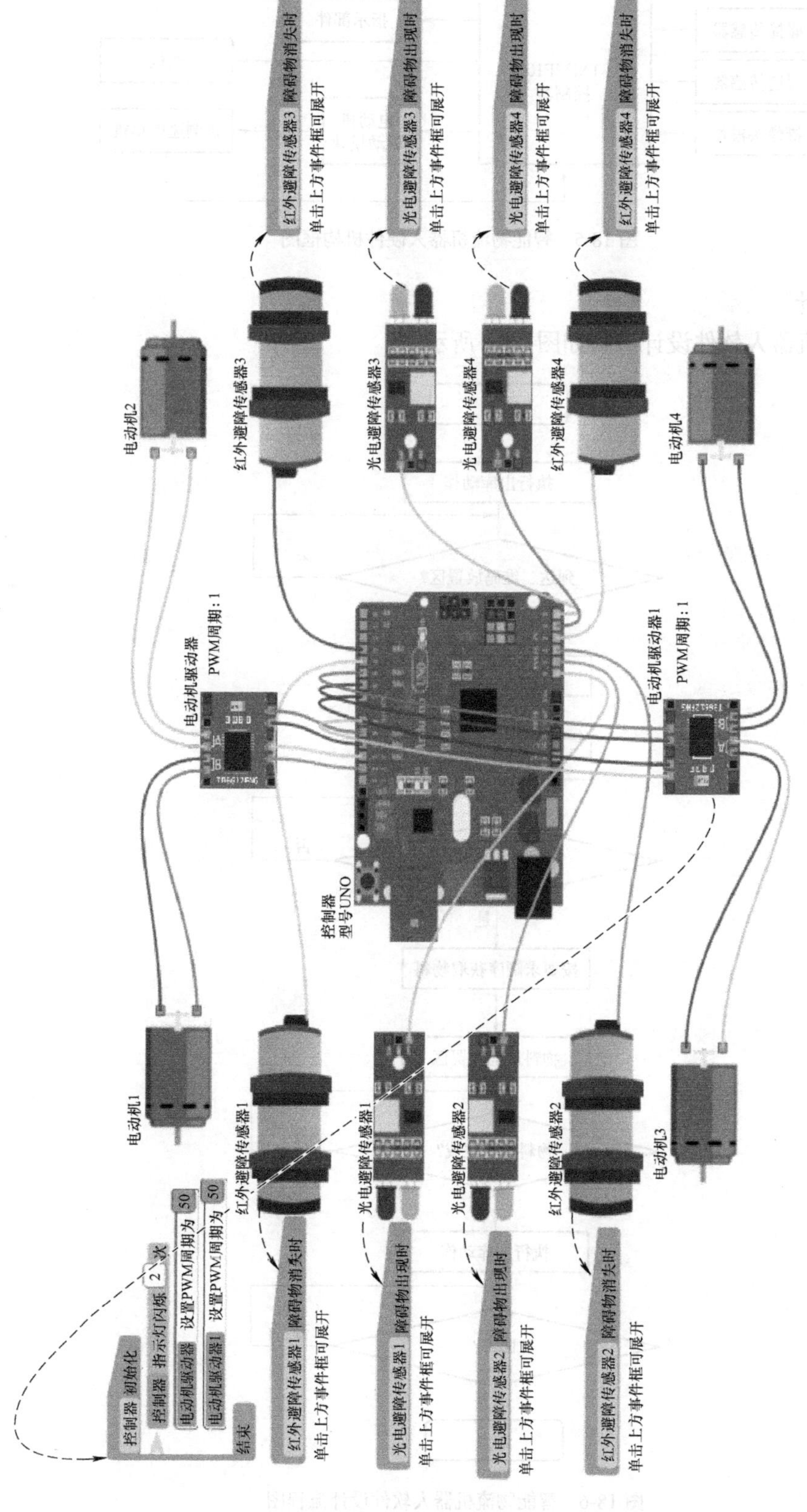

图 18-4　基于 linkboy 的机器人控制软件的图形化设计图

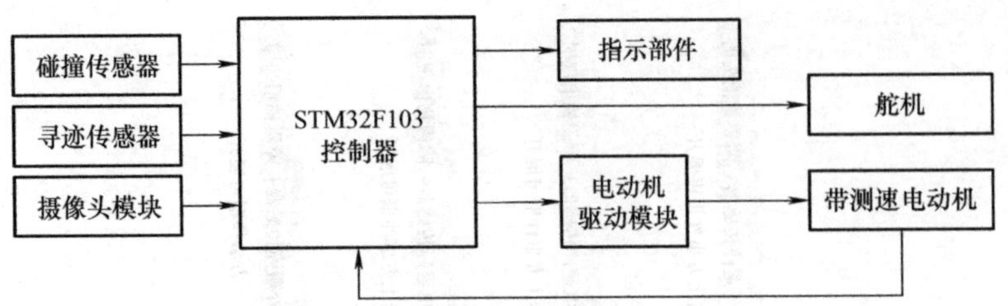

图 18-5　智能物流机器人硬件机构框图

2. 软件设计

智能物流机器人软件设计流程如图 18-6 所示。

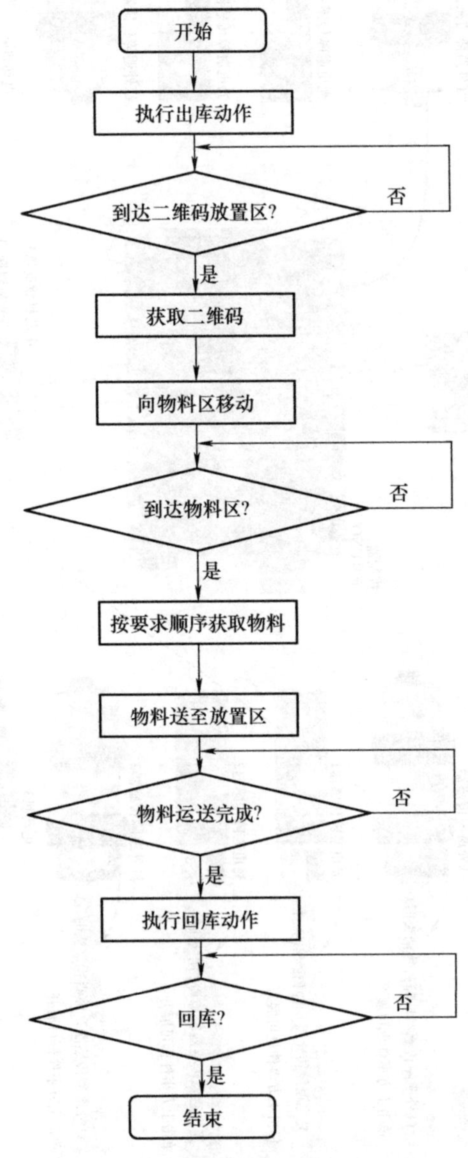

图 18-6　智能物流机器人软件设计流程图

参 考 文 献

[1] 孙余凯 . 电子产品制作技术与技能实训教程 [M]. 北京：电子工业出版社，2006.

[2] 宁铎，孟彦京，马全坤，等 . 电子工艺实训教程 [M]. 西安：西安电子科技大学出版社，2006.

[3] 张永枫，李益民 . 电子技术基本技能实训教程 [M]. 西安：西安电子科技大学出版社，2002.

[4] 王天曦，李鸿儒 . 电子技术工艺基础 [M]. 北京：清华大学出版社，2000.

[5] 王廷才，赵德申 . 电子技术实训 [M]. 北京：高等教育出版社，2003.

[6] 李敬伟，段维莲 . 电子工艺训练教程 [M]. 北京：电子工业出版社，2005.

[7] 李晓 . 电气控制及可编程控制器：施耐德机型 [M]. 北京：中国电力出版社，2018.

[8] 张国栋 . 电气工程识图与预算 [M]. 北京：中国电力出版社，2016.

[9] 王金明，周顺 .EDA 技术与 Verilog 设计 [M].2 版 . 北京：电子工业出版社，2019.

[10] 潘松，黄继业，潘明 .EDA 技术实用教程：Verilog HDL 版 [M].4 版 . 北京：科学出版社，2010.

[11] 江国强 .SOPC 技术与应用 [M]. 北京：机械工业出版社，2006.

[12] 杨恒，卢飞成 .FPGA/VHDL 快速工程实践入门与提高 [M]. 北京：北京航空航天大学出版社，2003.

[13] 林敏，方颖立 .VHDL 数字系统设计与高层次综合 [M]. 北京：电子工业出版社，2002.

[14] 林明权，等 .VHDL 数字控制系统设计范例 [M]. 北京：电子工业出版社，2003.

[15] 潘松，王国栋 .VHDL 实用教程 [M]. 成都：电子科技大学出版社，2001.

[16] 王振红 .VHDL 数字电路设计与应用实践教程 [M]. 北京：机械工业出版社，2003.

[17] 张亦华，延明 . 数字电路 EDA 入门：VHDL 程序实例集 [M]. 北京：北京邮电大学出版社，2003.

[18] 徐惠民，安德宁 . 数字逻辑设计与 VHDL 描述 [M]. 北京：机械工业出版社，2002.

[19] 谭会生，瞿遂春 .EDA 技术综合应用实例与分析 [M]. 西安：西安电子科技大学出版社，2004.

[20] 桑楠 . 嵌入式系统原理及应用开发技术 [M]. 北京：北京航空航天大学出版社，2002.

[21] 覃朝东 . 嵌入式系统设计从入门到精通：基于 S3C2410 和 Linux[M]. 北京：北京航空航天大学出版社，2009.

[22] 孙天泽，袁文菊，张海峰 . 嵌入式设计及 Linux 驱动开发指南：基于 ARM9 处理器 [M]. 北京：电子工业出版社，2005.

[23] 孙天泽 . 嵌入式 Linux 开发技术 [M]. 北京：北京航空航天大学出版社，2011.

[24] 李新峰，何广生，赵秀文 . 基于 ARM 9 的嵌入式 Linux 开发技术 [M]. 北京：电子工业出版社，2008.

[25] 罗怡桂 . 嵌入式 Linux 实践教程 [M]. 北京：清华大学出版社，2011.

[26] 华清远见嵌入式培训中心 .Windows CE 嵌入式开发标准教程 [M]. 北京：人民邮电出版社，2010.

[27] 黄平，李欣，邱尔卫，等 . 零点起步：ARM 嵌入式 Linux 应用开发入门 [M]. 北京：机械工业出版社，2012.

[28] 田泽 .ARM 9 嵌入式开发实验与实践 [M]. 北京：北京航空航天大学出版社，2006.

[29] 何宗键 .Windows CE 嵌入式系统 [M]. 北京：北京航空航天大学出版社，2006.

[30] 薛大龙，陈世帝，王韵 .Windows CE 嵌入式系统开发从基础到实践 [M]. 北京：电子工业出版社，2008.

[31] 张冬泉，谭南林，苏树强 .Windows CE 实用开发技术 [M].2 版 . 北京：电子工业出版社，2009.